普通高等教育土建学科专业"十一五"规划教材

高等职业教育"十四五"系列教材

全国住房和城乡建设职业教育教学指导委员会
建设工程管理专业指导委员会规划推荐教材

建筑施工工艺

（第二版）

（工程造价与建筑管理类专业适用）

魏　杰　吕世尊　主　编

梅　杨　刘　攀　主　审

中国建筑工业出版社

图书在版编目（CIP）数据

建筑施工工艺：工程造价与建筑管理类专业适用 / 魏杰，吕世尊主编. -- 2版. -- 北京：中国建筑工业出版社，2024. 10. --（普通高等教育土建学科专业“十一五”规划教材）（高等职业教育“十四五”系列教材）（全国住房和城乡建设职业教育教学指导委员会建设工程管理专业指导委员会规划推荐教材）. -- ISBN 978-7-112-30456-1

Ⅰ. TU7

中国国家版本馆CIP数据核字第2024FB2089号

“建筑施工工艺”是工程造价与建筑管理类专业的一门主要专业课。该课程是一门实践性很强的技术性课程。它的主要任务是研究建筑工程各主要工种工程施工技术的基本知识、基本理论、施工工艺、施工方法、施工机械。

本课程是培养学生运用专业知识解决工程实际问题的一个重要教学环节，通过本课程的学习使学生掌握一般工业与民用建筑的施工程序，掌握建筑施工主要工种的施工方法、施工工艺、施工特点，了解国内外建筑工程施工新技术、新工艺、新材料、新设备，为从事建筑工程的管理提供良好的平台。

本教材共分为12章，必修内容包括：土方与基坑工程、地基与基础工程、砌体工程、钢筋混凝土工程、预应力混凝土工程、结构安装工程、防水工程、装饰工程；选修内容包括：高层建筑施工、装配式混凝土施工、绿色建筑与绿色施工、BIM技术。

本教材可作为高等职业教育工程造价与建筑管理类专业教材，亦可作为相关人员的岗位培训教材或土建工程技术人员的参考资料。

为更好地支持相应课程的教学，我们向采用本书作为教材的教师提供教学课件，有需要者可与出版社联系，邮箱：jckj@cabp.com.cn，电话：（010）58337285，建工书院 https://edu.cabplink.com（PC端）。

责任编辑：张　晶　冯之倩

责任校对：赵　力

普通高等教育土建学科专业“十一五”规划教材

高等职业教育“十四五”系列教材

全国住房和城乡建设职业教育教学指导委员会建设工程管理专业指导委员会规划推荐教材

建筑施工工艺

（第二版）

（工程造价与建筑管理类专业适用）

魏　杰　吕世尊　主　编

梅　杨　刘　攀　主　审

*

中国建筑工业出版社出版、发行（北京海淀三里河路9号）

各地新华书店、建筑书店经销

北京科地亚盟排版公司制版

廊坊市金虹宇印务有限公司印刷

*

开本：787毫米×1092毫米　1/16　印张：20½　字数：509千字

2024年11月第二版　2024年11月第一次印刷

定价：**58.00**元（赠教师课件）

ISBN 978-7-112-30456-1

（43525）

第二版前言

近年来，随着建筑行业的不断发展和科技的不断进步，“建筑施工工艺”作为建筑工程领域的重要组成部分，也在不断地更新和完善。以教育改革的深入推进为背景，高等教育和职业教育对专业教材的要求不断提高，为了系统地介绍建筑工程的新技术、新工艺、新规范，帮助读者全面了解和掌握建筑施工的各个环节，编者对《建筑施工工艺》这本教材进行修订。

本书旨在为读者提供一本全面、系统、实用的《建筑施工工艺》教材。教材依据高等职业教育建设工程管理、工程造价等相关专业的人才培养方案、课程标准、相关行业规范和标准文件进行编写，确保教材内容符合教育规律、课程思政、行业要求、市场需求和学科发展趋势。本次修订中，教材的整体框架基本未变，依旧沿用第一版结构体系，编写团队结合高等职业教育和建筑行业发展实际情况，对照新技术、新规范等对教材内容进行了修改和增补，增添了装配式混凝土施工、绿色建筑与绿色施工、BIM 技术等内容，并就第一版中的错误和不足进行了修改。

在编写过程中，我们力求体现以下几个特点：一是系统性和完整性，确保书中内容能够全面覆盖建筑施工工艺的各个方面；二是实用性和可操作性，注重介绍具体的施工工艺和操作方法，使读者能够直接应用于实际工作中；三是前瞻性和创新性，关注建筑施工工艺的最新发展动态，介绍了一些新技术、新材料和新工艺。

本书共分为 12 章，由河南建筑职业技术学院魏杰、吕世尊担任主编，许法轩、秦继英担任副主编，梅杨、刘攀担任主审。具体编写分工如下：李静编写第 1 章，秦继英编写第 2 章，魏杰编写第 3 章和第 11 章，吕世尊编写第 4 章和第 12 章，许法轩编写第 5 章和第 7 章，魏留明编写第 6 章，魏萌编写第 8 章，闫利辉编写第 9 章和第 10 章。

本书主要适用于工程造价、建筑工程管理等专业的学生，建筑施工企业的技术人员和管理人员以及相关行业的从业人员。通过本书的学习，读者可以系统地掌握建筑施工工艺的基本知识和技术，提高解决实际问题的能力，为从事建筑施工工作打下坚实的基础。

最后，我们要感谢所有为本书编写提供支持和帮助的专家和学者，以及参与本书编写的所有作者和工作人员。同时，我们也希望读者能够提出宝贵的意见和建议，以便我们不断完善和更新本书的内容。

2024 年 5 月

第一版前言

本书是全国建设管理类高等职业教育工程造价、工程管理、建筑经济管理等专业的主干课教材。本书根据全国高职高专教育土建类专业教学指导委员会制定的培养方案及课程教学大纲编写。编者力求突出建筑工程技术专业领域的新知识、新材料、新工艺和新方法，克服专业教学存在的内容陈旧、更新缓慢、片面强调学科体系完整、不适应企业发展需要的弊端。

“建筑施工工艺”是工程造价、建筑管理专业的主要技术课之一，它主要研究建筑工程的施工工艺、质量验收标准和施工中的安全技术等内容。

通过本课程的学习使学生掌握一般工业与民用建筑的施工程序，掌握建筑施工各分部工程的施工方法、施工工艺、施工特点，了解国内外建筑工程施工新技术、新工艺、新材料、新设备，为从事建筑工程管理提供良好的平台。

本书共分11章，河南建筑职业技术学院丁宪良、魏杰担任主编，参编人员有河南建筑职业技术学院秦继英、王守剑、李静、赵琳霖。山西建筑职业技术学院白峰老师以及山西省建工集团第二公司邢根宝总工程师对本书进行了审稿。第1、6章由李静编写，第2、9章由秦继英编写，第3、4章由魏杰编写，第5、7、10章由王守剑编写，第8、11章由赵琳霖编写。全书由丁宪良、魏杰负责统稿。

2008年5月

目　录

1　土方与基坑工程

土方与基坑工程是建筑工程施工的主要工种工程之一，它主要包括场地平整、土方的开挖、运输和填筑，以及施工排水、降水和土壁支撑等准备和辅助工作。

土方工程的工程量大，施工工期长，劳动强度大，施工条件复杂，又多为露天作业，受气候、水文、地质等影响较大，难以确定的因素较多。因此在组织土方工程施工前，应详细分析与核查各项技术资料（如地下管道、电缆和地下构筑物资料等)，进行现场调查并根据现场施工条件做好施工组织设计，选择好施工方法和机械设备，制定合理的调配方案，实行科学管理，以保证工程质量，缩短工期，并取得较好的经济效果。

1.1　概　　述

1.1.1　土的工程分类

土的种类繁多，分类方法也较多。在这里我们只介绍与土方施工密切相关的工程分类。

在建筑工程施工中常根据土方施工时的开挖难易程度，将土分为松软土、普通土、坚土、砂砾坚土、软石、次坚石、坚石、特坚石 8 类，称为土的工程分类。前 4 类属一般土，后 4 类属岩石，土的工程分类与现场鉴别方法见表 1-1。

土的工程分类与现场鉴别方法　　表 1-1

土的分类	土的名称	开挖方法	可松性系数	
			K_s	K_s'
一类土（松软土）	砂土、粉土，冲积砂土，种植土、泥炭（淤泥）	能用锹、锄头挖掘	1.08～1.17	1.01～1.03
二类土（普通土）	粉质黏土，潮湿的黄土，夹有碎石、卵石的砂，种植土、填筑土	用锹、锄头挖掘，少许用镐翻松	1.14～1.28	1.02～1.05
三类土（坚土）	软及中等密实黏土，重粉质黏土，粗砾石，干黄土及含碎石、卵石的黄土、粉质黏土，压实的填筑土	主要用镐，少许用锹、锄头，部分用撬棍	1.24～1.30	1.04～1.07
四类土（砂砾坚土）	重黏土及含碎石、卵石的黏土，粗卵石，密实的黄土、天然级配砂石，软的泥灰岩及蛋白石	用镐、撬棍，然后用锹挖掘，部分用楔子及大锤	1.26～1.32	1.06～1.09
五类土（软石）	硬石炭纪黏土，中等密实的页岩、泥灰岩，白垩土，胶结不紧的砾岩，软的石灰岩	用镐或撬棍、大锤，部分使用爆破	1.30～1.45	1.10～1.20
六类土（次坚石）	泥岩，砂岩，砾岩，坚实的页岩、泥灰岩，密实的石灰岩，风化花岗岩、片麻岩	用爆破方法，部分用风镐	1.30～1.45	1.10～1.20

续表

土的分类	土的名称	开挖方法	可松性系数	
			K_s	K_s'
七类土（坚石）	大理岩，辉绿岩，粗、中粒花岗岩，坚实的白云岩、砂岩、砾岩、片麻岩、石灰岩	用爆破方法	1.30～1.45	1.10～1.20
八类土（特坚石）	玄武岩，花岗片麻岩、坚实的细粒花岗岩、闪长岩、石英岩、辉绿岩	用爆破方法	1.45～1.50	1.20～1.30

注：K_s 为最初可松性系数；K_s'为最后可松性系数。

土的开挖难易程度不同影响着土方开挖的方法、劳动量的消耗、工期的长短、工程的费用。因此，在建筑工程管理中应首先根据土的工程分类确定土的类别。

1.1.2 土的工程性质

土的工程性质对土方工程的施工有直接影响，在施工之前应详细了解，以避免给工程施工带来不必要的麻烦。其中基本的工程性质有：土的密度、土的密实度、土的可松性、土的压缩性、土的含水量、土的渗透性等。

1. 土的密度

土的密度分天然密度和干密度。

土的天然密度，指土在天然状态下单位体积的质量；它影响土的承载力、土压力及边坡的稳定性。土的天然密度按下式计算：

$$\rho = m/V \tag{1-1}$$

式中 ρ——土的天然密度（kg/m^3）；

m——土的总质量（kg）；

V——土的天然体积（m^3）。

土的干密度，指单位体积土中固体颗粒的质量；土的干密度越大，表示土越密实。工程上常把土的干密度作为检验填土压实质量的控制指标。土的干密度按下式计算：

$$\rho_d = m_s/V \tag{1-2}$$

式中 ρ_d——土的干密度（kg/m^3）；

m_s——土中固体颗粒的质量（kg）；

V——土的天然体积（m^3）。

2. 土的密实度

土的密实度，即施工时的填土干密度与实验室所得的最大干密度之比值，其计算式如下：

$$\lambda_c = \rho_d/\rho_{dmax} \tag{1-3}$$

式中 λ_c——密实度（即压实系数）；

ρ_d——土的干密度，即土的实际干密度（kg/m^3）；

ρ_{dmax}——土的最大干密度（kg/m^3）。

土的密实度对填土的施工质量有很大影响，它是衡量回填土施工质量的重要指标。

3. 土的可松性

土的可松性是指在自然状态下的土经开挖后，其体积因松散而增大，以后虽经回填压实，也不能恢复其原来的体积。由于土方工程量是以自然状态的体积来计算的，所以在土方调配、计算土方机械生产率及运输工具数量等的时候必须考虑土的可松性。

土的可松性程度用可松性系数表示，即

$$K_s=\frac{V_2}{V_1};\ K_s'=\frac{V_3}{V_1} \tag{1-4}$$

式中 K_s——最初可松性系数；

K_s'——最后可松性系数；

V_1——土在天然状态下的体积（m^3）；

V_2——土经开挖后的松散体积（m^3）；

V_3——土经回填压实后的体积（m^3）。

在土方工程中，K_s 是计算土方施工机械及运土车辆等的重要参数，K_s' 是计算场地平整标高及填方时所需挖土量等的重要参数。不同类型土的可松性系数可参照表 1-1。

4. 土的压缩性

移挖作填或取土回填，松土经填压后会压缩，一般松土的压缩率见表 1-2。在松土回填时应考虑土的压缩率，一般可按填方断面增加 10%～20%计算松土方数量。

土的压缩率 表 1-2

土的类别	土的名称	土的压缩率（%）	每 $1m^3$ 松散土压实后的体积（m^3）	土的类别	土的名称	土的压缩率（%）	每 $1m^3$ 松散土压实后的体积（m^3）
一、二类土	种植土	20	0.80	三类土	天然湿度黄土	12～17	0.85
	一般土	10	0.90		一般土	5	0.95
	砂土	5	0.95		干燥坚实黄土	5～7	0.94

5. 土的含水量

土的含水量 ω 是土中所含水的质量与土的固体颗粒的质量之比，以百分数表示，其计算式如下：

$$\omega=\frac{G_1-G_2}{G_2}\times 100(\%) \tag{1-5}$$

式中 G_1——含水状态时土的质量（kg）；

G_2——土烘干后的质量（kg）。

土的含水量影响土方施工方法的选择、边坡的稳定和回填土的夯实质量。如土的含水量超过 25%～30%，则机械化施工就困难，容易打滑、陷车；回填土则需有最佳含水量，方能夯压密实，获得最大干密度。土的最佳含水量和最大干密度参考值见表 1-3。

土的最佳含水量和最大干密度参考值 表 1-3

土 的 种 类	最佳含水量（质比）（%）	最大干密度（g/cm^3）
砂土	8～12	1.80～1.88
粉土	16～22	1.61～1.80
黏土	19～23	1.58～1.70
粉质黏土	12～15	1.85～1.95

6. 土的渗透性

土的渗透性是指水在土体中渗流的性能，一般以渗透系数 K 表示。渗透系数 K 值将直接影响降水方案的选择和涌水量计算的准确性，一般应通过扬水试验确定，表 1-4 所列数据仅供参考。

土体渗透系数经验值　　表 1-4

土体名称	渗透系数 K（cm/s）	土体名称	渗透系数 K（cm/s）
淤泥、淤泥质土、黏土	$1\times10^{-7}\sim1\times10^{-6}$	中砂	$6\times10^{-3}\sim2.4\times10^{-2}$
粉质黏土	$1\times10^{-6}\sim6\times10^{-5}$	粗砂	$2.4\times10^{-2}\sim6\times10^{-2}$
粉质壤土、粉土、砂壤土	$6\times10^{-6}\sim6\times10^{-4}$	砂砾、圆砾	$6\times10^{-2}\sim1\times10^{-1}$
黄土	$1\times10^{-6}\sim1\times10^{-3}$	卵石	$1\times10^{-1}\sim1\times10^{0}$
粉砂、细砂	$6\times10^{-4}\sim6\times10^{-3}$	粒径均匀的巨砾	$\geqslant1\times10^{0}$

1.2 场地平整

1.2.1 土方工程施工前的准备工作

土方工程施工前应做好下述准备工作：

（1）场地清理：包括清理地面及地下各种障碍。在施工前应拆除旧房和古墓，拆除或改建通信、电力设备、地下管线及地下建筑物，迁移树木，去除耕植土及河塘淤泥等。

（2）排除地面水：场地内低洼地区的积水必须排除，同时应注意雨水的排除，使场地保持干燥，以利土方施工。地面水的排除一般采用排水沟、截水沟、挡水土坝等措施。

（3）修筑好临时道路及供水、供电等临时设施。

（4）做好材料、机具及土方机械的进场工作。

（5）做好土方工程测量、放线工作。

（6）根据土方施工设计做好土方工程的辅助工作，如边坡稳定、基坑（槽）支护、降低地下水等。

1.2.2 场地平整的土方工程量计算

场地平整就是将天然地面改造成我们所要求的平面。首先确定场地平整设计标高，场地平整设计标高的确定一般有两种情况。

一种情况是整体规划设计时确定场地设计标高，此时必须综合考虑的因素是：

（1）要与已有建筑标高相适应；

（2）要能满足生产工艺和运输的要求；

（3）要尽量利用地形，减少挖方数量；

（4）要求场地内的挖方和填方基本平衡，以降低土方运输的费用；

（5）要有一定的泄水坡度，以满足排水需要等。

另一种情况是总体规划没有确定场地设计标高时，按场地内挖填平衡，降低运输费用为原则，确定设计标高，由此可计算场地平整的土方量。

计算场地平整的土方量的步骤如下：

（1）划分方格网。依据已有地形图（一般用 1/500 的地形图）划分成边长相等的若干个方格网，方格网一般采用 20m×20m～40m×40m。

(2) 确定各角点的自然地面标高。

(3) 确定各角点的设计地面标高。

(4) 确定各个角点的施工高度（挖或填），挖方为（－），填方为（＋）。

(5) 确定零线。

(6) 计算方格挖、填方量。

(7) 计算土方量汇总。

分别将挖方区（或填方区）所有方格计算的土方量和边坡土方量汇总，即得该场地挖方和填方的总土方量。

1.2.3 场地平整的施工方案

按场地平整内容的施工顺序，可分为下述 3 个方案：

(1) 先平整场地后开挖基坑（槽）；

(2) 先开挖基坑（槽）后平整场地；

(3) 边开挖基坑（槽）边平整场地。

在实际施工过程中，具体采用何种方案要根据施工现场的实际情况选择切合本工程实施的施工方案。

1.3 基坑（槽）开挖

1.3.1 建筑物的定位与放线

基坑（槽）的施工，首先应进行房屋定位和标高引测，然后根据基础的底面尺寸、埋置深度、土质好坏、地下水位的高低及季节性变化等不同情况，考虑施工需要，确定是否需要留工作面（施工人员操作、支模板等所需要的平面位置，例如混凝土基础施工时工作面一般留宽 300mm)、放坡、增加排水设施和设置支撑，从而定出挖土边线和进行放灰线工作。

基槽放线：根据房屋主轴线控制点，首先将外墙轴线的交点用木桩测设在地面上，并在桩顶钉上钢钉作为标志。房屋外墙轴线测定以后，再根据建筑物平面图，将内部开间所有轴线都一一测出。最后根据边坡系数计算的开挖宽度在中心轴线两侧用石灰在地面上撒出基槽开挖边线。同时在房屋四周设置龙门板，以便于基础施工时复核轴线位置。

柱基放线：在基坑开挖前，从设计图上查对基础的纵横轴线编号和基础施工详图，根据柱子的纵横轴线，用经纬仪在矩形控制网上测定基础中心线的端点，同时在每个柱基中心线上，测定基础定位桩，每个基础的中心线上设置 4 个定位木桩，其桩位离基础开挖线的距离为 0.5～1.0m。若基础之间的距离不大，可每隔 1～2 个或几个基础打一个定位桩，但两个定位桩的间距以不超过 20m 为宜，以便拉线恢复中间柱基的中线。桩顶上钉一钉子，标明中心线的位置。然后按施工图上柱基的尺寸和按边坡系数确定的挖土边线的尺寸，放出基坑上口挖土灰线，标出挖土范围。

大基坑开挖，根据房屋的控制点用经纬仪放出基坑四周的挖土边线。

1.3.2 土壁支护

1. 土方边坡及其稳定

土方边坡坡度以其高度 H 与其底宽 B 之比表示。边坡可做成直线形、折线形或踏步形（图 1-1）。

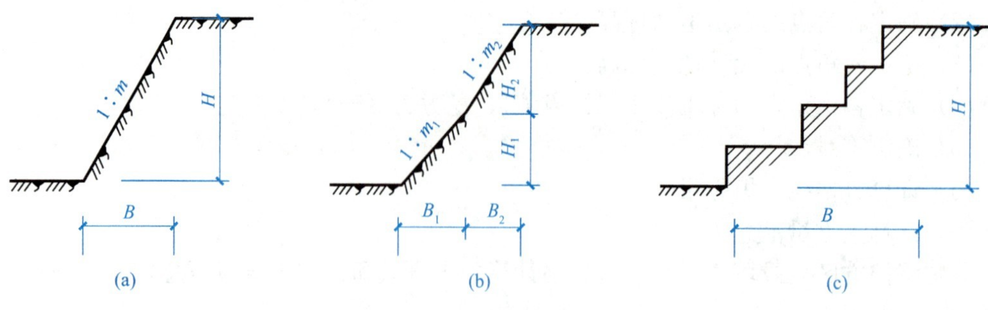

图 1-1 土方边坡

(a) 直线形；(b) 折线形；(c) 踏步形

$$土方边坡坡度=\frac{H}{B}=\frac{1}{B/H}=\frac{1}{m} \tag{1-6}$$

式中 m——坡度系数，$m=B/H$。

施工中，土方边坡坡度的留设应考虑土质、开挖深度、开挖方法、施工工期、地下水水位、坡顶荷载及气候条件等因素。临时性挖方边坡坡度应符合表 1-5 的规定。

临时性挖方边坡坡度 表 1-5

土的类别		边坡坡度（高：宽）
砂土（不包括细砂、粉砂）		1：1.25～1：1.50
一般性黏土	硬	1：0.75～1：1.00
	硬、塑	1：1.00～1：1.25
	软	1：1.50 或更缓
碎石类土	充填坚硬、硬塑黏性土	1：0.50～1：1.00
	充填砂土	1：1.00～1：1.50

注：1. 设计有要求时，应符合设计标准。

2. 如采用降水或其他加固措施，可不受本表限制，但应计算复核。

3. 开挖深度，对软土不应超过 4m，对硬土不应超过 8m。

当土的湿度、土质及其他地质条件较好且地下水位低于基底时，深度超过上述规定但在 5m 以内不加支撑的基坑或管沟，其边坡的最大允许坡度不得超过表 1-6 的规定。

深度在 5m 的基坑（槽）、管沟边坡的最大允许坡度（不加支撑） 表 1-6

土的类别	边坡坡度（高：宽）		
	坡顶无荷载	坡顶有静载	坡顶有动载
中密的砂土	1：1.00	1：1.25	1：1.50
中密的碎石类土（充填物为砂土）	1：0.75	1：1.00	1：1.25
硬塑的粉土	1：0.67	1：0.75	1：1.00
中密的碎石类土（充填物为黏性土）	1：0.50	1：0.67	1：0.75
硬塑的粉质黏土、黏土	1：0.33	1：0.50	1：0.67
老黄土	1：0.10	1：0.25	1：0.33
软土（经井点降水后）	1：1.00	—	—

注：1. 静载指堆土或材料等，动载指机械挖土或汽车运输作业等。静载或动载距挖方边缘的距离应保证边坡和直立壁的稳定，堆土或材料应距挖方边缘 0.8m 以外，高度不超过 1.5m。

2. 当有成熟施工经验时，可不受本表限制。

一般情况下，应对土方边坡作稳定分析，即在一定开挖深度及坡顶荷载下，选择合适的边坡坡度，使土体抗剪切破坏有足够的安全度，而且其变形不应超过某一容许值。

边坡稳定的分析方法很多，如摩擦圆法、条分法等。有关这方面的计算，可参考有关资料。

施工中除应正确确定边坡，还要进行护坡，以防边坡发生滑动。土坡的滑动一般是指土方边坡在一定范围内整体沿某一滑动面向下和向外移动而丧失其隐定性（图 1-2）。边坡失稳往往是在外界不利因素影响下触发和加剧的。这些外界不利因素往往导致土体剪应力的增加或抗剪强度的降低。

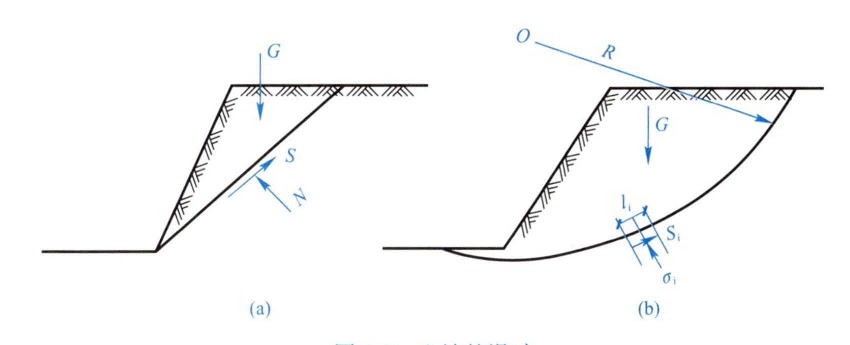

图 1-2 土坡的滑动

（a）直线滑动面；（b）圆弧滑动面

土体的下滑在土体中产生剪应力，引起下滑力增加的因素主要有：坡顶上堆物、行车等荷载；雨水或地面水渗入土中使土的含水量提高而使土的自重增加；地下水的渗流产生一定的动水压力；土体竖向裂缝中的积水产生侧向静水压力等。引起土体抗剪强度降低的因素主要是：气候的影响使土质松软；土体内含水量增加而产生润滑作用；饱和的细砂、粗砂受振动而液化等。

因此，在土方施工中要预估各种可能出现的情况，采取必要的措施护坡防坍塌，特别要注意及时排除雨水、地面水，防止坡顶集中堆荷及振动。必要时可采用钢丝网细石混凝土（或砂浆）护坡面层。如是永久性土方边坡，则应做好永久性加固措施。

2. 基坑（槽）支护

开挖基坑（槽）时，如地质条件及周围环境许可，采用放坡开挖是较经济的。但在建筑稠密地区施工，或有地下水渗入基坑（槽）时，往往不可能按要求的坡度放坡开挖，就需要进行基坑（槽）支护，以保证施工的顺利和安全，并减少对相邻建筑、管线等的不利影响。

基坑（槽）支护结构的主要作用是支撑土壁。此外，钢板桩、混凝土板桩及水泥土搅拌桩等围护结构还兼有不同程度的隔水作用。

基坑（槽）支护结构的形式有多种，根据受力状态可分为横撑式支撑、板桩式支护结构、重力式支护结构，其中，板桩式支护结构又分为悬臂式和支撑式。

（1）横撑式支撑

开挖较窄的沟槽，多用横撑式土壁支撑。横撑式土壁支撑根据挡土板的不同，分为水平挡土板支撑和垂直挡土板支撑两类，水平挡土板的布置又分间断式和连续式两种，如

图 1-3 所示。湿度小的黏性土挖土深度小于 3m 时，可用间断式水平挡土板支撑；对松散、湿度大的土可用连续式水平挡土板支撑，挖土深度可达 5m。对松散和湿度很高的土可用垂直挡土板式支撑，挖土深度不受限制。

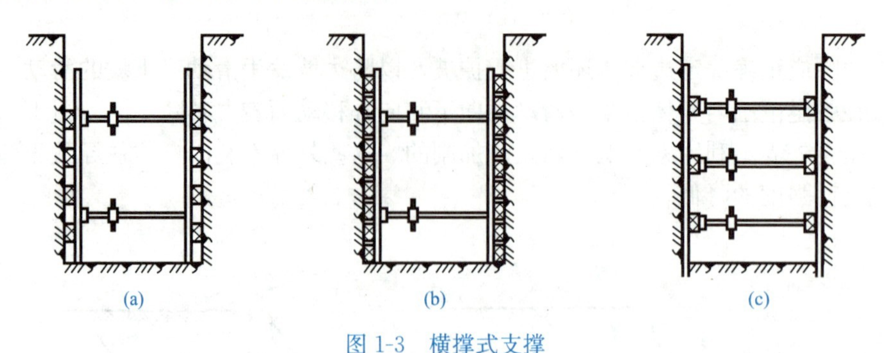

图 1-3　横撑式支撑

(a) 间断式水平挡土板支撑；(b) 连续式水平挡土板支撑；(c) 连续式垂直挡土板支撑

挡土板、立柱及横撑的强度、变形与稳定等可根据实际布置情况进行结构计算。

(2) 板桩式支护结构

板桩式支护结构由两大系统组成：挡墙系统和支撑（或拉锚）系统（图 1-4）。悬臂式板桩式支护结构则不设支撑（或拉锚）。

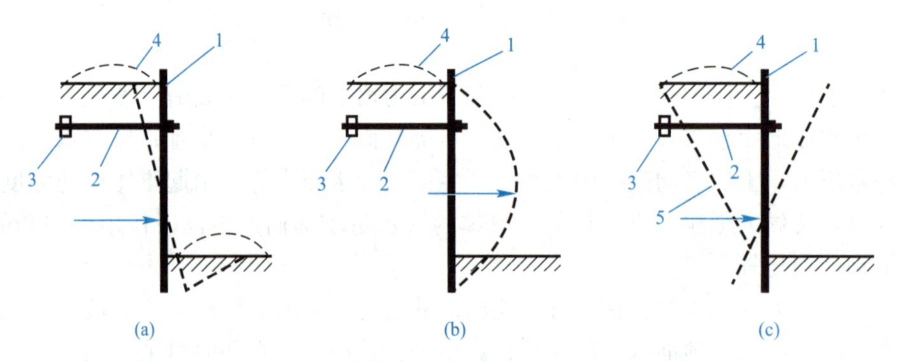

图 1-4　板桩破坏情况示意图

(a) 入土深度不够；(b) 截面尺寸过小；(c) 拉锚力不足

1—板桩；2—锚杆；3—锚锭；4—土堆；5—破坏面

挡墙系统常用的材料有型钢、钢板桩、钢筋混凝土板桩、钢筋混凝土灌注桩、地下连续墙，少量采用木材。

支撑系统一般采用大型钢管、H 型钢或格构式钢支撑，也可采用现浇钢筋混凝土支撑。拉锚系统材料一般用钢筋、钢索、型钢或土锚杆。根据基坑开挖的深度及挡墙系统的截面性能，可设置一道或多道支撑（或拉锚）。基坑较浅，挡墙具有一定刚度时，可采用悬臂式挡墙而不设支撑或拉锚。

支撑或拉锚与挡墙系统通过围檩、压顶梁等连接成整体。

板桩施工要正确选择打桩方法、打桩机械，合理进行流水段划分，以便使打设后的板桩墙有足够的刚度和防水作用，且板桩墙面平直，以满足墙内支撑安装精度的要求，对封闭式板桩墙还要求封闭合拢。

1）钢板桩

钢板桩有平板形和波浪形（图 1-5）两种。钢板桩通过锁口互相连接，形成一道连续的挡墙。由于锁口的连接，使钢板桩之间连接牢固，形成整体。同时，其也具有较好的隔水能力。钢板桩截面积小，易于打入。U 形、Z 形等波浪式钢板桩截面抗弯能力较好，施工完毕后还可拔出重复使用。

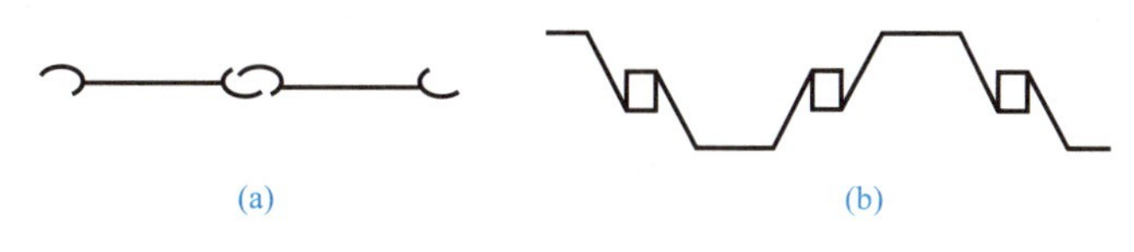

图 1-5 常用钢板桩

（a）平板形；（b）波浪形

对于钢板桩，通常有三种打桩方法：

① 单独打入法

此法是从一角开始逐块插打，每块钢板桩自起打到结束中途不停顿。因此，桩机行走路线短，施工简便，打设速度快。但是，由于单块打入易向一边倾斜，累计误差不易纠正，壁面平直度难以控制。一般在钢板桩长度不大（小于 10m）、工程要求不高时宜采用此法。

② 围檩插桩法

围檩插桩法采用围檩支架作板桩打设的导向装置，如图 1-6 所示。围檩支架由围檩和围檩桩组成，在平面上分单面围檩和双面围檩，高度方向有单层和双层之分。其在打设板桩时起导向作用。双面围檩之间的距离，比两块板桩组合宽度大 8～15mm。

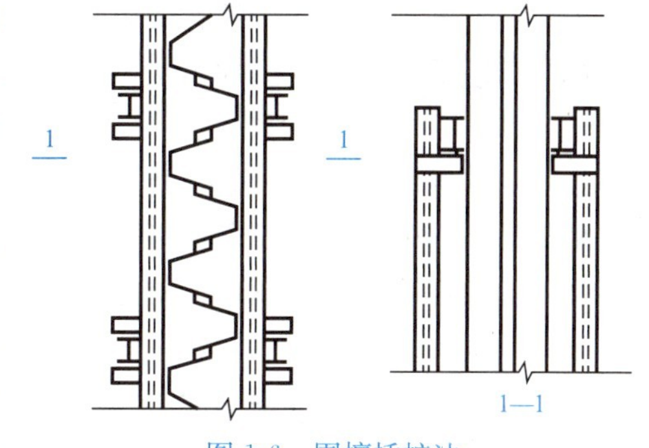

图 1-6 围檩插桩法

双层围檩插桩法是在地面上，离板桩墙轴线一定距离先筑起双层围檩支架，而后将钢板桩依次在双层围檩中全部插好，成为一个高大的钢板桩墙，待四角实现封闭合拢后，再按阶梯形逐渐将板桩一块块打入设计标高。此法优点是可以保证平面尺寸准确和钢板桩垂直度，但施工速度慢，不经济。

③ 分段复打桩

分段复打桩又称屏风法，是将 10～20 块钢板桩组成的施工段沿单层围檩插入土中一定深度形成较短的屏风墙，先将其两端的两块打入，严格控制其垂直度，打好后用电焊固定在围檩上，然后将其他的板桩按顺序以 1/2 或 1/3 板桩高度打入。此法可以防止板桩过大的倾斜和扭转，防止误差积累，有利于实现封闭合拢，且分段打设不会影响邻近板桩施工。

打桩锤根据板桩打入阻力确定，该阻力包括板桩端部阻力、侧面摩擦阻力和锁口阻力。桩锤不宜过重，以防因过大锤击而产生板桩顶部纵向弯曲，一般情况下，桩锤重量约为钢板桩重量的两倍。此外，选择桩锤时还应考虑锤体外形尺寸，其宽度不能大于组合打入板桩块数的宽度之和。

地下工程施工结束后，钢板桩一般都要拔除，以便重复使用。要正确确定钢板桩的拔除方法与拔除顺序，由于板桩拔除时会引起土体变形，对周围环境造成危害，必要时还应采取注浆填充等方法。

2）地下连续墙

桩墙结构是在基坑开挖前沿基坑边缘施工成排的桩或地下连续墙，并使其底端嵌入基坑底面以下。随着基坑的分层向下开挖，在桩墙表面设置支点，支点形式可以采用内支撑，也可以采用锚杆。在桩墙结构侧壁土压力的作用下，桩墙结构的受力形式相当于梁板结构，内支撑可根据具体结构形式进行结构设计计算，锚杆则单独进行承载力的设计计算。这种结构不设置支点时，为悬臂梁结构，但悬臂结构只适合在基坑深度较浅同时周边环境对支护结构水平位移要求不高的情况下采用。实际工程中常采用的桩墙结构形式主要有：排桩—锚杆结构、排桩—内支撑结构、地下连续墙—锚杆结构、地下连续墙—内支撑结构等。

① 地下连续墙施工工艺

修筑导墙→挖槽→吊放接头管（箱）、吊放钢筋笼→浇筑混凝土。

导墙的作用：护槽口，为槽定位（标高、水平位置、垂直），支撑（机械、钢筋笼等），存放泥浆（可保持泥浆面高度）。泥浆的作用：护壁，携渣，冷却，润滑。

目前，在地下连续墙施工中国内外常用的挖槽机械，按其工作机理分为挖斗式、冲击式和回转式三大类，而每一类中又分为多种。

常用的方法有砂石吸力泵排泥、压缩空气升液排泥和潜水泥浆泵排泥。

采取在钢筋笼内放桁架的方法防止钢筋笼起吊时变形。

单元墙段的接头。常用的施工接头有以下几种：

a. 接头管（亦称锁口管）接头，应用最多。一个单元槽段土方挖好后，于槽段端部用吊车放入接头管，然后吊放钢筋笼并浇筑混凝土，待浇筑的混凝土强度达到 0.05～0.20MPa 时（一般在混凝土浇筑后 3～5h，视气温而定），开始用吊车或液压顶升架提拔接头管，上拔速度应与混凝土浇筑速度、混凝土强度增长速度相适应，一般为 2～4m/h，应在混凝土浇筑结束后 8h 内将接头管全部拔出。接头管直径一般比墙厚小 50mm，可根据需要分段、接长，端部半圆形可以增强整体性和防水能力。

b. 接头箱接头。一个单元槽段挖土结束后，吊放接头箱，再吊放钢筋笼。钢筋笼端部的水平钢筋可插入接头箱内。接头箱的开口面被焊在钢筋笼端部的钢板封住，因而浇筑的混凝土不能进入接头箱。混凝土初凝后，与接头管一样逐步吊出接头箱。

c. 隔板式接头。隔板式接头按隔板的形状分为平隔板、榫形隔板和 V 形隔板。由于隔板与槽壁之间难免有缝隙，为防止新浇筑的混凝土渗入，要在钢筋笼的两边铺贴维尼龙等化纤布。化纤布可把单元槽段钢筋笼全部罩住，也可以只罩住 2～3m 宽。要注意吊入钢筋笼时不要损坏化纤布。

带有接头钢筋的榫形隔板式接头，能使各单元墙段形成一个整体，是一种较好的接头方式。但插入钢筋笼较困难，且接头处混凝土的流动亦受到阻碍，施工时要特别加以注意。

地下连续墙与内部结构的楼板、柱、梁、底板等连接的结构接头，常用的有下列几种：

a. 预埋连接钢筋法。此法应用最多。连接钢筋弯折后预埋在地下连续墙内，待内部土体开挖后露出墙体时，凿开预埋连接钢筋处的墙面，将露出的预埋连接钢筋弯成设计形状、连接。考虑到连接处往往是结构的薄弱处，设计时一般使连接筋有 20%的富余。

b. 预埋连接钢板法。这是一种钢筋间接连接的接头方式。预埋连接钢板放入并与钢筋笼固定。浇筑混凝土后凿开墙面使预埋连接钢板外露，用焊接方式将后浇结构中的受力钢筋与预埋连接钢板焊接。

c. 预埋剪力连接件法。剪力连接件的形式有多种。剪力连接件先预埋在地下连续墙内，然后弯折出来与后浇结构连接。

② 地下连续墙的规范要求

地下连续墙的常用厚度为 600～800mm，已建工程中最大厚度为 1200mm。墙厚除满足设计要求外，还需结合成槽机械的规格决定，不宜小于 600mm。

地下连续墙单元墙段（槽段）的长度、形状，应根据整体平面布置、受力特性、槽壁稳定性、环境条件和施工要求等因素综合确定。当地下水位变动频繁或槽壁孔可能发生坍塌时，应进行成槽试验及槽壁的稳定性验算。地下连续墙受力钢筋应采用 HRB400、HRB500 级钢筋，直径不宜小于 20mm；构造钢筋可采用 HPB300 级或 HRB400 级钢筋，直径不宜小于 14mm；竖向钢筋的净距不宜小于 75mm；构造钢筋的间距不应大于 300mm。单元槽段的钢筋笼宜装配成一个整体；必须分段时，宜采用焊接或机械连接，应在结构内力较小处布置接头位置，接头应相互错开。地下连续墙钢筋的保护层厚度：对临时性支护结构不宜小于 50mm，对永久性支护结构不宜小于 70mm。竖向受力钢筋应有一半以上通长配置。当地下连续墙与主体结构连接时，预埋在墙内的受力钢筋、连接螺栓或连接钢板，均应满足受力计算要求，锚固长度满足现行《混凝土结构设计规范》GB 50010—2010（2015 年版）的要求，预埋钢筋应采用 HPB300 级钢筋，直径不宜大于 20mm。地下连续墙墙体混凝土的抗渗等级不得小于 0.6MPa，二层以上地下室不宜小于 0.8MPa。当墙段之间的接缝不设止水带时，应选用锁口圆弧形、槽形或 V 形等可靠的防渗止水接头，接头面应严格清刷，不得存有夹泥或沉渣。

地下室逆作法施工时，楼盖、梁和板整体浇筑作为水平支撑体系，应符合承载力、刚度及抗裂要求。在出土口处先施工板下梁系形成水平支撑体时，应按平面框架方法计算内力和变形，其肋梁应按偏心受压杆件验算构件的承载力和稳定性。肋梁应留出插筋以与混凝土墙体的竖筋连接。当采用梁、板分次浇筑施工时，肋梁上应留出箍筋以便与后浇的混凝土楼板结合形成整体。

地下连续墙与地下结构梁、板的连接，应通过墙体的预埋构件；与底板应采用整体连接；接头钢筋应采用焊接或机械连接。宜在墙内侧设置钢筋混凝土内衬墙，满足地下室使用要求。

地下主体结构的梁、板在施工期间有超载时（如走车、堆土等），应考虑其影响。在兼作施工平台和栈桥时，其构件的强度和刚度应按正常使用和施工两种工况分别进行验算。立柱和立柱桩的荷载应包括施工平台或栈桥所受的施工荷载。竖向立柱的沉降，应满足主体结构的受力和变形要求。

(3) 重力式支护结构

重力式支护结构主要通过加固基坑周边土形成一定厚度的重力式墙，以达到挡土目的。

1）水泥土搅拌桩

常用深层搅拌水泥桩支护墙，即在基坑四周用深层搅拌法将水泥与土拌合，形成块状连续壁或格状连续壁与壁间土组成复合重力式支护结构。这种支护墙具有防渗和挡土的双重功能，要求两桩间应搭接200mm，宜用于场地较开阔、挖深不大于6m、土质承载力标准值小于150kPa的软土或较软土中。此外，尚有高压旋喷帷幕墙、水泥粉喷桩、化学注浆防渗挡土墙等形式的重力式支护结构。

水泥土加固体的强度取决于水泥掺入比（水泥重量与加固土体重量的比值），围护墙常用的水泥掺入比为12%～14%，常用的水泥强度等级为42.5级。

2）土钉墙结构

最常用的土钉墙结构是在分层分段挖土的条件下，分层分段施工做土钉和配有钢筋网的喷射混凝土面层，挖土与土钉施工交叉作业，并保证每一施工阶段基坑的稳定性。土钉的水平与竖向间距一般在1～2m之间。其受力特点是通过斜向土钉对基坑边坡土体的加固，增加边坡的抗滑力和抗滑力矩，以满足基坑边坡稳定的要求。这类结构一般采用钻孔中内置钢筋、然后在孔中注浆的土钉，坡面用配有钢筋网的喷射混凝土形成的土钉墙；也有采用打入式钢管再向钢管内注浆的土钉；还有采用土钉和预应力锚杆等结合的复合土钉墙结构。

① 土钉墙支护的特点及适用范围

土钉墙支护技术是一种原位土体加固技术，由原位土体、设置在土中的土钉与喷射混凝土面层组成。

土钉墙支护技术通过原位土体加固，可充分利用原位土体的自稳能力，因而能大幅度降低支护造价，一般比桩墙式支护结构节约费用30%～60%，而且施工期短，具有显著的经济效益。土钉墙一般适用于地下水位以上或经人工降水后的人工填土、黏质土和微黏质砂土（$N \geqslant 5$的砂质土和$N \geqslant 3$的黏质土），不宜用于含水丰富的粉细砂层、砂卵石层和淤泥质土。

土钉墙结构由土钉和面层两部分构成，土钉主要包括钻孔注浆土钉和打入式土钉两种形式。

钻孔注浆土钉为最常用的土钉，一般采用16～32mm的HRB400、HRB500级钢筋，置于70～120mm钻孔中，采用强度等级不低于M10的水泥浆或水泥砂浆注入孔中形成。水泥浆水灰比一般为0.5左右，水泥砂浆配合比一般为1∶1～1∶2，水灰比为0.4～0.45。注浆土钉设定位支架以使钢筋居中，孔口宜设置止浆塞及排气管。

打入式土钉一般采用钢管等材料打入土中形成。打入式土钉一般钉长较短，施工简单快速，但不宜用于密实胶结土中。当打入钢管为周围带孔的闭口钢管时，可在打入后进行管内注浆，增强土钉与土的黏结力，提高土钉的抗拔能力。注浆方式有低压注浆与高压喷射注浆等。

土钉长度一般为开挖深度的0.5～1.2倍，间距为1～2m，水平夹角一般为5°～20°，适用的土钉墙墙面坡度不宜大于1∶0.1。

面墙为土钉墙的重要组成部分。一般由$\phi 6 \sim \phi 10$mm、间距150～300mm的钢筋网，强度等级不低于C20的喷射混凝土组成，面层厚度一般为80～150mm。为保证土钉与面墙的有效连接，可采用加强钢筋与土钉和分布钢筋连接，也可采用承压垫板方法连接。

② 土钉支护施工

施工工艺步骤：a. 按设计要求开挖工作面，修正边坡；b. 喷射第一层混凝土；c. 安设土钉（包括钻孔、插筋、注浆等）；d. 绑扎钢筋网，留搭接筋，喷射第二层混凝土；e. 继续开挖土方，按此循环，直至坑底标高。

喷射混凝土施工：水泥强度等级不低于 42.5MPa，石子粒径不宜大于 15mm，水灰比为 0.4～0.45。喷射时，喷头与喷面应垂直，宜保持 0.6～1m 的距离。钢筋网宜在喷射一层混凝土后铺设，钢筋与坡面的间隙宜大于 20mm。钢筋网与下层应搭接，其搭接长度为 25 倍的钢筋直径。终凝 2h 后，要洒水养护，根据气温条件，一般养护 3～7d。

土钉施工：土钉施工机具可采用螺旋钻、冲击钻、地质钻、洛阳铲等。按设计图的纵向、横向尺寸及与水平面的夹角进行钻孔施工。钢筋要平直、除锈、除油。注浆材料用水泥浆或水泥砂浆，水泥砂浆配合比一般为 1∶1～1∶2，水灰比为 0.4～0.45。注浆管插到距孔底 250～500mm，为保证注浆饱满，在孔口设止浆塞。土钉应设定位器，以使钢筋居中。

1.3.3 基坑（槽）土方量计算

1. 基坑土方工程量计算

基坑土方工程量可按几何中的棱柱体（由两个平行的平面做底的一种多面体）体积公式计算，如图 1-7 所示。即：

$$V=\frac{H}{6}(A_1+4A_0+A_2) \tag{1-7}$$

式中 V——基坑的土方工程量（m^3）；

H——基坑深度（m）；

A_1、A_2——基坑上、下底的面积（m^2）；

A_0——基坑的中截面面积（m^2）。

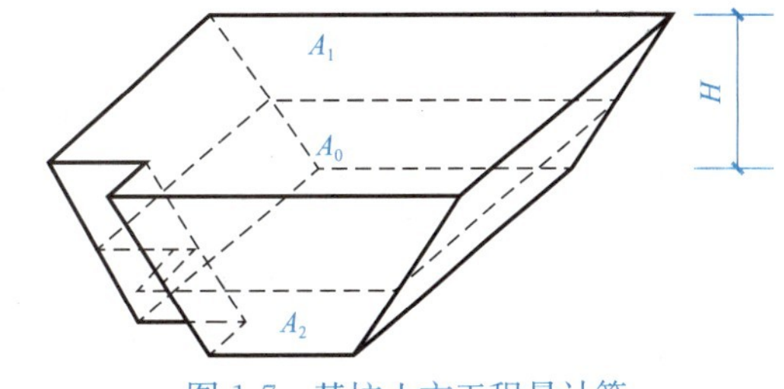

图 1-7 基坑土方工程量计算

2. 基槽土方工程量计算

（1）等截面基槽

土方工程量按下式计算：

$$V=AL \tag{1-8}$$

式中 V——基槽的土方工程量（m^3）；

A——基槽横断面面积（m^2）；

L——基槽的长度（m）。外墙中心线之间的长度；内墙净长线之间的长度。

（2）不等截面基槽

基槽和路堤的土方量可以沿长度方向分段后，再用同样的方法计算。如图 1-8 所示。即：分段之土方工程量按下式计算：

$$V_1=\frac{L_1}{6}(A_1+4A_0+A_2) \tag{1-9}$$

式中 V_1——第一段的土方工程量（m^3）；

L_1——第一段的长度（m）。

将各段土方工程量相加，即得总土方工程量：$V=V_1+V_2+\cdots+V_n$

式中 V_1、V_2、…、V_n——各分段的土方工程量（m^3）。

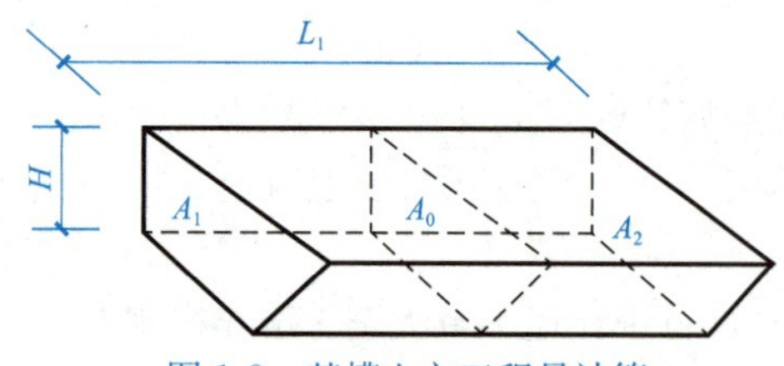

图 1-8 基槽土方工程量计算

1.3.4 施工排水与降低地下水位

基坑（槽）开挖、降排水措施和支护方案虽然属于施工期间的临时措施，但对施工的安全、工期和经济效益有较大的影响，特别是对于地下水位较高的软土地基，其往往是整个高层建筑的关键技术之一，投资达数千万元，有的高层建筑这项费用甚至达到整个建筑工程费用的20%以上。因此，除了精心设计外，施工时应加强检测，根据结构的应力、位移、坑底的隆起量和渗漏量等信息指导施工过程，必要时对原设计进行修改和完善。对可能出现的险情应有充分的估计，设计时就应考虑到后备措施。

当基坑（槽）开挖和基础施工期间的最高地下水位高于坑底设计标高时，应对地下水位进行处理，以保证开挖期间获得干燥的作业面，保证坑（槽）底、边坡和基础底板的稳定，同时确保邻近基坑的建筑物和其他设施的正常运行。

根据基坑（槽）开挖深度、场地水文地质条件和周围环境，可采用集水井排水法和井点降水法进行降水。

1. 集水井排水法

在基坑或沟槽开挖时，采用截、疏、抽的方法来进行排水。开挖时，沿坑底周围或中央开挖排水沟，再在沟底设集水井，使基坑内的水经排水沟流向集水井，然后用水泵抽走（图 1-9）。

基坑四周的排水沟及集水井应设置在基础范围以外，地下水流的上游。明沟排水的纵坡坡度宜控制在 1‰～2‰；集水井应根据地下水量、基坑平面形状及水泵能力，每隔 20～40m 设置一个。

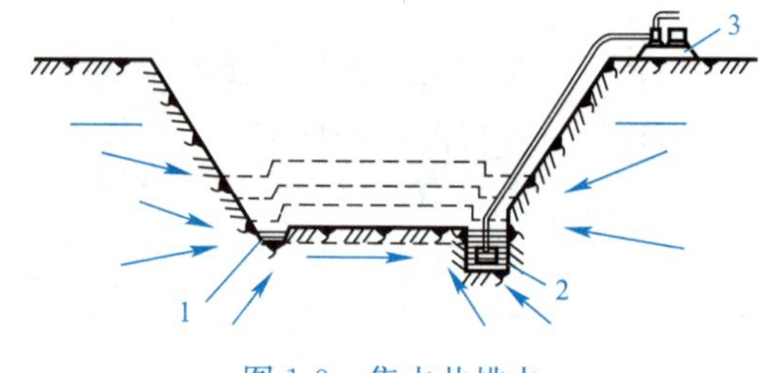

图 1-9 集水井排水

1—排水沟；2—集水井；3—水泵

集水井的直径或宽度一般为 0.7～0.8m，其深度随着挖土的加深而加深，要始终低于挖土面 0.8～1.0m。井壁可用竹、木等材料进行简易加固。

当基坑挖至设计标高后，井底应低于坑底 1～2m，并铺设 0.3m 碎石滤水层，以免在抽水时将泥砂抽出，并防止井底的土被搅动。

明排水法由于设备简单和排水方便，采用较为普通，但当开挖深度大、地下水位较高而土质又不好时，挖至地下水位以下，有时坑底下面的土会形成流动状态，随地下水涌入基坑，这种现象称为流砂现象。发生流砂时，土完全丧失承载能力，使施工条件恶化，难以达到开挖设计深度，严重时会造成边坡塌方及附近建筑物下沉、倾斜、倒塌等。总之，流砂现象对土方施工和附近建筑物危害很大。

（1）流砂现象形成的原因

流砂现象的形成有其内因和外因。内因取决于土的性质。土的孔隙度大、含水量大、黏粒含量少、粉粒多、渗透系数小、排水性能差等均容易产生流砂现象。因此，流砂现象经常发生在细砂、粉砂和亚砂土中；但会不会发生流砂现象，还应具备一定的外因条件，即地下水及其产生动水压力的大小和方向。

当地下水位较高，基坑内排水所造成的水位差较大时，动水压力也会增大；当动水压力大于等于浮土重度时，就会推动土失去稳定，形成流砂现象。

(2) 防治流砂的方法

防治流砂总的原则是“治砂必治水”。其途径有三：一是减小或平衡动水压力；二是截住地下水流；三是改变动水压力的方向。具体措施有：

1) 枯水期施工

因在枯水期地下水位低，坑内外水位差小，动水压力减小，从而可预防和减轻流砂现象。

2) 打板桩

将板桩沿基坑周围打入不透水层，便可起到截住水流的作用；或者打入坑底面一定深度，这样将地下水引至坑底以下流入基坑，不仅增加了渗流长度，而且改变了动水压力的方向从而可达到减小动水压力的目的。

3) 水中挖土

水中挖土即不排水施工，使坑内外的水压相平衡，不致形成动水压力。如沉井施工，不排水下沉，进行水中挖土，水下浇筑混凝土，这些都是防治流砂的有效措施。

4) 人工降低地下水位

通过截住水流，不让地下水流入基坑，从而不仅可防治流砂和土壁塌方，还可改善施工条件。

5) 地下连续墙法

此法是沿基坑的周围先浇筑一道钢筋混凝土的地下连续墙，从而起到承重、截水和防流砂的作用，它又是深基础施工的可靠支护结构。

6) 抛大石块，抢速度施工

如在施工过程中发生局部的或轻微的流砂现象，可组织人力分段抢挖，挖至标高后，立即铺设芦席并抛大石块，增加土的压力，以平衡动水压力，力争在未产生流砂现象之前将基础分段施工完毕。

此外，在含有大量地下水的土层中或沼泽地区施工时，还可以采取土体冻结法；对位于流砂地区的基础工程，应尽可能用桩基或沉井施工，以节约防治流砂所增加的费用。

2. 井点降水法

井点降水法也称为人工降低地下水位法，是地下水位较高的地区施工中采取的重要措施之一。基坑开挖前，预先在基坑四周埋设一定的管（井），利用抽水设备从井点管中将地下水不断抽出，使地下水位降低到拟开挖的基坑底面，因而能克服流砂现象，稳定边坡，降低地下水对支护结构的水平压力，防止坑底土的隆起，加快土的固结，提高地基土的承载能力，并使位于天然地下水位以下的基础工程能在较干燥的施工环境中进行施工。采用人工降低地下水位可适当改陡边坡，减少挖土方量，但在降水过程中，基坑附近的地基土会有一定的沉降，施工时要严加注意，防止地基沉降给周围建筑物带来不利影响。

井点的类别有轻型井点、喷射井点、电渗井点、管井井点和深井井点，可以根据土层的渗透系数、要求降低水位的深度、工程特点及设备情况作技术经济比较后确定。各种井点降水的适用范围可参见表 1-7。其中轻型井点应用较为广泛，本节将作主要介绍。

各种井点降水的适用范围 表1-7

项次	井点类别	土层渗透系数(m/d)	降低水位深度(m)	适用土质
1	单层轻型井点	0.1～50	3～6	黏质粉土、砂质粉土、粉砂、含薄层粉砂的粉质黏土
2	多层轻型井点	0.1～50	6～12	黏质粉土、砂质粉土、粉砂、含薄层粉砂的粉质黏土
3	喷射井点	0.1～2	8～20	黏质粉土、砂质粉土、粉砂、含薄层粉砂的粉质黏土
4	电渗井点	<0.1	5～6	黏土、粉质黏土
5	管井井点	20～200	根据选用的水泵而定	黏质粉土、粉砂、含薄层粉砂的粉质黏土、各类砂土、砾砂
6	深井井点	10～250	>15	黏质粉土、粉砂、含薄层粉砂的粉质黏土、各类砂土、砾砂

(1) 轻型井点

轻型井点是沿基坑四周将许多根井点管沉入地下蓄水层内，井点管上端通过弯联管与集水总管相连接，并利用抽水设备将地下水从井点管内不断抽出，从而将地下水位降低至基底以下。

1) 轻型井点设备

轻型井点系统由滤管、井点管、弯联管、集水总管和抽水设备等组成，如图1-10所示。

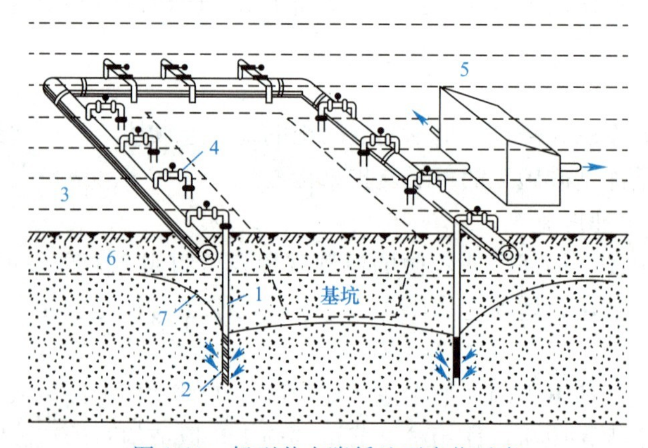

图1-10 轻型井点降低地下水位示意

1—井点管；2—滤管；3—集水总管；4—弯联管；5—水泵房；
6—原有地下水位线；7—降水后地下水位线

滤管是进水设备（图1-11），滤管用直径38～55mm钢管制成，长度一般为1.0～1.7m。滤管壁上钻有直径12～18mm的呈梅花形布置的滤孔，滤孔面积占滤管表面积的20%～30%。管壁外包有粗细两层滤网，为避免滤孔淤塞，在管壁与滤网间用小塑料管或钢丝绕成螺旋状隔开，并在滤网外再围一层粗钢丝保护层。滤管上端与井点管相连，下端有铸铁头，便于沉入土中。

井点管的直径和滤管相同，长度5～7m，可整根或分节组成，井点上端用弯联管与总管相连。弯联管用塑料管、橡胶管或钢管制成，并且每根弯联管上均安装阀门以便检修井点。

集水总管一般用直径75～110mm的钢管分节连接，每节管长4m，上面装有与弯联管连接的短接头（三通口），短接头间距0.8～1.6m，总管要设置一定的坡度坡向泵房。

轻型井点常用的抽水设备有真空泵和离心泵等，可根据不同的土渗透系数来进行选择。

2）轻型井点布置

轻型井点的布置应根据基坑大小与深度、土质、地下水位高低与流向、降水深度等要求而定。

当基坑宽度小于6m，降水深度不超过6m时，一般采用单排线状井点，布置在地下水的上游一侧，两端延伸长度以不小于槽宽为宜（图1-12）。如基坑宽度大于6m，或基坑宽度虽不大于6m但土质不良时，宜采用双排线状井点（图1-13）。当基坑面积较大，宜采用环形井点（图1-14）。井点管距离基坑或沟槽上口宽不应小于1.0m，以防漏气，一般取1.0～1.5m。为了观察水位降落情况，应在降水范围内设置若干个观测井，观测井的位置和数量视需要而定。

在软土地基中为防止邻近建筑物因人工降水而产生沉降，可以采用回灌的方法：即在井点管与建筑物之间，打一排回灌孔，注水回灌土中，以维持建筑物下的地下水位不下降。这种方法在实际工程中经常使用，效果较好。

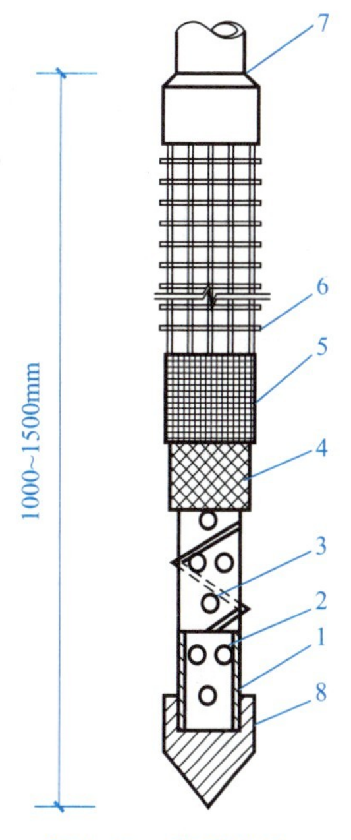

图1-11 滤管构造

1—钢管；2—管壁小孔；3—缠绕的塑料管；4—细网；5—粗滤网；6—粗钢丝保护网；7—井点管；8—铸铁头

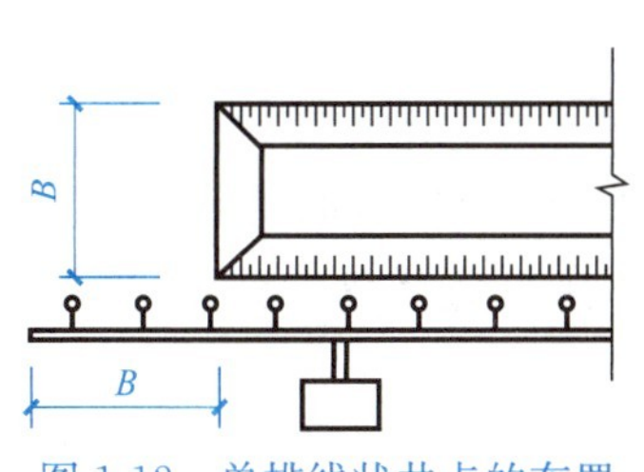

图1-12 单排线状井点的布置

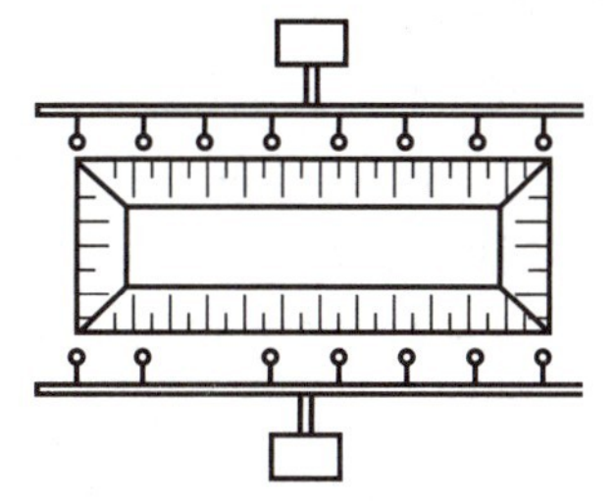
图1-13 双排线状井点的布置

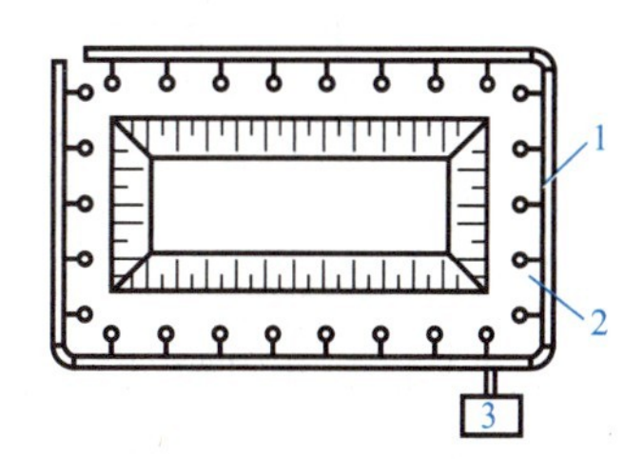

图1-14 环形井点的布置

1—集水总管；2—井点管；3—抽水设备

进行轻型井点的系统高程布置时，考虑抽水设备的水头损失后，一般井点降水深度不超过6m。井点管的埋置深度H_1（图1-15）按下式计算：

$$H_1 \geqslant H_2 + h + iL \tag{1-10}$$

式中 H_2——井点管埋设面至基坑底面的距离（m）；

h——基坑底面至降低后的地下水位线的最小距离，一般取0.5～1.0m；

i——水力坡度，根据实测：双排和环状井点为1/10，单排井点为1/5～1/4；

L——井点管至基坑中心的水平距离，单排井点为至基坑另一边的距离（m）。

此外，确定井点管埋置深度时，还要考虑到井点管上口一般要比地面高0.2m。当一级井点系统达不到降水深度要求时，可采用二级井点，即先挖去第一级井点所疏干的土，然后再在其底部装设第二级井点（图1-16）。

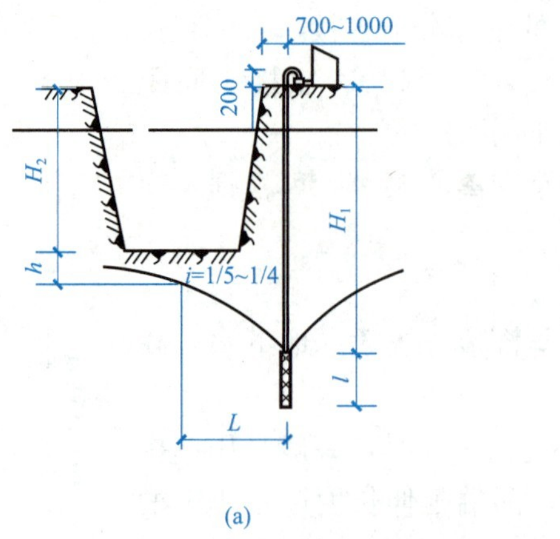

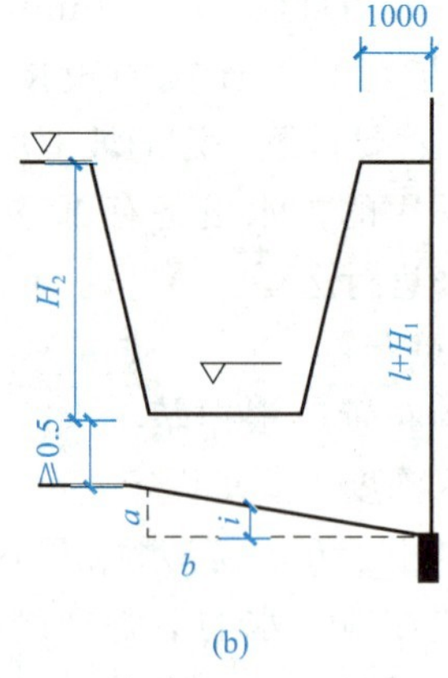

图 1-15　高程布置

（a）实际高程布置图；（b）计算简图

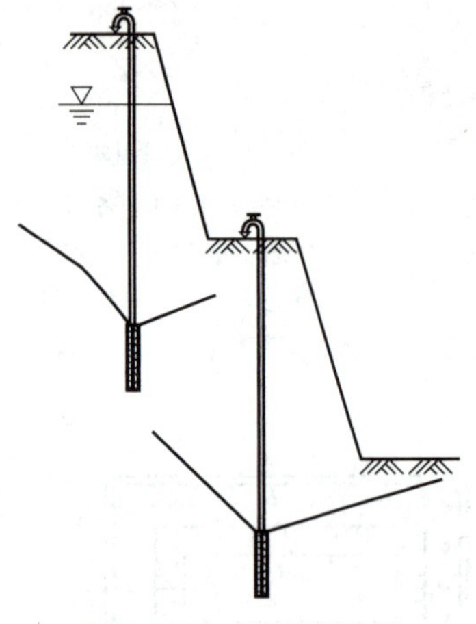

图 1-16　二级轻型井点

3）轻型井点计算

轻型井点计算的目的是求出在规定的水位降低深度时，每昼夜抽取的地下水流量，即涌水量；确定井管数量和间距，并选择设备。

井点系统的涌水量是以水井理论进行计算的。根据地下水有无压力，水井分为无压井和承压井。当滤管处于两不透水层之间，地下水表面有一定水压时，称为承压井；否则称为无压井。井底达到不透水层顶面时的井称为完整井，否则称为不完整井（图 1-17）。

水井类型不同，其涌水量的计算亦不相同，而无压完整井的计算最为完善。完整井抽水时水位降落曲线如图 1-18 所示。经过一定时间的抽水后，其水位降落曲线趋于稳定，呈漏斗状曲面，水井轴线距漏斗边缘的水平距离，称之为抽水半径 R。

轻型井点系统中，各井点布置在基坑四周同时抽水，是由许多单井组成，而各个单井之间的距离都小于抽水影响半径，各个单井水位降落漏斗彼此相互干扰。因此，考虑井点系统（称为群井）的相互作用，其总涌水量并不等于各个单井涌水量之和，而比单井涌水量小，但总的水位降低要大于单井抽水时的水位降低值。对于无压不完整井的井点系统，地下水不仅从井侧面进入，还要从井底进入，其涌水量较无压完整井大。

1-1 轻型井点施工

4）轻型井点施工

轻型井点的安装程序是：挖井点沟槽→敷设集水总管→埋设井点管→用弯联管将井点管与总管连接→安装抽水设备。井点管的埋设一般采用水冲法，并根据现场条件以及土层情况选择冲水管冲孔后沉入井点管、直接利用井点管水冲下沉、套管式冲枪水冲法或振动水冲法成孔后沉入井点管等方法。冲孔过程中孔洞必须保持垂直，孔径不应小于 300mm，并应上下一致。冲孔深度应比滤管底深 0.5m 以上。井孔成型后，应立即拔出冲管，插入井点管，并填满砂滤层，以防孔壁塌土。砂滤层的填灌质量是保证轻型井点顺利工作的关键，一般要选择干净的粗砂，以免堵塞滤管

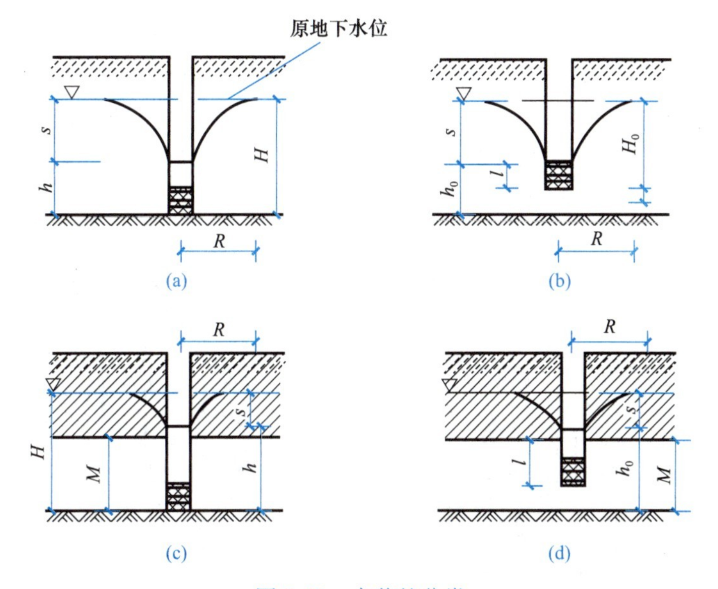

图 1-17 水井的分类

(a) 无压完整井；(b) 无压不完整井；(c) 承压完整井；(d) 承压不完整井

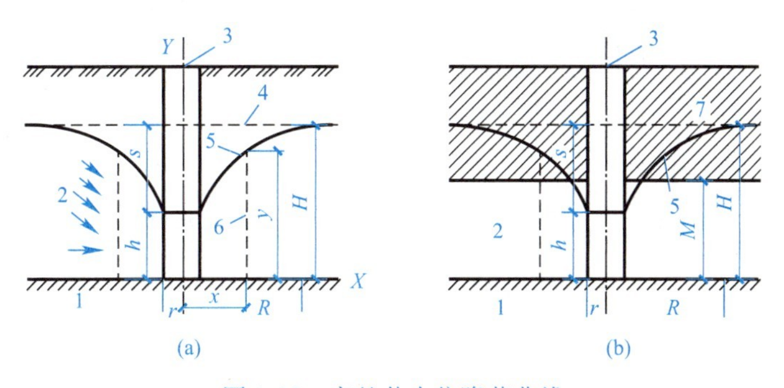

图 1-18 完整井水位降落曲线

(a) 无压完整井；(b) 承压完整井

1—不透水层；2—透水层；3—水井；4—原地下水位线；5—水位降落曲线；

6—距井轴 x 处的过水断面；7—压力水位线

网眼，填灌要均匀，并填塞至滤管顶上 1.0～1.5m。井点管与孔壁之间填砂滤料时，管口应有泥浆水冒出，或向管内灌水时，能很快下渗方为合格。砂滤层填灌好后，距地面下的 0.5～1.0m 深度内，应用黏土封口，以防漏气影响抽水效果。

井点系统全部安装完毕后需进行试抽，以检查有无漏气现象。一旦试抽成功应连续抽水不得停止，直至施工进行到地下水位以上方可停止。

（2）管井和深井井点

管井井点就是沿基坑每隔一定距离设置一个管井，每个管井单独用一台水泵不断抽水来降低地下水位。主要适用于轻型井点不易解决的含水层颗粒较粗的粗砂或卵石地层，以及渗透系数、水量均较大且降水深度较深的潜水或承压水地区。

管井井点的主要设备有：管井、吸水管和水泵（图 1-19）。管井由井壁管和过滤网两部分组成。管井可用钢管管井、混凝土管管井和塑料管管井。钢管管井采用直径为 200～

300mm 的钢管；过滤部分采用焊接骨架外包孔眼为 1～2mm 的滤网，长度为 2～3m，也可采用在实管上穿孔用肋垫高后缠镀锌钢丝制成。混凝土管管井内径为 400mm，分实管和过滤管两种，过滤管的孔隙率为 20%～30%，吸水管可采用直径为 50～100mm 的钢管或胶皮管，其下端应沉入管井抽吸时的最低水位以下，为了启动水泵和防止在水泵运转中突然停泵而产生水倒灌，在吸水管底部应安装逆止阀。

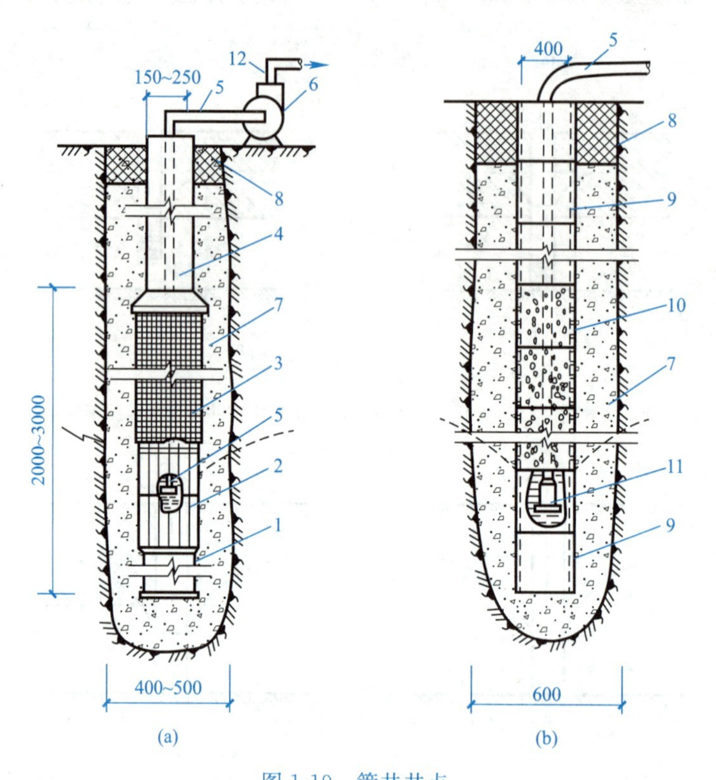

图 1-19　管井井点

（a）钢管管井；（b）混凝土管管井

1—沉砂管；2—钢筋焊接骨架；3—滤网；4—管身；5—吸管；6—离心泵；7—小砾石过滤层；8—黏土封口；9—混凝土实管；10—混凝土过滤管；11—潜水泵；12—出水管

管井的沉入可采用泥浆护壁钻孔法成孔，成孔的直径应比管井直径大 200mm，管井下沉时应清孔，并保证滤网畅通。为了保证管井的出水量，防止粉细砂涌入井内，在管井与土壁间用粗砂或砾石作为过滤层。

1.3.5　基坑（槽）开挖

基坑（槽）开挖有人工开挖和机械开挖两种，对于大型基坑应优先考虑选用机械化施工，以加快施工进度。

1. 土方机械化施工

土方的开挖、运输、填筑、压实等施工过程应尽量采用机械化施工，以减轻繁重的体力劳动，加快施工进度。

土方工程施工机械的种类繁多，有推土机、铲运机、平土机、松土机、单斗挖土机及多斗挖土机和各种辗压、夯实机械等。而在房屋建筑工程施工中，尤以推土机、铲运机和单斗挖土机应用最广，以下将对这几种类型机械的性能、适用范围及施工方法做重点介绍。

（1）推土机施工

推土机操作机动灵活，运转方便迅速，所需工作面小，易于转移，在建筑工程中应用最多，目前主要使用的是液压式，其外形如图 1-20 所示。

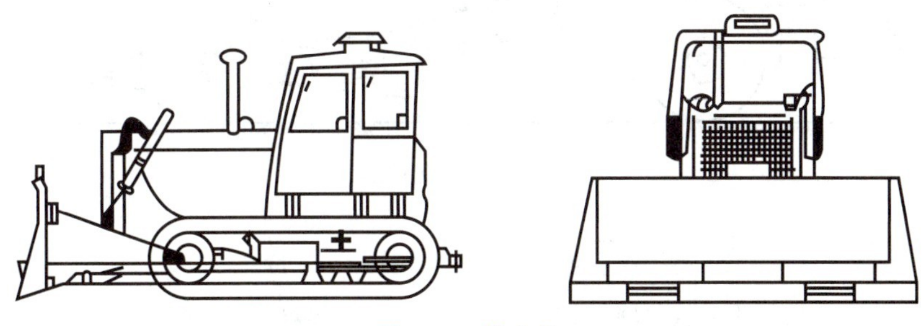

图 1-20 推土机

推土机除适用于切土深度不大的场地平整外，也用于开挖深度不大于 1.5m 的基槽，尤其适合浅基础的面式开挖，还用于回填基坑、基槽和管沟，以及用于堆筑高度在 1.5m 以内的路基、堤坝，平整其他机械装置的土堆，推送松散的硬土、岩石和冻土以及配合铲运机助铲等工作。推土机可推掘Ⅰ～Ⅳ类土，推掘Ⅲ、Ⅳ类土前应予以翻松。推土机推填距离宜在 100m 以内，距离在 60m 时效率最高。推土机可采用下坡推土、并列推土、槽形推土和多铲集运四种推土方法。

1）下坡推土

推土机顺地面坡度沿下坡方向切土和推土，以借助机械本身的重力作用增加推土能力和缩短推土时间。一般可提高生产效率 30%～40%，但推土坡度应在 15%以内。

2）并列推土

平整场地面积较大时，可用 2～3 台推土机并列作业。铲刀相距 15～30cm，一般两机并列推土可增大推土量 15%～30%，但平均运距不宜超过 50～70m，也不宜小于 20m。

3）槽形推土

推土机重复多次在一条作业线上切土和推土，使地面逐渐形成一条浅槽，以减少土从铲刀两侧流散，可以增加推土量 10%～30%。

4）多铲集运

对于硬质土，切土深度不大时可以采用多次铲土、分批集中、一次推送的方法，以便有效地利用推土机的功率，缩短运土时间。

（2）铲运机施工

铲运机可完成挖土、铲土、装土、运土、卸土、压实、填筑和平土等多道工序。铲运机按行走方式分为自行式和拖式两种，如图 1-21 和图 1-22 所示。

铲运机运行路线应根据填方、挖方区的分布情况并结合当地具体条件进行合理选择，一般有以下两种形式：

1）环形路线

当地形起伏不大，施工地段较短时，多采用环形路线，如图 1-23（a）、（b）所示。环形路线每一循环只完成一次铲土和卸土，挖土和填土交替；挖填之间距离较短时，则可采用大循环路线，如图 1-23（c）所示。

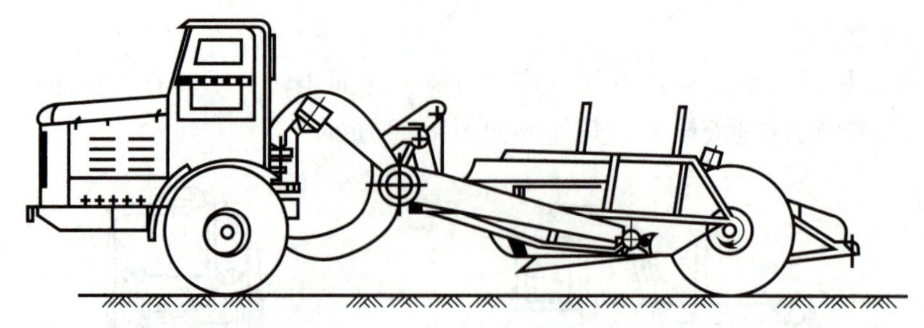

图 1-21 自行式铲运机

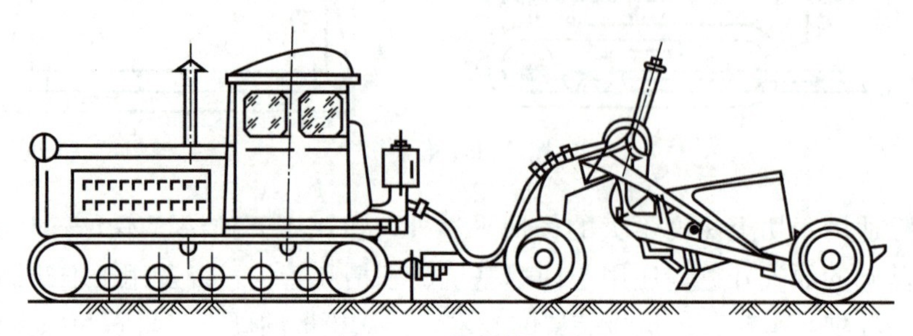

图 1-22 拖式铲运机

2)“八”字路线

施工地段较长或地形起伏较大时，多采用“八”字形运行路线，如图 1-23（d）所示。

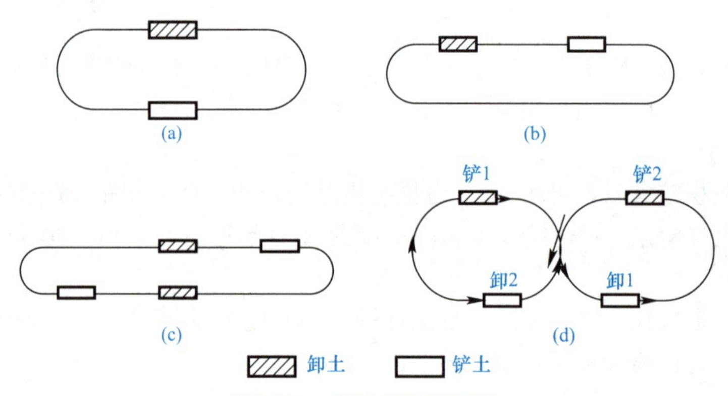

图 1-23 铲运机运行路线

（a）、（b）环形路线；（c）大环形路线；（d）“八”字路线

（3）单斗挖土机施工

单斗挖土机按工作装置不同分为正铲挖土机、反铲挖土机、拉铲挖土机、抓铲挖土机。按操纵机构不同分为机械式和液压式两种，如图 1-24 所示。

1）正铲挖土机

正铲挖土机的特点是：前进向上，强制切土，如图 1-25 所示。其可以用于开挖停机面以上的Ⅰ～Ⅳ类土和爆后的岩石、冻土等，需与相当数量的自卸运土汽车配合完成，其挖掘力大、生产率高，可以用于开挖大型干燥基坑以及土丘等。正铲工作面的高度一般不应小于 1.5m，否则一次起挖不能装满铲斗，生产效率将降低。正铲挖土机有两种工作方式，即正向工作面和侧向工作面。正向工作面挖土适用于开挖工作面狭小，且较深的基坑（槽）、管沟和路堑等。侧向工作面挖土适用于开挖工作面大，深度不大的边坡、基坑

(槽)、沟渠和路堑等。正铲挖土机按其装置可分为履带式和轮胎式两种。斗容量有 0.25、0.5、0.6、0.75、1.0、2.0m^3 等几种。一般常用的为万能履带式单斗正铲挖土机。此外，正铲挖土机还可以根据不同操作环境的需要，改装成反铲、拉铲、抓斗等不同的工作装置。

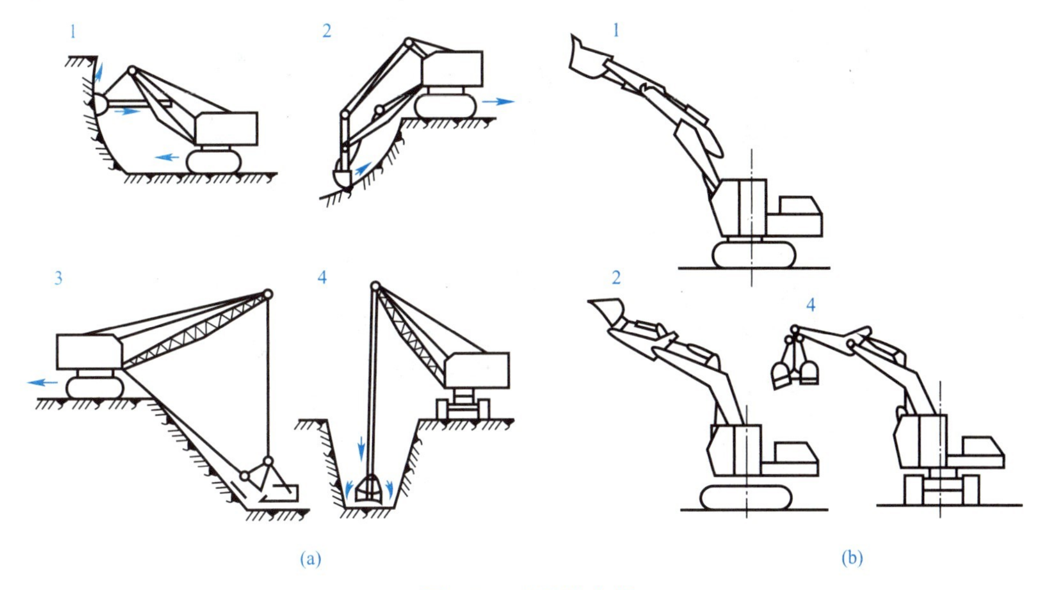

图 1-24 单斗挖土机

(a) 机械式；(b) 液压式

1—正铲挖土机；2—反铲挖土机；3—拉铲挖土机；4—抓铲挖土机

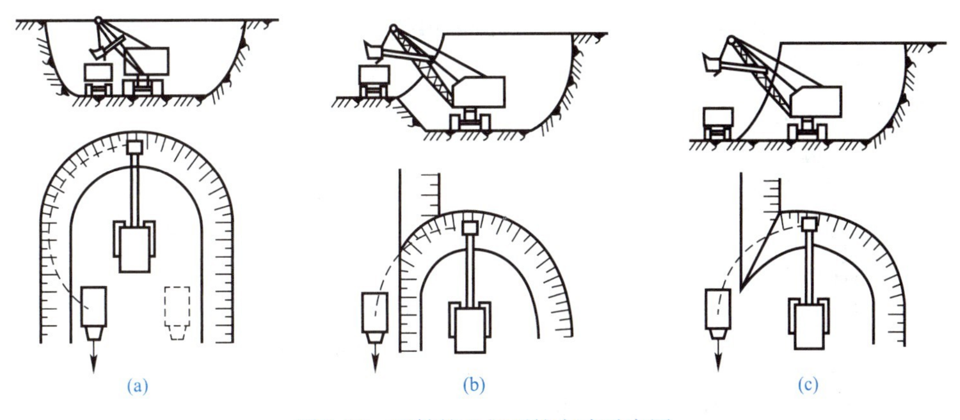

图 1-25 正铲挖土机开挖方式示意图

(a) 后方装车；(b)、(c) 侧向装车

2) 反铲挖土机

1-2 反铲挖土机

反铲挖土机的工作特点是：后退向下，强制切土，如图 1-26 所示。其挖掘力比正铲挖土机小，可以用于开挖停机面以下的Ⅰ～Ⅲ类土。机身和装土均在地面上操作，省去下坑通道，适用于开挖深度不大的基坑、基槽、沟渠、管沟及含水量大或地下水位高的土坑。反铲挖土机可同时采用沟端和沟侧开挖。沟端开挖适用于一次或沟内后退挖土，挖出土方随即运走，或就地取土填筑路基或修筑路基等。沟侧开挖适用于横挖土体和需将土方甩到离沟边较远的距离时使用。反铲挖土

机的斗容量有 0.25～1.0m³ 不等，最大挖土深度为 4～6m，比较经济的挖土深度为 1.5～3.0m。对于较大较深的基坑可采用多层接力法开挖，或配备自卸汽车运走。

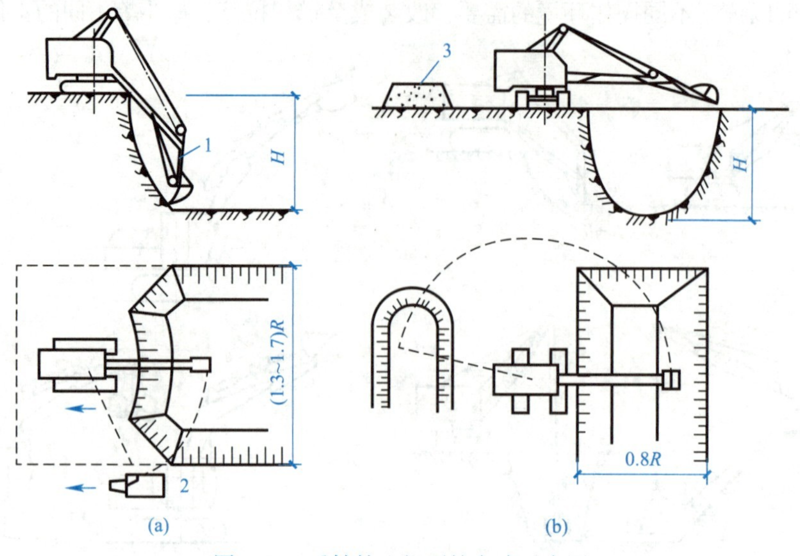

图 1-26　反铲挖土机开挖方式示意图

（a）沟端开挖；（b）沟侧开挖

1—反铲挖土机；2—自卸汽车；3—弃土堆

3）拉铲挖土机

拉铲挖土机的工作特点是：后退向下，自重切土，如图 1-27 所示。其挖土深度和挖土半径较大，由于铲斗是挂在钢丝绳上，可以甩得较远、挖得较深，但不如反铲灵活。适用于挖掘停机面以下的Ⅰ～Ⅲ类土，开挖较深较大的基坑（槽）、沟渠，挖取水中泥土以及填筑路基、修筑堤坝等。

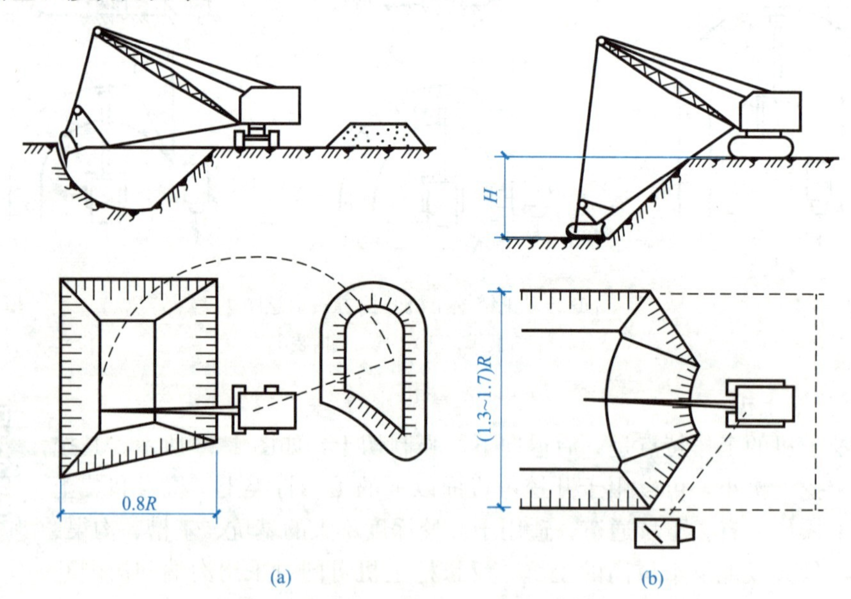

图 1-27　拉铲挖土机开挖方式示意图

（a）侧弃土；（b）汽车运土

4）抓铲挖土机

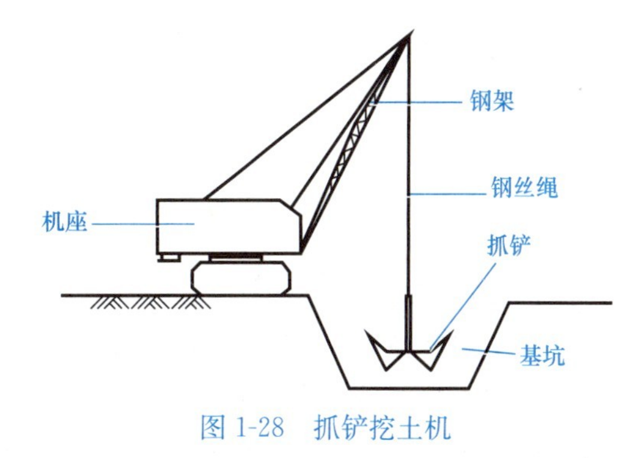

图 1-28 抓铲挖土机

抓铲挖土机的工作特点是：直上直下，自重切土，如图 1-28 所示。可用于开挖停机面以下的Ⅰ～Ⅲ类土，宜用于挖窄而深的基坑，疏通旧有渠道以及挖取水中淤泥等，或用于装卸碎石、矿渣等松散材料。在软土地基的地区，常用于开挖基坑等，也可直接开挖直井或在开口沉井内挖土，可以装车也可以甩土。抓铲挖土机使用钢丝绳牵拉时，工效不高；而液压式机的抓取深度又受到限制，因此，除在面积小的深基坑、槽之外，应用范围很小。

2. 土方开挖原则

土方开挖应遵循“开槽支撑，先撑后挖，分层开挖，严禁超挖”的原则。

开挖基坑（槽）按规定的尺寸合理确定开挖顺序和分层开挖深度，连续进行施工，尽快完成。因土方开挖施工要求标高、断面准确，土体应有足够的强度和稳定性，所以在开挖过程中要随时注意检查。挖出的土除预留一部分用作回填外，不得在场地内任意堆放，应把多余的土运到弃土地区，以免妨碍施工。为防止坑壁滑坡，根据土质情况及坑（槽）深度，在坑顶两边一定距离（一般为 1.0m）内不得堆放弃土，在此距离外堆土高度不得超过 1.5m，否则，应验算边坡的稳定性。在桩基周围、墙基或围墙一侧，不得堆土过高。在坑边放置有动载的机械设备时，也应根据验算结果，离坑边较远距离，如地质条件不好，还应采取加固措施。为了防止基底土（特别是软土）受到浸水或其他原因的扰动，基坑（槽）挖好后，应立即做垫层或浇筑基础，否则，挖土时应在基底标高以上保留 150～300mm 厚的土层，待基础施工时再行挖去。如用机械挖土，为防止基底土被扰动，结构被破坏，不应直接挖到坑（槽）底，应根据机械种类，在基底标高以上留出 200～300mm，待基础施工前人工铲平修整。挖土不得挖至基坑（槽）的设计标高以下，如个别处超挖，应用与基土相同的土料填补，并夯实到要求的密实度。如用原土填补不能达到要求的密实度时，应用碎石类土填补，并仔细夯实。重要部位如被超挖时，可用低强度等级的混凝土填补。

深基坑应采用“分层开挖，先撑后挖”的开挖方法。在基坑正式开挖之前，先将第①层地表土挖运出去，浇筑锁口圈梁，进行场地平整和基坑降水等准备工作，安设第一道支撑（角撑），并施加预顶轴力。然后开挖第②层土，再安设第二道支撑，待双向支撑全面形成并施加轴力后，挖土机和运土车下坑在第二道支撑上部（铺路基箱）开始挖第③层土，并采用台阶式“接力”方式挖土，一直挖到坑底。第三道支撑应随挖随撑，逐步形成。最后用抓斗式挖土机在坑外挖两侧土坡的第④层土。

深基坑开挖过程中，随着土的挖除，下层土因逐渐卸载而有可能回弹，尤其在基坑挖至设计标高后，如搁置时间过久，回弹更为显著。如弹性隆起在基坑开挖和基础工程初期发展很快，它将加大建筑物的后期沉降。因此，对深基坑开挖后的土体回弹，应有适当的估计，如在勘察阶段，土样的压缩试验中应补充卸荷弹性试验等；还可以采取结构措施，在基底设置桩基等，或事先对结构下部土质进行深层地基加固。施工中减少基坑弹性隆起的一个有效方法是把土体中有效应力的改变降低到最少，具体方法有加速建造主体结构，或逐步利用基础的重量来代替被挖去土体的重量。

1.4 土方的回填与压实

1.4.1 填筑的要求

为了保证填方工程强度和稳定性方面的要求，必须正确选择填土的种类和填筑方法。

填方土料应符合设计要求。碎石类土、砂土和爆破石渣可用作表层以下的填料，当填方土料为黏土时，填筑前应检查其含水量是否在控制范围内。含水量大的黏土不宜作为填土用。含有大量有机质的土，吸水后容易变形，承载能力降低；含水溶性硫酸盐大于5%的土，在地下水的作用下，硫酸盐会逐渐溶解消失，形成孔洞，影响土的密实性；这两种土以及淤泥、冻土、膨胀土等均不应作为填土。填土应分层进行，并尽量采用同类土填筑。如采用不同土填筑时，应将透水性较大的土层置于透水性较小的土层之下，不能将各种土混杂在一起使用，以免填方内形成水囊。

碎石类土或爆破石渣作填料时，其最大粒径不得超过每层铺土厚度的2/3；使用振动碾时，不得超过每层铺土厚度的3/4；铺填时，大块料不应集中，且不得填在分段接头或填方与山坡连接处。

回填土应分层填筑，分层压实；应控制土的含水量处于最佳含水量范围之内。

1.4.2 填土压实方法

填土的压实方法一般有碾压法、夯实法和振动压实法，如图1-29所示。

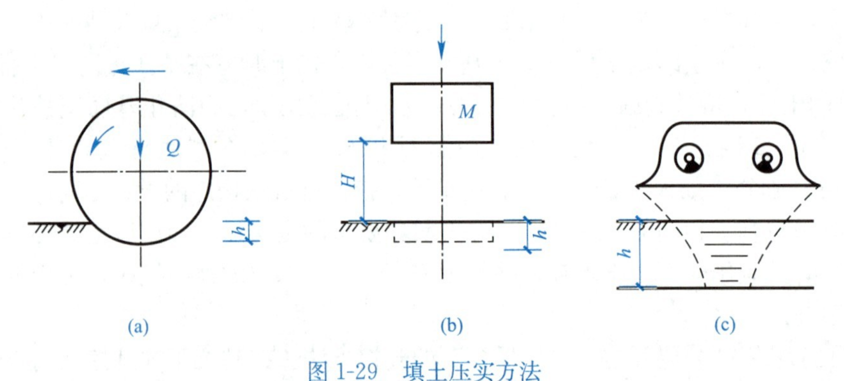

图1-29 填土压实方法

(a) 碾压；(b) 夯实；(c) 振动压实

1. 碾压法

碾压法是利用机械滚轮的压力压实土，使之达到所需的密实度，此法多用于大面积填土工程。碾压机械有光面碾（压路机）、羊足碾和气胎碾。光面碾对砂土、黏性土均可压实；羊足碾需要较大的牵引力，且只宜压实黏性土，因在砂土中使用羊足碾会使土颗粒受到“羊足”较大的单位压力后向四周移动，从而使土的结构遭到破坏；气胎碾在工作时是弹性体，其压力均匀，填土质量较好。还可利用运土机械进行碾压，也是较经济合理的压实方案，施工时使运土机械行驶路线能大体均匀地分布在填土面积上，并达到一定重复行驶遍数，使其满足填土压实质量的要求。

碾压机械压实填方时，行驶速度不宜过快；一般平碾控制在 2km/h，羊足碾控制在 3km/h，否则会影响压实效果。

2. 夯实法

夯实法是利用夯锤自由下落的冲击力来夯实土，主要用于小面积回填。夯实法分人工夯实和机械夯实两种。

夯实机械有夯锤、内燃夯土机和蛙式打夯机，人工夯土用的工具有木夯、石夯等。夯锤是借助起重机悬挂的重锤进行夯土的夯实机械，适用于夯实砂性土、湿陷性黄土、杂填土以及含有石块的填土。

3. 振动压实法

振动压实法是将振动压实机放在土层表面，借助振动机械使压实机械振动，土颗粒在振动力的作用下发生相对位移而达到紧密状态。这种方法用于振实非黏性土效果较好。

如果用振动碾进行碾压，可使土受振动和碾压两种作用，碾压效率高，适用于大面积填方工程。

1.4.3 填土压实的影响因素

填土压实的影响因素较多，主要有压实功、土的含水量以及每层铺土厚度。

1. 压实功的影响

填土压实后的密度与压实机械在其上所施加的功有一定的关系。当土的含水量一定，在开始压实时，土的密度急剧增加，待到接近土的最大密度时，压实功虽然增加许多，而土的密度则变化甚小。实际施工中，对于砂土只需碾压或夯击 2～3 遍，对粉土只需碾压或夯击 3～4 遍，对粉质黏土或黏土只需碾压或夯击 5～6 遍。此外，松土不宜用重型碾压机械直接滚压，否则土层有强烈起伏现象，效率不高。如果先用轻碾压实，再用重碾压实就会取得较好效果。

2. 土的含水量的影响

在同一压实功条件下，填土的含水量对压实质量有直接影响。较为干燥的土颗粒之间的摩阻力较大，因而不易压实。当含水量超过一定限度时，土颗粒之间孔隙由水填充而呈饱和状态，也不能压实。当土的含水量适当时，水起到润滑作用，土颗粒之间的摩阻力减少，压实效果好。每种土都有其最佳含水量，土在这种含水量的条件下，使用同样的压实功进行压实，所得到的密实度最大（图 1-30）。工地简单检验黏性土含水量的方法一般是以手握成团、落地开花为适宜。为了保证填土在压实过程中处于最佳含水量状态，当土过湿时，应予翻松晾干，也可掺入同类干土或吸水性土料；当土过干时，则应预先洒水润湿。

3. 每层铺土厚度的影响

土在同一压实功的作用下，其应力随深度增加而逐渐减小（图 1-31），其影响深度与压实机械、土的性质和含水量等有关。铺土厚度应小于压实机械压土时的作用深度，但其中还有最优土层厚度问题，铺得过厚，要压很多遍才能达到规定的密实度；铺得过薄，则也要增加机械的总压实遍数。最优的铺土厚度应能使土方压实而机械的功耗费最少，可按照表 1-8 选用。在表中规定的压实遍数范围内，轻型压实机械取大值，重型压实机械取小值。

上述三方面因素之间是互相影响的。为了保证压实质量，提高压实机械的生产率，重要工程应根据土质和所选用的压实机械在施工现场进行压实试验，以确定达到规定密实度所需的压实遍数、铺土厚度及最优含水量。

1-3 压实填土的质量控制

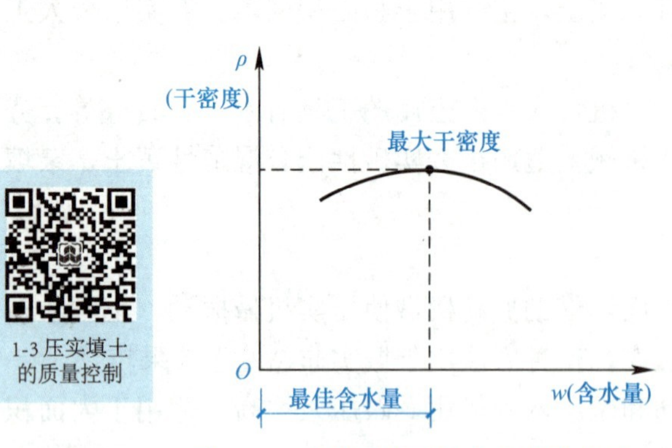

图 1-30　土的干密度与含水量的关系

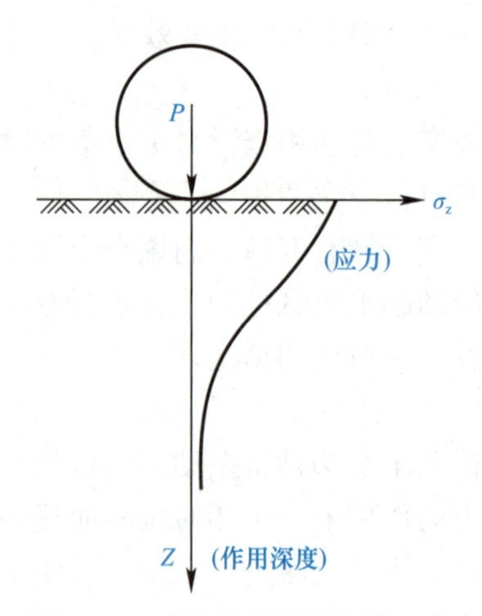

图 1-31　压实作用沿深度的变化

填方每层的铺土厚度和压实遍数　　表 1-8

压实机具	每层铺土厚度（mm）	每层压实遍数（遍）
平碾	250～300	6～8
振动压实机	250～350	3～4
柴油打夯机	200～250	3～4
人工打夯	＜200	3～4

注：人工打夯时，土块粒径不应大于 50mm。

1.4.4　压实质量的检验

填方应具有一定的密实度，以防建筑物不均匀沉陷。密实度的大小常以干密度控制，填土压实后的干密度应有 90%以上符合设计要求，其余 10%的最低值与设计值的差不得大于 0.08g/cm^3，且应分散，不得集中于某一区域。因此，每层土压实后，必要时均应取土检验其干密度。

检验方法：常采用环刀法取样测定土的实际干密度。其取样组数为：基坑回填每 20～50m^3 取 1 组（每个基坑不小于 1 组），基槽或管沟回填每层按长度每 20～50m 取 1 组；室内填土每层按 100～500m^2 取 1 组；场地平整填土每层按 400～900m^2 取 1 组。取样部位应在每层压实后的下半部。取样后先测出土的湿密度并测定含水量，然后按下式计算土的实际干密度：

$$\rho_0 = \frac{\rho}{1 + 0.01w} \tag{1-11}$$

式中　ρ——土的湿密度（g/cm^3）；

w——土的含水量（%）。

填土密实度以设计规定的控制干密度 ρ_d 作为检验标准。

$$\rho_d = \lambda_c \cdot \rho_{dmax} \tag{1-12}$$

式中　λ_c——填土的压实系数，一般场地平整为 0.9 左右，地基填土为 0.91～0.97；

ρ_{dmax}——填土的最大干密度，可由实验室实测，或计算求得。

填土工程质量检验标准见表 1-9。

填土工程质量检验标准（mm） 表 1-9

项目	序号	检查项目	允许偏差或允许值					检查方法
			柱基、基坑、基槽	场地平整		管沟	地（路）面基础层	
				人工	机械			
主控项目	1	标高	−50	±30	±50	−50	−50	水准仪
	2	分层压实系数	设计要求					按规定方法
一般项目	1	回填土料	设计要求					取样检查或直接鉴别
	2	分层厚度及含水量	设计要求					水准仪及抽样检查
	3	表面平整度	20	20	30	20	20	用靠尺或水准仪

1.5 土方工程冬、雨期施工

1.5.1 土方工程冬期施工

我国冻土的面积约占国土总面积的 68.6%。土的机械强度在冻结时大大提高，开挖冻土的费用和劳动量要比开挖一般非冻土高几倍。因此，土方工程应尽量安排在入冬之前施工，如必须进行冬期施工，要因地制宜地制定经济和技术合理的施工方案。

1. 冻土的概念、分类和特性

当温度低于 0℃，且含水的各类土称为冻土。根据冻融时间的长短，可将冻土划分为两类：季节性冻土和永久冻土。

季节性冻土：受季节影响冬天冻结、夏天融化，呈周期性地冻结和融化的土。主要分布在东北和华北地区。

永久冻土：冻结状态持续多年或永久不融的土。主要分布在大小兴安岭、青藏高原和西北高山地区。

冻结与融化是季节性冻土和永久冻土地区的重要特征。在季节性冻土地区，一般将年复一年的冬天冻结、夏天融化的土层称为季节性冻结层。其土层的厚度叫冻结深度，一年中的最大值称为最大冻深。

地基土冻结后，体积比冻前增大的现象称为冻胀。通常用冻胀量、冻胀率表示冻胀的大小。

土的冻胀量反映了土冻结后平均体积的增量，用下式进行计算：

$$\Delta V = V_i - V_0 \tag{1-13}$$

式中 ΔV——冻胀量（平均体积增量，cm^3）；

V_i——冻后土的体积（cm^3）；

V_0——冻前土的体积（cm^3）。

土的冻胀率反映了土体冻胀后体积增大的百分率，用 K_a 表示：

$$K_a = (V_i - V_0)/V_0 \times 100\% = \Delta V/V_0 \times 100\% \tag{1-14}$$

按季节性冻土地基冻胀量的大小及其对建筑物的危害程度，将地基土的冻胀性分为四类：

Ⅰ类不冻胀：一般冻胀率小于 1%，对敏感的浅基础也无任何危害。

Ⅱ类弱冻胀：一般冻胀率在1%～3.5%之间，对浅基础的建筑物无危害，在最不利的条件下，可能产生细小的裂缝，但不影响建筑物使用的安全。

Ⅲ类冻胀：一般冻胀率在3.5%～6%之间，浅埋基础的建筑物将产生裂缝。

Ⅳ类强冻胀：一般冻胀率大于6%，浅埋基础的建筑物将产生严重破坏。

在永久冻土地区，冬天冻结、夏天融化的土层叫季节性融化层。季节性融化层的厚度叫融化深度。

2. 土方的防冻

为了减少冬期挖土困难，如有大量土方开挖，则应在冬期前就采取措施进行防冻。土的防冻应尽量利用自然条件，以就地取材为原则，防冻的主要方法有：

（1）翻松耙平防冻法

进入冬期施工前，在准备施工的部位将表层土翻松耙平，翻松深度宜为25～30cm，宽度宜为开挖时间土冻结深度的两倍加基槽底宽之和。经翻松的土中有许多充满空气的空隙，可降低土的导热性，起到保温作用，如图1-32所示。此方法适用于大面积的土方工程。

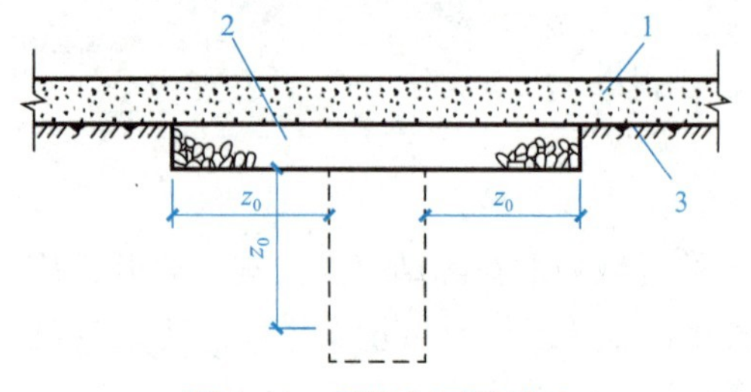

图1-32 翻松耙平防冻法

1—覆雪厚度；2—翻松土层厚度；3—自然地面；z_0—最大冻结深度

（2）雪覆盖防冻法

在初冬降雪量较大的土方工程施工地区，宜采用雪覆盖防冻法。如场地面积较大，可在地面上设篱笆或雪堤，或用其他材料堆积成墙，高度宜为50～100cm，间距宜为10～15m，并应与主导风向垂直。面积较小的基槽，可在预定的位置上挖积雪沟，深度宜为30～50cm，宽度为基槽预计深度的两倍加基槽底宽之和，并随即用雪填满。如图1-33、图1-34所示。

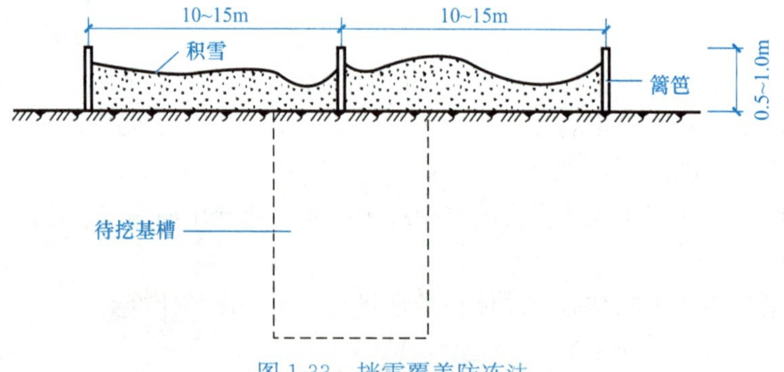

图1-33 挡雪覆盖防冻法

（3）保温材料覆盖防冻法

对于开挖面积较小的基槽，宜采用保温材料覆盖防冻法，保温材料可用草帘、炉渣、膨胀珍珠岩（可装入袋内使用）等，再加盖一层塑料布。保温材料的铺设宽度亦为待挖基坑宽度的两倍加基槽底宽之和，如图1-35、图1-36所示。

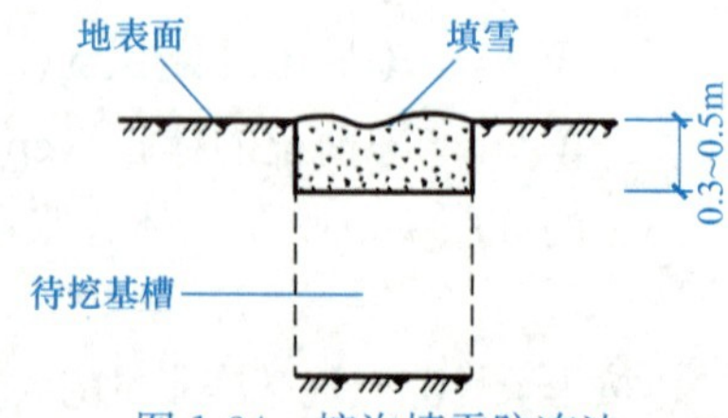

图1-34 挖沟填雪防冻法

图 1-35 开挖基坑保温法

h_{FG}—覆盖材料；z_0—最大冻结深度；

z_1—覆盖材料距边缘距离（取 $1/3z_0$）

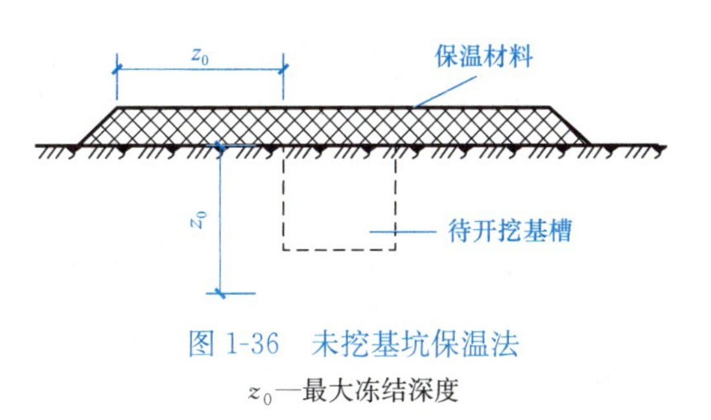

图 1-36 未挖基坑保温法

z_0—最大冻结深度

(4) 暖棚法

暖棚法主要适用于基础或地下工程，在已挖好的基槽上搭设骨架铺上基层，覆盖保温材料，也可搭设塑料大棚，在棚内采取供暖措施，如图 1-37 所示。

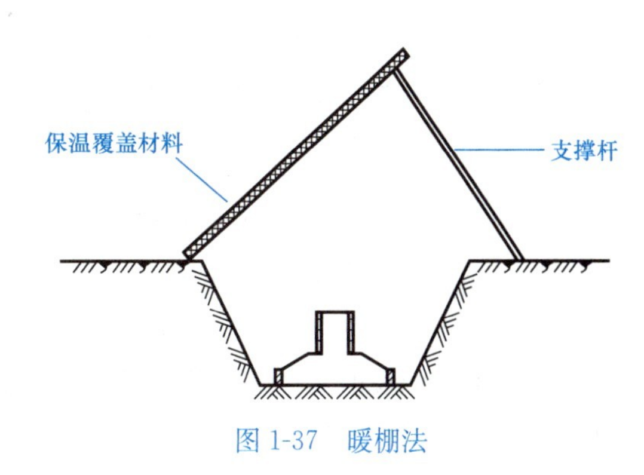

图 1-37 暖棚法

3. 冻土的开挖

土已冻结时，比较经济的土方施工方法是先破碎冻土，然后挖掘，一般有人工法、机械法、爆破法三种。现主要介绍机械法。机械挖掘冻土可根据冻土的厚度选用推土机松动、挖掘机开挖或重锤冲击破碎冻土等方法，其设备可按表 1-10 选用。

冻土挖掘设备选用表 **表 1-10**

冻土厚度（cm）	选用机械
<50	铲运机、推土机、挖掘机
50～100	推土机（大功率）、挖掘机、松土机
100～150	重锤

当采用重锤冲击破碎冻土时，重锤可为铸铁楔形或球形，重量宜为 2～3t。

土方开挖过程中应注意以下几点：

(1) 必须有周密的计划，组织强有力的施工队伍，连续施工，尽可能减少继续加深的冻结深度。

(2) 挖完一段，覆盖一段，以防已挖完的基土冻结。如果基坑开挖后需要停歇较长时间才能进行基础施工，应注意基坑不要一次挖到设计标高，应在地基上留一层土（约 30cm 厚）暂不铲除。

(3) 对各种管道、机械设备等采取保温措施。

(4) 如果相邻建筑物与基坑周边距离较近，应对地基土的冻胀性进行准确的评价；如果地基土不具有冻胀性，可按正常基坑进行支护；如果地基土冻胀性较强，且基坑开挖有可能造成相邻建筑物基底土冻结时，应在基坑开挖后采取可靠的保温防冻措施。

4. 土方的回填

由于土冻结后即成为坚硬的土块，在回填过程中不能压实或夯实，土解冻后会造成下沉，所以土方回填时应严格按照规范要求施工。

冬期土方回填时，每层铺土厚度应比常温施工时减少 20%～25%、室内的基槽或管沟不得采用含有冻土块的土回填。回填土施工应连续进行并夯实，当采用人工夯实时，每层铺土厚度不得超过 20cm，夯实厚度宜为 10～15cm。

室外的基槽或管沟可采用含有冻土块的土回填，但冻土块粒径不得大于 15cm，含量不得超过 15%，且应分布均匀，管沟底以上 50cm 范围内不得用含有冻土块的土回填。

冬期填方的高度不宜超过表 1-11 的规定。

冬期填方的高度　　表 1-11

室外日平均气温（℃）	填方高度（m）
－10～－5	4.5
－15～－12	3.5
－20～－16	2.5

土方回填时，应注意以下问题：

（1）在施工前将未冻的土堆积在一起，覆盖 2～3 层草帘防止受冻，留作回填土用。

（2）土方回填时，要注意施工的连续性，加快回填速度，对已回填的土方采取防冻措施。

（3）土方回填前，应先将基底的冰雪和保温材料打扫干净，方可开始回填。

（4）冬期施工应尽量减少回填土方量，其余的土可待春暖解冻后再回填。

（5）为确保回填土质量，对重大工程项目，必要时可用砂土进行回填（注意：不得将砂土回填在黏土等渗透性小的土层上，以免回填的砂土在一定条件下液化）。

1.5.2 土方工程雨期施工

土方工程在雨期施工中一旦遇到大雨，基槽被雨水浸泡，不仅影响地基土质量，而且拖延工期，增加施工费用，还会带来很大的麻烦，因此土方工程宜避开雨期。如果确实无法避开时，则应采取以下措施：

1. 土方的开挖

（1）基坑开挖前，首先在挖土范围外先挖好挡水沟，沟边做土堤，防止雨水流入坑内，如图 1-38 所示。

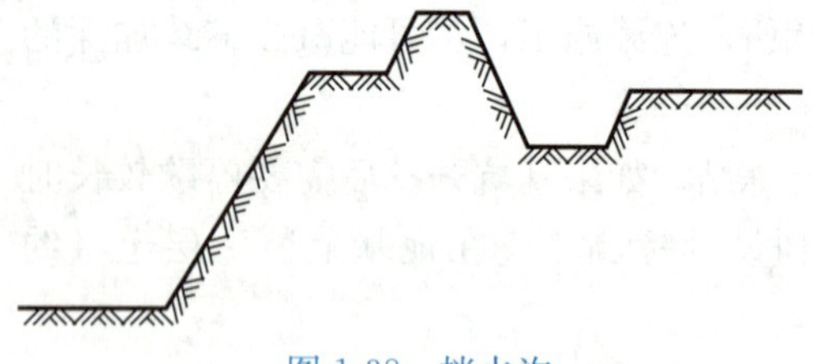

图 1-38　挡水沟

（2）为防止基坑被雨水浸泡，开挖后应在坑内做好排水沟、集水井。

（3）土方边坡坡度留设应适当缓一些，如果施工现场无法满足，则可设置支撑或采取边坡加固等措施。在施工中应随时注意边坡稳定，加强对边坡和支撑的检查。

（4）土方工程施工时，工作面不宜过大，宜分段作业。可先预留 20～30cm 不挖，待大部分基槽已挖到距基底 20～30cm 时，再采用人工挖土清槽。

（5）土方施工过程中，应尽可能减小基坑边坡荷载，不得堆积过多的材料、土方，施工机械作业时尽量远离基坑边缘。

（6）土方开挖完成后，应抓紧进行基础垫层的施工，基础施工完成后，应立即进行土方回填。

2. 土方的回填

（1）雨期施工中，回填用土应及时采取覆盖措施，保证土方的含水量符合要求。

（2）若采取措施后，土方含水量仍偏大，应晾一段时间待含水量符合要求后再进行回填，严格防止形成橡皮土。若工期很紧，要求必须立即回填，则应由建设单位、监理单位、施工单位共同协商后进一步采取其他措施，如用灰土回填等。土的密实度必须满足要求。

复习思考题

1-4复习思考题参考答案

1. 试述土的可松性及其对土方施工的影响。
2. 试述土的基本工程性质、土的工程分类及其对土方施工的影响。
3. 试述基坑及基槽土方量的计算方法。
4. 试述场地平整土方量计算的步骤和方法。
5. 试述土方边坡的表示方法及影响边坡的因素。
6. 分析流砂形成的原因以及防治流砂的途径和方法。
7. 试述人工降低地下水位的方法及适用范围，以及轻型井点系统的布置方案。
8. 试述推土机、铲运机的工作特点、适用范围及提高生产率的措施。
9. 试述单斗挖土机有哪几种类型？其工作特点和适用范围，正铲、反铲挖土机开挖方式有哪几种？如何选择？
10. 试述选择土方机械的要点。如何确定土方机械和运输工具的数量？
11. 填土压实有哪几种方法？各有什么特点？影响填土压实的主要因素有哪些？怎样检查填土压实的质量？
12. 试述土的最佳含水量的概念，土的含水量和控制干密度对填土质量有何影响？

习　题

某基坑底长80m，宽40m，深2m，四边放坡，边坡坡度1∶0.5。

（1）试计算土方开挖工程量。

（2）若混凝土基础和地下室占有体积为6000m^3，则应预留多少回填土（以自然状态的土体积计）？

（3）若多余土方外运，问外运土方（以松散状态的土体积计）为多少？

（4）如果用3m^3的汽车外运，需运多少车？（已知土的最初可松性系数K_s=1.14，最终可松性系数K_s'=1.05）。

2 地基与基础工程

2.1 概　　述

俗话说："万丈高楼平地起"。任何建筑物都建造在地球的表层，地球表层构成了一切工程建筑的环境和物质基础。我们把受建筑物荷载影响的那部分地层称为地基。建筑物向地基传递荷载的建筑物下部结构，称为基础。建筑物的地基与基础如图 2-1 所示。

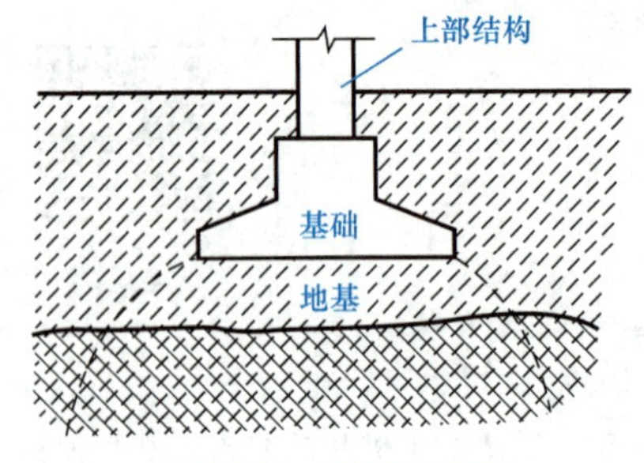

图 2-1　地基与基础

基础是保证建筑物安全和正常使用的重要组成部分，通常把埋置深度不大，只需经过挖槽、排水等普通施工措施、无需采用特殊设备建造起来的基础统称为浅基础，例如条形基础、柱下独立基础、十字交叉基础等；若浅层土质不良，需要把基础埋置于深处的好土层，需要采用特殊的施工工艺建造的基础统称为深基础，例如桩基、沉井和地下连续墙等。选定适宜的基础形式后，地基不加处理就可以满足要求使用的，称为天然地基；不能满足受力和变形要求，需要人工处理加固的地基，称为人工地基，例如采用换土垫层法、预压法、强夯法、深层搅拌法、挤密法等方法处理过的地基。

本章主要简述特殊土地基的处理与加固、浅基础施工及深基础桩基的施工。

2.2 特殊土地基的处理与加固

我国土地辽阔，特殊土地基种类较多，主要有软土地基、湿陷性黄土地基、膨胀土地基、红黏土地基、山区地基、冻土地基及岩溶地基等，本节主要介绍前五类地基。

2.2.1 软土地基

1. 软土的特性与分布

工程上将淤泥和淤泥质土称为软土。软土通常是以黏粒为主的细粒土在静水或非常缓慢的流水环境中沉积而成的。软土含水量大、透水性低、压缩性高、承载力低，呈软塑、流塑状态，这种土多分布于我国东南沿海地区、沿江和湖泊地区。

2. 软土地基处理及工程措施

由于软土地基具有压缩性高、强度低等特性，因此变形问题是软土地基的一个主要问题，表现为建筑物的沉降速率大以及沉降稳定需要很长时间。

（1）地基处理

软土地基的不均匀沉降是造成建筑物开裂损坏或严重影响使用等工程事故的主要

原因，因此建筑物在设计上除了加强上部结构的刚度外，可对软土地基采取以下处理措施：

1）充分利用软土地基表层的密实土层（称硬壳层，其厚度约为1～2m）作为天然地基的持力层，基础尽可能浅埋（但需验算下卧层强度）。“轻基浅埋”是对我国软土地区地基处理总结出来的好经验。

2）减少建筑物作用于地基土的压力，如采用架空地面、轻型结构、空心结构、轻质墙体、设置地下室等。

3）采用换土垫层（砂、石垫层）或桩基，也可采用在砂垫层内埋设土工织物等方法，提高地基承载力。

4）采用砂井、砂井预压使土层排水固结，提高地基承载力。

5）采用高压喷射、深层搅拌、粉体喷射等方法将土粒胶结，从而改善土的工程性质。

（2）施工措施

1）施工时，应保护好软土基坑，减少扰动。

2）控制施工速度和加载速率，不要太快，施工中可采用反压法防止地基土塑流挤出。

3）条件许可时，大面积填土宜在建筑物或构筑物施工前完成。

2.2.2 湿陷性黄土地基

1. 湿陷性黄土地基特性与分布

湿陷性黄土是指非饱和的结构不稳定的黄土，主要具有大孔结构和湿陷性。湿陷性黄土以粉粒为主，含量一般占60%以上，天然含水量接近塑限，含有大量的可溶盐类（碳酸钙盐类），可溶盐类物质遇水浸湿后溶解，土粒结构破坏，迅速产生沉陷，强度降低，这种现象称为湿陷。湿陷性黄土在天然状态时具有较高的强度与较低的压缩性。湿陷性黄土结构示意图，如图2-2所示。

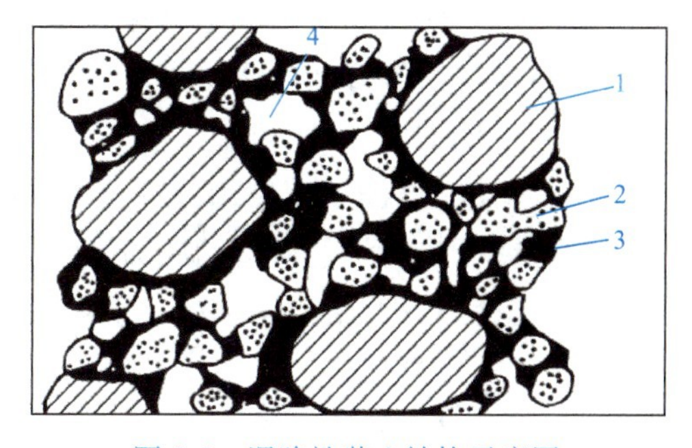

图2-2 湿陷性黄土结构示意图

1—砂粒；2—粗粉粒；3—胶结物；4—大孔隙

我国湿陷性黄土分布范围很广，面积约达60万km^2，按工程地质特征和湿陷性强弱程度，主要分为：陇西地区、陇东陕北地区、关中地区、山西地区、河南地区、冀鲁地区及北部边缘地区，其中以陇西地区、陇东陕北地区湿陷性强烈。

2. 湿陷性黄土的地基处理及工程措施

为了保证湿陷性黄土地基上建筑物的正常使用，应根据建筑物的重要程度、地基湿陷性的类别及湿陷等级、地下水变化情况与地基受浸水的可能性和施工条件采取必要的措施。主要措施有：地基处理措施、防水措施和结构措施。

（1）地基处理措施

地基处理在于全部或部分消除建筑物地基的湿陷性，是防止或减轻湿陷、保证建筑物安全的可靠措施。湿陷性黄土地基经过处理后，其承载能力有所提高。常采用的方法有：

1）土或灰土垫层法：可处理垫层厚度以内的湿陷性，不能用粗粒土换垫。此法适用于地下水位以上的地基处理。

2）夯实法：夯实法分为重锤夯实法与强夯法，该法可进行局部或整片处理，但处理的湿陷性黄土饱和度不宜超过0.6。

3）土或灰土桩挤密：可处理5～15m厚的湿陷性土层。适用于地下水位以上的地基处理，可局部或整片处理。

4）预浸水：可用于处理湿陷性土层的厚度大于10m，但地面下6m以内的土层因自重力不够，尚应采用垫层法处理。

5）硅化或碱液加固：多用于加固地下水位以上的已有建筑物地基。

6）桩基础：适用于下部有可靠的持力层。桩基础不是消除黄土的湿陷性，只是起到传递荷载的作用，因此计算单桩承载力时应扣除桩侧摩擦力的作用。

（2）防水措施

防水措施是防止或减少建筑物和管道地基受水浸湿而引起的湿陷，以保证建筑物和管道安全使用的重要措施。对于厚度大的自重湿陷性黄土场地上的甲类建筑，当消除地基的全部湿陷量确有困难时，防水措施具有重要意义。防水措施主要有：

1）做好总体建筑的平面和竖向设计，保证整个场地排水畅通。

2）做好防洪设施。

3）保证水池类构筑物或管道与建筑物的间距符合防护距离的规定。

4）保证管网和水池类构筑物的工程质量，防止漏水。

5）做好屋面排水和房屋内地面防水的措施。

以单体建筑物的防水措施来说，主要包括检漏管沟、防水地坪、排水沟和管道铺设、管道材料和接口等方面，防止雨水或生产及生活水的渗漏。

（3）结构措施

结构措施是从地基、基础和上部结构相互作用的原理出发，采用适当的措施，增强建筑物适应或抵抗不均匀沉降的能力。结构措施主要有：

1）选择适宜的结构体系和基础形式。

2）加强上部结构的整体性和空间刚度，如构件要有足够的支承强度、设置钢筋混凝土圈梁、增设横墙等。

3）预留适宜的沉降净空等。

2.2.3 膨胀土地基

1. 膨胀土的特性与分布

膨胀土是一种非饱和的、结构性不稳定的黏性土。膨胀土主要由强亲水性的矿物组成，具有吸水膨胀、失水收缩的特性。

膨胀土在我国分布范围很广，如云南蒙自和鸡街、广西宁明、安徽合肥、四川成都以及贵州等地区。

2. 膨胀土的危害

膨胀土的膨胀—收缩—再膨胀的往复变形特性非常显著。建造在膨胀土地基上的建筑物，随季节气候变化会反复不断地产生不均匀的抬升和下沉，使建筑物破坏，如图2-3所示。世界上已有40多个国家发现膨胀土造成的危害，估计每年给工程建设带来的经济损失达数十亿美元。

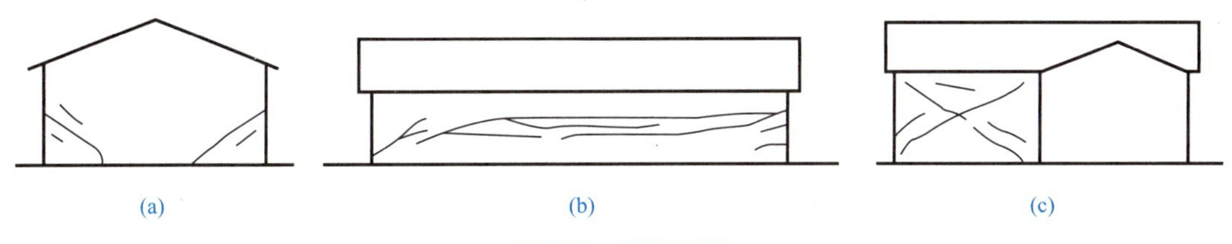

图 2-3　墙面裂缝

(a) 山墙上的对称斜裂缝；(b) 外纵墙的水平裂缝；(c) 墙面的交叉裂缝

3. 影响膨胀土胀缩变形的主要因素

(1) 影响膨胀土产生胀缩变形的内在主要因素有：①土中矿物及其化学成分；②土中黏粒的含量；③土的疏松程度；④土中含水量；⑤土的结构（土的结构强度越大，土体限制胀缩变形的能力就越强）。

(2) 影响膨胀土产生胀缩变形的外在主要因素有：①气候条件；②地形地貌；③周围阔叶林的影响；④日照程度。

4. 膨胀土地基处理及工程措施

(1) 地基处理措施

膨胀土地基处理方法应根据胀缩等级、当地材料及施工工艺进行综合技术经济比较后确定。工程中常用下列方法：

1) 采用换土、砂石垫层的土性改良等方法。换土可采用非膨胀性土或灰土，换土厚度可通过变形计算确定。平坦场地上Ⅰ、Ⅱ级膨胀土的地基处理宜采用砂、碎石垫层，垫层厚度不应小于 300mm，并做好防水处理。

2) 膨胀土层较厚时，应采用桩基。桩尖支承在非膨胀土层上，或支承在大气影响层以下的稳定层上。

3) 石灰浆灌入法。此法可处理铁路路基。

4) 基础托换或设置垂直隔墙等。

(2) 施工措施

在膨胀土地基施工中，如不采取相应措施，往往会引起土中水分的变化，从而导致土的胀缩变形，因此各种施工工艺应以保证地基土中水分尽量保持不变为原则，既要管理好施工用水，又要防止暴晒。

1) 基础施工前，应先完成土方、挡土墙、护坡、防洪沟及排水沟等工程，使场地内排水畅通、边坡稳定。

2) 临时水池、洗料场、淋灰池、搅拌站等至建筑物外墙的净距应不小于 10m，需大量浇水的材料应堆放在距坑（槽）边缘 10m 以外。

3) 基槽开挖施工宜分段快速作业，施工过程中，基槽不应暴晒或浸泡。雨期施工应有防水措施。当基槽挖土接近基底设计标高时，宜在其上预留 150～300mm 厚土层，待下一工序开始前挖除。

4) 基槽验槽后应及时封闭坑底和坑壁，封闭时可喷或抹水泥砂浆 5～20mm。

5) 基础施工完毕应及时分层回填夯实，填料可用非膨胀土、弱膨胀土或掺有石灰等材料的膨胀土。

2.2.4 红黏土地基

1. 红黏土的特性与分布

红黏土是指在炎热湿润气候条件下石灰岩等碳酸盐岩系的岩石经风化作用形成的高塑性黏土，通常带红色，故称其为红黏土。红黏土液限一般大于50%，经再搬运后仍保留红黏土基本特征，称为次生红黏土。

红黏土以残积和坡积成因为主，主要分布在洼地和山麓坡地，大多呈棕红、黄褐等色。我国的红黏土主要分布在贵州、广西、云南等地区，在湖南、湖北、安徽、四川等省也有局部分布。

2. 红黏土的地基处理及工程措施

（1）地基处理措施

常用的地基处理方法有换土、土性改良、预浸水等，荷载较大时也可采用桩基，具体选用应根据地基的胀缩等级、地方材料、施工条件、建筑等级、建筑经验等通过综合技术经济比较后确定。

（2）施工措施

1）在施工场地做好防水、排水措施及地表截流、改道，防止水分渗入地基。

2）对于天然土坡和人工开挖的边坡和基槽，应时刻注意土体中裂缝的发展情况。

3）组织好生产和生活用水排放，保证土体的稳定性。

4）基槽开挖后，不得长久暴露，以免地基土干缩开裂或浸水软化，应立即作基础施工并及时回填夯实。

2.2.5 山区地基

山区地基由于工程地质条件复杂，存在较多不良物理地质现象，如山区经常遇到的滑坡、崩塌、断层、岩溶、土洞以及泥石流等；山区除岩石外，还可遇见各种成因类型的土层，如山顶的残积层、山谷沟口的洪积和冲积层等，这些岩土的力学性质往往差别很大，软硬不均，分布厚度也不均匀，构成山区不均匀岩土地基。另外，山区水文地质条件特殊，如南方山区应考虑暴雨形成的洪水的排泄问题，北方山区要注意暴雨携带泥砂形成泥石流的防治问题。此外，还有山区地形高差起伏较大，往往沟谷纵横、陡坡很多等。

总之，山区地基的特点主要表现为地基的不均匀性和不稳定性两个方面。不均匀地基若不妥善处理，势必引起建筑物不均匀沉降，使建筑物开裂、倾斜甚至倒塌。在山区不良地质现象特别发育地段，一般不容许选作建筑场地，若因特殊需要必须使用这类场地时，应采取可靠的防治措施。

2.3 地基的局部处理与加固

地基的局部处理，常见于在施工验槽时查出或出现的局部与设计要求不符的地基，如槽底倾斜、墓坑、暖气沟或电缆等穿越基槽、古井、大块孤石等。地基处理时应根据不同情况妥善处理，处理的原则是使地基不均匀沉降减少至允许范围之内。下面就常见形式做简单介绍。

2.3.1 局部软土地基处理

1. 墓坑、松土坑的处理

（1）坑的范围较小时：可将坑中虚土全部挖出，直至见到老土为止，然后用与老土压缩性相近的土回填，分层夯实至基底设计标高。若地下水位较高或坑内积水无法夯实时，可用砂、石分层夯实回填。

（2）坑的范围较大时：可将该范围内的基槽适当加宽，再回填土料，方法及要求同上。

（3）坑较深挖除全部虚土有困难时，可部分挖除，挖除深度一般为基槽宽的2倍。剩余虚土为软土时，可先用块石夯实挤密后再回填，也可采用加强基础刚度、用梁板形式跨越、改变基础类型或采用桩基进行处理。

2. “橡皮土”的处理

当地基为含水量很大趋于饱和的黏性土时，反复夯打后会使地基变成所谓的“橡皮土”。因此，当地基为含水量很大的黏性土时，应先采用晾槽或掺生石灰的办法减小土的含水量，然后再根据具体情况选择施工方法及基础类型。

如果地基已表现出“橡皮土”的特性时，应采取如下措施：

1）把“橡皮土”全部挖除，然后再回填好土至设计标高。

2）若不能把“橡皮土”完全清除干净，则利用碎石或卵石打入，将泥挤紧，或铺撒吸水材料（如干土、碎砖、生右灰等）。

3）施工中扰动了基底土：对于湿度不大的土，可作表面夯实处理，对于软黏土需掺入砂、碎石或碎砖才能夯打；或将扰动土全部清除，另填好土夯实。

3. 管道穿越基槽的处理

（1）槽底有管道时，最好是能拆迁管道，或将基础局部加深，使管道从基础之上通过。

（2）如果管道必须埋于基础之下时，则应采取保护措施，避免将管道压坏。

（3）若管道在槽底以上穿过基础或基础墙时，应采取防漏措施，以免漏水浸湿地基造成不均匀下沉。当地基为填土或湿陷性土时，尤其应注意。另外，有管道通过的基础或基础墙，必须在管道周围预留足够尺寸的孔洞。管道上部预留的空隙应大于房屋预估的沉降量，以保证管道的安全。

2.3.2 局部坚硬地基处理

1. 砖井、土井的处理

（1）井位于基槽的中部，井口填土较密实时，可将井的砖圈拆去1m以上，用2∶8或3∶7灰土回填，分层夯实至槽底；若井的直径大于1.5m时，可将土井挖至地下水面，每层铺20cm粗骨料，分层夯实至槽底，上做钢筋混凝土梁（板）跨越它们。

（2）井位于基础的转角处，除采用上述的回填办法外，还可视基础压在井口的面积大小，采用从两端墙基中伸出挑梁，或将基础沿墙长方向向外延长出去，跨越井的范围，然后再在基础墙内采用配筋或加钢筋混凝土梁（板）来加强。

2. 基岩、旧墙基、孤石的处理

当基槽下发现有部分比其邻近地基土坚硬得多的土质时（如槽下遇到基岩、旧墙基、大树根和压实的路面、老灰土等），均应尽量挖除，然后回填与地基土质相近的较软弱土，挖除厚度视大部分地基土层的性质而定，一般为1m左右。

如果局部硬物不易挖除时，应考虑加强建筑上部刚度，如在基础墙内加钢筋或钢筋混凝土梁等，尽量减少可能产生的不均匀沉降对建筑物造成的危害。

3. 防空洞的处理

（1）防空洞砌筑质量较好，有保留价值时，可采用承重法：

1）如果洞顶施工质量不好，可拆除重做素混凝土拱顶或钢筋混凝土拱顶，也可在原砖砌拱顶上现浇钢筋混凝土拱，使砖、混凝土共同组成复合承重的拱顶。

2）如果洞顶质量较好，但承重强度不足，可贴洞壁做钢筋混凝土扶壁柱，与拱顶浇为一体。

（2）当防空洞埋置深度不大，靠近建筑物且又无法避开时，可适当加深基础，使基础埋深与防空洞底取平。

（3）如果防空洞较深，其拱顶层距地面深达 6～7m，拱顶距基底也有 4～5m 之多，防空洞本身质量亦较好时，防空洞可以不加处理，但要加强上部结构整体刚度，防止出现裂缝，或因地基承载不均匀导致产生不均匀沉降。

（4）建筑物所在的位置恰遇防空洞，为避开防空洞时，可作以下处理：

1）采用建筑物移位法。即首先考虑建筑物适当移位，这样既可保留防空洞，建筑物地基又不需要处理。

2）如果受建筑物条件限制不能移位，就考虑建筑物某道或某几道承重墙是否可错开防空洞，使承重墙不直接压在防空洞上。

3）建筑物因地制宜、“见缝插针”，根据现有能避开防空洞的场地，将建筑物平面做成点式、“L”形、“U”形等。

2.3.3 地基处理的方法

结构物的地基问题，概括有：强度及稳定性问题；压缩及不均匀沉降问题；地下水流失及潜蚀和管涌问题；动力荷载作用下的液化、失稳和震陷问题。当结构物的天然地基可能发生上述情况之一和其中几个时，即须采用适当的地基处理，以保证结构的安全与正常使用。

地基处理的方法很多，按地基处理的原理可将地基处理分为以下几类：排水固结法，振密、挤密法，置换及拌入法，灌浆法，加筋法，冷热处理法。下面介绍几种常用的地基处理方法。

1. 换土垫层法

换土垫层法是先将基础底面以下一定范围内的软弱土层挖去，然后回填强度较高、压缩性较低、并且没有侵蚀性的材料，如中粗砂、碎石或卵石、灰土、素土、石屑、矿渣等，再分层夯实，作为地基的持力层。它的作用在于提高地基的承载力，并通过垫层的应力扩散作用，减少垫层下天然土层所承受的压力，这样就可以减少基础的沉降量。如在软土层上采用透水性较好的垫层（如砂垫层）时，软土中的水分可以通过它较快地排出去，能够有效地缩短沉降稳定时间。实践证明，换土垫层法对于解决荷载较大的中小型建筑物的地基问题是比较有效的。这种方法能就地取材，不需要特殊的机械设备，施工简便，既能缩短工期，又能降低造价，因此得到普遍的应用。

下面以使用较普遍的砂垫层为例，来说明换土垫层法的施工：

（1）材料要求

砂垫层和砂石垫层的材料，宜采用颗粒级配良好、质地坚硬的中砂、粗砂、砾石、碎

（卵）石、石屑等。在缺少中、粗砂和砾石地区，也可采用细砂，但宜同时掺入一定数量的碎石或卵石，以保证垫层的密实和稳定，其掺量按设计规定（含石量不应大于 50%）。所用砂、石料不得含有草根、垃圾等有机杂物。兼起排水固结作用时，含泥量不宜超过 3%。碎石或卵石的最大粒径不宜大于 50mm。

（2）施工要点

施工前应验槽，先将浮土清除，基坑（槽）的边坡必须稳定，防止塌土。槽底和两侧如有孔洞、沟、井和墓穴等，应在未做垫层前加以处理。

人工级配的砂、石材料，应按级配拌合均匀，再行铺填捣实。

软土层上采用砂垫层时，应注意保护好基坑底及侧壁土的原状结构，以免降低软土的强度。在垫层的最下一层，宜先铺设 15～20cm 厚的粗砂，用木夯夯实，不得使用振捣器。当采用碎石垫层时，也应在软土上先铺一层砂垫底。

砂垫层的施工关键是如何使砂层密实，以达到设计要求。所以在施工时，应使砂密实并分层铺设，分层夯实。捣实砂层应注意不要扰动基坑底部和四侧的土，以免影响和降低地基强度。每铺好一层垫层，经密实度检验合格后方可进行上一层施工。

2-1 回填土质量检验要求

冬期施工时，不得采用夹有冰块的砂石作垫层，并应采取措施防止砂石内水分结冰。

（3）质量检查

在捣实后的砂垫层中，用容积不小于 200cm^3 的环刀取样，测定其干密度，以不小于通过试验所确定的该砂料在中密状态时的干密度数值为合格。如系砂石垫层，可在垫层中设置纯砂检查点，在同样施工条件下取样检查。

2. 重锤夯实法

重锤夯实法是利用起重机械将重锤提升到一定高度，自由下落，重复夯打击实地基。经过夯打以后，形成了一层比较密实的硬壳层，从而提高了地基强度。

重锤夯实法适用于处理各种黏性土、砂土、湿陷性黄土、杂填土和分层填土地基。拟加固土层必须高出地下水位 0.8m 以上。因为密实土在瞬间冲击力的作用下，水不易排出，很难夯实。另外，在夯实影响范围内有软土存在，或夯击对建筑物有影响时，不宜采用此法。

重锤夯实用的起重设备采用带有摩擦式卷扬机的起重机。夯锤形状为一截头圆锥体（图 2-4），可用 C20 钢筋混凝土制作，其底部可采用 20mm 厚钢板，以使重心降低。锤底直径一般为 0.7～1.5m，锤重不小于 1.5t。锤重与底面积的关系应符合锤重在底面上的单位静压力为 1.5～2.0N/cm^2。

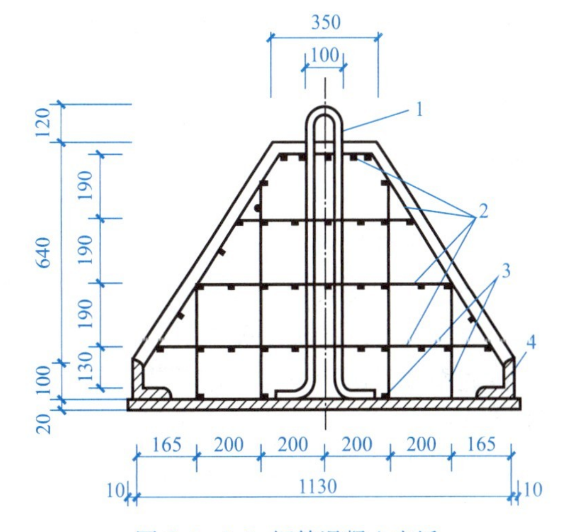

图 2-4 1.5t 钢筋混凝土夯锤

1—吊环 ϕ30；2—钢筋网 ϕ8 网格 100×100；3—锚钉 ϕ10；4—角钢 100×100×10

重锤夯实的效果与锤重、锤底直径、落距、夯实遍数和土的含水量有关。重锤夯实的影响深度大致相当于锤底直径，落距一般取 2.5～4.5m，夯打遍数一般取 6～8 遍。随着夯打遍数的增加，土的每遍夯沉量逐渐减少。

试夯及地基夯实时，必须使土处在最优含水量范围，才能得到最好的夯实效果。基槽（坑）的夯实范围应大于基础底面，每边应比设计宽度加宽 0.3m 以上，以便于底面边角夯打密实。基槽（坑）边坡应适当放缓。夯实前，槽、坑底面应高出设计标高。预留土层的厚度可为试夯时的总夯沉量再加 50～100mm。在大面积基坑或条形基槽内夯打时，应一夯挨一夯顺序进行。在一次循环中同一夯位应连夯两击，下一循环的夯位应与前一循环错开 1/2 锤底直径（图 2-5），落锤应平稳，夯位应准确。在独立柱基基坑内夯打时，一般采用先周边后中间或先外后里的跳夯法进行（图 2-6）。夯实完后，应将基槽（坑）表面修整至设计标高。

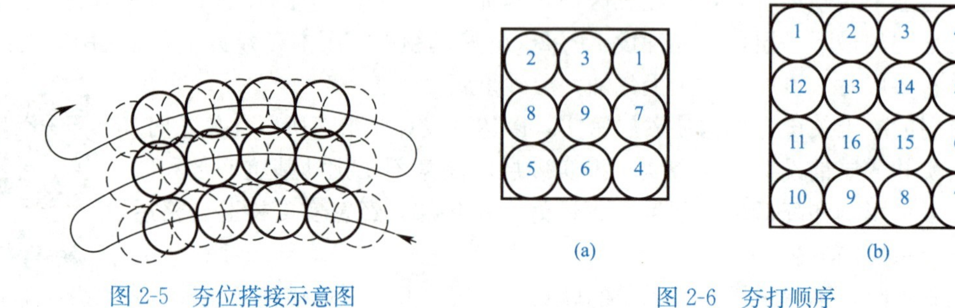

图 2-5　夯位搭接示意图

图 2-6　夯打顺序

（a）先外后里跳打法；（b）先周边后中间打法

重锤夯实后应检查施工记录，除应符合试夯最后两遍的平均夯沉量的规定外，还应检查基槽（坑）表面的总夯沉量，以不小于试夯总夯沉量的 90％为合格。

3. 强夯法

强夯法是利用起重设备将 8～40t 重的夯锤吊起，从 6～30m 的高处自由落下，对土体进行强力夯实的地基处理方法。强夯法属高能量夯击，是用巨大的冲击能（一般为 500～800kJ），使土中出现冲击波和很大的应力，迫使土颗粒重新排列，排出孔隙中的气和水，从而提高地基强度，降低其压缩性，改善砂性土抵抗振动液化的能力。强夯法适用于碎石土、砂土、非饱和的黏性土、湿陷性黄土及杂填土地基的深层加固。地基经强夯加固后，承载能力可以提高 2～5 倍；压缩性可降低 200％～1000％；其影响深度在 10m 以上，国外加固影响深度已达 40m。强夯法是一种效果好、速度快、节省材料、施工简便的地基加固方法。其缺点是施工时噪声和振动很大，离建筑物小于 10m 时，应挖防震沟，沟深要超过建筑物基础深。

（1）机具设备

强夯法的主要设备包括夯锤、起重设备、脱钩装置等。

夯锤宜用铸钢或铸铁制作，如条件所限，则可用钢板外壳内浇筑钢筋混凝土（图 2-7）。夯锤底面分为圆形或方形，一般采用圆形。锤的底面积大小取决于表面土质，对于砂土一般为 $2\sim4m^2$；黏性土为 $3\sim4m^2$；淤泥质土为 $4\sim6m^2$。夯锤中宜设置若干个上下贯通的气孔，以减少夯击时的空气阻力。

起重设备一般采用自行式起重机，起重能力应大于 1.5 倍锤重，并需设安全装置，防止夯击时臂杆后仰。

吊钩采用自动脱钩装置，如图 2-8 所示。操作时将夯锤挂在脱钩装置上，当起重机将夯锤吊到既定的高度时，利用吊机上副卷扬机的钢丝绳吊起锁卡焊合件，使锤脱落，自由下落进行强夯。

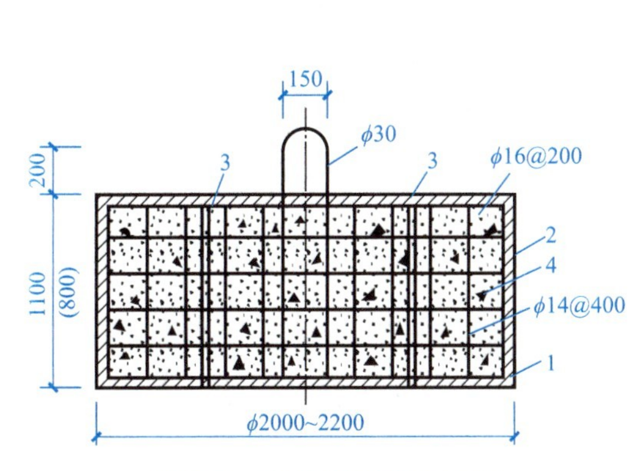

图 2-7 12t 钢筋混凝土夯锤

1—钢底板，厚 30mm；2—钢外壳，厚 18mm；
3—φ159×5 钢管 6 个；4—C30 钢筋混凝土，钢筋用 HPB300

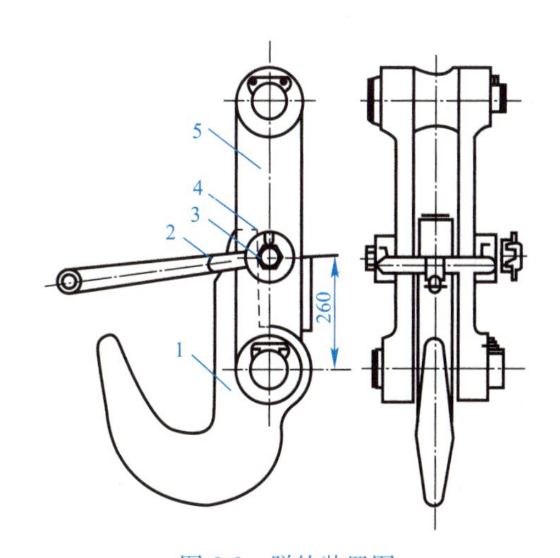

图 2-8 脱钩装置图

1—吊钩；2—锁卡焊合件；3—螺栓；
4—开口销；5—架板

（2）强夯法技术参数

夯击点布置，一般按正方形或梅花形网格排列。其间距根据基础布置、加固土层厚度和土质而定，一般为 5～15m。

夯击遍数应根据地基土的性质确定。一般情况下，可采用 2～5 遍，对于粗颗粒土夯击遍数可少些；对于细颗粒土则夯击遍数宜多些。最后一遍以低能量“满夯”，即“锤印”彼此搭接。每个夯击点的夯击数一般为 3～10 击，最后一遍只夯 1～2 击。

相邻两遍夯击之间间隔时间，取决于土中超静孔隙水压力的消散时间。当缺少实测资料时，可根据地基土的渗透性确定，对于渗透性较差的黏性土地基间隔时间不少于 3～4 周；对于渗透性好的地基可连续夯击。

强夯加固范围应大于建筑物基础范围。每边超出基础外缘的宽度宜为设计加固深度的 1/2～2/3，并不宜小于 3m。

（3）施工要点

强夯施工前，应查明场地范围内的地下构筑物和各种地下管线的位置及标高，并采取必要的措施，以免因强夯施工而造成损坏。

强夯施工必须按试验确定的技术参数进行。以各个夯击点的夯击数为施工控制依据。

夯击时，夯锤应保持平稳，夯位准确，如错位或坑底倾斜过大，宜用砂土将坑底整平才能进行下一次夯击。最后一遍的场地平均夯沉量必须符合设计要求。雨天施工时，夯击坑内或夯击过的场地内积水必须及时排除。冬期施工，首先应将冻土击碎，然后按照各点规定的夯击数施工。

（4）质量检验

应检查施工过程中的各项技术参数及施工记录，并应在夯击过的场地选点作检验。检验方法宜根据土性选用原位测试（如标准贯入试验、静力触探或轻便触探等方法）和室内土工试验。检验点数：每个建筑物的地基不少于 3 处，检验深度和位置按设计要求确定。

对于碎石土或砂土地基，应在施工结束后间隔 1～2 周进行检验；对于低饱和度的粉土和黏性土地基间隔 2～4 周后进行检验。

2-2 地基与基础工程质量验收检验批的划分原则

4. 振冲法

利用振动和水冲加固土体的方法称为振冲法。振冲法分为振冲挤密法和振冲置换法两类。用于振密松砂地基时，称为“振冲挤密”。用于黏性土地基，在黏性土中制做一群以碎石、卵石或砂砾材料组成的桩体，从而构成复合地基，这种方法称为“振冲置换”。

（1）施工机具

振冲法的主要施工机具有振冲器、起重机械、水泵及供水管道、加料设备和控制设备等。

（2）施工工艺

施工前应先在现场进行振冲试验，以确定其施工参数，如振冲孔间距、达到土体密实时的密实电流值、成孔速度、留振时间、填料量等。

振冲挤密或振冲制桩的施工过程包括：定位、成孔、清孔和振密等。

定位：振冲前，应按设计图定出冲孔中心位置并编号。

成孔：振冲器用履带式起重机或卷扬机悬吊，对准桩位，打开下喷水口，启动振冲器（图 2-9a）。水压可用 400～600kPa，水量可用 200～400L/min。此时，振冲器以其自身重力和振动喷水作用，以 1～2m/min 的速度徐徐沉入土中，每沉入 0.5～1.0m，宜留振 5～10s 进行扩孔。待孔内泥浆溢出时再继续沉入，直达设计深度为止。在黏性土中应重复成孔 1～2 次，使孔内泥浆变稀，然后将振冲器提出孔口，形成 0.8～1.2m 直径的孔洞。

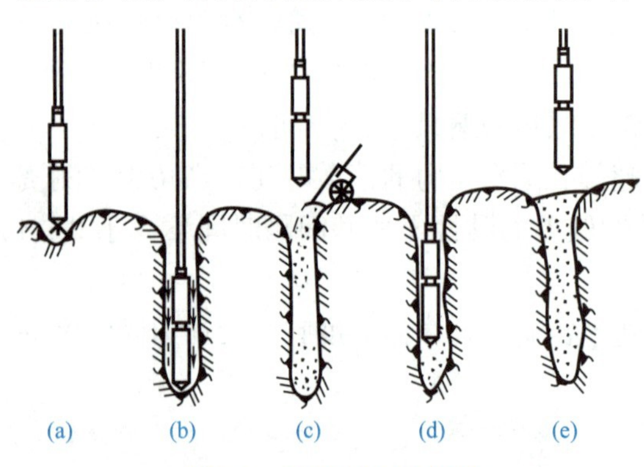

图 2-9　碎石桩制桩步骤

(a) 定位；(b) 振冲下沉；(c) 加填料；(d) 振密；(e) 成桩

清孔：当下沉达设计深度时，振冲器应在孔底适当留振并关闭下喷口，打开上喷水口，以便排除泥浆进行清孔（图 2-9b）。

振密：振冲器提出孔口，向孔内倒入一批填料，约 1m 桩深（图 2-9c），将振冲器下降至填料中进行振密（图 2-9d），待密实电流达到规定的数值，将振冲器提出孔口。如此自下而上反复进行直至孔口，成桩操作即告完成（图 2-9e）。

振冲施工应事先开设排泥水沟系统，将成桩过程中产生的泥水集中引入沉淀池。

2.4　浅埋式钢筋混凝土基础施工

建筑工程中，基础类型很多、材料很多、分类也较多。通常用钢筋混凝土修建的基础称为扩展基础，即钢筋混凝土基础。基础中配置了钢筋，使基础的强度、耐久性、抗冻性、抗弯性能都得到了很大的提高；而且基础高度也小了许多，节省了不少费用，这使其总造价并不高。因此，目前钢筋混凝土基础应用广泛。

天然地基按基础的埋置深度可分为浅基础和深基础，实际上浅基础和深基础没有一个很明确的界限。大多数基础埋深较浅，一般可以用比较简单的施工方法来修建的，属于浅基础；反之，属于深基础，如桩基。

本节主要介绍埋深较浅的钢筋混凝土基础的形式及其施工。

2.4.1 基础的特点与构造

1. 钢筋混凝土条形基础

钢筋混凝土条形基础有：墙下钢筋混凝土条形基础，如图 2-10 所示；柱下钢筋混凝土条形基础，如图 2-11 所示。

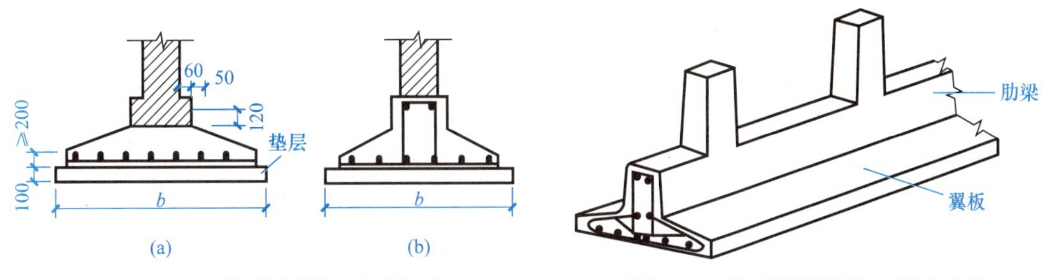

图 2-10 墙下钢筋混凝土条形基础

(a) 墙下板式条形基础；(b) 带肋板的墙下条形基础

图 2-11 柱下钢筋混凝土条形基础

钢筋混凝土条形基础截面一般根据基础高度可做成矩形和锥形，锥形基础边缘高度不宜小于 200mm。

混凝土强度等级不应低于 C20；混凝土垫层强度等级一般为 C15，厚度不宜小于 70mm，一般取 100mm。

墙下钢筋混凝土条形基础底板受力钢筋的最小直径不宜小于 10mm，间距不宜大 200mm、也不宜小于 100mm；底板纵向分布钢筋的最小直径不宜小于 8mm，间距不宜大于 300mm；当有垫层时，筋保护层的厚度不小于 40mm，无垫层时不小于 70mm。

钢筋混凝土条形基础底板在 T 形及十字形交接处，底板横向受力钢筋仅沿一个主要受力方向通长布置，另一方向的横向受力钢筋可布置到主要受力方向底板宽度 1/4 处，如图 2-12 (a)、(b) 所示；在拐角处底板横向受力钢筋应沿两个方向布置。

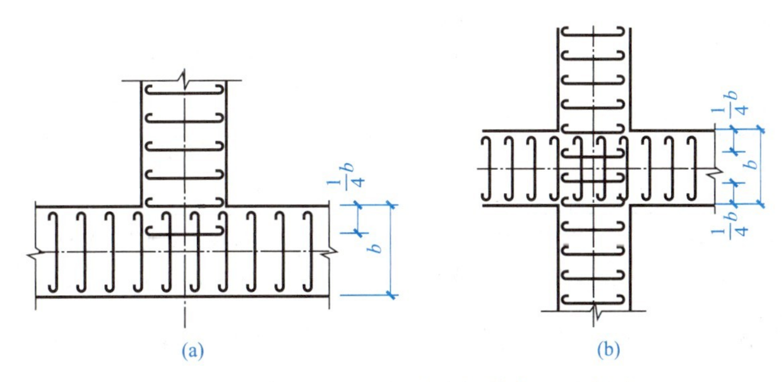

图 2-12 条形基础底板受力钢筋布置示意图

2. 柱下钢筋混凝土独立基础

柱下钢筋混凝土独立基础，按施工方法不同分为现浇柱下基础（图 2-13）和预制柱下杯口基础（图 2-14）。

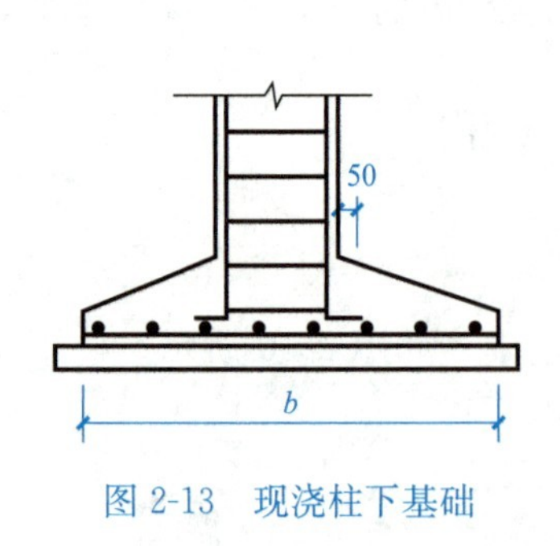

图 2-13　现浇柱下基础

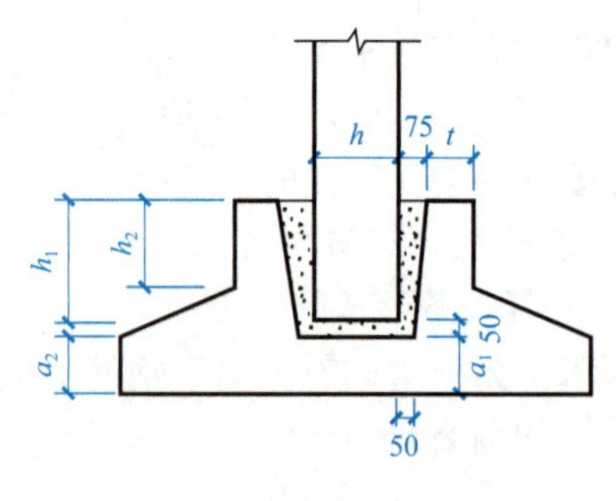

图 2-14　预制柱下杯口基础

现浇柱下基础的构造形式一般有锥形和阶梯形。锥形基础边缘高度不宜小于 200mm，锥形基础的顶部为安装柱模板，需每边放大 20～50mm，阶梯形基础的每阶高度一般为 300～500mm，阶梯尺寸宜用 50mm 的倍数。

现浇柱下基础施工时，基础与柱的混凝土一般不同时浇筑，在基础内需预留插筋，其直径和根数同柱内纵筋，插筋伸入基础内应有足够的锚固长度，其端部加直钩并伸至基底，应有上下两个箍筋固定。插筋与柱筋的搭接位置一般在基础顶面，如需提前回填土时，搭接位置也可在室内地面处。在搭接长度内的箍筋应加密。板内受力筋的构造要求及混凝土、垫层的要求，都同墙下条形基础。

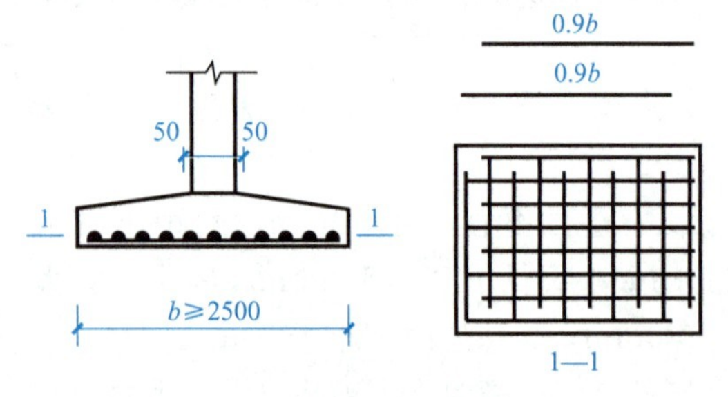

图 2-15　基础板底受力钢筋布置示意图

当柱下钢筋混凝土独立基础的边长和墙下钢筋混凝土条形基础的宽度大于或等于 2.5m 时，基础板底受力筋的长度可取基础边长或宽度的 0.9 倍，并宜交错布置，如图 2-15 所示。

预制柱下杯口基础的构造要求：

（1）预制柱下独立基础中柱的插入深度 h_1，可按表 2-1 选用；并应满足锚固长度的要求和吊装时柱的稳定性，即不小于吊装时柱长的 0.05 倍。

柱的插入深度 h_1（mm）　　**表 2-1**

矩形或工字形柱				双肢柱
$h<500$	$500\leqslant h<800$	$800\leqslant h<1000$	$h>1000$	
h～$1.2h$	h	$0.9h$ 且 $\geqslant 800$	$0.8h$ 且 $\geqslant 1000$	$(1/3$～$2/3)\ h_a$ $(1.5$～$1.8)\ h_b$

注：1. h 为柱截面长边尺寸；h_a 为双肢柱整个截面长边尺寸；h_b 为双肢柱整个截面短边尺寸。

2. 柱轴心受压或小偏心受压时，h_1 可适当减小，偏心距大于 $2h$（或 $2d$）时，h_1 应适当加大。

（2）基础的杯底厚度 a_1 和杯壁厚度 t，以及杯壁配筋可按规范的相关规定选取。

3. 十字交叉基础

当上部荷载很大，采用柱下条形基础不能满足地基基础设计要求时，可采用双向的柱下钢筋混凝土条形基础即十字交叉基础，如图 2-16 所示。这种基础纵横向均具有一定的刚度，当地基软弱且在两个方向的荷载和土质不均匀时，十字交叉基础对不均匀沉降具有良好的调整能力。目前国内外高层框架结构常采用高度较大的十字交叉条形基础，以增强整个建筑物的刚度，使各柱间的沉降比较均匀。

十字交叉基础的其他构造要求同柱下条形基础。

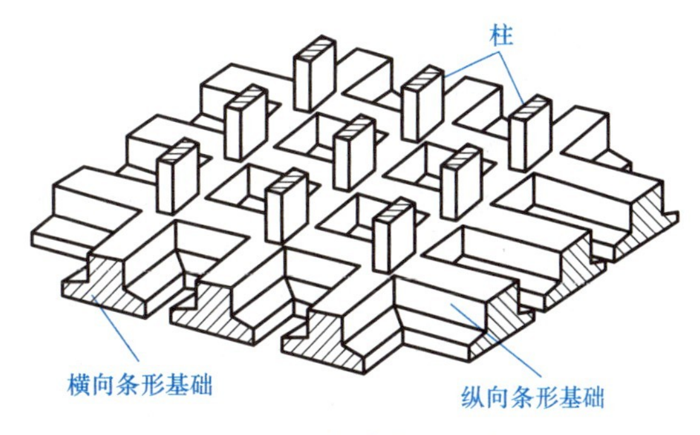

图 2-16　十字交叉基础

4. 筏板基础

筏板基础一般为等厚的钢筋混凝土平板。当地基土特别软，上部结构的荷载较大，采用十字交叉基础不能满足要求或相邻基槽距离很近时，可以将基础底板连成整片，成为一个钢筋混凝土的连续整板，即筏板基础。由于筏板基础整体性好，能有效调整地基的不均匀沉降，较好地适应上部荷载分布的变化。

筏板基础有柱下筏板和墙下筏板。当柱间设有梁时则为梁板式筏板基础，形如倒置的肋形楼盖；当柱间不设梁时则形如倒置的无梁楼盖，称为平板式筏板基础，如图 2-17 所示。

当墙体位于钢筋混凝土平板上时，为墙下筏板基础。墙下筏板基础中有一种不埋式筏板基础（图 2-18），它适合用于六层及六层以下的横墙较密的建筑，我国南方一些城市在多层砌体住宅基础中大量采用，效果良好。

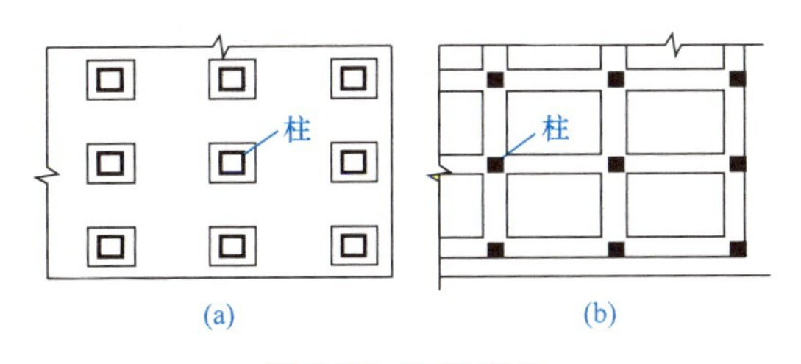

图 2-17　筏板基础

（a）平板式；（b）梁板式

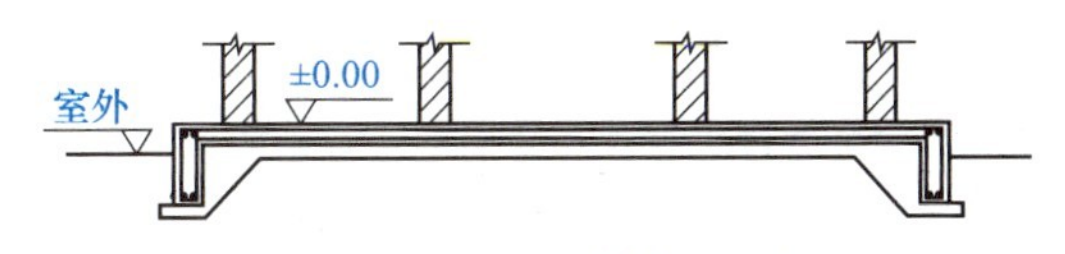

图 2-18　不埋式筏板基础

筏板基础的构造要求：通常筏板基础做成等厚，平面应大致对称，尽量减少基础收缩的偏心力矩；筏板的厚度不得小于 200mm，一般取 200～400mm；梁高出底板的顶面一般不小于 300mm，梁宽不小于 250mm；筏形基础混凝土强度不宜低于 C30，垫层混凝土宜为 C15，厚度为 100mm，每边伸出基础底板不小于 100mm；筏板双向配筋，钢筋宜用 HPB300、HRB400 级，钢筋保护层厚度不宜小于 40mm；筏板悬挂墙外的长度，从轴线起算，横向不宜大于 1500mm，纵向不宜大于 1000mm，边端厚度不小于 200mm。

5. 箱形基础

箱形基础是由钢筋混凝土底板、顶板和纵横交叉的钢筋混凝土隔墙组成，是能共同工作的箱形地下结构，如图 2-19 所示，它是筏板基础的进一步发展。箱形基础的高度一般为 3～5m，根据情况可以做成多层的，其地下空间可做成库房、设备间、地下室等。

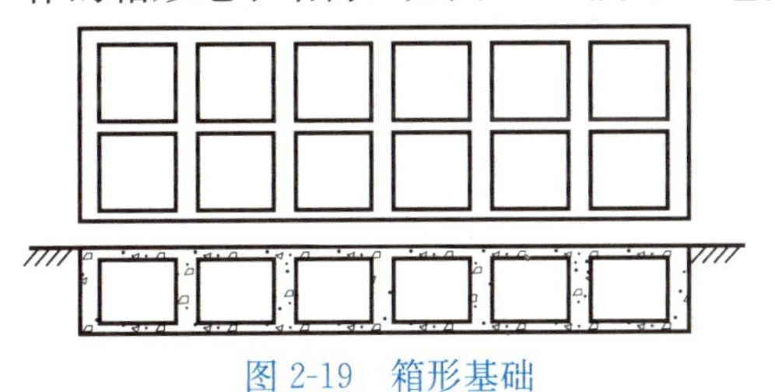
图 2-19　箱形基础

箱形基础的整体性很好、刚度大，调整地基不均匀沉降的能力较强，使上部结构不易开裂。另外，箱形基础的大空壳结构有效地降低了地基附加应力，从而减少了地基的沉降量，也具有较好的抗震性能，是我国高层建筑物常采用的一种主要基础形式。

箱形基础的构造要求：

（1）箱形基础的底面形心应尽可能与上部结构竖向静荷载重心相重合，平面布置尽可能对称，一般不宜大于 0.1ρ（ρ 为基础底板面积抵抗矩与基底面积之比）。

（2）底板厚一般取隔墙间距的 1/10～1/8，约为 300～1000mm。

（3）顶板厚度一般约取为 200～400mm。

（4）内墙厚度一般不宜小于 200mm，常取为 200～300mm。

（5）外墙厚度不宜小于 250mm，一般为 250～400mm。

（6）混凝土强度等级≥C30，其外围结构的混凝土抗渗等级不宜低于 0.6MPa。

（7）底板、顶板配筋不宜小于 ϕ14@200；墙体一般采用双面配筋，横、竖向钢筋一般不宜小于 ϕ10@200，外墙竖向钢筋不宜小于 ϕ12@200；除上部为剪力墙外，内、外墙的墙顶宜配置 2ϕ20 的通长构造钢筋。

施工时基础长度超过 40m，应设置贯通的后浇施工缝，缝宽不宜小于 800mm；当地下水位较高时，基坑的地下水位应降低至设计底板以下 500mm；挖基坑时要注意保持原状土结构，机械开方应在基坑底面上保留 200～400mm 厚的土层，采取人工修挖。

2.4.2 钢筋混凝土基础的施工

钢筋混凝土基础的施工，实际上其要点就是现浇混凝土结构工程的施工。钢筋混凝土基础是在施工现场开挖基槽，然后在基础的设计位置架设模板、绑扎钢筋、浇灌混凝土、振捣成型，经过养护混凝土达到拆模强度时拆除模板、制成基础构件。现浇混凝土结构整体性好、抗震性好、施工时不需要大型起重机械。但是，模板消耗量大、劳动强度高、施工受气候条件影响较大。

钢筋混凝土基础工程主要是由基坑开挖、模板工程、钢筋工程和混凝土工程组成，由于施工过程多，在施工中应加强施工管理，使各工种紧密配合，并且合理组织施工顺序，这样才能有效地保证施工质量、加速施工和降低造价。

放线、基坑开挖后，钢筋混凝土基础工程的施工工艺过程如图 2-20 所示。

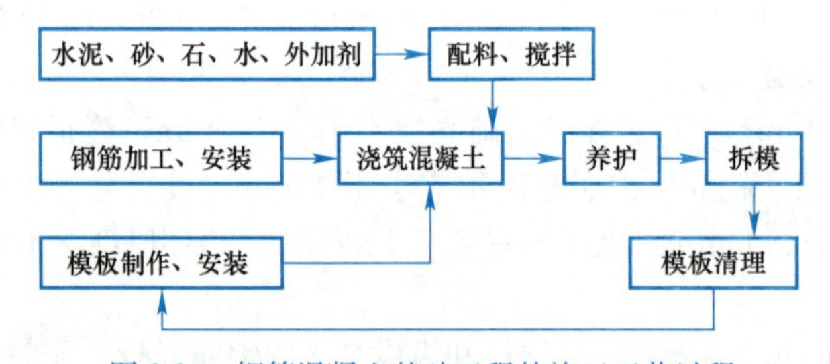

图 2-20 钢筋混凝土基础工程的施工工艺过程

钢筋混凝土基础工程的具体施工过程如下：

1. 放线、开挖基坑及护坡

这是基础工程施工的第一步、也是至关重要的一步，它决定了基础的位置、底面大小，也就决定了将来地基土受力是否合理、是否能承受上部结构荷载，进而能否保证上部结构的安全。开挖基坑是否需要护坡，采用何种方法、哪种施工工艺都是由基坑开挖深度及土性决定，在这一步施工中，不允许有任何偏差。基坑开挖过程中应注意保持基坑底部土体的原状结构。

2. 验槽

验槽是当施工单位将基槽开挖完毕后，由监理、勘察、设计、建设单位和施工单位的技术负责人共同到现场进行的。验槽是钢筋混凝土基础工程施工中一个不可缺少的重要环节，有了验槽报告该工程才能进行后续工程的施工。

验槽是对开挖轴线、基坑尺寸和土质是否符合设计规定的检验。发现问题要及时解决，如有地下水应排除，坑内浮土、积水、淤泥、杂物应清除干净；对干燥的黏性土，应用水湿润；局部软弱土层应挖去，用灰土或砂砾回填并夯实至与基底相平，并应有排水和防水措施。完全合乎要求后，才会拿到几方盖章的合格验槽报告。

3. 垫层施工

钢筋混凝土基础一般都用混凝土做垫层。垫层厚度一般为 100mm，挑出基础边缘100mm，混凝土强度等级不小于 C15。在基坑验槽后应立即浇灌垫层混凝土，以保护地基，混凝土宜用表面振动器进行振捣，要求表面平整。

4. 模板工程

当垫层混凝土达到一定强度后（一般达到设计强度的 70%），即在垫层上弹线、支模，进入模板工程阶段。

模板是新浇混凝土成型用的模型，主要由模板和支撑两部分组成。模板作为混凝土构件成型的工具，它本身除了应具有与结构构件相同的形状和尺寸外，还要具有足够的强度、刚度和稳定性，以承受新浇混凝土的荷载及施工荷载。支撑用来保证模板的形状、尺寸及其空间位置正确，承受模板传来的全部荷载。

模板工程作为混凝土基础工程的一个重要环节，从经济和工效上来看，模板系统应构造简单、装拆方便，从质量和安全上对模板系统有下列要求：

(1) 保证基础各部分形状、尺寸和位置的正确，即满足设计尺寸要求、模板安装的尺寸偏差在允许偏差范围内。

(2) 有足够的承载力、刚度和稳定性，能可靠地承受浇混凝土的自重和侧压力，以及施工荷载。

(3) 模板接缝严密，不应漏浆。

(4) 模板支撑要求严密牢固。

(5) 模板与混凝土接触面应清理干净并涂刷隔离剂。

施工现场使用的模板种类很多，钢筋混凝土基础工程多用现场装拆式钢模或木模，如图 2-21 所示。

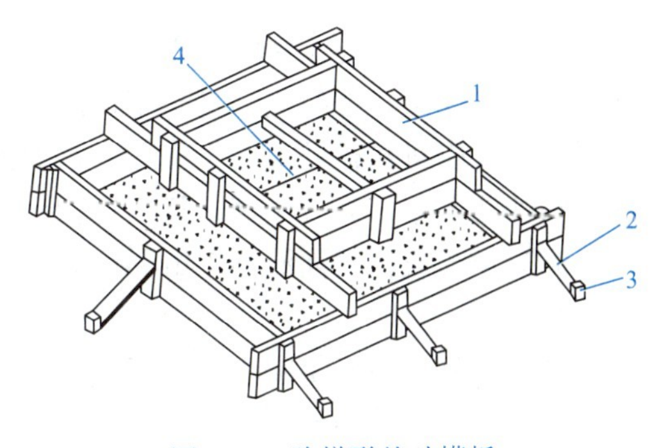

图 2-21 阶梯形基础模板

1—拼板；2—斜撑；3—木桩；4—钢丝

5. 钢筋工程

模板安装好、检验合格后，可以铺设、绑扎钢筋。

钢筋在使用前需要先检查钢筋质量是否合乎设计要求，检查要求如下：

(1) 进场钢筋应具有产品合格证、出厂试验报告、每捆（盘）钢筋均应有标牌。

（2）钢筋外观要求应平直、无损伤，表面无裂纹、油污、颗粒状或片状老锈。

（3）抽样检查进场钢筋的力学性能，如屈服点、抗拉强度、伸长率等。

钢筋在施工中的要求如下：

（1）钢筋表面清洁。

（2）钢筋的铺设位置、规格、尺寸、数量、间距、锚固长度、接头位置、形状符合设计和施工规范的要求。

（3）钢筋网片、骨架的绑扎和焊接质量符合施工规范要求。

（4）钢筋弯钩朝向正确，绑扎接头位置及搭接长度符合规范要求。

（5）箍筋的数量、间距、弯钩角度和平直长度符合规范要求。

（6）底部钢筋需用与混凝土保护层同厚度的水泥砂浆垫块垫塞，以保证钢筋保护层的厚度。

6. 混凝土工程

混凝土工程是钢筋混凝土基础工程中的一个重要组成部分。混凝土工程质量的好坏是保证混凝土能否达到设计强度等级的关键，将直接影响钢筋混凝土基础的强度和耐久性。

混凝土工程施工工艺过程包括：混凝土的配料、拌制、运输、浇筑、振捣、养护等。

混凝土工程在施工中应注意：

（1）混凝土所用原材料，即水泥、水、砂子、石子及外掺剂应符合设计要求。

（2）混凝土配合比、原材料计量、搅拌和施工缝处理应符合施工规范规定。

（3）混凝土强度试块的取样、制作、养护和试验应符合《混凝土强度检验评定标准》GB/T 50107—2010的规定。

（4）基础混凝土宜分段、分层连续浇筑。如：

1）对于阶梯形基础，每一个台阶高度内应为一整体浇捣层，每浇筑完一层台阶应稍停0.5～1.0h，待其初步沉实后，再浇筑上一层台阶，以防止下层台阶混凝土溢出，在上一层台阶的根部产生“烂脖子”。每一台阶浇完，表面应随即以原浆抹平。

2）对于锥形基础，应注意锥体斜面坡度的正确，斜面部分的模板应随混凝土浇捣分段支设，并应支撑顶紧，以防模板上浮变形；边角处的混凝土必须注意捣实。

3）对于条形基础浇筑，每段长2～3m，逐段逐层呈阶梯形推进，并注意先使混凝土充满模板边角，然后浇灌中间部分等。

（5）混凝土应连续浇灌，以保证结构良好的整体性，如必须间歇，间歇时间不应超过施工规范的规定；如时间超过规定，应设置施工缝，并用木板挡住。施工缝处在继续浇筑混凝土前，应将接槎处混凝土表面的水泥薄膜（约1mm）和松动石子或软弱混凝土清除，并用水冲洗干净，充分湿润，且不得积水，然后铺15～25mm厚水泥砂浆或先灌一层减半石子混凝土，或在立面涂刷1mm厚水泥浆，再正式继续浇筑混凝土，并仔细捣实，使其紧密结合。

（6）混凝土应振捣密实。混凝土应分层捣实，每层厚度不得超过30cm。基础上有插筋时，应保证插筋的位置正确。

（7）混凝土浇捣中应防止垫块位移、钢筋紧贴模板或振捣不实造成露筋。

（8）基础内预留孔洞、预埋螺栓、铁件，应按设计要求设置，不得后凿混凝土。

（9）正确掌握后浇收缩带、后浇温度带灌筑混凝土的时间。如若后浇收缩带单独设置，则灌筑混凝土的时间宜在设带后的两个月之后，这样大概可以完成混凝土收缩的60%以上，如确有困难时也不宜少于一个月；如果后浇温度带单独设置，则灌筑混凝土的时间宜选择在温度较低时，不要在热天补齐冷天留下来的后浇温度带。

（10）对大体积混凝土，在施工前要经过一定的理论计算，采取有效的技术措施，以防止温差对结构的破坏。比如箱形基础底板混凝土的浇筑，应控制混凝土内外温差在20℃（重要构件）或30℃（一般构件）以内；或用中低发热量的矿渣硅酸盐水泥和掺加粉煤灰的掺合料，以减小水泥的水化热等。

（11）混凝土的养护。混凝土浇筑完毕、终凝以前，表面应加以覆盖和洒水养护，浇水次数视气温情况而定，保持混凝土的湿润状态。冬期要保温，防止温差过大出现裂缝，以保证结构的使用性能和防水性能（必要时应采取保温养护措施）。混凝土养护时间，普通水泥和矿渣水泥不得少于7d（昼夜）。

7. 拆模

在混凝土强度能保证基础表面不变形及棱角完整时，方可拆除基础模板，一般在气温20℃以上时，2d后即可拆除。

模板的拆除顺序一般是先非承重模板、后承重模板；模板拆除过程中不能损坏混凝土表面。

拆除后经过基础质量检查，确认质量合格后，应尽快进行基础回填土，以免影响场地平整、材料准备和给后续施工工作带来不便，同时又可利用土作基础混凝土的自然养护。

2.5 桩基础施工

随着我国国民经济的发展和城市建设规模的扩大，桩基础成为我国目前常用的一种深基础形式，它由若干根桩和桩顶的承台组成，如图2-22所示。

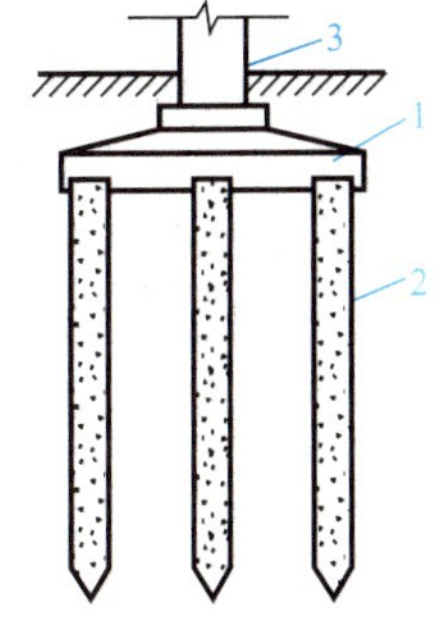

图2-22 桩基础
1—承台；2—桩身；3—上部结构

桩基按桩的受力情况可分为摩擦桩和端承桩两类。前者桩上的荷载由桩侧摩擦力和桩端阻力共同承受；后者桩上的荷载主要由桩端阻力承受。

桩基按成桩时挤土的状况可分为非挤土桩、部分挤土桩和挤土桩。

桩基按桩的施工方法可分为预制桩和灌注桩两类。预制桩是在工厂或施工现场制成的各种材料和形式的桩（如木桩、钢筋混凝土方桩、预应力钢筋混凝土管桩、钢管或型钢的钢桩等），而后用沉桩设备将桩打入、压入、旋入、振入（有时还兼用高压水冲）土中。灌注桩是在施工现场的桩位上用机械或人工成孔，然后在孔内灌注混凝土或钢筋混凝土而成。根据成孔方法的不同分为钻孔、挖孔、冲孔灌注桩、沉管灌注桩等。

2.5.1 钢筋混凝土预制桩施工

钢筋混凝土预制桩能承受较大的荷载、施工速度快，可以制作成各种需要的断面及长度，桩的制作及沉桩工艺简单，不受地下水位高低变化的影响，是我国广泛应用的桩型之一。

预制钢筋混凝土桩有实心方桩与离心管桩两种。方桩边长一般为200～450mm，管桩的直径一般为ϕ400、ϕ500等。单节桩的最大长度取决于打桩架的高度，一般在27m以内，如在工厂制作，长度不宜超过 12m。

预制钢筋混凝土桩的混凝土强度等级不宜低于 C30，采用静压法沉桩时可适当降低，但不得低于 C20。桩身配筋与沉桩方法有关，如采用锤击沉桩时，桩的纵向钢筋配筋率不宜小于 0.8%，压入桩不宜小于 0.4%，桩的纵向钢筋直径不宜小于 14mm；桩顶一定范围内的箍筋应加密，并设钢筋网片；可将主筋合拢焊在桩尖辅助钢筋上端呈锥形，以利于沉桩，如图 2-23 所示。在密实砂和碎石类土中，可在桩尖处包以钢板桩靴，加强桩尖。

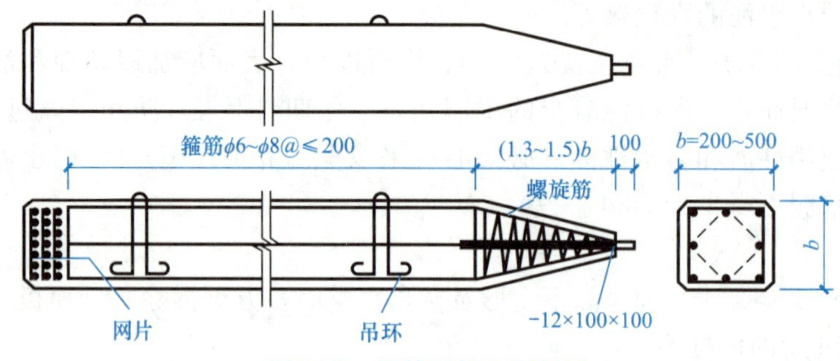

图 2-23　钢筋混凝土预制桩

混凝土管桩是以离心法在工厂生产的，通常都施加了预应力，直径多为 400～600mm，壁厚常为 80～100mm，每节长度 8～10m，用法兰连接，桩的接头不宜超过 4 个。

1. 预制桩的制作、起吊、运输和堆放

钢筋混凝土预制桩一般情况下多在打桩现场附近进行预制；如果条件许可，也可以在打桩现场就地预制。较短的桩（10m 以下），多在预制厂预制；预应力管桩则应在工厂生产。

为节省场地，预制桩多采用叠浇法制作。叠浇预制桩的层数一般不宜超过 4 层，上下层之间、邻桩之间、桩与底模和模板之间应做好隔离层。

预制桩的混凝土浇筑应由桩顶向桩尖连续浇筑，严禁中断。上层桩或邻桩的浇筑，应在下层或邻桩的混凝土达到设计强度等级的 30%以后方可进行。

桩在起吊和搬运时，必须平稳，不得损坏。

钢筋混凝土预制桩应在混凝土达到设计强度标准值的 75%方可起吊，达到 100%方能运输和打桩。如提前起吊，必须作强度和抗裂度验算，并采取必要措施。起吊时，吊点位置应符合设计规定。

桩的运输应根据打桩进度和打桩顺序确定，一般情况下采用随打随运的方法以减少二次搬运。长桩运输可采用平板拖车、平台挂车等，短桩运输亦可采用载重汽车，现场运距较近亦可采用轻轨平板车运输。

堆放时场地应平整、坚实、排水良好；桩应按规格、桩号分层叠置，支撑点应设在吊点处；上下垫木应在同一直线上，支撑平稳；堆放层数不宜超过 4 层。

2. 预制桩的沉桩

2-3 预制桩沉桩及接桩方式

钢筋混凝土预制桩的沉桩方法有静力压桩法、锤击法、振动法和水冲法等。

（1）静力压桩

静力压桩是利用静压力将桩压入土中，施工中存在挤土效应，但没有振动、噪声和冲击力，施工应力小，适用于软弱土层和邻近有怕振动的建（构）筑物的情况。

1）打桩设备

静力压桩机有机械式和液压式两种，目前使用较多的是液压式静力压桩机，压力可达5000kN，如图2-24所示。

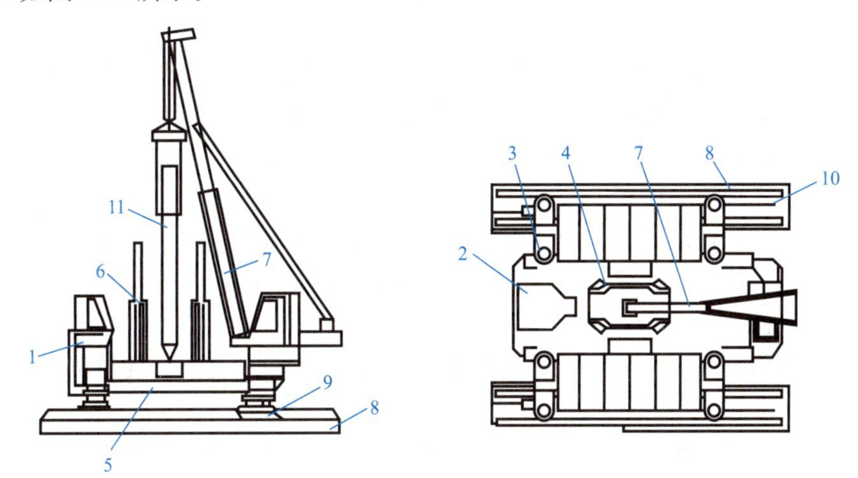

图2-24 液压式静力压桩

1—操纵室；2—电气控制台；3—液压系统；4—导向架；5—配重；6—夹持装置；7—吊桩把杆；8—支腿平台；9—横向行走与回转装置；10—纵向行走装置；11—桩

液压式静力压桩机由压桩机构、行走机构、起吊机构三部分组成。液压式静力压桩机施压部位在桩的侧面，送桩定位方便快速，压桩效率高，移动方便迅速。

2）压桩施工前准备

压桩前应先清除妨碍施工的地上和地下的障碍物；平整施工场地；定位放线；设置供电、供水系统；安装压桩机具；确定打桩顺序。

桩基轴线定位点应设在不受打桩影响的地点，打桩地区附近应设不少于2个水准点。在施工过程中可据此检查桩位的偏差。

打桩顺序直接影响打桩速度和打桩质量。为了减少因桩打入的先后在临桩造成的挤压和位移，防止周围建筑物破坏，在制定打桩顺序时，应研究现场条件和环境、桩区面积和位置、邻近建筑物、地下管线的状况、地基土特性、桩型、间距、堆放场地、施工机械在场地内的移动方便程度等，选用下述打桩顺序：

① 由一侧向单一方向进行（图2-25a）。同一排桩必要时还可采用间隔调打的方式。

② 由两个方向对称进行（图2-25b）。

③ 由中间向四周进行（图2-25c）。

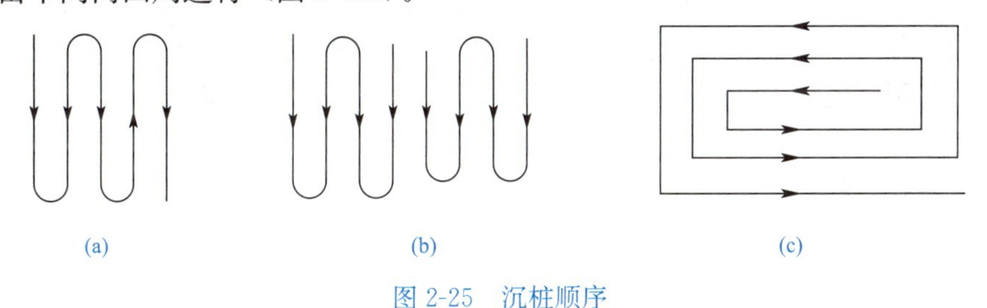

图2-25 沉桩顺序

（a）由一侧向单一方向进行；（b）由两个方向对称进行；（c）由中间向四周进行

3）压桩施工

压桩一般是分节压入，逐段接长。当第一节桩压入土中，其上端距地面 2m 左右时将第二节桩接上，要求接桩的弯曲度不大于 1%，然后继续压入。对每一根桩的压入，各工序应连续。

如果初压时桩身发生较大幅度位移、倾斜；压入过程中桩身突然下沉或倾斜；桩顶混凝土破坏或压桩阻力剧变时，应暂停压桩，及时研究处理。

压桩过程中，若桩的贯入阻力太大，使桩不能压至标高时，不能任意增加配重，否则将引起液压元件和构件的损坏。

对桩周土质较差且设计承载力较高的，宜复压 1～2 次为佳；对长度小于 14m 的桩，宜连续多次复压；特别对长度小于 8m 的短桩，连续复压的次数应适当增加。

（2）锤击沉桩

锤击沉桩也称打入桩，是利用桩锤的冲击力克服土对桩的阻力，使桩沉入土中的一种沉桩方法。

锤击打桩时，易引起桩区及附近地区的土体隆起和水平位移，虽然不属单桩本身的质量问题，但由于邻桩相互挤压也会导致桩位偏移，从而影响整个工程质量。如在已有建筑群中施工，打桩还会引起已有地下管线、地面交通道路和建筑物的损坏和不安全，使用时要谨慎。必须使用时，在邻近建筑物（构筑物）打桩，应采取适当的措施，如挖防振沟、砂井排水、预钻孔取土打桩、控制打桩速度等。

打桩机具主要包括桩锤、桩架及动力装置三部分。打桩时，需要根据桩型、土壤的性质等选用打桩能量和设备。

锤击法沉桩时，要注意沉桩的垂直度、接桩质量及其桩顶的安全，若桩顶过分破碎或桩身严重裂缝，应立即暂停，采取相应措施后，方可继续施打。

（3）振动沉桩

振动沉桩是利用振动机，将桩与振动机连接在一起，振动机产生的振动力通过桩身使土体振动，使土体的内摩擦角减小、强度降低而将桩沉入土中。此方法在颗粒较大的土体中施工效率较高，工程中多在砂土地基中使用。

（4）水冲沉桩

水冲沉桩是锤击沉桩的一种辅助方法。利用高压水流经过桩侧面或空心桩内部的射水管冲击桩尖附近土层，便于锤击。一般是边冲水边打桩，当沉桩最后 1～2m 至设计标高时，应停止冲水，用锤击至规定标高。水冲沉桩适用于砂土和碎石土。

2.5.2 灌注桩施工

灌注桩是直接在桩位上就地成孔，然后在孔内安放钢筋笼、灌注混凝土而成。根据成孔工艺不同，分为干作业成孔灌注桩、泥浆护壁成孔灌注桩、套管成孔灌注桩等。

灌注桩与预制桩相比，能适应各种地层的变化，无需接桩，施工时无振动、无挤土、噪声小，宜在建筑物密集地区使用。但其操作要求严格，在软弱土层中易产生断桩、缩径，施工后需较长的养护期方可承受荷载，成孔时有大量土渣或泥浆排出。

灌注桩能承受较大的荷载，在高层建筑中应用广泛。其施工工艺近年来发展很快，出现夯扩沉管灌注桩等一些新工艺。

1. 干作业成孔灌注桩

干作业成孔灌注桩主要是用螺旋钻机在桩位钻孔、取土成孔的，适用于地下水位较低、在成孔深度内无需护壁可直接取土成孔的土质。目前常用螺旋钻机成孔，亦可用洛阳铲人工成孔。

螺旋钻机成孔灌注桩是利用动力旋转钻杆，使钻头的螺旋叶片旋转削土，土块沿螺旋叶片上升排出孔外成孔的，如图 2-26 所示。螺旋钻机成孔直径一般为 300～600mm，钻孔深度 8～20m。

螺旋钻机钻孔时，钻杆位置要正确，并且应保持垂直稳固，防止因钻杆晃动引起扩大孔径；钻进过程中应随时清理孔口积土和地面散落土，遇到地下水、塌孔、缩孔等异常情况时应及时处理；钻杆钻进速度应根据电流值变化及时调整。

成孔后浇筑混凝土前吊放钢筋笼。钢筋笼应按设计要求一次绑扎完成，吊放时要缓慢且保持垂直，放入孔中预定位置，钢筋笼上端应妥善固定。

浇筑混凝土前，需检查孔底虚土厚度；如果超标，清孔后方可灌注混凝土。混凝土浇筑时，桩顶以下 5m 范围内混凝土应随浇随振，并且每次浇筑厚度均不得大于 1.5m；混凝土浇筑需连续，其质量全程满足设计要求。

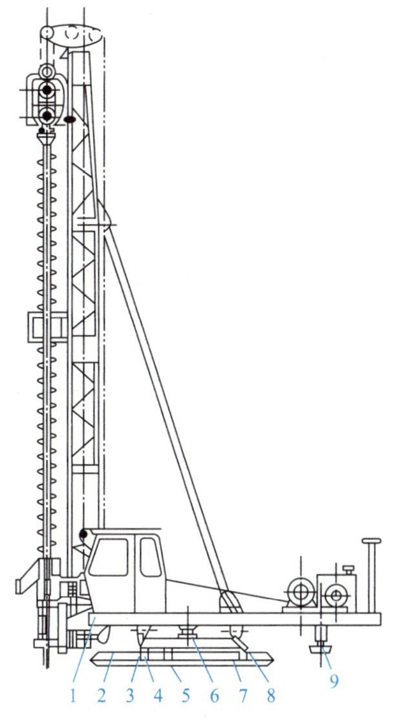

图 2-26 步履式螺旋钻机

1—上盘；2—下盘；3—回转滚轮；4—行车滚轮；5—钢丝滑轮；6—回转中心轴；7—行车油缸；8—中盘；9—支盘

扩底桩（图 2-27）是在钻机成孔后，再通过钻杆底部装置的扩刀，将孔底再扩大，浇筑混凝土前孔底虚土厚度需满足规范要求。此桩适用于地下水位以上的坚硬、硬塑的黏性土及中密以上的砂土地基。

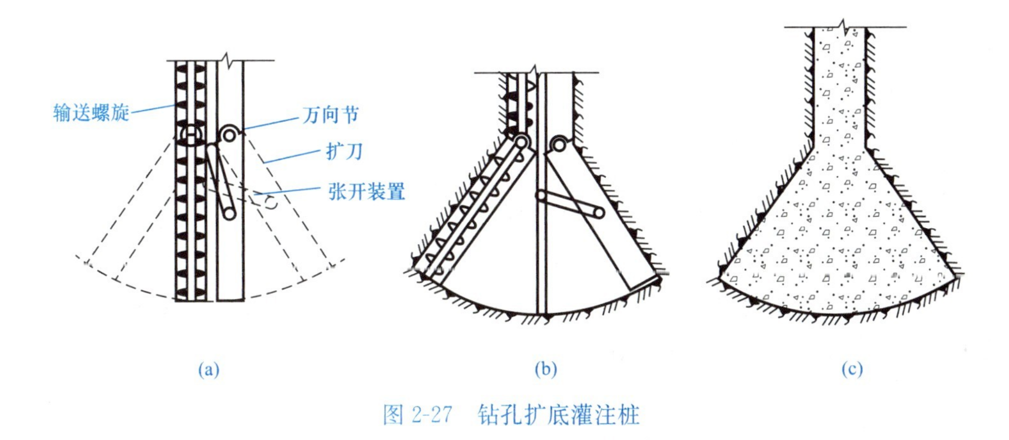

图 2-27 钻孔扩底灌注桩

（a）钻头；（b）扩底；（c）灌注混凝土

2. 泥浆护壁成孔灌注桩

泥浆护壁成孔是在成孔过程中，用泥浆保护孔壁，排出土后成孔。此法常用于含水量高的软土地区。泥浆一般需专门配置，在黏土中成孔时可利用钻削的黏土与水混合自造。泥浆在成孔过程中可以护壁、携渣、冷却和润滑钻头。

泥浆循环成孔工艺如图 2-28 所示。在机械成孔前，孔口需埋设钢板护筒。

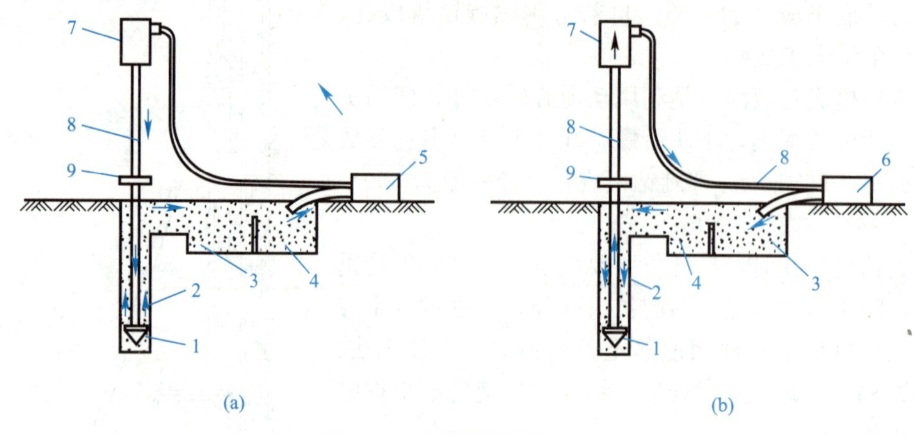

图 2-28　泥浆循环成孔工艺

(a) 正循环；(b) 反循环

1—钻头；2—泥浆循环方向；3—沉淀池；4—泥浆池；5—混浆泵；6—砂石泵；7—水龙头；8—钻杆；9—钻机回转装置

泥浆护壁成孔灌注桩可用多种形式的机械成孔，如回转钻、潜水钻、冲击钻等。

(1) 回转钻机成孔

回转钻机是由动力装置带动钻机回转装置转动，由其带动带有钻头的钻杆转动，由钻头切削土。根据泥浆循环方式的不同，分为正循环回转钻机和反循环回转钻机。

(2) 潜水钻机成孔

潜水钻机是一种转式钻孔机械，其动力、变速机构和钻头连在一起，加以密封，潜入水下工作，直接带动钻头在泥浆中旋转削土，同时用泥浆泵（或水泵）采取正循环工艺输入泥浆（或清水），进行护壁和将削下的土渣排出孔外成孔；也可用砂石泵或空气吸泥机采用反循环方式排出泥渣成孔。

(3) 冲击钻成孔

冲击钻成孔时是利用卷扬机将冲击锤提升到一定高度后，以自由下落的冲击力来破碎岩层，部分碎渣和泥浆挤入孔壁，其余用掏渣筒来掏出成孔。冲击钻主要由桩架、冲击钻头、掏渣筒、转向装置和打捞装置等组成，主要用于在岩土层中成孔，当钻孔达到规定深度后，清除孔底泥渣到规范要求，然后吊放钢筋笼（要求同前），在泥浆下浇筑混凝土。

水下浇筑混凝土多用导管法，如图 2-29 所示。水下混凝土浇筑应连续不断，并且严禁将导管提出混凝土面。浇筑时应有专人测量导管埋深及管内外混凝土面的高差，填写水下混凝土浇筑记录。混凝土浇筑至桩顶时应适当超过桩顶设计标高，以保证在凿除含有泥浆的桩段后，桩顶标高和混凝土质量均符合设计要求。

3. 套管成孔灌注桩

套管成孔灌注桩又称沉管灌注桩，是利用锤击打桩法或振动打桩法将带有钢筋混凝土桩靴（又叫桩尖）或带有活瓣式桩靴的钢管沉入土中，然后边灌注混凝土边拔管而成，如

图 2-30 所示。若配有钢筋时，则在规定标高处应吊放钢筋骨架。桩尖、钢筋笼如图 2-31 所示。

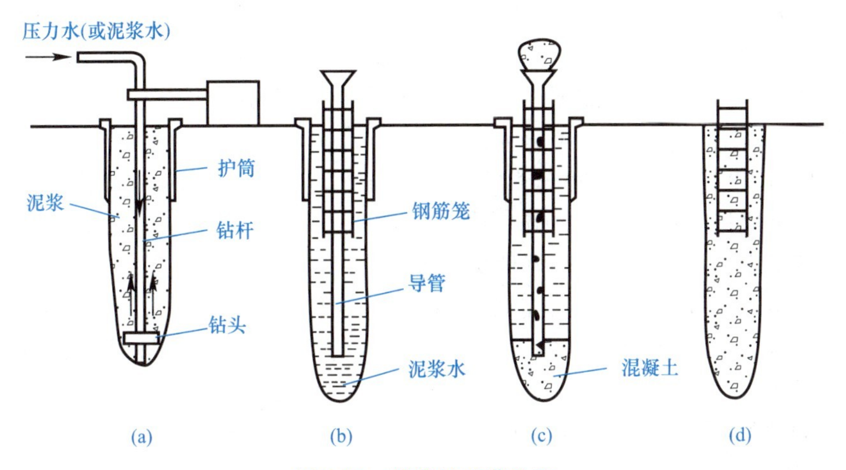

图 2-29 泥浆护壁灌注桩

（a）钻孔；（b）下导管及钢筋笼；（c）灌注混凝土；（d）成型

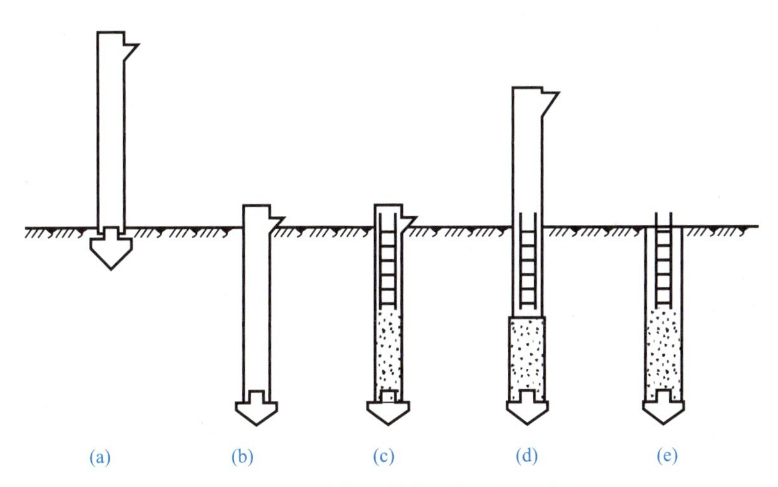

图 2-30 套管成孔灌注桩施工工艺

（a）就位；（b）沉管；（c）下钢筋笼，灌注混凝土；（d）边振边拔；（e）成型

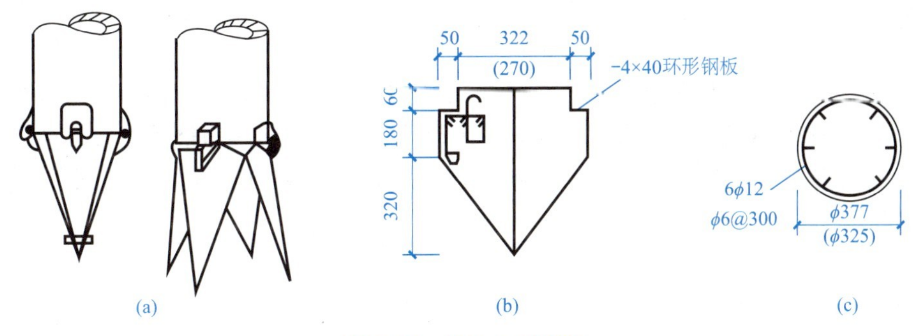

图 2-31 桩尖与钢筋笼

（a）活瓣桩尖；（b）预制桩尖；（c）钢筋笼

套管成孔灌注桩按其成孔方法不同，分为振动沉管灌注桩和锤击沉管灌注桩。

(1) 振动沉管灌注桩

振动沉管灌注桩是用振动沉桩机将带有活瓣式桩靴或钢筋混凝土预制桩靴的桩管，利用振动锤产生的激振力和冲击力将桩管沉入土中。桩管到达设计标高后，边向桩管内浇筑混凝土，边振边拔出桩管而形成灌注桩。此法适合于稍密的砂土地基。

振动沉管灌注桩的施工工艺可分为：

1) 单打法：单打施工，是在套管内灌满混凝土后，开动激振器，先振动 5～10s，再开始拔管，边振边拔。每拔 0.5～1m，停拔振动 5～10s，如此反复，直到套管全部拔出。振动沉管灌注桩常采用此法，能较好地保证施工质量。

2) 反插法：反插法施工，是在套管内灌满混凝土后，先振动再开始拔管，每次拔管高度 0.5～1.0m，向下反插深度 0.3～0.5m，在拔管过程中分段添加混凝土，保证混凝土的量。如此反复进行并始终保持振动，直至套管全部拔出地面。反插法能使桩的截面增大，提高桩的承载能力，宜在较差的软土地基中应用；但在流动性淤泥中不宜使用此法。

3) 复打法：复打法施工，是在单打法施工完成后，再把活瓣桩尖闭合起来，在原桩孔位第二次沉下桩管，将未凝结的混凝土向四周挤压，然后进行第二次混凝土灌注和振动拔管。复打法在易出现缩颈、断桩的饱和黏土层最适合应用。

(2) 锤击沉管灌注桩

锤击沉管灌注桩是利用锤击沉桩设备将管桩打入土中成孔。桩尖常用预制混凝土桩尖。此法适用于一般黏性土、淤泥土、砂土和人工填土地基。

锤击沉管灌注桩施工时，先用桩架吊起钢套管，对准预先设在桩位处的预制钢筋混凝土桩靴；然后缓缓放下套管、套入桩靴，套管与桩靴连接紧密后施加锤击力将桩管打入土中。施工时桩管上部扣上桩帽，并时刻检查、控制桩管的垂直度。

当桩管沉至设计标高后，检查管内无泥浆或渗水，应立即灌注混凝土。浇筑时，套管内混凝土应尽量灌满，然后开始拔管，拔管要均匀。第一次拔管高度控制在能容纳第二次所需的混凝土灌量为限，不宜拔管过高。拔管时应保持连续密锤低击不停，并控制拔出速度，对一般土层，以不大于 1m/min 为宜，在软弱土层及软硬土层交界处应控制在 0.8m/min 以内。

当桩身配钢筋笼时，第一次浇混凝土应先灌至笼底标高，然后放置钢筋笼，再浇混凝土至桩顶标高。

施工完毕后，为了提高桩的质量或使桩颈增大，提高桩的承载力；发现混凝土的充盈系数小于 1.0；怀疑或发现缩颈、断桩等缺陷的桩时作为补救措施，可以局部复打或全长复打。

2-4 桩基工程施工过程中的质量检验

复打是在第一次灌注桩施工完毕后，立即在原桩位再埋预制桩靴或合好活瓣第二次锤击沉入套管，使未凝固的混凝土向四周挤压扩大桩径，然后再灌注第二次混凝土。复打施工必须在第一次灌注的混凝土初凝之前进行。

复习思考题

2-5 复习思考题参考答案

1. 我国区域性特殊土有哪些？主要分布在什么地方？
2. 湿陷性黄土的特点有哪些？施工时可以采用哪些加固方法？
3. 红黏土的特点有哪些？施工时可以采用哪些加固方法？

4. 膨胀土有哪些特点？为减少其危害可以采用哪些工程措施？
5. 山区地基有哪些特点？
6. 什么是岩溶？可以采取哪些方法进行处理？
7. 地基的局部处理有哪些情况？
8. 何谓“橡皮土”？可采取哪些处理方法？
9. 施工中遇到防空洞该如何处理？
10. 什么是钢筋混凝土浅基础？有哪些基础形式？
11. 简述筏板基础的施工工艺及其要点。
12. 条基的受力筋在十字交叉、墙角、丁字头处如何布置？
13. 钢筋混凝土浅基础在什么情况下可以采用 $0.9L$ 的钢筋长度进行错位布置？
14. 简述箱形基础的特点及施工要求。
15. 桩基如何分类？有哪些形式？
16. 预制桩的制作方法及要求有哪些？在现场如何堆放？
17. 简述预制桩的施工过程。施工质量如何保证？
18. 打桩顺序有几种？与哪些因素有关？
19. 打桩过程中应注意哪些事项？
20. 试述静力压桩的优点及适用情况。
21. 灌注桩与预制桩相比有何优缺点？
22. 灌注桩成孔方法有哪些方法？各适用于什么情况？
23. 试述泥浆护壁灌注桩的施工过程及施工要点。
24. 泥浆护壁灌注桩中泥浆循环有哪些方式？有什么异同？
25. 怎样控制沉管灌注桩的施工质量？
26. 什么是复打？在什么情况下采用？
27. 干作业成孔灌注桩有哪些特点？施工过程及其施工要点是什么？
28. 沉管灌注桩与干作业成孔灌注桩相比，哪种施工顺序对桩的质量影响较小？为什么？

3 砌体工程

砌体工程是指砖砌体、石砌体、配筋砌体和各类砌块砌体。

砖、石砌体工程取材易、造价低、施工简便，是我国的传统建筑，有着悠久的历史，目前仍为建筑施工中的主要工程之一。其缺点是自重大，用小块体组砌，手工操作劳动强度大，劳动生产效率低，且烧砖占用农田，目前许多地区采用工业废料和天然材料制作中、小型砌块代替普通砖，变废为利，少占农田，又可提高机械化程度。与此同时，不少地区正在研究、推广和应用空心砖，以减轻砌体的自重，节约土地，降低能耗。这些都是墙体改革的重要途径。

砌体工程是一个综合性的施工过程，它包括材料准备、材料运输、脚手架搭设、砌体砌筑和勾缝。

3.1 砌体材料

砌体工程所用的主要材料有砌筑砂浆、砖、石和各种砌块。

1. 砌筑砂浆

砌筑砂浆一般采用水泥混合砂浆或水泥砂浆。由胶凝材料（水泥）、细骨料（砂）、掺合料（或外加剂）和水按适当比例配制而成。在砌体中起着黏结块材、传递荷载的作用。

砂浆的种类、强度等级应符合设计要求。为便于操作，提高劳动生产率和砌体质量，砂浆应有适宜的稠度和良好的保水性。

（1）对原材料的要求

水泥品种和强度等级应符合设计要求。水泥砂浆采用的水泥，其强度等级不宜大于32.5级；水泥混合砂浆采用的水泥，其强度等级不宜大于42.5级。水泥进场使用前，应分批对其强度、安定性进行复验。当在使用中对水泥质量有怀疑或有出厂日期超过三个月等情况，应经试验鉴定后方可使用。不同品种的水泥不得混合使用。

由于砌筑砂浆层较薄，对砂子最大粒径有所限制。对于砖砌体以使用中砂为宜，粒径不得大于2.5mm，并应过筛，不得含有草根等杂物。粗砂拌制的砂浆和易性差，不便于砌筑；细砂拌制的砂浆强度较低，一般用于勾缝。由于砂的含泥量对砂浆强度、变形、稠度及耐久性影响较大，对水泥砂浆和强度等级大于等于M5的水泥混合砂浆，砂中含泥量不应大于5%；对强度等级小于M5的水泥混合砂浆，砂中含泥量不得超过10%。

为改善砌筑砂浆的和易性，常加入无机的细分散掺合料，如石灰膏、黏土膏、电石膏、粉煤灰等。掺入的生石灰应熟化成石灰膏，并用孔径不大于3mm×3mm滤网过滤，使其充分熟化，熟化时间不得少于7d。沉淀池中贮存的石灰膏应防止干燥、冻结和污染，严禁使用脱水硬化的石灰膏。除上述掺合料外，目前还采用有机的微沫剂（如松香热聚物）来改善砂浆的和易性。微沫剂的掺量应通过试验确定，一般为水泥用量的0.5/10000～

1.0/10000（微沫剂按100%纯度计）。水泥石灰砂浆中掺入微沫剂时，石灰用量最多减少一半。

（2）砂浆的制备与使用

砂浆的配合比应经试验确定，试配砂浆时，应按设计强度等级提高15%。施工中如用水泥砂浆代替同强度等级的水泥混合砂浆砌筑砌体时，因水泥砂浆和易性差，砌体强度有所下降（一般考虑下降15%），因此，应提高水泥砂浆的配制强度（一般提高一级），方可满足设计要求。水泥砂浆中掺入微沫剂（简称微沫砂浆）时，砌体抗压强度较水泥混合砂浆砌体降低10%，故用微沫砂浆代替水泥混合砂浆使用时，微沫砂浆的配制强度也应提高一级。

砂浆配料应采用质量比，配料要准确。水泥、微沫剂的配料精度应控制在±2%以内；砂、石灰膏、黏土膏、电石膏、粉煤灰的配料精度应控制在±5%以内。外加剂由于总掺入量很少更要按说明或技术交底严格计量加料，不能多加或少加。掺用外加剂时，应先将外加剂按规定浓度溶于水中，再将外加剂溶液与拌合水一起投入拌合，不得将外加剂直接投入拌制的砂浆中。

砂浆应采用机械搅拌，自投料完算起，拌合时间应符合下列规定：水泥砂浆和水泥混合砂浆不得少于2min；水泥粉煤灰砂浆和掺用外加剂的砂浆不得少于3min；掺用有机塑化剂的砂浆，应为3～5min。拌合后的砂浆盛入贮灰器内。

砂浆应具有良好的保水性，砂浆的保水性是用分层度来衡量的。水泥砂浆分层度不应大于30mm，水泥混合砂浆分层度不应大于20mm。如砂浆出现泌水现象，应在砌筑前再次拌合。

砂浆应具有一定的流动性，流动性也叫稠度。砂浆的稠度是用沉入度来衡量的。对烧结普通砖砌体宜控制在70～90mm，烧结多孔砖、空心砖砌体宜控制在60～80mm，轻骨料混凝土小型空心砌块砌体宜控制在60～90mm，普通混凝土小型空心砌块、加气混凝土砌块砌体宜控制在50～70mm，对石砌体宜控制在30～50mm。

砂浆应随拌随用。水泥砂浆和水泥混合砂浆必须分别在制成后3h和4h内使用完毕；当施工期间最高气温超过30℃时，必须分别在制成后2h和3h内使用完毕。

（3）砂浆的强度等级

砂浆的强度用强度等级来表示。砂浆强度由70.7mm×70.7mm×70.7mm的立方体试块，在标准养护条件下（温度为20℃±2℃，相对湿度为90%以上），用标准试验方法测得28d龄期的一组三块试块的抗压强度值来评定。水泥砂浆及预拌砂浆的强度等级可分为M5、M7.5、M10、M15、M20、M25、M30；水泥混合砂浆的强度等级可分为M5、M7.5、M10、M15。

砂浆试块的制作。对于每一楼层或每250m^{3}砌体中各种设计强度等级的砂浆，用于搅拌的每台搅拌机至少检查一次；每次至少应制作一组试块（每组6块）。如果砂浆强度等级或配合比变更，还应制作试块。

3-1 砌筑砂浆试块强度合格标准

2. 砖

砖有实心砖、多孔砖和空心砖，按其生产方式不同又分为烧结砖和蒸压（或蒸养）砖两大类。

烧结砖有烧结普通砖（为实心砖）、烧结多孔砖和空心砖，它们是以黏土、页岩、煤矸石、粉煤灰为主要原料，经压制成型、烧制而成。烧结普通砖按所用原料不同，分为黏土砖、页岩砖、煤矸石砖和粉煤灰砖。

烧结普通砖的外形为直角六面体，其规格为240mm×115mm×53mm（长×宽×高），即4块砖长加4个灰缝、8块砖宽加8个灰缝、16块砖厚加16个灰缝（简称4顺、8丁、16线）均为1m。根据抗压强度分为MU30、MU25、MU20、MU15、MU10五个强度等级。

烧结多孔砖是以黏土、页岩、煤矸石等为主要原料，经压制成型、烧制而成的多孔砖。烧结多孔砖和空心砖的规格有190mm×190mm×90mm、240mm×115mm×90mm、240mm×180mm×115mm等多种。承重多孔砖的强度等级与烧结普通砖相同，非承重空心砖的强度等级为MU5、MU3、MU2。

蒸压砖有煤渣砖和灰砂空心砖。

蒸压煤渣砖是以煤渣为主要原料，掺入适量的石灰、石膏，经混合、压制成型、通过蒸压（或蒸养）而成的实心砖；其规格同烧结普通砖，强度等级由抗压、抗折强度而定，有MU20、MU15、MU10、MU7.5四个强度等级。

蒸压灰砂空心砖是以石灰、砂为主要原料，经配料制备、压制成型、蒸压养护成型而制成的孔洞率大于15%的空心砖。

蒸压灰砂空心砖的尺寸：长为240mm，宽均为115mm，高有53mm、90mm、115mm、175mm四种，有MU25、MU20、MU15、MU10、MU7.5五个强度等级。

砖的品种、强度等级必须符合设计要求，并应规格一致。用于清水墙、柱表面的砖，尚应边角整齐，色泽均匀。无出厂证明的砖要送试验室鉴定。在砌砖前1～2d（视天气情况而定）应将砖堆浇水润湿，以免在砌筑时因干砖吸收砂浆中大量的水分，使砂浆流动性降低，造成砌筑困难，并影响砂浆的黏结力和强度。但也要注意不能将砖浇得过湿而使砖不能吸收砂浆中的多余水分，影响砂浆的密实性、强度和黏结力，而且还会产生堕灰和砖块滑动现象，使墙面不洁净、灰缝不平整、墙面不平直。要求普通黏土砖、空心砖含水率为10%～15%。施工中可将砖砍断，看其断面四周的吸水深度达10～20mm即认为合格。灰砂砖、粉煤灰砖含水率宜为5%～8%。

砖应尽量不在脚手架上浇水，如砌筑时砖块干燥，操作困难时，可用喷壶适当补充浇水。

3. 石

砌筑用的石料分为毛石、料石两类。

毛石又分为乱毛石和平毛石。乱毛石指形状不规则的石块；平毛石指形状不规则，但有两个平面大致平行的石块。毛石的中部厚度不宜小于150mm。

料石按其加工面的平整程度分为细料石、粗料石和毛料石三种。料石的宽度、厚度均不宜小于200mm，长度不宜大于厚度的4倍。石材的强度等级分为MU100、MU80、MU60、MU50、MU40、MU30、MU20、MU15和MU10。

石砌体一般用于两层以下的居住房屋及挡土墙等，一般采用水泥砂浆或混合砂浆砌筑，砂浆稠度为30～50mm，二层以上石墙的砂浆强度等级不小于M2.5。

4. 砌块

砌块按形状分有实心砌块和空心砌块两种。按材料分为粉煤灰砌块、加气混凝土砌块、混凝土砌块、硅酸盐砌块等。按规格分为小型砌块、中型砌块和大型砌块。砌块高度在 115～380mm 称小型砌块；高度在 380～980mm 称中型砌块；高度大于 980mm 称大型砌块。

3.2 砌体材料的运输

3.2.1 施工机械

砌筑用的砂浆一般采用机械拌制，砂浆搅拌机是砌筑工程中的常用机械。常用的砂浆搅拌机是强制式搅拌机，其容量有 100L、200L、325L 等规格。搅拌时拌筒一般固定不动。卸料时，一种是倾翻筒口朝下出料；另一种是打开筒底侧的活门出料，如图 3-1 所示。

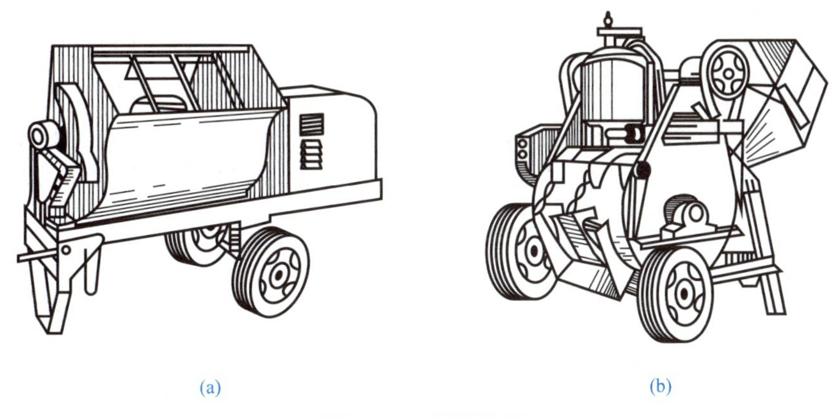

(a) (b)

图 3-1 砂浆搅拌机

(a) 倾翻卸料式；(b) 活门卸料式

3.2.2 运输机具

砌筑工程施工中的各种材料（砂浆、块体）、工具（脚手杆、脚手板、灰槽等）均需运送到各楼层的施工面上去，运输量很大。运输过程中除了要保证安全外，还要防止砌筑块体的破损和砌筑砂浆的分层离析。在水平运输和垂直运输过程中，如发现砂浆有泌水和分层现象，在使用前应重新拌合。因此，合理地选择运输机具是砌筑工程中最先需要解决的问题之一。

1. 水平运输机具

水平运输机具是指用于楼层面和地面的运输机具，常用的有机动翻斗车和人力两轮手推车两种，如图 3-2 所示。

(a) (b) (c)

图 3-2 各种运输小车

(a) 砂浆运输车；(b)、(c) 运砖小车

2. 垂直运输机具

垂直运输机具是指在建筑施工中担负垂直运送材料和施工人员上下的机械设备和设施。砌筑工程中常用的垂直运输设施有塔式起重机、井架、龙门架、施工电梯等。垂直运输设施可分为两类：一类既能进行垂直运输又能进行水平运输，主要有塔式起重机。另一类只能进行垂直运输，主要有井架、龙门架、施工电梯。目前在中小型民用建筑施工中，广泛采用井架、龙门架。在井架和龙门架内设置吊盘，施工用料放在吊盘上，利用卷扬机进行提升。

（1）井架

井架是施工中最常用的、亦为最简便的垂直运输设施，它稳定性好、运输量大。除用型钢或钢管加工的定型井架之外，还可以用多种脚手架材料现场搭设而成。井架内设有吊篮，一般的井架多为单孔井架，但也可构成双孔或多孔井架，以满足同时运输多种材料的需要。上部还可设小型拔杆，供吊运长度较大的构件，其起重量一般为 0.5～1.5t，回转半径可达 10m。井架起重能力一般为 1～3t，提升高度一般在 60m 以内，在采取措施后，亦可搭设得更高，如图 3-3、图 3-4 所示。为保证井架的稳定性，必须设置缆风绳或附墙拉结。

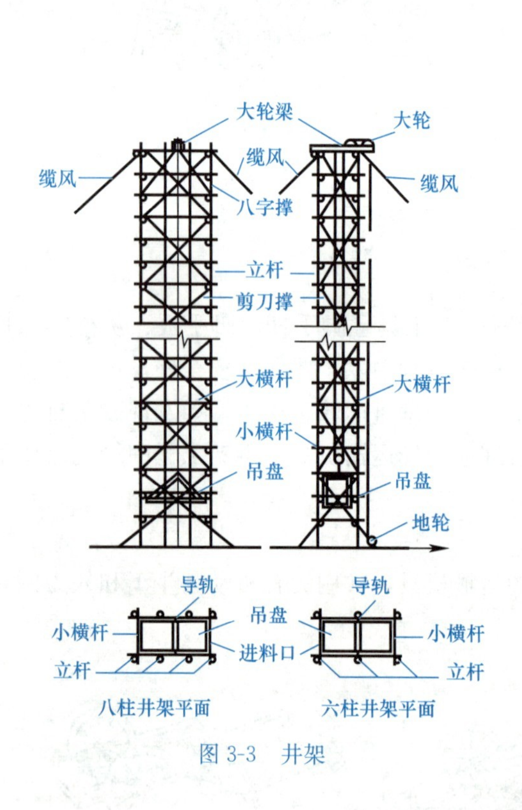

图 3-3 井架

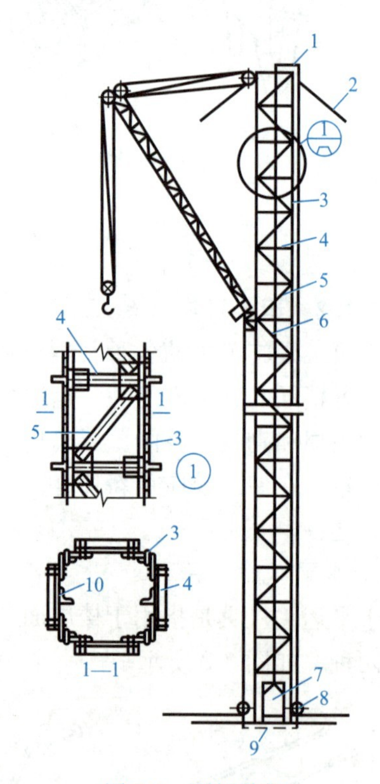

图 3-4 型钢井架

1—天轮；2—缆风绳；3—立柱；4—平撑；5—斜撑；6—钢丝绳；7—吊盘；8—地轮；9—垫木；10—导轨

（2）龙门架

龙门架是由两根立柱及天轮梁（横梁）构成的门式架。在龙门架上设滑轮、导轨、吊盘、安全装置以及起重索、缆风绳等，即构成一个完整的垂直运输体系，如图 3-5 所示。

龙门架构造简单、制作容易、用材少、装拆方便，起重能力一般在 1.2t 以内，提升高度一般在 30m 以内，适用于中小型工程。

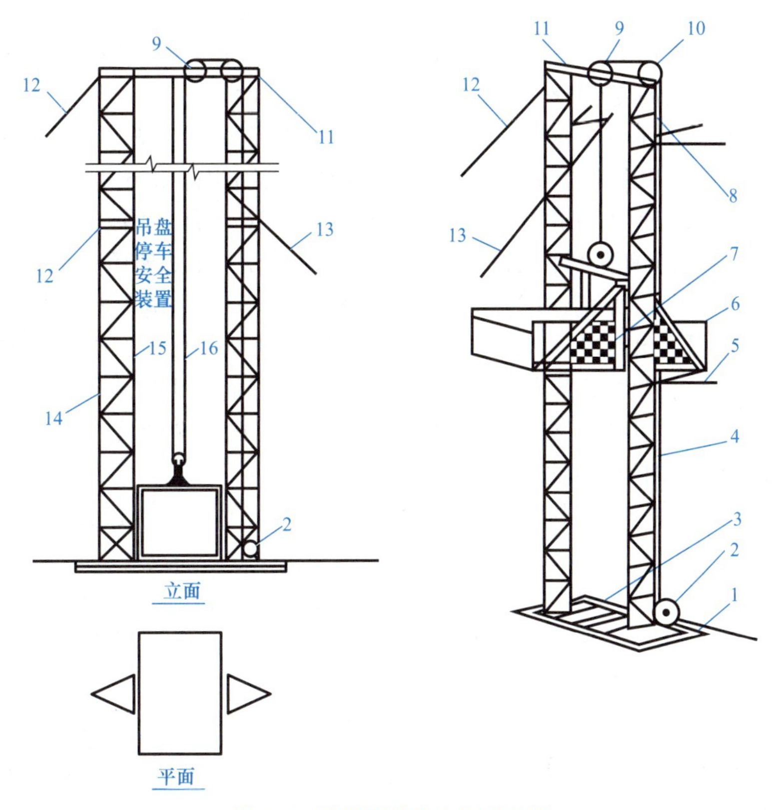

图 3-5 龙门架的基本构造形式

1、16—提升钢丝绳；2—地轮；3—底盘；4—立柱节；5—连墙杆；6—吊笼；7—承重架；8—安全装置；9—天轮；10—导向轮；11—横梁；12—缆风绳；13—钢丝绳；14—立柱；15—导轨

立柱是采用型钢或钢管焊接而成的格构柱，其截面形式有三角形和正方形两种。每个格构柱长 3m，上下两端设有连接板，板上留有螺栓孔，节与节之间用螺栓连接。

吊盘的平面尺寸以考虑能运送最大尺寸构件为宜，构造形式依具体情况而定，可采用角钢、铺板（钢脚手板、木脚手板）做成。

龙门架的安装可采用预先拼装、整体起吊的方法；也可采用分节安装，即先安装第一节立柱，固定好地脚螺栓，然后用杆件绑在已立好的第一节立柱上，杆件顶部系上滑轮，吊起第二节立柱，就位后用螺栓固定，每安装一节立柱后，应系好缆风绳或加临时支撑固定，然后依次吊装，直至全部就位，安上横梁。

龙门架一般单独设置。有外脚手架时，可设在脚手架的外侧或转角部位，其稳定靠拉设缆风绳解决；亦可设在外脚手架的中间，用拉杆将龙门架的立柱与脚手架拉结起来，以确保龙门架和脚手架的稳定，但在垂直于脚手架的方向仍需设置缆风绳并设置附墙拉结。与龙门架相接的脚手架应加设必要的剪刀撑予以加强。

（3）卷扬机

卷扬机是一种牵引机械，分为手动卷扬机和电动卷扬机。龙门架、井架一般都用卷扬机牵引钢丝绳来提升吊盘。常用的电动卷扬机按其速度可分为快速、慢速两种。

(4) 井架、龙门架安装和使用注意事项

井架、龙门架必须立于可靠的地基和基座上，选择排水畅通之处。如地基土质不好，要加碎砖和碎石夯实，并做150mm厚C15混凝土垫层，立柱底部应设底座和50mm×200mm的垫木。井架、龙门架高度在12～15m以下时设一道缆风绳，15m以上每增加5～6m增设一道。井架每道缆风绳不少于4根，龙门架每道缆风绳不少于6根。缆风绳宜用6～8mm的钢丝绳，与地面成45°夹角。井架安装要准确，结合要牢固，30m以下的井架安装垂直度偏差不得超过总高度的1/400；30m以上的井架安装垂直度偏差不得超过总高度的1/600。导轨垂直度及间距尺寸的偏差，不得大于±10mm。正式使用前应进行试运转。

在雷雨季节，井架、龙门架架高超过30m时，应装设避雷电装置。井架、龙门架自地面5m以上的四周（出料口除外），应使用安全网或其他遮挡材料进行封闭，避免吊盘上材料坠落伤人。卷扬机司机操作观察吊盘升降的一面只能使用安全网，必须采用限位自停措施，以防止吊盘上升的时候“冒顶”。吊盘应有可靠的安全装置，防止吊盘在运行中和停车装卸料时发生卷扬机制动失灵而跌落等事故。吊盘不得长时间悬于架中，应及时落至地面。吊盘内不要装长杆件材料和零乱堆放的材料，以免材料坠落或长杆材料卡住井架酿成事故。

安装卷扬机的位置应选择地势稍高，地基坚实的地方，距离起吊处15m以外，以利排水与观测构件的起吊。卷扬机必须固定，以防止工作时产生滑动或倾覆。卷扬机卷筒中心应与前面第一导向滑轮中心线垂直，当绳索绕到卷筒两边时，倾斜角不得超过1.5°，如图3-6所示。钢丝绳绕入卷筒的方向应与卷筒轴线垂直，这样能使钢丝绳圈排列整齐，不致斜绕和互相错叠挤压。卷扬机使用的钢丝绳应与卷筒牢固地卡好，在放松钢丝绳时卷筒上至少应保留四圈。

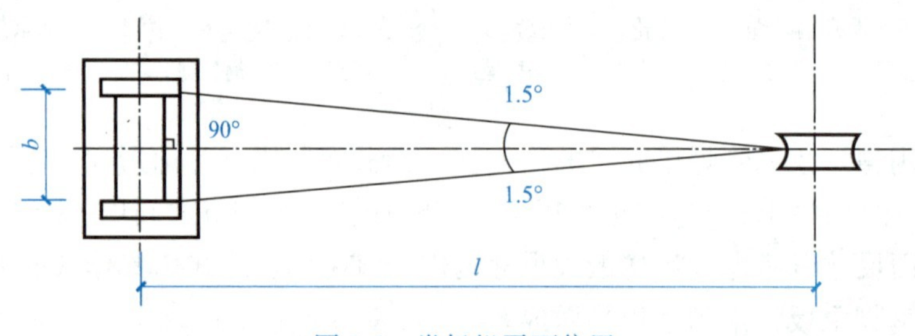

图3-6 卷扬机平面位置

卷扬机设备、轨道、锚碇、钢丝绳和安全装置等应经常检查保养，发现问题及时加以解决，不得在有问题的情况下继续使用。

应经常检查井架的杆件是否发生变形和连接松动情况。经常观察有否发生地基不均匀沉降情况，并及时解决。

(5) 施工电梯

目前在高层建筑施工中常采用人货两用的建筑施工电梯，主要用于施工人员上下楼层。除运送人员外，还可以运送材料和小型机具。其吊笼装在机架外侧，沿齿条式轨道升降，附着在外墙或建筑物其他结构上，可载重货物1.0～1.2t，亦可乘12～15人。其高度随着建筑物主体结构施工而接高，可达200m以上，如图3-7所示。它特别适用于高层建筑，也可用于高大建筑物。

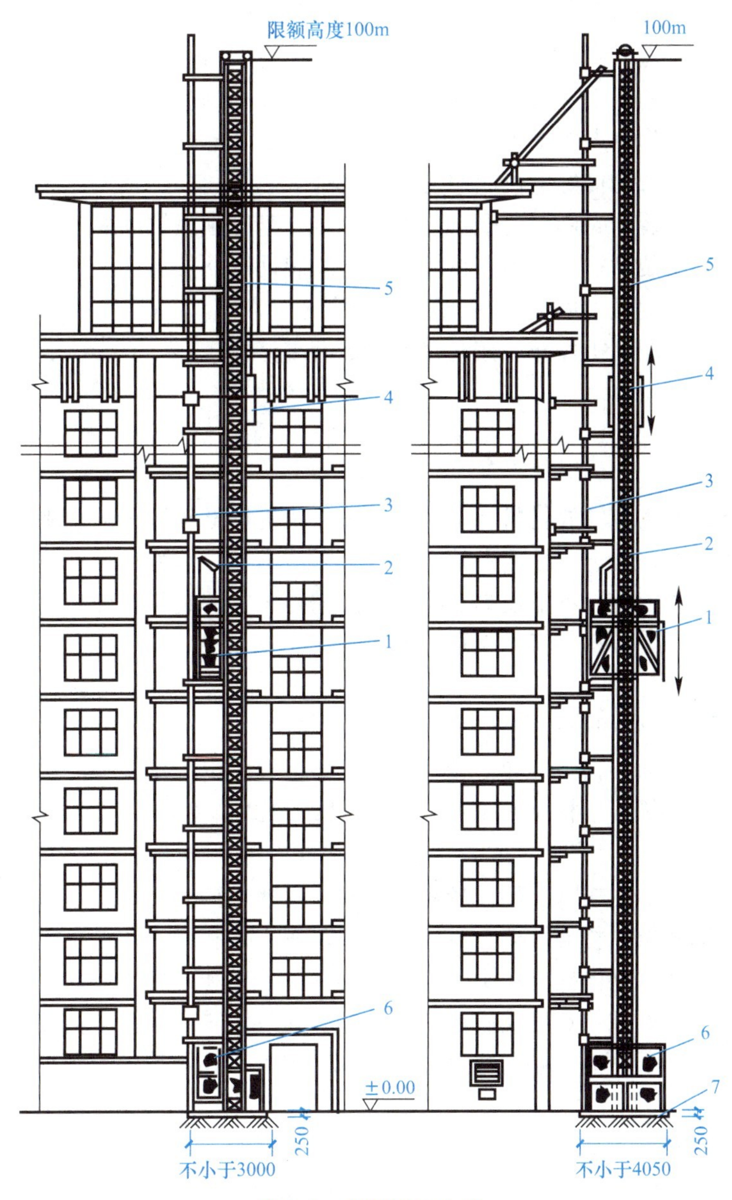

图 3-7 建筑施工电梯

1—吊笼；2—小吊杆；3—架设安装杆；4—平衡箱；5—导轨架；6—底笼；7—混凝土基础

目前我国使用的施工电梯按其驱动方式分为齿轮齿条驱动式和绳轮驱动式。两者都由吊箱和塔架组成。吊箱用于载人载货，塔架用于悬挂吊箱和作为吊箱升降的导轨。塔架由标准节用螺栓连接而成，利用吊箱顶部的专用吊杆提升塔架标准节，塔架可以自升接高。塔架通过附墙装置与建筑物相连。为了使用的安全，施工电梯设有各种安全保险装置。

齿轮齿条驱动式是利用安装在吊箱框架上的齿轮与安装在立杆上的齿条相啮合，当电动机经过变速机构带动齿轮转动时，吊箱即沿塔架升降。这种形式的施工电梯有单吊箱和双吊箱及带平衡重和不带平衡重之分。其载重量为1000kg或载12人，提升高度理论上不受限制。

绳轮驱动式是利用卷扬机、滑轮组，通过钢丝绳悬吊吊箱升降的。它制造、安装简单，用钢量少，费用低，载重量为 1000kg 或载 8～10 人，适用于 20 层以下的建筑。

在确定施工电梯的平面位置时，应结合流水施工段的划分，充分考虑人员及货物的流向，使由施工电梯到作业点的平均距离最短，同时还应考虑现场供电、排水条件及与建筑结构相连是否方便、有无良好的夜间照明等因素。

建筑施工电梯安装前先做好混凝土基础，混凝土基础预埋锚固螺栓或者预留固定螺栓孔以固定底笼。其安装过程大致为：将部件运至安装地点→安装底笼和二层标准节→安装梯笼→接高标准节并随设附墙支撑→安装平衡箱。

施工电梯应由专职司机操作，按时保养，定期维修。

3.3 脚 手 架

脚手架是建筑施工中堆放材料、工人进行操作及进行材料短距离水平运送的一种临时设施。在造价工程中，属于直接费中的措施费，因此本节只作为一般了解内容。

当砌筑到一定高度后，不搭设脚手架就无法进行正常的施工操作。为此，考虑到工作效率和施工组织等因素，每层脚手架的搭设高度以 1.2m 为宜，称为“一步架高”，又叫砌体的可砌高度。

3.3.1 脚手架种类和基本要求

按搭设位置可分为外脚手架和里脚手架；按脚手架的设置形式分为单排脚手架、双排脚手架、满堂脚手架等；按构造形式可分为杆件组合式脚手架（也称多立杆式脚手架）、框架组合式脚手架（如门型脚手架）、吊挂式脚手架、悬挑式脚手架、工具式脚手架等多种；按支固方式分为落地式脚手架、悬挑脚手架、附墙悬挂脚手架、悬吊脚手架；按其所用材料可分为木脚手架、竹脚手架、金属脚手架；按搭拆和移动方式可分为人工装拆脚手架、附着升降脚手架、整体提升脚手架、水平移动脚手架和升降桥架。

对脚手架的基本要求：宽度应满足工人操作、材料堆置和运输的需要，脚手架的宽度一般为 1.5～2.0m；保证有足够的强度、刚度和稳定性；构造简单；装拆方便并能多次周转使用。

3.3.2 外脚手架

1. 扣件式钢管脚手架

扣件式钢管脚手架目前应用广泛，虽然其一次性投资较大，但其周转次数多、摊销费低、装拆方便、搭设高度大，能适应建筑物平立面的变化。

3-2 钢管扣件式脚手架的搭设

（1）扣件式钢管脚手架的构造要求

扣件式钢管脚手架由钢管、扣件、脚手板和底座等组成，如图 3-8 所示。钢管一般用 ϕ48mm、厚 3.5mm 的焊接钢管。用于立柱、纵向水平杆和支撑杆（包括剪刀撑、横向外撑、水平斜撑等）的钢管长度宜为 4～6.5m；用于横向水平杆的钢管长度宜为 1.8～2.2m。扣件用于钢管之间的连接，其基本形式有三种，如图 3-9 所示：①直角扣件（十字扣），用于两根钢管呈垂直交叉连接；②旋转扣件（回转扣），用于两根钢管呈任意角度交叉连接；③对接扣件

（一字扣），用于两根钢管的对接连接。立柱底端立于底座上，以传递荷载到地面上，底座如图 3-10 所示。脚手板可采用冲压钢脚手板、钢木脚手板、竹脚手板等。每块脚手板的重量不宜大于 30kg。扣件式钢管脚手架的基本形式有双排、单排两种。单排和双排一般用于外墙砌筑与装饰。

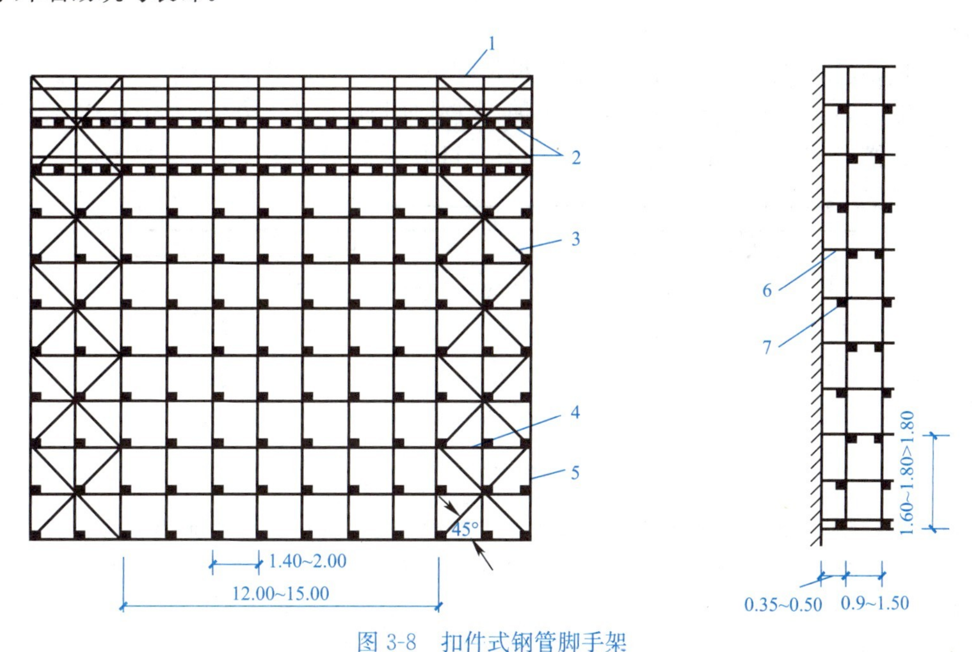

图 3-8 扣件式钢管脚手架

1—栏杆；2—作业层；3—剪刀撑；4—大横杆；5—立杆；6—附墙拉杆；7—小横杆

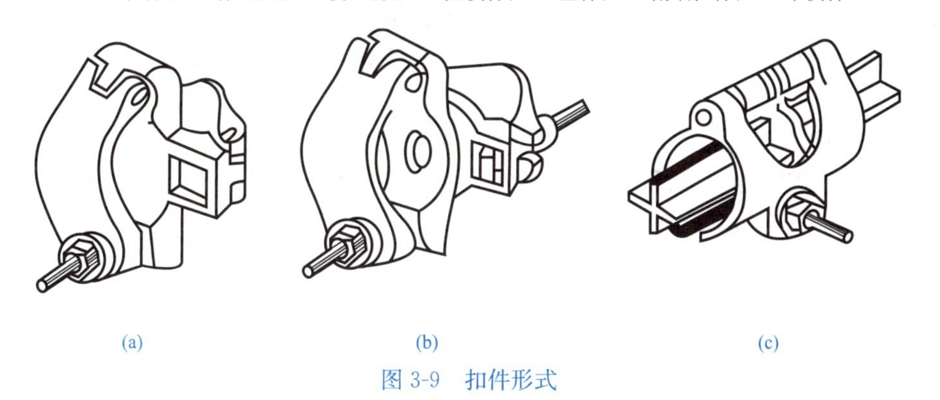

图 3-9 扣件形式

（a）直角扣件；（b）旋转扣件；（c）对接扣件

纵向水平杆应水平设置，宜设置在立杆内侧，其长度不应小于 3 跨，两根纵向水平杆的对接接头必须采用对接扣件连接。该扣件距立柱轴心线的距离不宜大于跨度的 1/3；同一步架中，内外两根纵向水平杆的接头应尽量错开一跨；上下两根相邻的纵向水平杆的对接接头也应尽量错开一跨，错开的水平距离不应小于 500mm；凡与立柱相交处均必须用直角扣件与立柱固定。

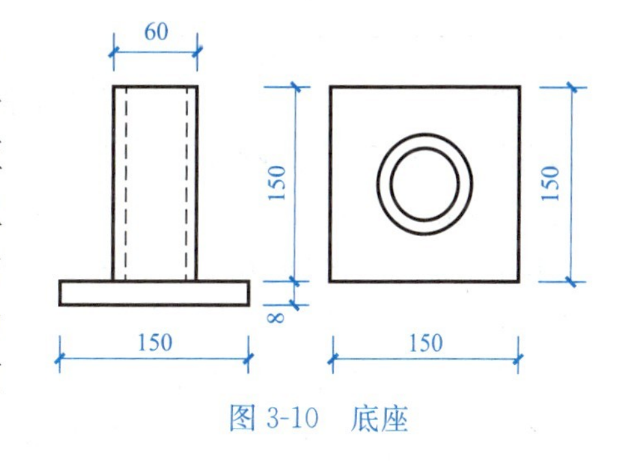

图 3-10 底座

凡立柱与纵向水平杆的相交处均必须设置一根横向水平杆，严禁任意拆除。该杆距立柱轴心线的距离不应大于150mm；跨度中间的横向水平杆宜根据支承脚手板的需要等间距设置；双排脚手架的横向水平杆，其两端均应用直角扣件固定在纵向水平杆上；单排脚手架的横向水平杆一端应用直角扣件固定在纵向水平杆上，另一端插入墙内长度不应小于180mm。

脚手板一般应采用三点支承。当脚手板长度小于2m时，可采用两点支承，但应将两端固定，以防倾翻；脚手板宜采用对接平铺，其外伸长度应为130～150mm；当采用搭接铺设时，其搭接长度不得小于200mm，如图3-11所示。

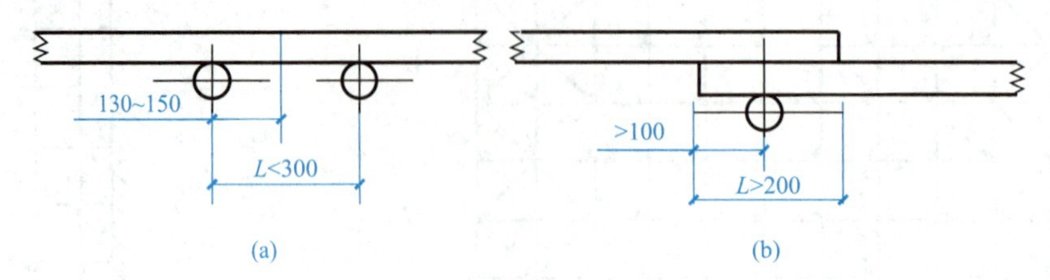

图3-11　脚手架对接、搭接构造

（a）对接；（b）搭接

每根立柱均应设置标准底座。由标准底座下皮向上200mm处必须设置纵、横向扫地杆，用直角扣件与立柱固定。立柱接头除顶层可以采用搭接外，其余各接头均必须采用对接扣件连接。立柱的搭接、对接应符合下列要求：①搭接长度不应小于1m，不少于2个旋转扣件固定；②立柱上的对接扣件应交错布置，两根相邻立柱的对接扣件应尽量错开一步，其错开的垂直距离不应小于500mm；③对接扣件应尽量靠近中心节点（指立柱、纵向水平杆、横向水平杆三杆的交点），靠近固定件节点，其偏离中心节点的距离宜小于步距的1/3。

为保证立柱的稳定性，立柱必须用刚性固定件与建筑物可靠连接。固定件布置间距宜按表3-1采用。固定件可以采用菱形、方形、矩形布置。无论采用何种布置形式，其固定件均必须从第一步纵向水平杆处开始设置。

固定件布置间距（m）　　**表3-1**

脚手架类型	脚手架高度 H	垂直间距	水平间距
双排	≤50	≤6（3步）	≤6（3跨）
	＞50	≤4（2步）	≤6（3跨）
单排	≤24	≤6（3步）	≤6（3跨）

为防止脚手架内外倾覆，必须设置能承受压力和拉力的固定件。24m以下的单、双排脚手架，一般应采用刚性固定件与建筑物可靠连接。当采用柔性固定件（如钢丝或1ϕ6钢筋）拉结时，必须配用顶撑（顶到建筑物墙面的横向水平杆）顶在混凝土圈梁、柱等结构部位，以防止向内倾覆，拉结钢丝应采用两根8号钢丝拧成一根使用。24m以上的双排脚手架均应采用刚性固定件连接。

为保证脚手架的整体稳定性必须设置支撑体系。双排脚手架的支撑体系由剪刀撑、横向斜撑组成。单排脚手架的支撑体系由剪刀撑组成。

剪刀撑设置要求：①24m 以下的单、双排脚手架宜每隔 6 跨设置一道剪刀撑，从两端转角处起由底至顶连续布置；②24m 以上的双排脚手架应在外立面整个长度和高度上连续设剪刀撑；③每副剪刀撑跨越立柱的根数不应超过 7 根，与地面成 45°～60°夹角；④顶层以下的剪刀撑中斜杆接长应采用对接扣件连接，采用旋转扣件固定在立柱上或横向水平杆的伸出端上，固定位置与中心节点的距离不大于 150mm；⑤顶部剪刀撑可用搭接，搭接长度不应小于 1m，不少于 2 个旋转扣件。

横向斜撑设置要求：横向斜撑的每一斜杆只占一步，由底至顶呈之字形布置，两端用旋转扣件固定在立柱上或纵向水平杆上；一字形、开口形双排脚手架的两端头均必须设置横向斜撑，中间每隔 6 跨应设置一道；24m 以下的封闭型双排脚手架可不设横向斜撑；24m 以上的封闭型双排脚手架除两端应设置横向斜撑外，中间每隔 6 跨设置一道。

（2）扣件式钢管脚手架的搭设

脚手架搭设范围的地基表面应平整、排水畅通，如表层土质松软，应加 150mm 厚碎石或碎砖夯实，对高层建筑脚手架基础应进行验算。垫板、底座均应准确地放在定位线上。竖立第一节立柱时，每 6 跨应暂时设置一根抛撑（垂直于纵向水平杆，一端支承在地面上），直至固定件架设好后方可根据情况拆除。架设至有固定件的构造层时，应首先设置固定件。固定件至操作层的距离不应大于 2 步。当超过时，应在操作层下采取临时稳定措施，直到固定件架设完后方可拆除。双排脚手架的横向水平杆靠墙的一端至墙装饰面的距离不应小于 100mm，杆端伸出扣件的长度不应小于 100mm。安装扣件时，螺栓拧紧；扭力矩不应小于 40N·m，不大于 70N·m。除操作层的脚手板外，宜每隔 12m 高满铺一层脚手板。

（3）扣件式钢管脚手架的拆除要求

脚手架的拆除按自上而下、逐层向下的顺序进行。严禁上下同时作业，所有固定件应随脚手架逐层拆除。严禁先将固定件整层或数层拆除后再拆除脚手架。分段拆除高度差不应大于 2 步。如高差大于 2 步，应按开口脚手架进行加固。当拆至脚手架下部最后一节立柱时，应先架设临时抛撑加固后拆固定件。卸下的材料应集中堆放，严禁抛扔。

2. 碗扣式钢管脚手架

（1）组成与杆配件

碗扣式钢管脚手架或称多功能碗扣型脚手架。这种脚手架的核心部件是碗扣接头，由上下碗扣、横杆接头和上碗扣的限位销等组成，如图 3-12 所示。它具有结构简单、杆件全部轴向连接、力学性能好、接头构造合理、工作安全可靠、拆装方便、操作容易、零部件损耗率低等特点。

上、下碗扣和限位销按 600mm 间距设置在钢管立柱上，其中下碗扣和限位销直接焊在立柱上。将上碗扣的缺口对准限位销后，即可将上碗扣向上拉起（沿立柱向上滑动），把横杆接头插入下碗扣圆槽内，随后将上碗扣沿限位销滑下，并顺时针旋转以扣紧横杆接头（用锤敲击几下即可达到扣紧要求），碗扣式接头可同时连接 4 根横杆，横杆可相互垂直或偏转一定角度。正是由于这一点，碗扣式钢管脚手架的部件可用以搭设多种形式的脚手架，特别适合于搭设扇形表面及高层建筑施工和装饰作业两用外脚手架，还可作为模板的支撑。

碗扣式钢管脚手架的设计杆配件，按其用途可分为主构件、辅助构件、专用构件三类。主构件用以构成脚手架主体的杆部件，如图 3-13 所示，有以下五种：

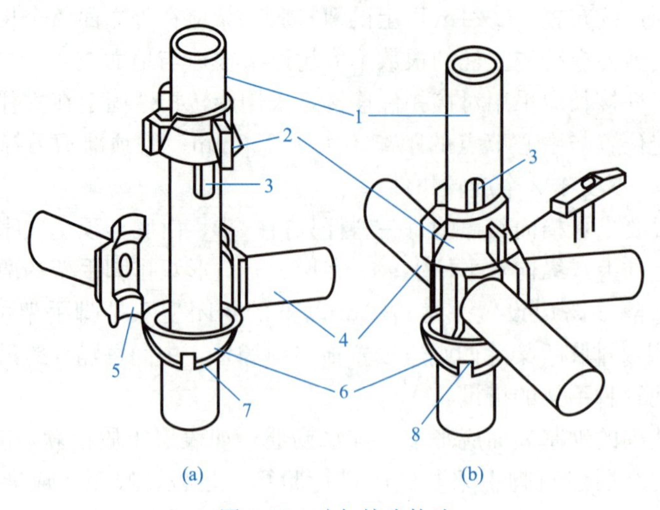

图 3-12 碗扣接头构造

（a）连接前；（b）连接后

1—立柱；2—上碗扣；3—限位销；4—横杆；5—横杆接头；6—下碗扣；7—焊缝；8—流水槽

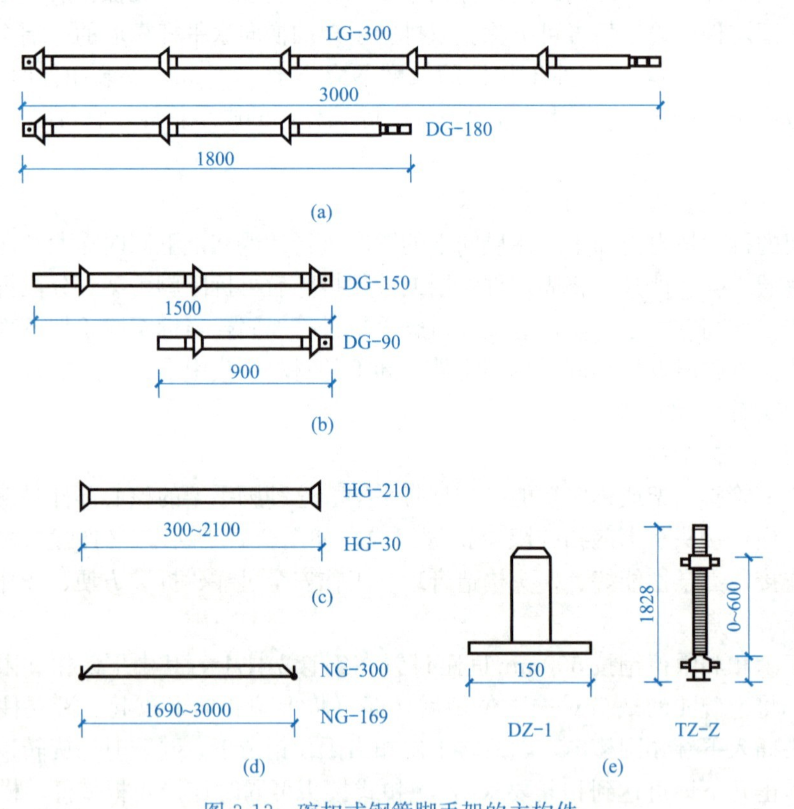

图 3-13 碗扣式钢管脚手架的主构件

（a）立杆；（b）顶杆；（c）横杆；（d）斜杆；（e）底座

立杆：是主要受力杆件，在一定长度的 ϕ48×3.5、Q235 钢管上每隔 0.60m 套一碗扣接头，并在其顶端焊接立杆连接管制成。立杆有 3.0m 和 1.8m 长两种规格。

顶杆：即顶部立杆，其顶端设有立杆连接管，便于在顶端插入托撑或可调托撑，有2.1m、1.5m、0.9m长三种规格，主要用于支撑架、支撑柱、物料提升架等的顶部。顶杆与立杆配合可以构成任意高度的支撑架。

横杆：组成框架的横向连接杆件，在一定长度的$\phi48\times3.5$、Q235钢管两端焊接横杆接头制成，有2.4m、1.8m、1.5m、1.2m、0.9m、0.6m、0.3m长七种规格。

斜杆：是为增强脚手架稳定强度而设计的系列构件，在$\phi48\times2.2$、Q235钢管两端铆接斜杆接头制成，斜杆接头可转动，同横杆接头一样可装在下碗扣内，形成节点斜杆。有1.697m、2.160m、2.343m、2.546m、3.0m长五种规格。分别适用于1.2m×1.2m、1.2m×1.8m、1.5m×1.8m、1.8m×1.8m、1.8m×2.4m五种框架平面。

底座：是安装在立杆根部，防止其下沉，并将上部荷载分散传递给地基基础的构件，有垫座、可调座两种形式。

（2）搭设要求

碗扣式脚手架用于构件双排外脚手架时，一般立杆横向间距取1.2m，横杆步距取1.8m，立杆纵向间距根据建筑物结构、脚手架搭设高度及作业荷载等具体要求确定，可选用0.9m、1.2m、1.5m、1.8m、2.4m等多种尺寸，并选用相应的横杆。双排脚手架的一般构造，如图3-14所示。

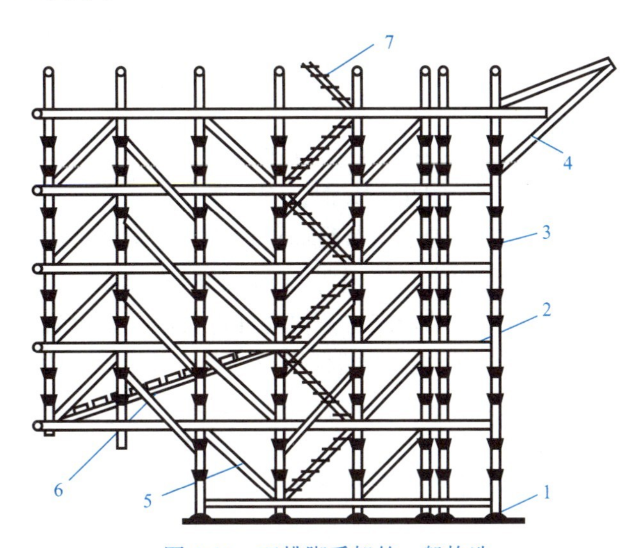

图3-14 双排脚手架的一般构造

1—垫座；2—横杆；3—立杆；4—安全网支架；5—斜杆；6—斜脚手板；7—梯子

斜杆设置：斜杆可增强脚手架的稳定性，斜杆与横杆同立杆的连接相同。对于不同尺寸的框架应配备相应长度的斜杆。斜杆可装成节点斜杆（即斜杆接头同横杆接头装在同一碗扣接头内），或装成非节点斜杆（即斜杆接头不同横杆接头装在同一碗扣接头内）。

斜杆应尽量布置在框架节点上，对于高度在30m以上的脚手架，可根据荷载情况，设置斜杆的框架面积为整架立面面积的1/5～1/2；对于高度超过30m的高层脚手架，设置斜杆的框架面积不小于整架面积的1/2。在拐角边缘及端部必须设置斜杆，中间可均匀间隔布置。

横向框架内设置斜杆即廊道斜杆，对于提高脚手架的稳定强度尤为重要。对于一字形及开口形脚手架，应在两端横向框架内沿全高连续设置节点斜杆；对于30m以下的脚手架，中间可不设廊道斜杆；对于30m以上的脚手架，中间应每隔5～6跨设置一道沿全高连续搭设的廊道斜杆；对于高层和重载脚手架，除按上述构造要求设置廊道斜杆外，当横向平面框架所承受的总荷载达到或超过25kN时，该框架应增设廊道斜杆。

当设置高层卸荷拉结杆时，须在拉结点以上第一层加设廊道水平斜杆，以防止卸荷时水平框架变形。斜杆既可用碗扣脚手架系列斜杆，也可用钢管和扣件代替。

剪刀撑：竖向剪刀撑的设置应与碗扣式斜杆的设置相配合，一般高度在30m以下的脚手架，可每隔4～6跨设置一组沿全高连续搭设的剪刀撑，每道剪刀撑跨越5～7根立杆，设剪刀撑的跨内不再设碗扣式斜杆；对于高度在30m以上的高层脚手架，应沿脚手架外侧的全高方向连续设置，两组剪刀撑之间用碗扣式斜杆。纵向水平剪刀撑对于增强水平框架的整体性、均匀传递连墙撑的作用具有重要意义。对于30m以上的高层脚手架，应每隔3～5步架设一层连续的、闭合的纵向水平剪刀撑。

连墙撑：连墙撑是脚手架与建筑物之间的连接件，对提高脚手架的横向稳定性、承受偏心荷载和水平荷载等具有重要作用。一般情况下，对于高度在30m以下的脚手架，可四跨三步设置一个（约$40m^2$）；对于高层及重载脚手架，则要适当加密，50m以下的脚手架至少应三跨三步设置一个（约$25m^2$）；50m以上的脚手架至少应三跨二步设置一个（约$20m^2$）。连墙杆设置应尽量采用梅花形布置方式。另外，当设置宽挑架、提升滑轮、安全网支架、高层卸荷拉结杆等构件时，应增设连墙撑，对于物料提升架也是相应地增设连墙撑数目。

连墙撑应尽量连接在横杆层碗扣接头内，同脚手架、墙体保持垂直，并随建筑物及架子的升高及时设置。其他搭设要求同扣件式钢管脚手架。

高层卸荷拉结杆主要是为减轻脚手架荷载而设计的一种构件。高层卸荷拉结杆的设置要根据脚手架的高度和作业荷载而定，一般每30m高卸荷一次，但总高度在50m以下的脚手架可不用卸荷。卸荷层应将拉结杆同每一根立杆连接卸荷，设置时将拉结杆一端用预埋件固定在墙体上，另一端固定在脚手架横杆层下碗扣下方，中间用索具螺旋调节拉杆，以达到悬吊卸荷目的。卸荷层要设置水平廊道斜杆，以增强水平框架刚度。另外，要用横托撑同建筑物顶紧，以平衡水平力。上、下两层增设连墙撑。

对一般方形建筑物的外脚手架，在拐角处两直角交叉的排架要连在一起，以增强脚手架的整体稳定性。连接形式可以采用直接拼接法和直角撑搭接法两种，直角撑搭接可实现任意部位直角交叉。

碗扣式脚手架还可搭设为单排脚手架、满堂脚手架、支撑架、移动式脚手架、提升井架和悬挑脚手架等。

（3）拆除

当脚手架使用完成后，制定拆除方案，拆除前应对脚手架做一次全面检查，清除所有多余物件，并设立拆除区，严禁人员进入。

拆除顺序：自上而下逐层拆除，不容许上、下两层同时拆除。连墙撑只能在拆到该层时才许拆除，严禁在拆架前先拆连墙撑。

拆除的构件应用吊具吊下或人工递下，严禁抛掷。拆除的构件应及时分类堆放，以便运输、保管。

3. 门式脚手架

(1) 基本结构和主要构件

门式脚手架又称多功能门式脚手架，是目前国际上应用最普遍的脚手架之一。门式脚手架由门式框架、剪刀撑和水平梁或脚手板构成基本单元，如图 3-15 所示。将基本单元连接起来（或增加梯子、栏杆等部件）即构成整片脚手架，如图 3-16 所示。

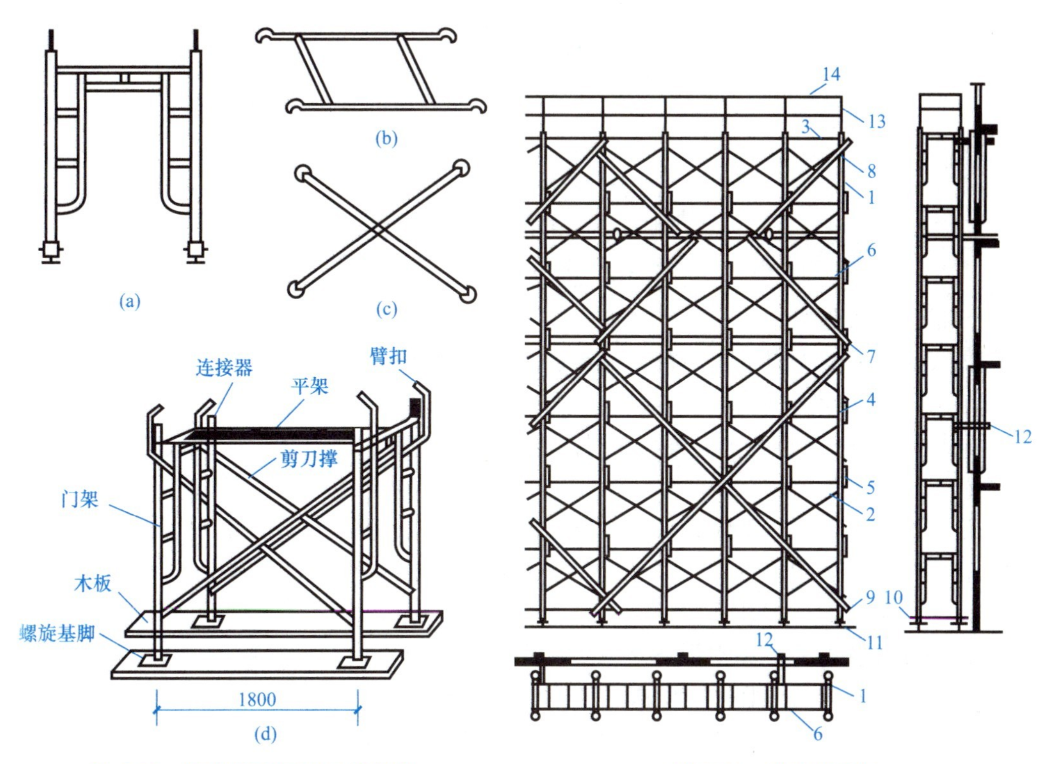

图 3-15 门式脚手架的主要部件

(a) 门式框架；(b) 平架；(c) 剪刀撑；(d) 门式脚手架组装

图 3-16 整片脚手架

1—门架；2—交叉支撑；3—脚手架；4—连接棒；5—锁臂；6—水平架；7—水平加固件；8—剪刀撑；9—扫地杆；10—封口杆；11—底座；12—连墙杆；13—栏杆；14—扶手

门形脚手架部件之间的连接是采用方便可靠的自锚结构，如图 3-17 所示，常用形式为：

1) 制动片式

如图 3-17 (a) 所示，在挂扣的固定片上，铆有主制动片和被制动片，安装前二者脱开，开口尺寸大于门架横梁直径，就位后将被制动片向逆时针方向转动卡住横梁，主制动片即自行落下将被制动片卡住，使脚手板（或水平梁架）自锚于门架横梁上。

2) 偏重片式

如图 3-17 (b) 所示，为用于门架与剪刀撑的偏重片式连接。它是在门架竖管上焊一段端头开槽的 ϕ12 圆钢，槽呈坡形，上口长 23mm，下口长 20mm，槽内设一偏重片（用 ϕ10 圆钢制成，厚 2mm，一端保持原直径），在其近端处开一椭圆形孔，安装时置于虚线位置，其端部斜面与槽内斜面相合，不会转动，而后装入剪刀撑，就位后将偏重片稍向外拉，自然旋转到实线位置，达到自锁。

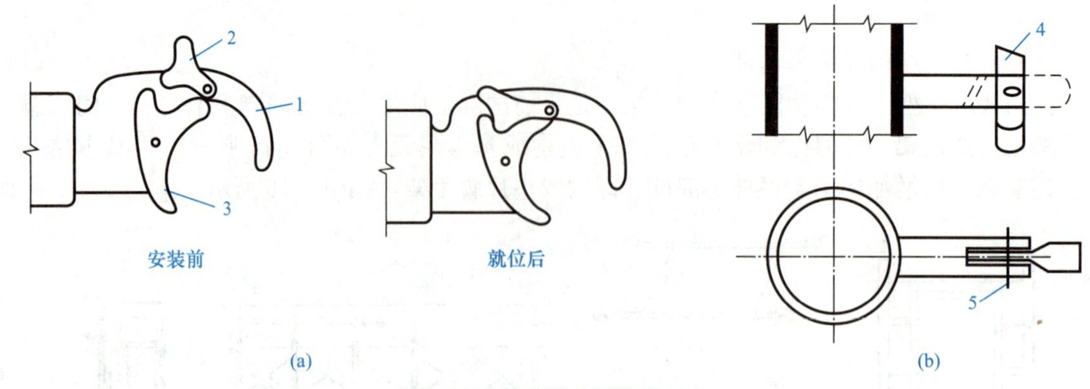

图 3-17　门式脚手架连接形式

（a）制动片式挂扣；（b）偏重片式锚扣

1—固定片；2—主制动片；3—被制动片；4—ϕ10 圆钢偏重片；5—铆钉

（2）搭设与拆除要求

门式脚手架一般按以下程序搭设：铺放垫木（板）→拉线、放底座→自一端起立门架并随即装剪刀撑→装水平梁架（或脚手板）→装梯子→（需要时，装设通长的纵向水平杆）→装设连墙杆→按照上述步骤，逐层向上安装→安装加强整体刚度的长剪刀撑→装设顶部栏杆。

搭设门式脚手架时，基底必须严格夯实抄平，并铺可调底座，以免发生塌陷和不均匀沉降。首层门式脚手架垂直度（门架竖管轴线的偏移）偏差不大于 2mm；水平度（门架平面方向和水平方向）偏差不大于 5mm。门架的顶部和底部用纵向水平杆和扫地杆固定。门架之间必须设置剪刀撑和水平梁架（或脚手板），其间连接应可靠，以确保脚手架的整体刚度。因进行作业需要临时拆除脚手架内侧剪刀撑时，应先在该层内侧上部加设纵向水平杆，之后再拆除剪刀撑。作业完毕后立即将剪刀撑重新装上，并将纵向水平杆移到下或上一作业层上。整片脚手架必须适量放置水平加固杆（纵向水平杆），前三层要每层设置，三层以上则每隔三层设一道。在架子外侧面设置长剪刀撑（ϕ48 脚手钢管，长 6～8m），其高度和宽度为 3～4 个步距和柱距，与地面夹角为 45°～60°，相邻长剪刀撑之间相隔 3～5 个柱距，沿全高设置。使用连墙管或连墙器将脚手架和建筑结构紧密连接，连墙点的最大间距在垂直方向为 6m，在水平方向为 8m。高层脚手架应增加连墙点布设密度。脚手架在转角处必须做好连接和与墙拉结，并利用钢管和回转扣件把处于相交方向的门架连接起来。

拆除架子时应自上而下进行，部件拆除顺序与安装顺序相反。不允许将拆除的部件直接从高空掷下，应将拆下的部件分品种捆绑后，使用垂直吊运设备将其运至地面，集中堆放保管。

4. 附着升降脚手架

附着升降脚手架（亦称爬架）是指采用各种形式的架体结构及附着支承结构、依靠设置于架体上或工程结构上的专用升降设备实现升降的施工脚手架。附着升降脚手架适用于高层、超高层建筑物或高耸构筑物，同时还可以携带施工外模板，但使用时必须进行专门设计。

附着升降脚手架的分类方式有多种，按附着支承形式可分为悬挑式、吊拉式、导轨式、导座式等；按升降动力类型可分为电动、手拉葫芦、液压等；按升降方式可分为单片式、分段式、整体式等；按控制方式可分为人工控制、自动控制等；按爬升方式可分为套管式、挑梁式、互爬式、导轨式等，如图 3-18 所示。

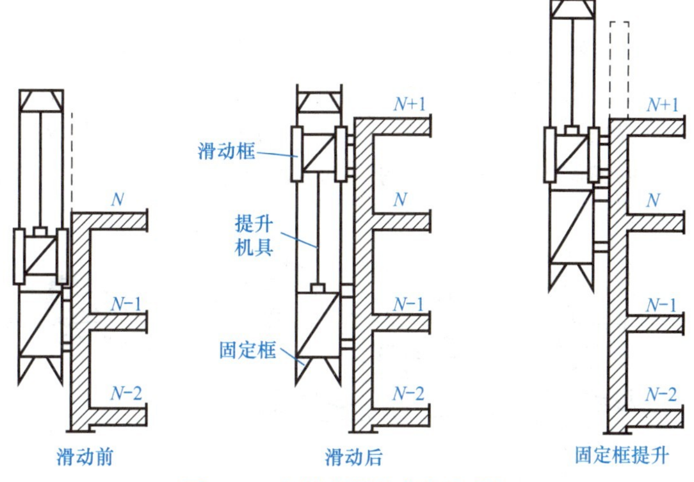

图 3-18 套管式附着升降脚手架

5. 悬挑式脚手架

悬挑式脚手架是利用建筑结构边缘向外伸出的悬挑结构来支承外脚手架，将脚手架的荷载全部或部分传递给建筑结构。悬挑脚手架的关键悬挑支承结构必须有足够的强度、稳定性和刚度，并能将脚手架的荷载传递给建筑结构。架体可用扣件式钢管脚手架、碗扣式钢管脚手架和门式脚手架等搭设。悬挑式脚手架一般为双排脚手架，架体高度可依据施工要求、结构承载力和塔式起重机的提升能力（当采取塔式起重机分段整体提升时）确定，最高可搭设至 12 步架，约 20m 高，可同时进行 2～3 层作业，如图 3-19 所示。

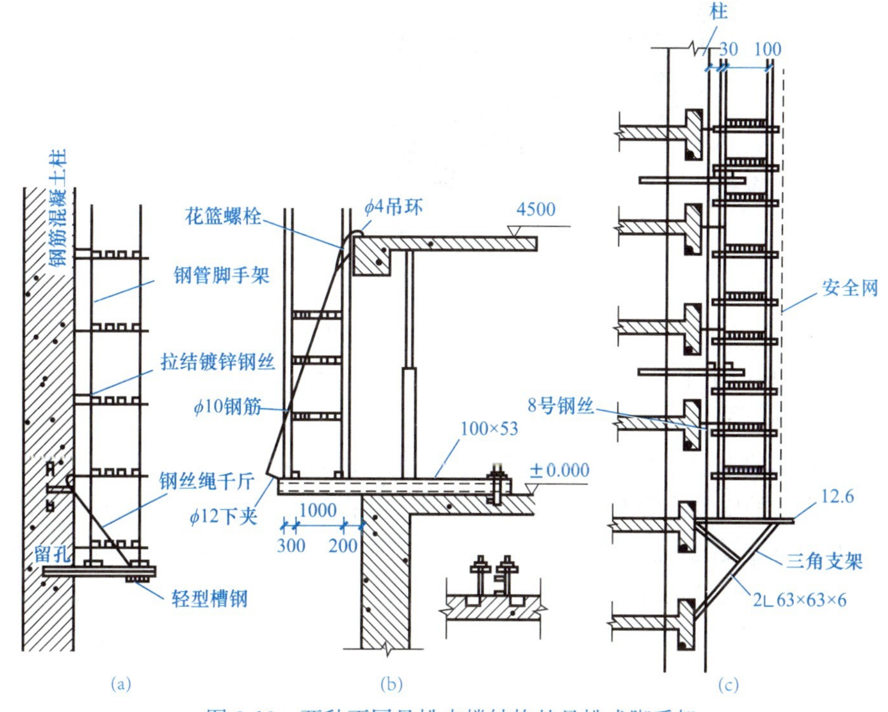

图 3-19 两种不同悬挑支撑结构的悬挑式脚手架

（a）、（b）斜拉式悬挑外脚手架；（c）下撑式悬挑外脚手架

6. 悬吊式脚手架

悬吊式脚手架是通过特设的支承点，利用吊索悬吊吊架或吊篮进行砌筑或装修工程操作的一种脚手架。其主要组成部分为：吊架（包括桁架式工作台）或吊篮、支承设施（包括支承挑架和挑梁）、吊索（包括钢丝绳、铁链、钢筋）及升降装置等。其对于高层建筑的外装修作业和平时的维修保养来说，都是一种极为方便、经济的脚手架形式，如图 3-20 所示。

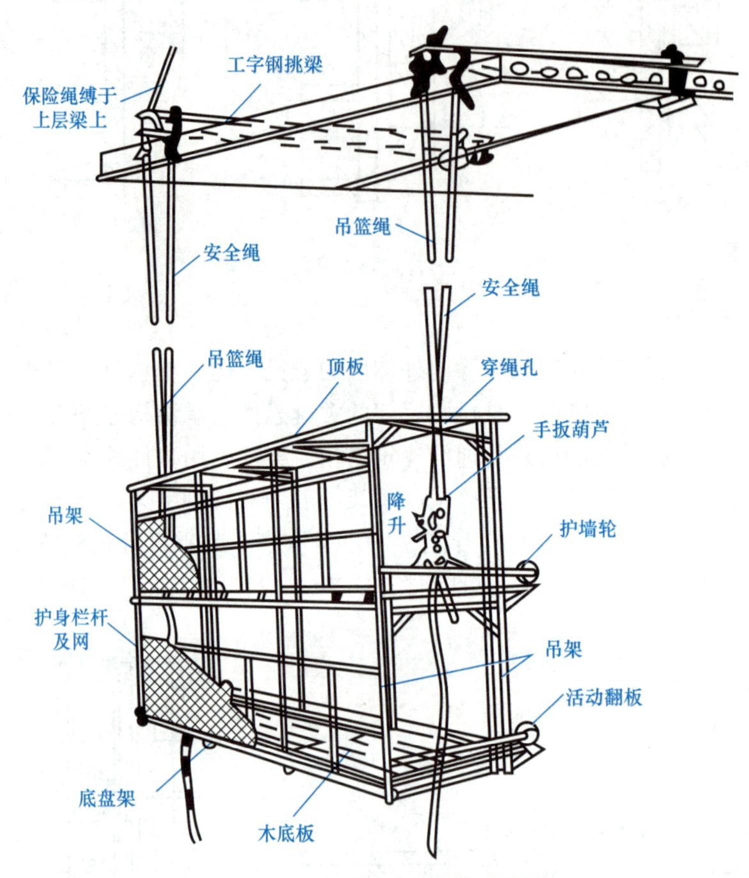

图 3-20 手动提升式吊篮示意图

悬吊脚手架的悬吊结构应根据工程结构情况和脚手架的用途而定。普遍采用的是在屋顶上设置挑梁（架）；用于高大厂房的内部施工时，则可悬吊在屋架或大梁之下；亦可搭设专门的构架来悬挂吊篮。

一般要求在屋顶上设置挑梁或挑架必须保证其抵抗力矩大于倾覆力矩的三倍。

在屋顶上设置的电动升降车采用动力驱动时，其抵抗力矩应大于倾覆力矩的四倍。

吊架的升降方法是悬吊脚手架使用中最重要的环节。选择采用任何升降方法都必须注意以下事项：①具有足够的提升能力，能确保吊篮（架）平稳地升降；②要有可靠的保险措施，确保使用安全；③提升设备易于操作，并可靠；④提升设备便于装拆和运输。根据吊索及使用机械工具的不同，常用的升降方法有表 3-2 所列的几种。

3.3.3 里脚手架

里脚手架用于在楼层上砌墙、装饰和砌筑围墙等。常用的里脚手架有：

悬吊脚手架常用的升降方法　　表 3-2

升降方法	吊索	升降机具
手扳葫芦连续升降	钢丝绳	0.3～0.8 手扳葫芦
电动机升降	钢丝绳	电动卷扬机
液压提升	ϕ25 钢筋爬杆	液压千斤顶
手动工具分节提升	钢筋吊钩、铁链	倒链、手摇提升器、滑轮

(1) 角钢（钢盘、钢管）折叠式里脚手架：如图 3-21（a）所示，其架设间距：砌墙时宜为 1.0～2.0m；粉刷时宜为 2.2～2.5m。

(2) 支柱式里脚手架：如图 3-21（b）所示，由若干支柱和横杆组成，上铺脚手板，搭设间距：砌墙时宜为 2.0m；粉刷时不超过 2.5m。

(3) 竹、木、钢制马凳式里脚手架：如图 3-21（c）所示，间距不大于 1.5m，上铺脚手板。

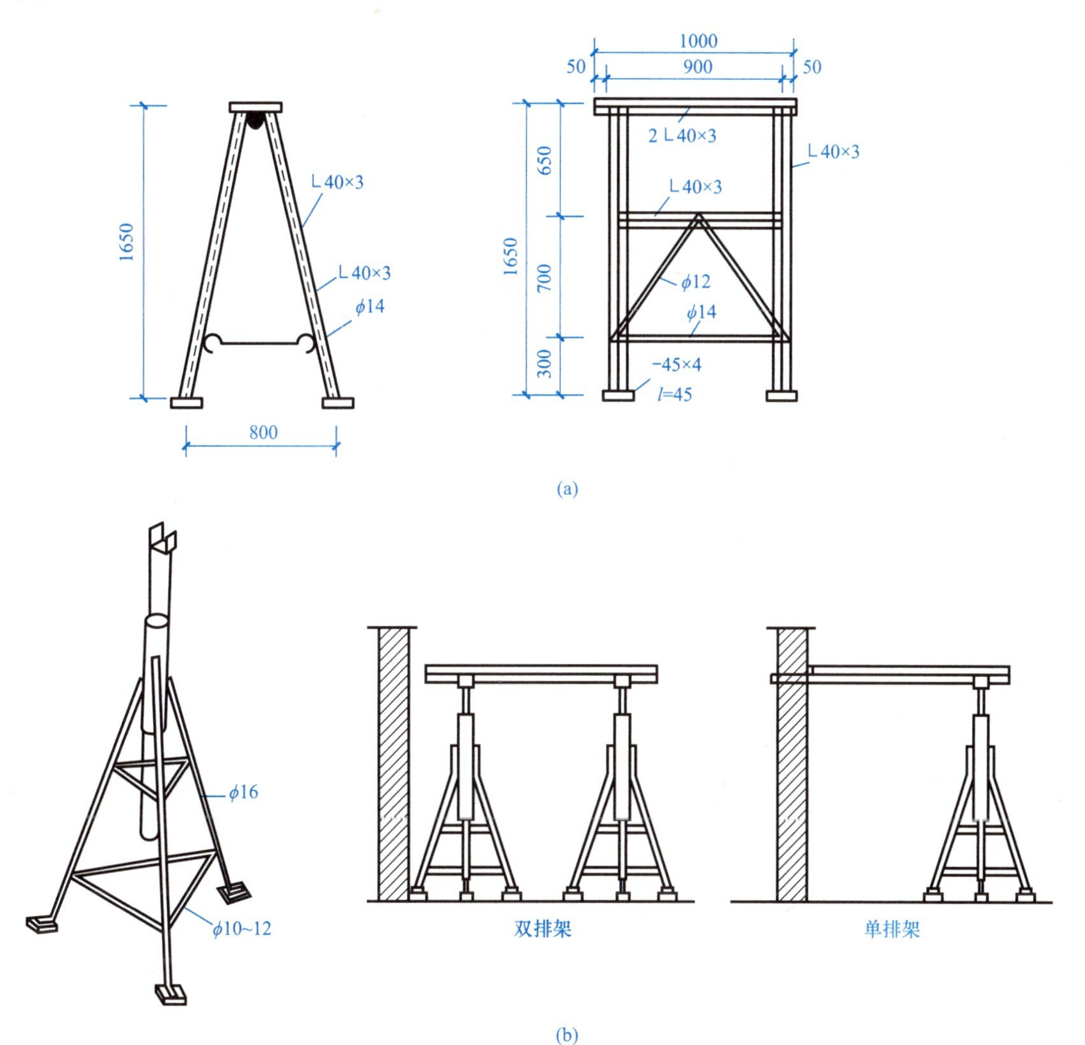

图 3-21　里脚手架（一）

(a) 角钢折叠式里脚手架；(b) 支柱式里脚手架

(c)

图 3-21 里脚手架(二)

(c) 马凳式里脚手架

3.4 砌体工程的施工

3.4.1 砖砌体

1. 砖砌体的组砌形式

砖砌体的组砌要求：上下错缝，内外搭接，以保证砌体的整体性；同时组砌要有规律，少砍砖，以提高砌筑效率，节约材料。

3-3 砖基础砌筑

(1) 砖墙的组砌形式

1) 一顺一丁式(又称为满丁满条)：是一皮顺砖与一皮丁砖相互间隔砌筑而成，上下皮间的竖缝相互错开 1/4 砖长，如图 3-22 (a) 所示。这种砌法效率较高，但当砖的规格不一致时，竖缝就难以整齐。

2) 三顺一丁式：是三皮顺砖与一皮丁砖间隔砌成。上下皮顺砖间竖缝错开 1/2 砖长；上下皮顺砖与丁砖间竖缝错开 1/4 砖长，如图 3-22 (b) 所示。这种砌筑方法，由于顺砖较多，砌筑效率较高，适用于砌一砖和一砖以上的墙厚。

3-4 一顺一丁式及梅花丁砌法

3) 梅花丁砌法(又称沙包式、十字式)：是每皮中丁砖与顺砖相间隔，上下皮竖缝相互错开 1/4 砖长，如图 3-22 (c) 所示。这种砌法内外竖缝每皮都能错开，故整体性较好，灰缝整齐，比较美观，但砌筑效率较低。砌筑清水墙或当砖规格不一致时，采用这种砌法较好。

4) 二平一侧砌法：二平一侧又称 18 墙，是采用二皮砖平砌与一皮侧砌的顺砖相隔砌成。此种砌法比较费工，效率低，但节省砖块，可以作为层数较少的建筑物的承重墙，如图 3-22 (d) (e) 所示。

5) 全顺砌法：全部采用顺砖砌筑，上下皮间竖缝错开 1/2 砖长，此法仅用于砌半砖厚墙，如图 3-23 (a) 所示。

6) 全丁砌法：全部采用丁砖砌筑，上下皮间竖缝错开 1/4 砖长，此种砌法仅用于砌筑圆弧形砌体。如烟囱、窨井等，如图 3-23 (b) 所示。

上述各种砌法中，每层墙的最下一皮和最上一皮、在梁和梁垫的下面、墙的阶台水平面上、窗台最上一皮、钢筋砖过梁最下一皮均应丁砖砌筑。

(2) 砖柱组砌

砖柱组砌应使柱面上下皮的竖缝相互错开 1/2 砖长或 1/4 砖长，在柱心无通天缝，少

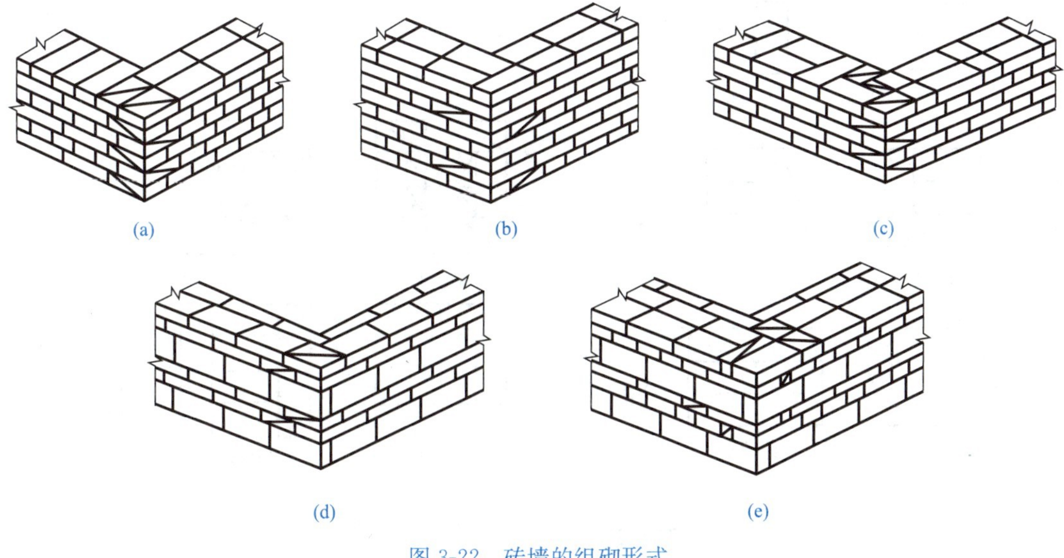

图 3-22 砖墙的组砌形式

（a）一顺一丁；（b）三顺一丁；（c）梅花丁；（d）、（e）二平一侧

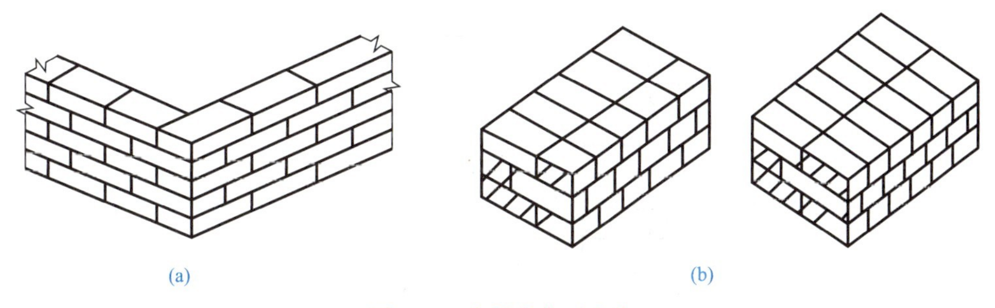

图 3-23 全顺和全丁砌法

（a）全顺；（b）全丁

砍砖，并尽量利用二分头砖体（即 1/4 砖）。严禁包心砌法，即先砌四周后填心的组砌法，如图 3-24 所示。

（3）多孔砖和空心砖墙组砌

规格 190mm×190mm×90mm 的承重多孔砖一般是整砖顺砌，上下皮竖缝相互错开 1/2 砖长（100mm），如有半砖规格的，也可采用每皮中整砖与半砖相隔的梅花丁砌筑形式，如图 3-25 所示。

规格 240mm×115mm×90mm 的承重多孔砖一般采用一顺一丁或梅花丁砌筑形式，如图 3-26 所示。

规格为 240mm×180mm×115mm 的承重多孔砖一般采用全顺或全丁砌筑形式。

非承重空心砖一般是侧砌的，上下皮竖缝相互错开 1/2 砖长，如图 3-27 所示。

多孔砖墙的转角及丁字交接处，应加砌半砖，使灰缝错开。转角处半砖砌在外角上，丁字交接处半砖砌在横墙端头，如图 3-28 所示。

2. 砖砌体的砌筑方法

目前，工地上应用的砌筑方法有“三一”砌筑法、挤浆法、满口灰法、“二三八一”

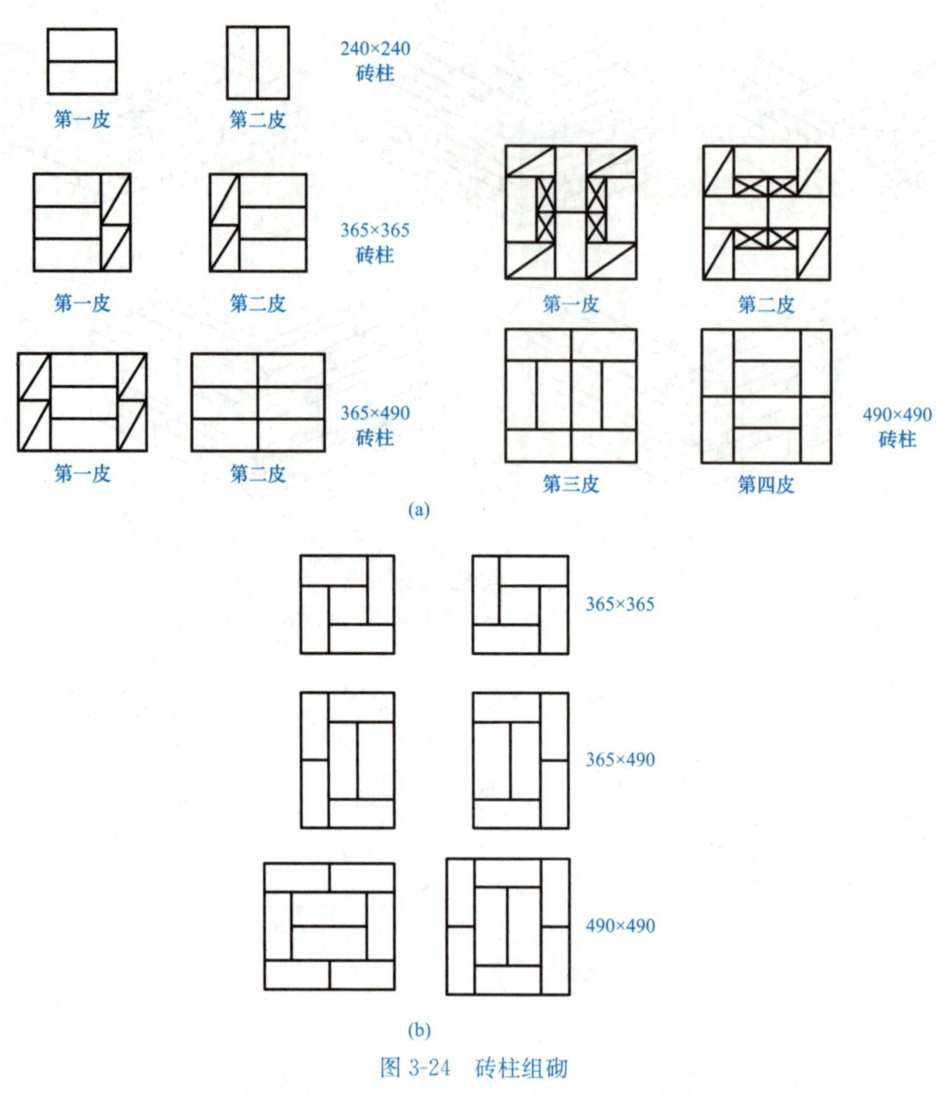

图 3-24　砖柱组砌

（a）矩形柱的正确砌法；（b）矩形柱的错误砌法（包心组砌）

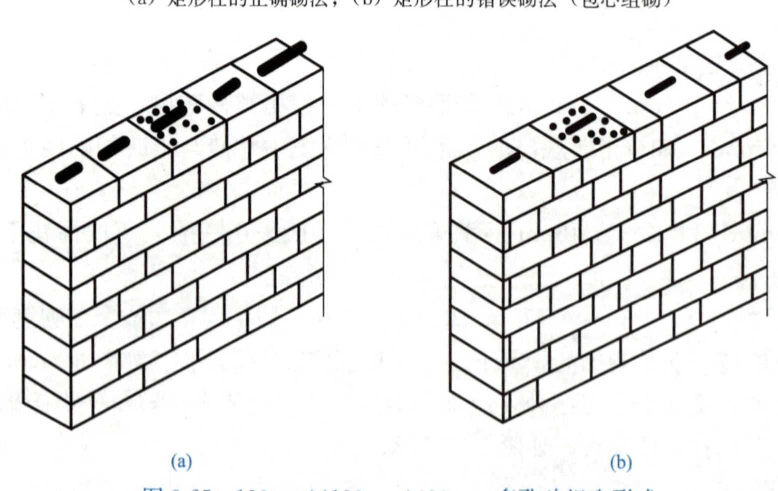

图 3-25　190mm×190mm×90mm 多孔砖组砌形式

（a）整砖顺砌；（b）梅花丁砌筑

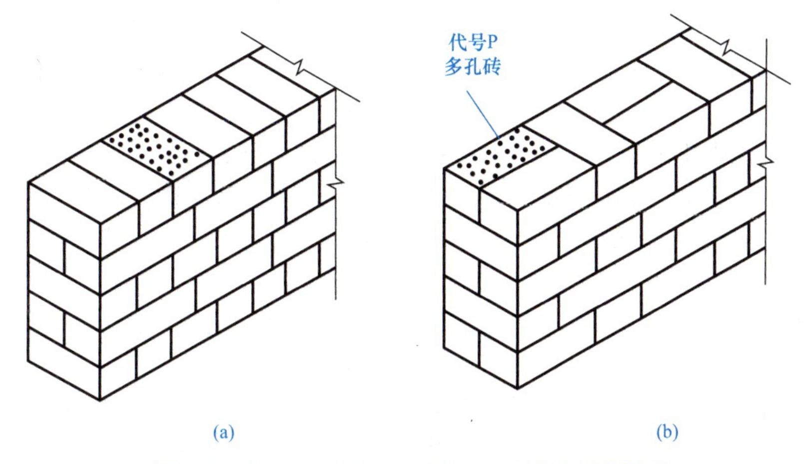

图 3-26 240mm×115mm×90mm 多孔砖组砌形式

(a) 一顺一丁；(b) 梅花丁

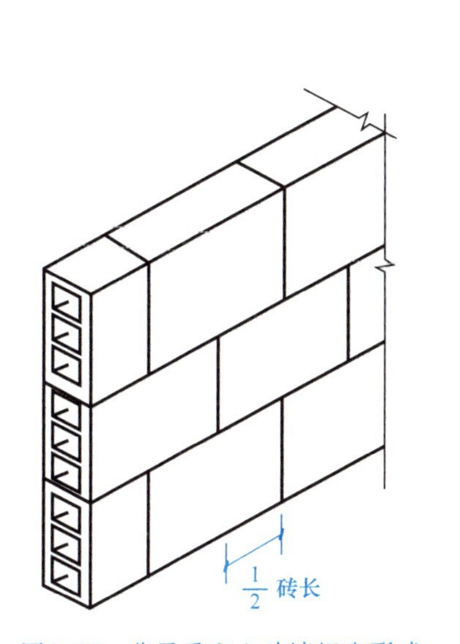

图 3-27 非承重空心砖墙组砌形式

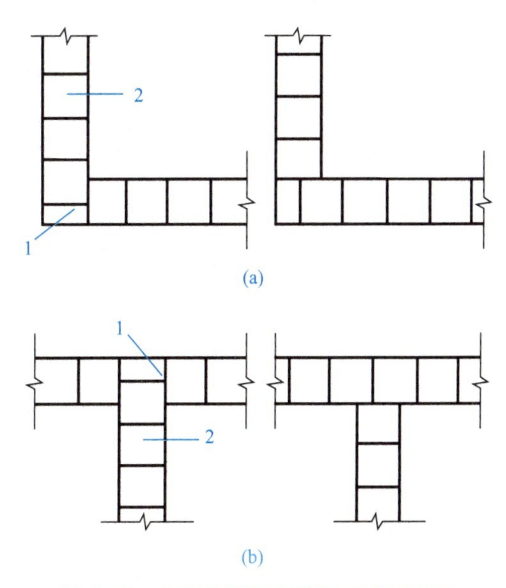

图 3-28 多孔砖墙的转角及丁字交接处

(a) 转角；(b) 丁字墙

1—半砖；2—整砖

砌筑法。其中，“三一”砌筑法和挤浆法最为常用。

(1) “三一”砌筑法：即一块砖、一铲灰、一挤揉，并随手将挤出的砂浆刮去的砌筑方法。这种方法的优点是：灰缝饱满、黏结力好、能保证质量、墙面整洁。

(2) 挤浆法：用灰勺、大铲或铺灰器在墙顶面上铺一段砂浆，然后双手拿砖或单手拿砖，用砖挤入砂浆中一定厚度之后把砖放平，达到下齐边上齐线，挤砌一段后，用稀浆灌缝。这种砌砖方法的优点是：可以连续挤砌几块砖，减少烦琐的动作，平堆平挤可使灰缝饱满、效率高，保证砌筑质量。

(3) 满口灰法：又叫瓦刀披灰法或带刀灰法，用瓦刀将砂浆刮满在砖面或砖棱上，随即砌上。它是一种常见的砌筑方法，特别是在砌空斗墙时都采用此种方法。这种方法的砌筑质量好，但是效率较低，此法仅适用于砌筑砖墙的特殊部位（如暖墙、烟囱等）。

(4)“二三八一”砌筑法：它是把砌筑工砌砖的动作过程归纳为二种步法、三种弯腰姿势、八种铺灰手法、一种挤浆动作，叫作“二三八一砌筑动作规范”，简称“二三八一”砌筑法。二种步法即丁字步和并列步；三种弯腰姿势即侧身姿势、丁字步正弯腰和并列步正弯腰；八种铺灰手法包括砌条砖时的三种手法即甩、扣、泼，砌丁砖时的三种手法即砌里丁砖的溜法、砌丁砖的扣法、砌外丁砖的泼法，砌角砖的溜法，一带二铺灰法。

3. 砖砌体砌筑工艺

(1) 砖基础的砌筑

1) 基础弹线

垫层施工完毕后，即可进行基础的弹线工作。弹线之前应先将表面清扫干净，并进行一次抄平，检查垫层顶面是否与设计标高相符。如符合要求，即可按下列步骤进行弹线：

① 在基槽四角各相对龙门板（也可是轴线控制桩）的轴线标钉处拉线，如图 3-29 所示。

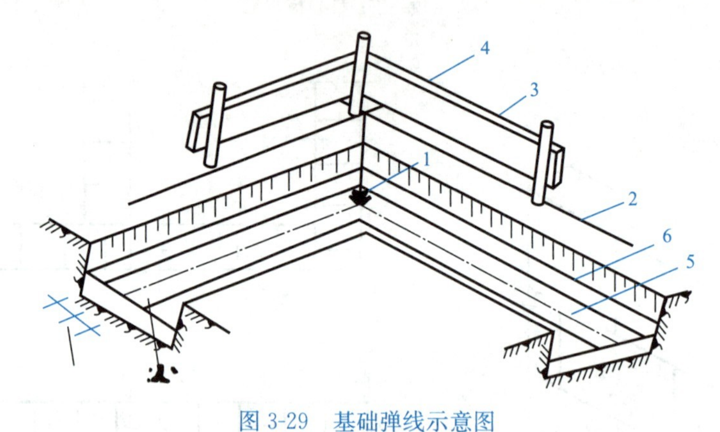

图 3-29　基础弹线示意图

1—坠球；2—线绳；3—龙门板；4—轴线钉；5—墙轴线；6—大放脚边线

② 沿线绳挂线坠，找出线坠在垫层上的投影点（数量根据需要选定）。

③ 用墨斗弹出这些投影点的连线，即外墙基中心轴线。

④ 根据基础平面尺寸，用钢尺量出各内墙基中心轴线的位置，并用墨斗弹出，即内墙基中心轴线。

⑤ 根据基础剖面图，量出基础大放脚的外边沿线，并用墨斗弹出（根据需要可弹出一边或两边）。

⑥ 按图纸和设计的要求进行复核，核查无误后即可进行砖基础的砌筑。容许偏差见表 3-3。

放线尺寸的容许偏差　　表 3-3

长度 L、宽度 B 的尺寸（m）	容许偏差（mm）	长度 L、宽度 B 的尺寸（m）	容许偏差（mm）
$L(B)\leqslant 30$	±5	$60<L(B)\leqslant 90$	±15
$30<L(B)\leqslant 60$	±10	$L(B)>90$	±20

2) 砖基础砌筑

砖基础是由垫层、大放脚和基础墙身三部分组成，如图 3-30 所示。一般在土质较好、地下水位较低（在基础底面以下）的地基上使用。

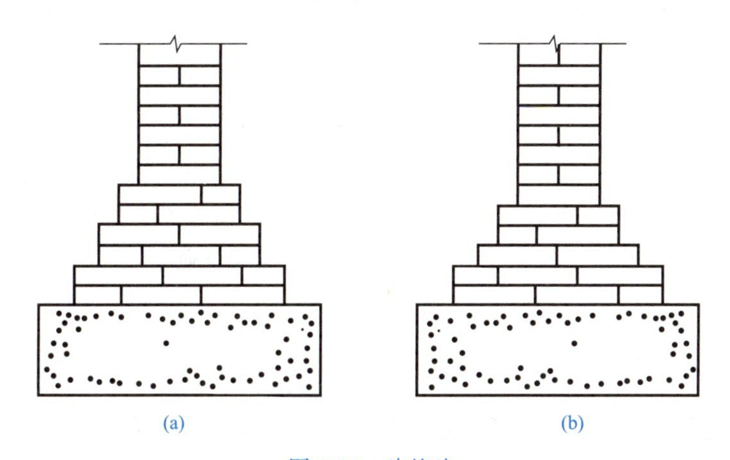

图 3-30 砖基础

(a) 等高式；(b) 不等高式（间隔式）

基础大放脚有两皮一收的等高式（图 3-30a）和一皮一收与两皮一收相间的不等高式（图 3-30b）两种砌法。每次收进 1/4 砖长（约 60mm）。

施工时先在垫层上找出墙的轴线和基础大放脚的外边线，然后在转角处、丁字交接处、十字交接处及高低踏步处立基础皮数杆（皮数杆上画出砖的皮数、大放脚退台情况及防潮层位置等）。基础皮数杆应立在规定的标高处，因此立基础皮数杆时要利用水准仪进行抄平。

砌筑前，应先用干砖试摆，以确定排砖方法和错缝的位置。砖砌体的水平灰缝厚度和竖向灰缝宽度一般控制在 8～12mm。

砌筑时，砖基础的砌筑高度是用皮数杆来控制的。如发现垫层表面水平标高有高低偏差时，可用砂浆或 C15 细石混凝土找平后再开始砌筑。如果偏差不大，也可在砌筑过程中逐步调整。砌大放脚时，先砌好转角端头，然后以两端为标准拉好线绳进行砌筑。砌筑不同深度的基础时，应先砌深处，后砌浅处，在基础高低处要砌成踏步式。踏步长度不小于 1m，高度不大于 0.5m。基础中若有洞口、管道等，砌筑时应及时正确按设计要求留出或预埋，并留出一定的沉降空间。砌完砖基础应立即进行回填，回填土要在基础两侧同时进行，并分层夯实。

3）砖基础施工的质量要求：

① 砌体砂浆必须密实饱满，水平灰缝的砂浆饱满度不得低于 80%。

② 砂浆试块的平均强度不得低于设计的强度等级，任意一组试块的最低值不得低于设计强度等级的 75%。

③ 组砌方法应正确，不应有通缝，转角处和交接处的斜槎和直槎应通顺密实，直槎应按规定加拉结条。

④ 预埋件、预留洞应按设计要求留置。

⑤ 砖基础的容许偏差见表 3-4。

（2）砖墙的砌筑

在基础完成后，即可进行砖墙的砌筑。

砖基础尺寸和位置的容许偏差　　表 3-4

序号	项目	容许偏差（mm）	序号	项目	容许偏差（mm）
1	基础顶面标高	±15	3	表面平整（2m）	8
2	轴线位移	10	4	水平灰缝平直（10m）	10

1）砖墙的砌筑工艺

一般施工顺序为：抄平→放（弹）线→立皮数杆→摆砖样（排脚、铺底）→盘角（砌头角）→挂线→砌筑→勾缝→楼层轴线标高引测及检查等。

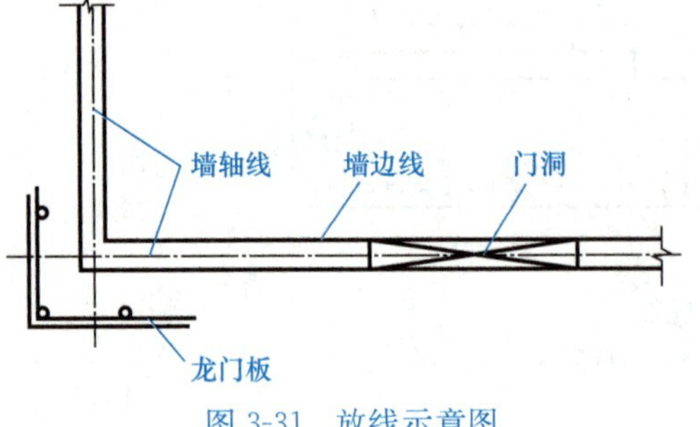

图 3-31　放线示意图

① 抄平、放线。为了保证建筑物平面尺寸和各层标高的正确，砌筑前必须准确地定出各层楼面的标高和墙柱的轴线位置，以作为砌筑时的控制依据，如图 3-31 所示。

砌墙前应在基础防潮层或楼层上定出各层标高，并用 M7.5 水泥砂浆或 C15 细石混凝土找平，使各段砖墙底部标高符合设计要求。找平时，需使上下两层外墙之间不致出现明显的接缝。

根据龙门板上给定的轴线及图纸上标注的墙体尺寸，在基础顶面上用墨线弹出墙的轴线和墙的宽度线，并分出门洞口位置线。二楼以上墙的轴线可以用经纬仪或垂球将轴线引上，并弹出各墙的宽度线，划出门洞口位置线。

② 摆砖样。摆砖样是指在基础墙顶面上，按墙身长度和组砌方式先用砖块试摆。摆砖的目的是使每层砖的砖块排列整齐、灰缝均匀，并尽可能减少砍砖，组砌得当。在砌清水墙时尤其重要。

③ 立皮数杆。皮数杆是一种方木标志杆。皮数杆是指在其上划有每皮砖和砖缝厚度，以及门窗洞口、过梁、楼板、梁底、预埋件等标高位置的一种木制标杆，如图 3-32 所示。它是砌筑时控制砌体竖向尺寸的标志。

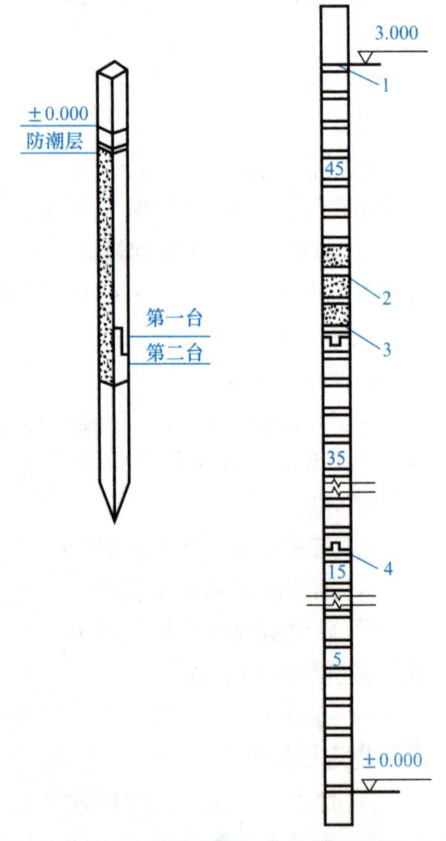

图 3-32　基础皮数杆和墙身皮数杆

1—一层楼标高；2—钢筋混凝土过梁；3—窗上框；4—窗下框

④ 盘角（砌头角）、挂线。皮数杆立好后，通常是先按皮数杆砌墙角（盘角），每次盘角不得超过五皮砖，在砌筑过程中应勤靠勤吊，一般三皮一吊，五皮一靠，把砌筑误差消灭在操作过程中，以保证墙面垂直、平整。砌一砖半厚以上的砖墙必须双面挂线，然后将准线挂在墙角上，拉线砌中间墙身。一般三七厚以下的墙身砌筑单面挂线即可，更厚的墙身砌筑则应双面挂线。墙角是确定墙身的主要依

据，其砌筑的好坏对整个建筑物的砌筑质量有很大影响。

⑤ 墙体砌筑、勾缝。砖砌体的砌筑方法有“三一砌法”、挤浆法、刮浆法和满口灰法等。一般采用一块砖、一铲灰、一挤揉的“三一砌法”。清水墙砌完后应进行勾缝，勾缝是砌清水墙的最后一道工序。勾缝的方法有两种：一种是原浆勾缝，即利用砌墙的砂浆随砌随勾，多用于内墙面；另一种是加浆勾缝，即待墙体砌筑完毕后，利用 1∶1 的水泥砂浆或加色砂浆进行勾缝。勾缝要求横平竖直，深浅一致，搭接平整并压实抹光。勾缝完毕后应清扫墙面。

⑥ 为了保证各层墙身轴线的重合和施工方便，在弹墙身轴线时，应根据龙门板上的轴线位置将轴线引测到房屋的墙基上。二层以上各层的轴线可用经纬仪或线坠引测到楼层上去，同时还应根据图纸上的轴线尺寸用钢尺进行校核。各楼层外墙窗口位置亦用线坠吊线校核，检查是否在同一铅垂线上。

2）砖砌体的技术要求

砖砌体砌筑时砖和砂浆的强度等级必须符合设计要求。

砌筑时水平灰缝的厚度一般为 8～12mm，竖缝宽一般为 10mm。为了保证砌筑质量，墙体在砌筑过程中应随时检查垂直度，一般要求做到三皮一吊线、五皮一靠尺。为减少灰缝变形引起砌体沉降，一般每日砌筑高度以不超过 1.8m 为宜，雨天施工时，每日砌筑高度不宜超过 1.2m。当施工过程中遇到大风时，应遵守规范所允许自由高度的限制。

砖砌体相邻工作段的高度差不得超过一个楼层的高度，也不宜大于 4m。工作段的分段位置宜设在伸缩缝、沉降缝、防震缝或门窗洞口处。砌体临时间断处的高度差不得超过一步架高。

砌砖工程采用铺浆法砌筑时，铺浆长度不得超过 750mm；施工期间气温超过 30℃时，铺浆长度不得超过 500mm。

墙体的接槎是指先砌砌体和后砌砌体之间的接合方式。砖墙转角处和交接处应同时砌筑，严禁无可靠措施的内外墙分砌施工。对不能同时砌筑而又必须留置的临时间断处，应砌成斜槎，斜槎水平投影长度不应小于高度的 2/3，如图 3-33 所示。若临时间断处留斜槎确有困难时，除转角处外，可留直槎，但直槎必须做成阳槎，并应加设拉结钢筋，拉结钢筋的数量为每 120mm 墙厚放置 1ϕ6 拉结钢筋（240mm 厚墙放置 2ϕ6 拉结钢筋），间距沿墙高不应超过 500mm，埋入长度从留槎处算起每边均不应小于 500mm；对抗震设防烈度 6 度、7 度地区，不应小于 1000mm；末端应有 90°弯钩，如图 3-34 所示。

隔墙与墙或柱如不同时砌筑而又不留斜槎时，可于墙或柱中引出阳槎，并于墙的立缝处预埋拉结筋，其构造要求同上，但每道不少于 2 根钢筋。

施工时需在砖墙中留置的临时孔洞，其侧边离交接处的墙面不应小于 500mm；洞口净宽度不应超过 1m，且顶部应设置过梁。抗震设防烈度为 9 度的建筑物，临时孔洞的留置应会同设计单位研究决定。

不得在下列墙体或部位中留设脚手眼：①空斗墙、半砖墙和砖柱；②砖过梁上与过梁成 60°角的三角形范围及过梁净跨度 1/2 的高度范围内；③宽度小于 1m 的窗间墙；④梁或梁垫下及其左右各 500mm 范围内；⑤砖砌体门窗洞口两侧 200mm 和转角 450mm 的范围内；石砌体门窗洞口两侧 300mm 和转角 600mm 的范围内；⑥设计不允许设置脚手眼的部位。脚手眼不大于 80mm×140mm，可不受③、④、⑤规定的限制。

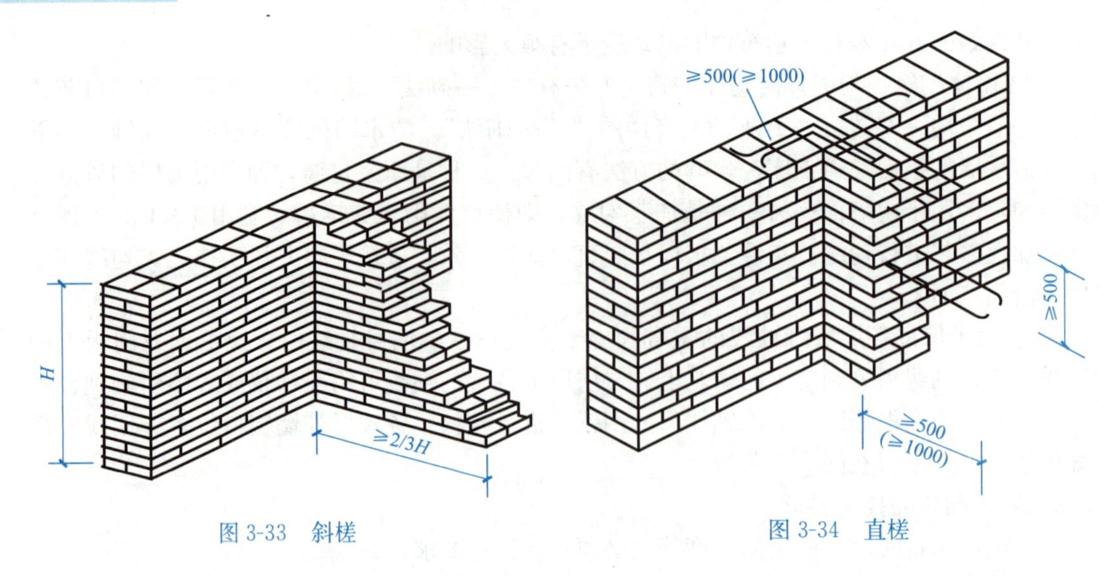

图 3-33　斜槎　　　　图 3-34　直槎

设混凝土构造柱的墙体，混凝土构造柱的截面一般为 240mm×240mm，钢筋采用Ⅰ级钢筋，竖向受力钢筋一般设置 4 根，直径为 12mm。箍筋直径为 6mm，其间距为 200mm，楼层上下 500mm 范围内应适当加密箍筋，其间距为 100mm。构造柱的竖向受力钢筋应在基础梁和楼层圈梁中锚固，并应符合受拉钢筋的锚固长度要求。砖墙与构造柱应沿墙高每隔 500mm 设置 2 根直径 6mm 的水平拉结筋，拉结筋每边伸入墙内不应小于 1m。当墙上门窗洞边到构造柱边的长度小于 1m 时，水平拉结筋伸到洞口边为止。图 3-35 是一砖墙转角及 T 字交接处水平拉结筋的布置。

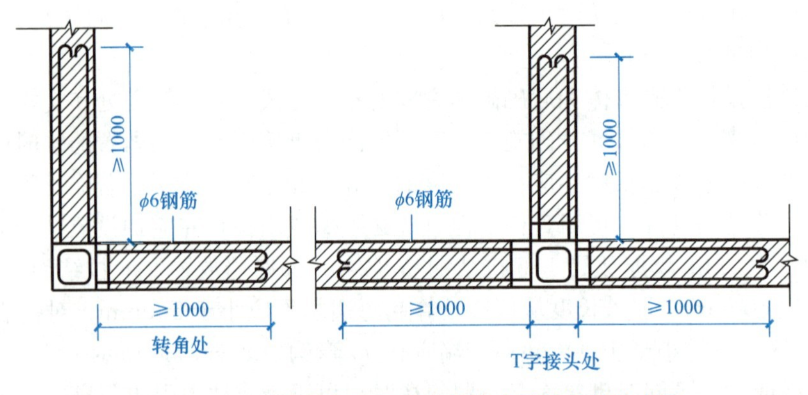

图 3-35　一砖墙转角及 T 字交接处水平拉结筋的布置

砖墙与构造柱相接处应砌成马牙槎，每个马牙槎高度方向的尺寸不宜超过 300mm（或五皮砖砖高）；每个马牙槎应退进 60mm。每个楼层面开始应先退槎后进槎，如图 3-36 所示。

3-5 砌体工程质量检验

（3）砖柱、砖拱、钢筋砖过梁

1）砖柱

砖柱分独立柱与带壁柱（砖垛）两种。

独立砖柱组砌时，不得采用先砌四周后填心的包心方法。成排砖柱应拉通线进行砌筑。砖柱上不得留脚手眼，每日砌筑高度不宜超过 1.8m。

带壁柱（砖垛）应与墙身同时砌筑，轴线应准确，成排带壁柱应在外边缘拉通线砌筑。

2）砖拱

常用的砖拱有砖平拱和砖弧拱两种。

① 砖平拱。砖平拱是用普通砖整砖侧砌而成。拱的高度有 240mm、300mm、365mm，拱的厚度等于墙厚。

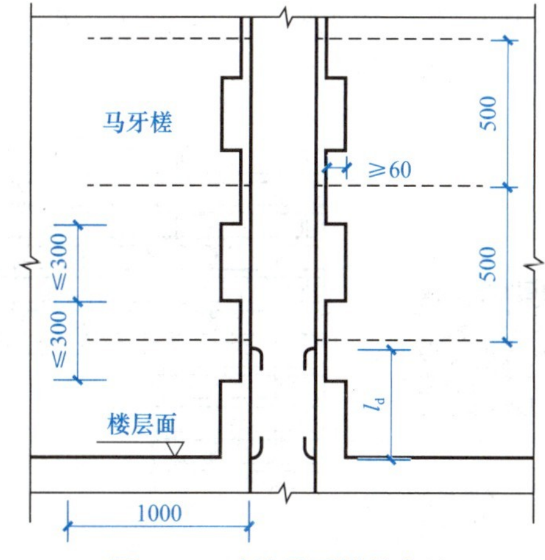

图 3-36　砖墙马牙槎的布置

砖平拱应用不低于 MU7.5 的砖与不低于 M5 的水泥砂浆砌筑。砌筑时，在拱脚下面应伸入墙内不小于 20mm，并砌成斜面，斜面的斜度为 1/6～1/4。在拱底处支设模板，模板中部有 1%的起拱。竖向灰缝应砌成上宽下窄的楔形缝。在拱底的灰缝宽度不应小于 5mm，拱顶灰缝宽度不宜大于 15mm。

砖平拱又称平拱式过梁，一般用于门窗洞口宽度不大于 1.2m 处，如图 3-37（a）所示。

② 砖弧拱。砖弧拱的构造与砖平拱基本相同，只是外形呈弧形，如图 3-37（b）所示。

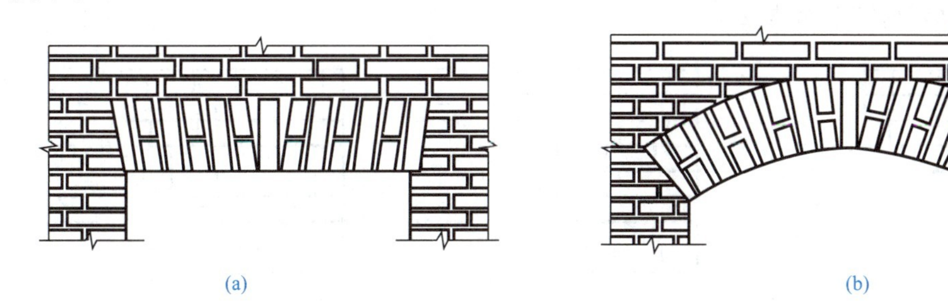

图 3-37　砖平拱式过梁和弧拱式过梁

（a）平拱式过梁；（b）弧拱式过梁

砌筑砖弧拱时模板应支设成设计所要求的圆弧形，拱的高度一般为 240mm，拱的厚度等于墙厚。在拱底的灰缝宽度不应小于 5mm，拱顶灰缝宽度不宜大于 25mm。砌筑方法与砖平拱基本相同。

砖平拱和砖弧拱过梁底部的模板，应在灰缝砂浆强度不低于设计强度的 50%时，方可拆除。

3）钢筋砖过梁

钢筋砖过梁（又称为平砌砖过梁）是用普通黏土砖和水泥砂浆砌成，底部配有钢筋的砌体，一般用于门窗宽度不大于 1.5m 的情况。在过梁的作用范围内（不少于 7 皮砖的高度或过梁宽度的 1/4 高度范围内），砖的强度等级不低于 MU7.5，砂浆的强度等级不低于 M5。

钢筋的设置应符合设计及规范要求，其直径不小于 5mm。钢筋水平间距不大于 120mm，埋钢筋的砂浆层厚度不宜小于 30mm，钢筋两端应弯成直角弯钩，且弯钩朝上，伸入墙内的长度不小于 250mm。砌第一皮砖时应砌成丁砖，并且两端的第一块砖应紧贴钢筋弯钩，使钢筋达到钩牢的效果，如图 3-38 所示。砂浆强度达到设计强度的 50%以上时，方可拆模。

3-6 砖砌体尺寸、位置的允许偏差及检验应满足的要求

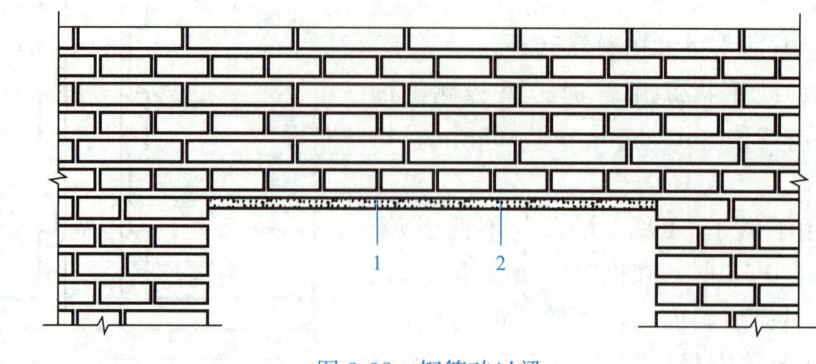

图 3-38　钢筋砖过梁

1—30mm 厚的砂浆；2—钢筋

（4）砖挑檐和窗台板的砌法

砖挑檐有一皮一挑、二皮一挑和二皮与一皮间隔挑等，挑层的下面一皮砖应为丁砖。挑出宽度每次不大于 60mm，总的挑出宽度应小于墙厚。砌筑时应靠挑檐外边每一挑层底角处拉线，依线砌筑，以使挑头齐平。水平灰缝宜使挑檐外侧稍厚，内侧稍薄。挑层中竖向灰缝必须饱满，如图 3-39 所示。

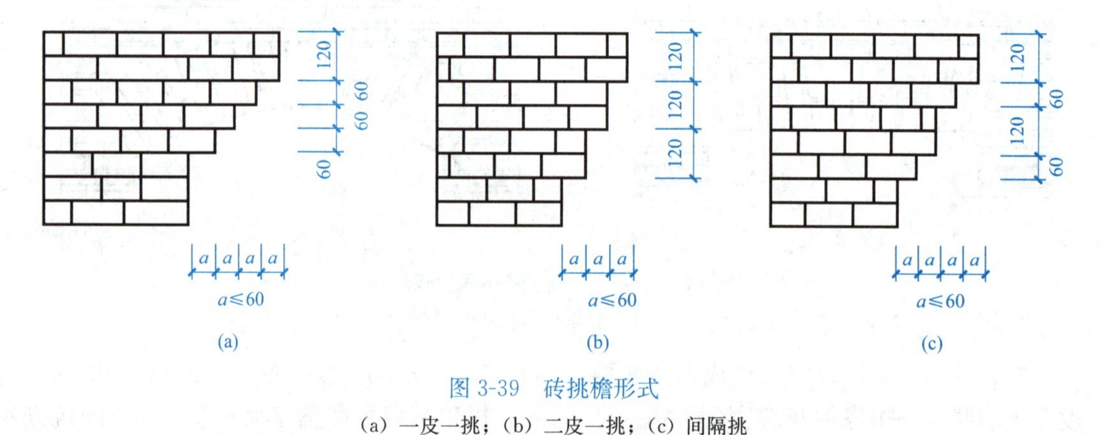

图 3-39　砖挑檐形式

（a）一皮一挑；（b）二皮一挑；（c）间隔挑

砖砌窗台分不抹面的清水窗台和抹面的混水窗台两种，如图 3-40 所示。

3.4.2　混凝土小型空心砌块砌体施工

普通混凝土小型空心砌块主要规格尺寸为 390mm×190mm×190mm，有两个方形孔，强度等级为 MU3.5、MU5、MU7.5、MU10、MU15、MU20（图 3-41）。墙厚等于砌块的宽度，其立面砌筑形式只有全顺一种，即各皮砌块均为顺砌，上下皮竖缝相互错开 1/2 砌块长，上下皮砌块空洞相互对准，如图 3-42 所示。

砌块应从外墙转角处或定位砌块开始砌筑。砌块应将底面朝上砌筑，即砌块孔洞上小下大“反砌”（生产小型空心砌块时，因孔洞抽芯脱模需要，孔洞模芯有一定锥度，形成上大下小孔洞）。砌块应逐块铺砌，全部灰缝均应填铺砂浆，水平灰缝宜用坐浆法铺浆。

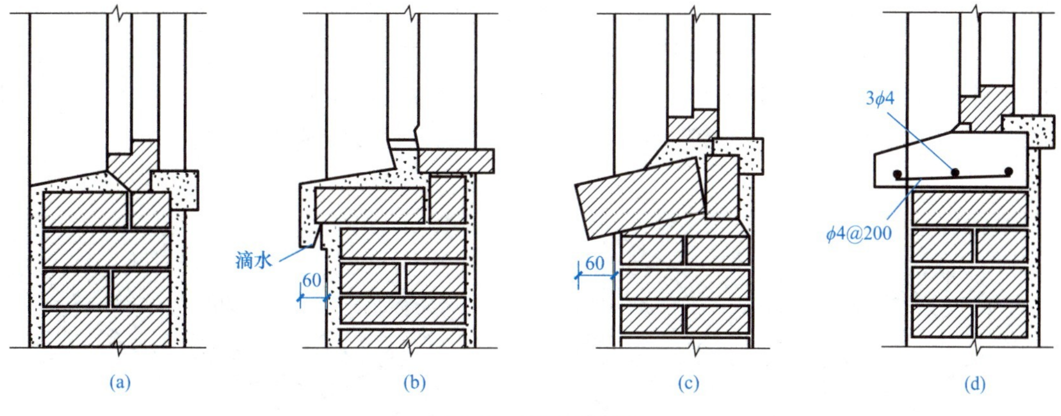

图 3-40 窗台的形式

（a）不挑窗台；（b）平砌挑砖抹灰窗台；（c）清水侧砌砖窗台；（d）预制钢筋混凝土窗台

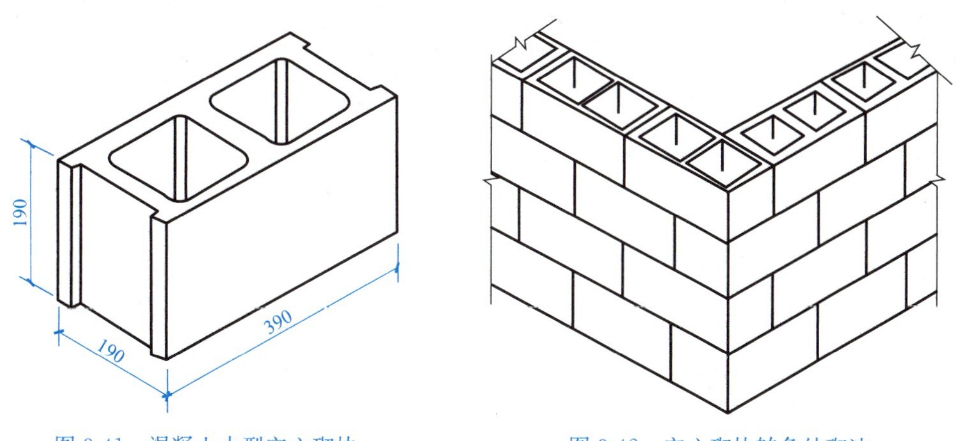

图 3-41 混凝土小型空心砌块　　图 3-42 空心砌块转角处砌法

小型空心砌块应对孔错缝搭砌，上下皮小型空心砌块竖向灰缝相互错开 190mm。个别情况当无法对孔砌筑时，错缝长度不应小于 90mm，轻骨料混凝土小型空心砌块错缝长度不应小于 120mm；当不能保证此规定时，应在水平灰缝中设置 2ϕ4 的钢筋网片，钢筋网片每端均应超过该垂直灰缝，其长度不得小于 300mm。

砌块从转角或定位处开始，内外墙同时砌筑，纵横墙交错搭接。小型空心砌块墙的转角处，应隔皮纵、横墙砌块相互搭砌，即隔皮纵、横墙砌块端面露头（图 3-42）；T 字交接处，应隔皮使横墙砌块端面露头。当该处无芯柱时，应在纵墙上交接处砌两块一孔半的辅助规格砌块，隔皮砌在横墙露头砌块下，其半孔座位于中间（图 3-43）。当该处有芯柱时，应在纵墙上交接处砌一块三孔大规格砌块，砌块的中间孔正对横墙露头砌块靠外的孔洞（图 3-44）。十字交接处，当该处无芯柱时，在交接处应砌一孔半砌块，隔皮垂直相交，其半孔应在中间。当该处有芯柱时，则仍应砌三孔砌块，隔皮垂直相交，中间孔相互对正。

小型空心砌块墙的转角处和交接处应同时砌筑，如不能同时砌筑，则应留置斜槎，斜槎的长度应等于或大于斜槎高度（一般按一步脚手架高度控制）。如留斜槎有困难，除外墙转角处及抗震设防地区、砌体临时间断处不应留直槎外，空心砌块墙的临时间断处可从墙面伸出 200mm 砌成直槎，并每隔三皮砌块高在水平灰缝设两根直径 6mm 的拉结筋或钢筋网片；拉结筋埋入长度从留槎处算起，每边均不应小于 600mm，钢筋外露部分不得任意弯折。如作为后砌隔墙或填充墙时，沿墙高每隔 600mm 应与承重墙或柱内预留的钢筋网片或两根直径 6mm 的钢筋拉结，钢筋伸入墙内的长度不应小于 600mm，如图 3-45 所示。

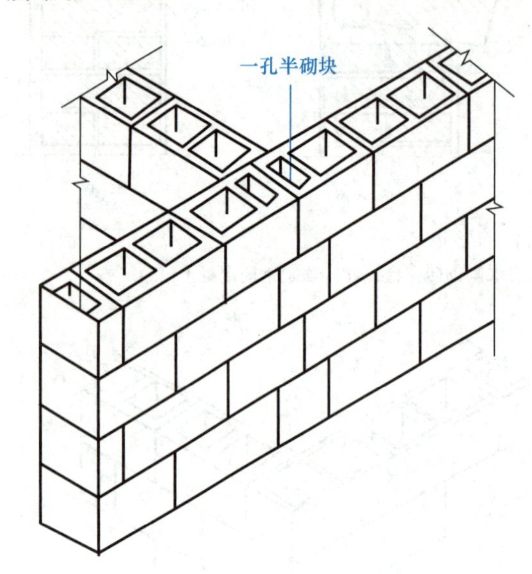

图 3-43　混凝土空心砌块 T 字交接处砌法（无芯柱）

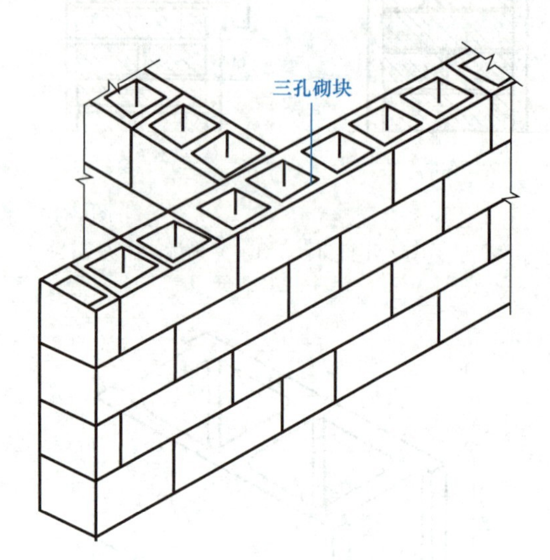

图 3-44　混凝土空心砌块 T 字交接处砌法（有芯柱）

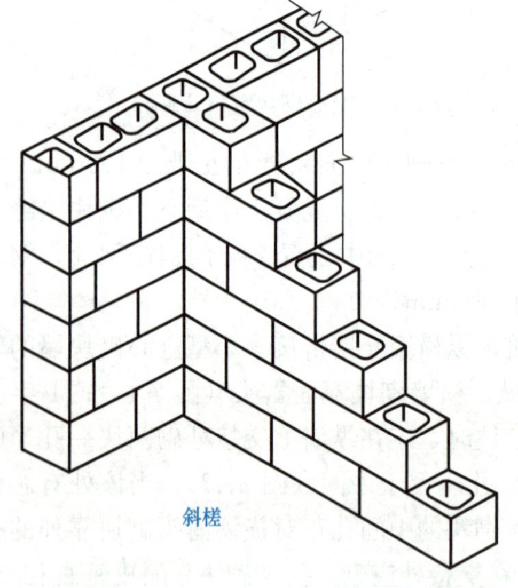

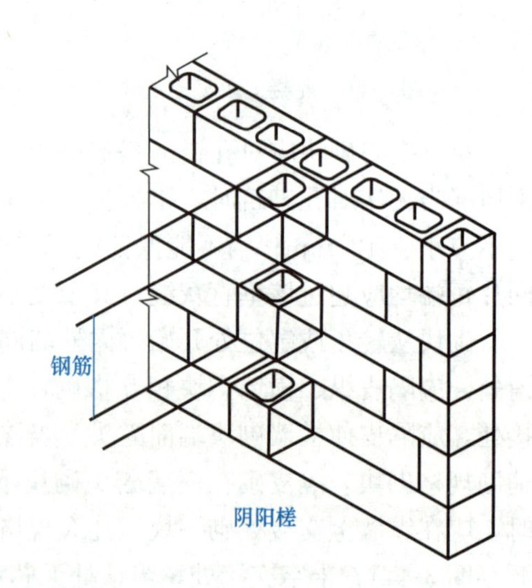

图 3-45　小型空心砌块墙阴阳槎、斜槎

承重砌体严禁使用断裂小型空心砌块或壁肋中有竖向凹形裂缝的小型空心砌块砌筑，也不得采用小型空心砌块与烧结普通砖等其他块体材料混合砌筑。

常温条件下，普通混凝土小型空心砌块的日砌筑高度在 1.4m 或一步脚手架高度内。对砌体表面的平整度和垂直度、灰缝的厚度和砂浆饱满度应随时检查，校正偏差。在砌完每一楼层后，应校核砌体的轴线尺寸和标高，允许范围内的轴线及标高的偏差可在楼板面上予以校正。

在墙体的下列部位，应用C20混凝土灌实砌块的孔洞（先灌后砌）：①底层室内地面以下或防潮层以下的砌体；②无圈梁楼板支承面下的一皮砌块；③没有设置混凝土垫块的屋架、梁支承处，灌实高度不应小于600mm，长度不应小于600mm的砌体；④挑梁的悬挑长度不小于1.2m时，其支承部位的内外墙交接处，纵横各灌实高度不小于三皮砌块。

空心砌块墙表面不得预留或凿打水平沟槽，对设计规定的洞口、管道、沟槽和预埋件，应在砌筑墙体时的单孔砌块侧砌，利用其空洞做脚手眼，墙体完工后用不低于C15的混凝土填实。墙体中作为施工通道的临时洞口，其侧边离交接处的墙面不应小于600mm，并在顶部设过梁。填砌临时洞口的砌筑砂浆强度等级应提高一级。每天砌筑高度宜控制在1.5m（或一步脚手架高度）内。

混凝土芯柱设置在混凝土小型空心砌块墙的转角处和交接处，在这些部位的砌块孔洞中插入钢筋，并浇筑混凝土。

对于抗震设防6～8度的混凝土小型空心砌块房屋，应按表3-5的要求设置钢筋混凝土芯柱；对医院、教学楼等横墙较少的房屋，应根据房屋增加一层后的层数，按表3-5的要求设置芯柱。除此之外，根据计算需要设置其他芯柱时，芯柱宜均匀布置，8度设防的五层房屋，芯柱的最大间距不应大于2.4m。

混凝土小型空心砌块房屋芯柱设置要求　　表3-5

<table>
<tr><th colspan="3">房屋层数</th><th rowspan="2">设置部位</th><th rowspan="2">设置数量</th></tr>
<tr><th>6度</th><th>7度</th><th>8度</th></tr>
<tr><td>四、五</td><td>三、四</td><td>二、三</td><td>外墙转角，楼梯间四角，大房间内外墙交接处；隔15m单元横墙与外纵墙交接处</td><td rowspan="2">外墙转角，灌实3个孔；
内外墙交接处，灌实4个孔</td></tr>
<tr><td>六</td><td>五</td><td>四</td><td>外墙转角，楼梯间四角，大房间内外墙交接处，山墙与内纵墙交接处，隔开间横墙（轴线）与外纵墙交接处</td></tr>
<tr><td rowspan="2">七</td><td>六</td><td>五</td><td>外墙转角，楼梯间四角；各内墙（轴线）与外纵墙交接处；8、9度时，内纵墙与横墙（轴线）交接处和洞口两侧</td><td>外墙转角，灌实5个孔；
内外墙交接处，灌实4个孔；内墙交接处，灌实4～5个孔；洞口两侧各灌实1个孔</td></tr>
<tr><td>七</td><td>六</td><td>外墙转角，楼梯间四角；各内墙（轴线）与外纵墙交接处；8、9度时，内纵墙与横墙（轴线）交接处和洞口两侧
横墙内芯柱间距不宜大于2m</td><td>外墙转角，灌实7个孔；
内外墙交接处，灌实5个孔；内墙交接处，灌实4～5个孔；洞口两侧各灌实1个孔</td></tr>
</table>

对于抗震不设防的混凝土小型空心砌块房屋应在外墙转角和楼梯间的纵横墙交接处的3个孔洞设置素混凝土芯柱；五层及五层以上的房屋应在上述部位设置钢筋混凝土芯柱。芯柱所用混凝土强度等级不应低于C15，所用插筋不应小于1根直径12mm的Ⅰ级钢筋，插筋应贯通墙身且与圈梁连接。芯柱应伸入室外地坪以下500mm或锚入浅于500mm基础圈梁内。芯柱与墙体连接处应设置拉结钢筋网片，网片可用直径4mm的钢筋焊成，置于砌块

的水平灰缝内，每边伸入墙内不宜小于 1m，且沿墙高每隔 600mm 设置一道（图 3-46）。芯柱插筋应与基础或基础圈梁中的预埋钢筋绑扎或焊接连接；上下楼层的插筋可在楼板面上搭接，搭接长度不小于 40d（d 为插筋直径）。

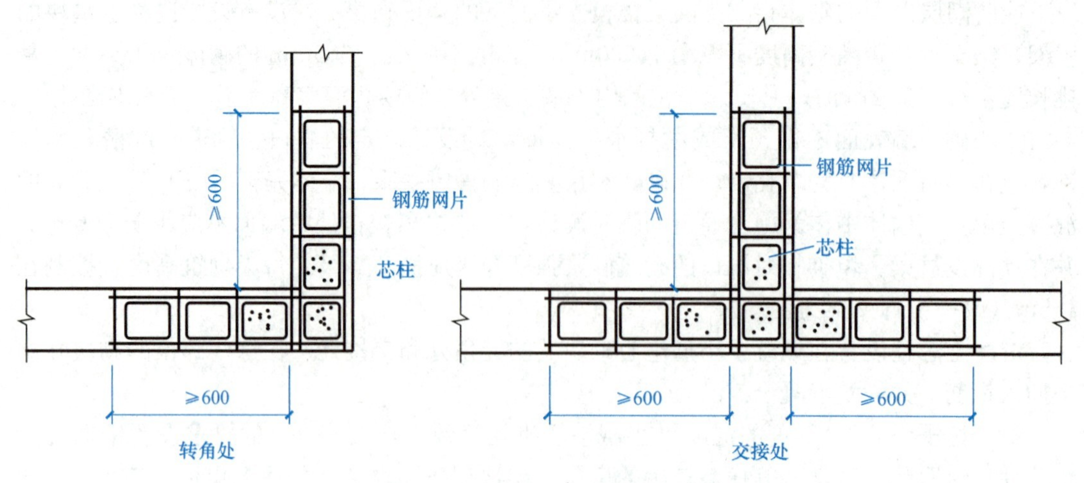

图 3-46 芯柱拉结钢筋网片设置

对于不抗震设防地区的混凝土小型空心砌块房屋，芯柱中的插筋不应小于 1 根直径 10mm 的钢筋；芯柱应沿房屋全高贯通，并与各层圈梁整体现浇，水平灰缝中钢筋网片每边伸入墙体不小于 600mm。

对于地面砌筑第一皮砌块时，应采用开口小砌块或 U 形小砌块，以形成清理口。浇筑混凝土前，从清理口中掏出落在砌块孔洞中的杂物，并用水冲洗孔洞内壁，将积水排出，用混凝土预制块封闭清理口。芯柱混凝土应在砌完一个楼层高度后连续浇筑。为保证芯柱中混凝土密实，混凝土内宜掺入增加流动性的外加剂，混凝土坍落度不应小于 70mm。每层芯柱混凝土浇筑时，先注入适量的水泥浆，再分层浇筑并捣实，每层浇筑高度为 400～500mm，亦可边浇筑边捣实。严禁在浇筑满一个楼层高度后再捣实。振捣混凝土宜用软轴插入式振动器。应事先计算每个芯柱的混凝土用量，按计量浇筑混凝土。浇筑混凝土时，砌块砌筑砂浆的强度应达到 1MPa 以上。

3.4.3 石砌体的施工

砌筑用的石料分为毛石、料石两类。

毛石又分为乱毛石和平毛石。乱毛石指形状不规则的石块；平毛石指形状不规则，但有两个平面大致平行的石块。毛石的中部厚度不应小于 150mm。

料石按其加工面的平整程度分为细料石、粗料石和毛料石三种。料石的宽度、厚度均不宜小于 200mm，长度不宜大于厚度的 4 倍。石材的强度等级分为 MU100、MU80、MU60、MU50、MU40、MU30、MU20、MU15 和 MU10。

石砌体一般用于两层以下的居住房屋及挡土墙等，一般采用水泥砂浆或混合砂浆砌筑，砂浆稠度 30～50mm，二层以上石墙的砂浆强度等级不小于 M2.5。

1. 料石砌体施工

(1) 料石砌体砌筑要点

料石砌体应采用铺浆法砌筑，砌筑料石砌体时，料石应放置平稳，砂浆必须饱满。砂浆铺设厚度应略高于规定灰缝厚度，其高出厚度为：细料石宜为3～5mm；粗料石、毛料石宜为6～8mm。料石砌体的灰缝厚度：细料石砌体不宜大于5mm；粗料石和毛料石砌体不宜大于20mm。料石砌体的水平灰缝和竖向灰缝的砂浆饱满度均应大于80%。料石砌体上下皮料石的竖向灰缝应相互错开，错开长度应不小于料石宽度的1/2。

（2）料石基础

料石基础的第一皮料石应坐浆丁砌，以上各层料石可按一顺一丁进行砌筑，阶梯形料石基础，上级阶梯的料石至少压砌下级阶梯料石的1/3，如图3-47所示。

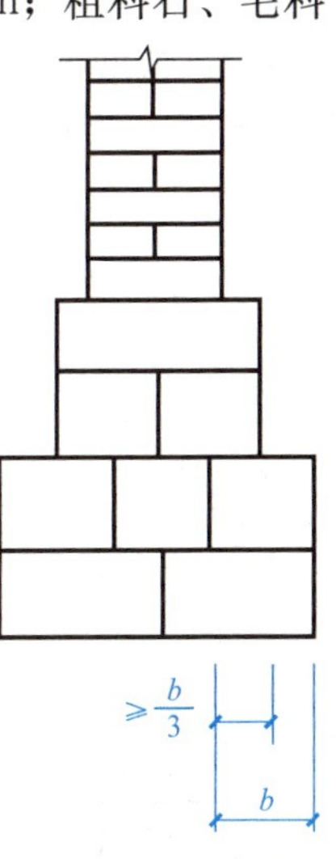

图3-47　阶梯形料石基础

（3）料石墙

料石墙厚度等于一块料石宽度时，可采用全顺砌筑形式。料石墙厚度等于两块料石宽度时，可采用两顺一丁或丁顺组砌的砌筑形式。两顺一丁是两皮顺石与一皮丁石相间。丁顺组砌是同皮内侧顺石与丁石相间，可一块顺石与丁石相间或两块顺石与一块丁石相间，丁石应交错设置，其中距不应大于2.0m，如图3-48所示。

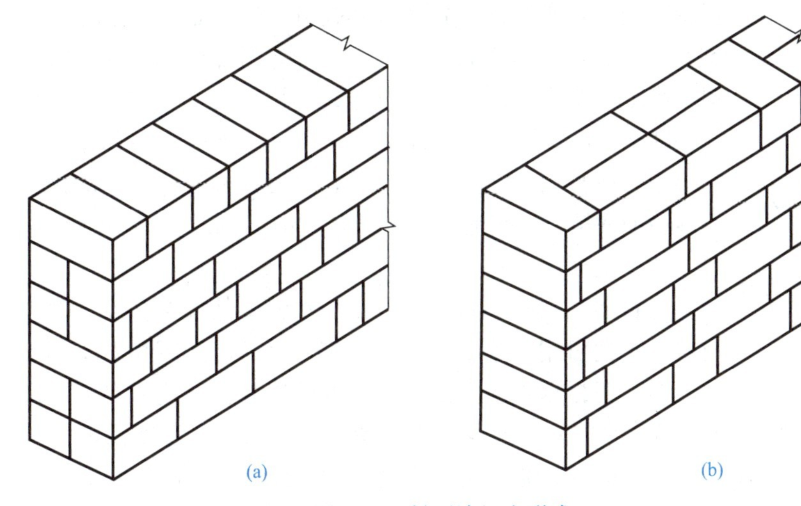

图3-48　料石墙组砌形式

（a）两顺一丁；（b）丁顺组砌

2. 毛石砌体施工

（1）毛石砌体砌筑要点

毛石砌体应采用铺浆法砌筑。砂浆必须饱满，砂浆饱满度应大于80%。

毛石砌体应分皮卧砌、上下错缝、内外搭砌，不得采用外面侧立毛石中间填心的砌筑方法；中间不得有铲口石（尖石倾斜向外的石块）、斧刃石（尖石向下的石块）和过桥石（仅在两端搭砌的石块），如图3-49所示。

毛石砌体的灰缝厚度宜为20～30mm，石块间不得有相互接触现象。石块间较大的空隙应填塞砂浆后用碎石块嵌实，不得采用先放碎石后填塞砂浆或干填碎石块的方法。

（2）毛石基础施工

砌筑毛石基础所用的毛石应质地坚硬、无裂纹，尺寸在200～400mm，质量约为20～

30kg，强度等级一般为 MU20 以上，采用 M2.5 或 M5 水泥砂浆砌筑，灰缝厚度一般为 20～30mm，稠度为 5～7cm，但不宜采用混合砂浆。

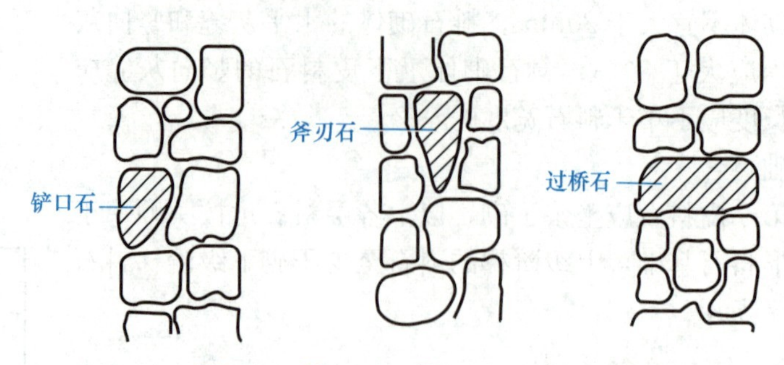

图 3-49　铲口石、斧刃石、过桥石

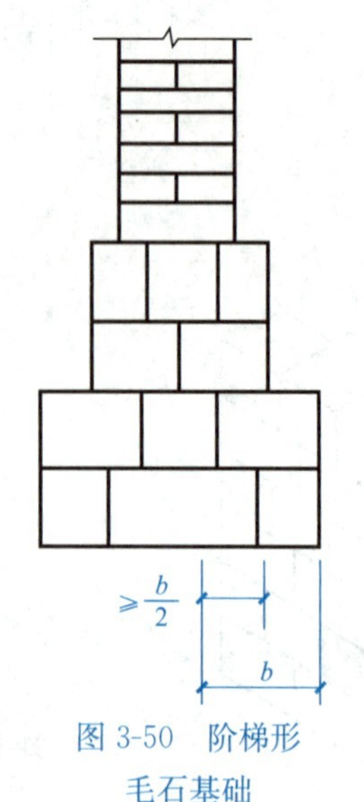

图 3-50　阶梯形毛石基础

砌筑毛石基础的第一皮石块应坐浆，选大石块并将大面向下，转角处、交接处用较大的平毛石砌筑，然后分皮卧砌、上下错缝、内外搭砌；每皮高度为 300mm，搭接不小于 80mm；毛石基础扩大部分如做成阶梯形，上级阶梯的石块应至少压砌下级阶梯的 1/2，每阶内至少砌两皮，扩大部分每边比墙宽出 100mm，二层以上应采用铺浆砌法；毛石每日可砌高度为 1.2m，为增加整体性和稳定性，应大、中、小毛石搭配使用，并按规定设置拉结石，拉结石应分布均匀，毛石基础同皮内每隔 2m 左右设置一块。拉结石长度应超过基础宽度的 2/3，毛石砌到室内地坪以下 5cm，应设置防潮层，一般用 1∶2.5 的水泥砂浆加适量防水剂铺设，厚度为 20mm，如图 3-50 所示。

（3）毛石墙

毛石墙是用乱毛石或平毛石与水泥砂浆或混合砂浆砌筑而成。毛石墙的转角可用平毛石或料石砌筑。毛石墙的厚度不应小于 350mm。

施工时根据轴线放出墙身里外两边线，挂线每皮（层）卧砌，每层高度为 200～300mm。砌筑时应采用铺浆法，先铺灰后摆石。毛石墙的第一皮、每一楼层最上一皮、转角处、交接处及门窗洞口处用较大的平毛石砌筑，转角处最好应用加工过的方整石。毛石墙砌筑时应先砌筑转角处和交接处，再砌中间墙身，石砌体的转角处和交接处应同时砌筑。对不能同时砌筑而又必须留置的临时间断处，应砌成斜槎。砌筑时石料大小搭配，大面朝下，外面平齐，上下错缝，内外交错搭砌，逐块卧砌坐浆。灰缝厚度不宜大于 20mm，保证砂浆饱满，不得有干接现象。石块间较大的空隙应先堵塞砂浆，后用碎石块嵌实。为增加砌体的整体性，石墙面每 0.7m^2 内应设置一块拉结石，同皮的水平中距不得大于 2.0m，拉结长度为墙厚。

石墙砌体每日砌筑高度不应超过 1.2m，但室外温度在 20℃以上时停歇 4h 后可继续砌筑。石墙砌至楼板底时要用水泥砂浆找平。门窗洞口可用黏土砖作砖砌平拱或放置钢筋混凝土过梁。

石墙与实心砖的组合墙中，石与砖应同时砌筑，并每隔 4～6 皮砖用 2～3 皮砖与石砌体拉结砌合，石墙与砖墙相接的转角处和交接处应同时砌筑，如图 3-51 所示。

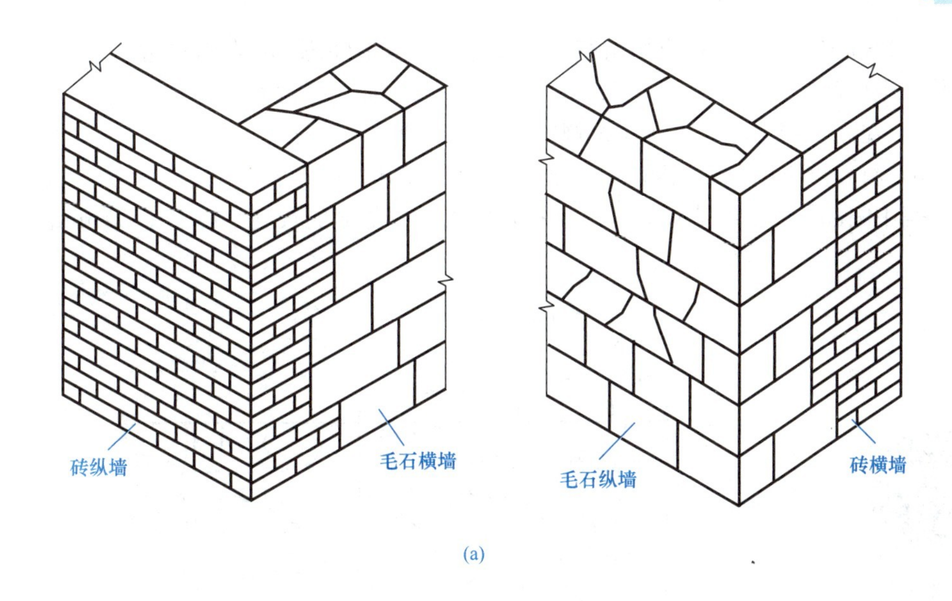

(a)

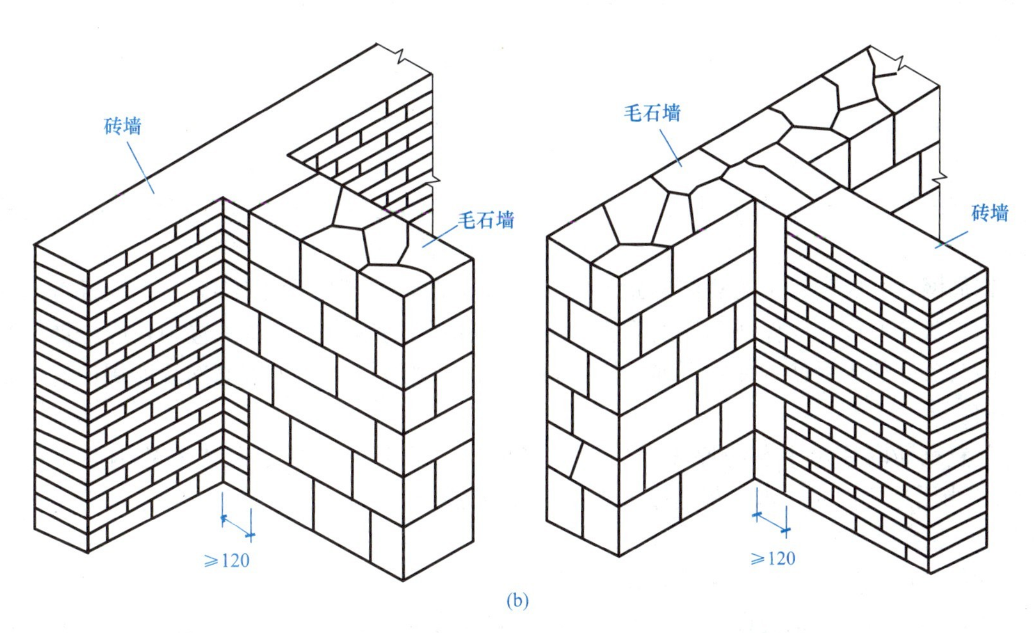

(b)

图 3-51 石墙与砖墙相接的转角处和交接处同时砌筑

(a) 转角处毛石墙与砖墙相接；(b) 交接处毛石墙与砖墙相接

(4) 毛石挡土墙

毛石挡土墙是用平毛石或乱毛石与水泥砂浆砌成。毛石挡土墙的砌筑要点与毛石基础基本相同。石砌挡土墙除按石墙规定砌筑外还需满足下列要求：

1) 毛石挡土墙的砌筑，要求毛石的中部厚度不宜小于 20cm。

2) 每砌 3～4 皮毛石为一个分层高度，每个分层高度应找平一次。

3) 外露面的灰缝宽度不得大于 40mm，上下皮毛石的竖向灰缝应相互错开 80mm 以上。

4) 应按照设计要求收坡或退台，并设置泄水孔。泄水孔当设计无规定时，施工中应符合下列规定：①泄水孔应均匀布置，在每米高度上间隔 2m 左右设置一个泄水孔；②泄水孔与土体间铺设长宽各为 300mm、厚 200mm 的卵石或碎石作疏水层。

5）在砌筑挡土墙时，还应按规定留设伸缩缝。

6）料石挡土墙宜采用同皮内丁顺相间的砌筑形式。

当中间部分用毛石填砌时，丁砌料石伸入毛石部分的长度不应小于 200mm，如图 3-52 所示。

3-7 石砌体尺寸、位置的允许偏差及检验方法

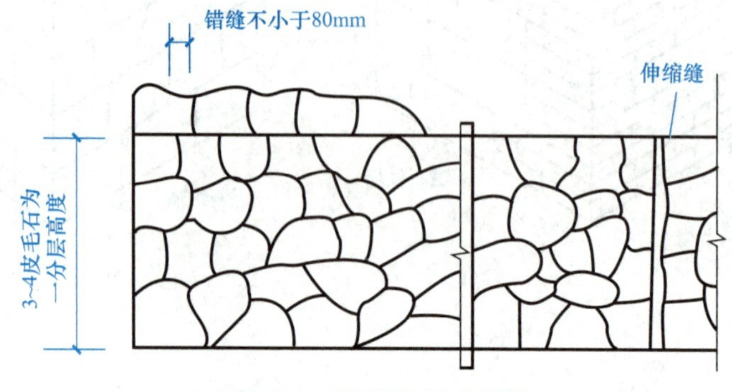

图 3-52　毛石挡土墙立面图

3.4.4　配筋砌体施工

1. 网状配筋砖砌体

网状配筋砖砌体有配筋砖柱、砖墙，即在烧结普通砖砌体的水平灰缝中配置钢筋网片。

钢筋网片在砖砌体中的竖向间距不应大于 5 皮砖，并不应大于 400mm。设置钢筋网片的水平灰缝厚度，应保证钢筋上下至少各有 2mm 厚的砂浆层。在配置中，应先铺一半厚的砂浆层，放入钢筋网片后再铺，使钢筋网片位于砂浆层中间。钢筋网片四周应有砂浆保护层。

配置钢筋网片水平灰缝厚度：当用方格网时，水平灰缝厚度为 2 倍的钢筋直径加 4mm；当用连弯网时，水平灰缝厚度为钢筋直径加 4mm。

2. 配筋砌块砌体

配筋砌块砌体有配筋砌块剪力墙、配筋砌块柱。

砌块的砌筑应与钢筋设置互相配合。砌块的砌筑应采用专用的小砌块砌筑砂浆和专用的小砌块灌孔混凝土。

钢筋的设置应满足以下几点：

（1）钢筋的接头

钢筋直径大于 22mm 时应采用机械连接，其他直径的钢筋可采用搭接接头，并符合下列规定：

1）钢筋的接头位置宜设置在受力较小处。

2）受拉钢筋的搭接长度不应小于 $1.1L_a$，受压钢筋的搭接长度不应小于 $0.7L_a$，且不应小于 300mm。

3）当相邻接头钢筋的间距不大于 75mm 时，其搭接长度应为 $1.2L_a$。当钢筋间的接头错开 20mm，搭接长度不增加。

（2）水平受力钢筋（网片）的锚固和搭接长度

1）在凹槽砌块混凝土中钢筋的锚固长度不宜小于300mm，且其水平或竖直弯折段的长度不宜小于150mm和200mm；钢筋搭接长度不宜小于350mm。

2）砌体水平灰缝中，钢筋的锚固长度不宜小于$50d$，且其水平或竖直弯折段的长度不宜小于$20d$和150mm；钢筋搭接长度不宜小于$55d$。

3）在隔皮或错缝搭接的灰缝中为$50d+2h$（d为灰缝受力筋直径，h为水平灰缝的间距）。

（3）钢筋的最小保护层厚度

1）灰缝中钢筋保护层不宜小于15mm。

2）位于砌块孔槽中的钢筋保护层，在室内正常环境不宜小于20mm；在室外或潮湿环境不宜小于30mm。

3）对安全等级为一级或设计使用年限大于50年的配筋砌体，钢筋保护层厚度应比上述规定至少增加5mm。

（4）钢筋的弯钩

钢筋骨架中的受力光圆钢筋，应在钢筋末端做180°弯钩，在焊接骨架、焊接网以及受压构件中，可不做弯钩；绑扎骨架中的受力变形钢筋，在钢筋末端可不做弯钩。

（5）钢筋的间距

1）两平行钢筋间的净距不宜小于25mm。

2）柱和壁柱中的竖向钢筋间的净距不宜小于40mm。

3.4.5 填充墙砌体施工

砌块代替黏土砖做墙体材料是墙体改革的一个重要途径。砌块是以天然材料或工业废料为原料制作的，按其材料不同分为：普通混凝土小型空心砌块、加气混凝土砌块、粉煤灰砌块等。砌块的种类较多，一般常用的有普通混凝土小型空心砌块、加气混凝土砌块及粉煤灰砌块。通常把高度为180～380mm的称为小型砌块，380～900mm的称为中型砌块。砌块的类型不同，其强度等级各异。砌块砌筑前应绘制砌块排列图，其排列原则如下：

（1）尽量使用主规格砌块。

（2）内外墙应同时砌筑，纵横墙交错搭砌。

（3）中型砌块应错缝搭砌，搭砌长度不得小于砌块高的1/3，且不应小于150mm。

1. 加气混凝土砌块砌体施工

承重加气混凝土砌块砌体所用砌块强度等级应不低于MU7.5，砂浆强度不低于M5。

加气混凝土砌块砌筑前，应根据建筑物的平面、立面图绘制砌块排列图。在墙体转角处设置皮数杆，皮数杆上画出砌块皮数及砌块高度，并在相对砌块上边线间拉准线，依准线砌筑。

加气混凝土砌块出厂后要经充分干燥才能上墙，砌筑时要适量浇水，每一层楼内的墙体应连续砌完，不留接槎，不得留设脚手眼。

砌块墙上下皮砌块的竖向灰缝应相互错开，相互错开长度宜为300mm，并不小于150mm。如不能满足，应在水平灰缝中放置$2\phi6$的拉结钢筋或$\phi4$钢筋网片，拉结钢筋或钢筋网片的长度应不小于700mm。

加气混凝土砌块墙的灰缝应横平竖直，砂浆饱满。水平灰缝砂浆饱满度不应小于90%，竖向灰缝砂浆饱满度不应小于80%。水平灰缝厚度宜为15mm，竖向灰缝宽度宜为20mm。

在墙的转角处，应使纵横墙的砌块相互搭砌，隔皮砌块露端面，在墙的T字交接处应使横墙砌块隔皮露端面，并坐中于纵墙砌块，如图3-53所示。

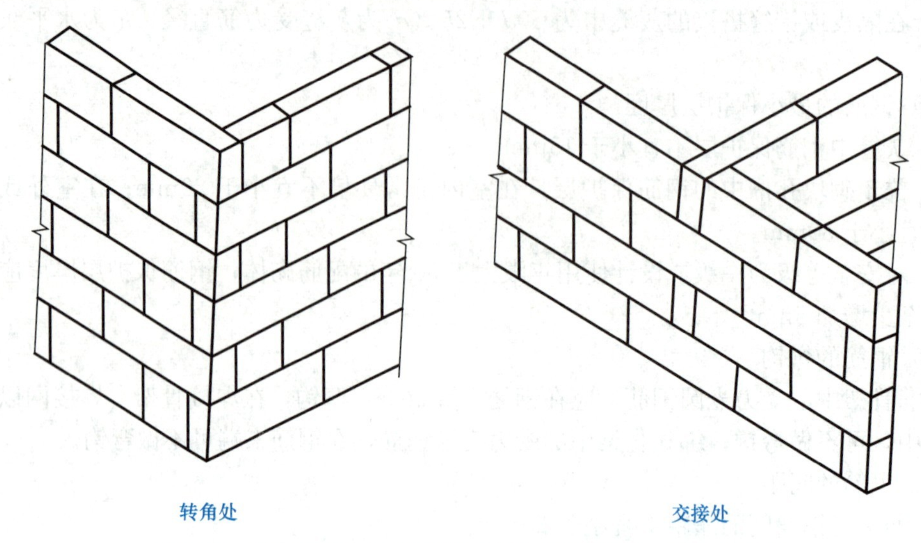

图3-53　加气混凝土砌块墙的组砌形式及转角处、交接处砌法

承重加气混凝土砌块墙的转角处、墙体交接处，均应沿墙高1m左右在水平灰缝中放置拉结钢筋，拉结钢筋为3ϕ6，钢筋伸入墙内不小于1000mm，如图3-54所示。

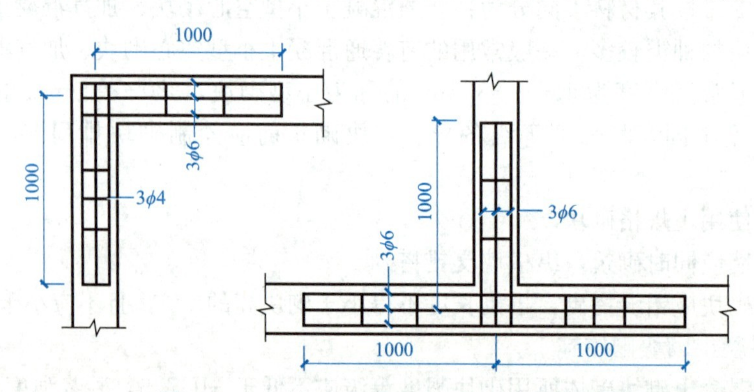

图3-54　承重加气混凝土砌块墙的拉结钢筋

非承重加气混凝土砌块墙的转角处、与承重墙体交接处，均应沿墙高1m左右，在水平灰缝中放置拉结钢筋，拉结钢筋为2ϕ6，钢筋伸入墙内不小于700mm，如图3-55所示。

加气混凝土砌块外墙的窗口下一皮砌块下的水平灰缝中应设置拉结钢筋，拉结钢筋为3ϕ6，钢筋伸过窗口侧边应不小于500mm。

2. 粉煤灰砌块砌体

粉煤灰砌块是以粉煤灰、石灰、石膏和轻骨料为原料，加水搅拌，振动成型、蒸汽养护而成的密实砌块。其主要规格尺寸为880mm×380mm×240mm，180mm×430mm×

240mm；其强度等级分为 MU10 和 MU13 两个等级。

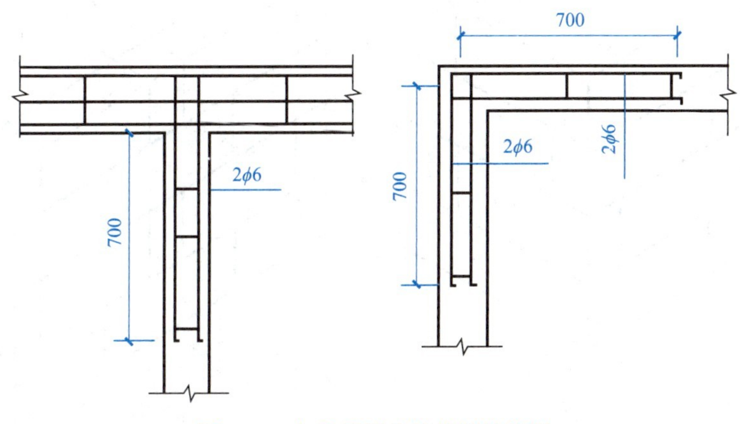

图 3-55 与承重墙交接处拉结钢筋

粉煤灰砌块适用于砌筑墙体，墙厚为 240mm，所用砌筑砂浆强度等级应不低于 M2.5。

粉煤灰砌块墙砌筑前，应根据建筑物的平面、立面图绘制砌块排列图。在墙体转角处设置皮数杆，皮数杆上画出砌块皮数及砌块高度，并在相对砌块上边线间拉准线，依准线砌筑。

粉煤灰砌块砌筑时要适量浇水，砌筑方法可采用铺灰灌浆法。先在墙顶上摊铺砂浆，然后将砌块按砌筑位置摆放到砂浆层上，并与前一块砌块靠拢，留出不大于 20mm 的空隙。待砌完一皮砌块后，在空隙两旁装上夹板或塞上泡沫塑料条，在砌块的灌浆槽内灌砂浆，直至灌满。等到砂浆开始硬化不流淌时，即可卸掉夹板或取出泡沫塑料条，如图 3-56 所示。

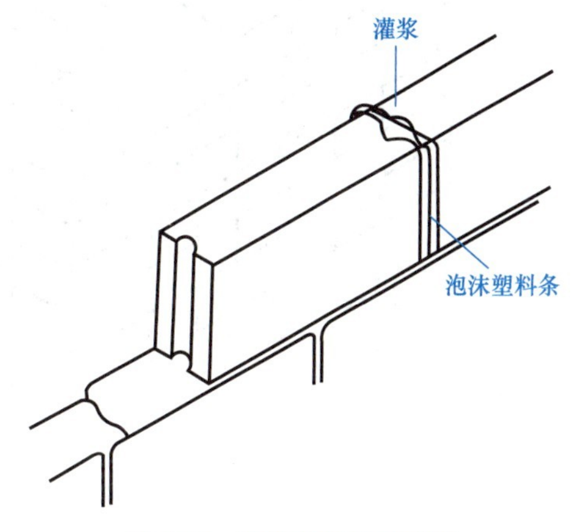

图 3-56 粉煤灰砌块砌筑图

砌块墙上下皮砌块的竖向灰缝应相互错开，错开长度应不小于 1/3 的砌块长度。灰缝应横平竖直，砂浆饱满。水平灰缝砂浆饱满度不应小于 90%，竖向灰缝砂浆饱满度不应小于 80%。水平灰缝厚度不得大于 15mm，竖向灰缝宽度不得大于 20mm。

在墙的转角处，应使纵横墙的砌块相互搭砌，隔皮砌块露端面，应锯平灌浆槽。在墙的 T 字交接处，应使横墙砌块隔皮露端面，并坐中于纵墙砌块，露端面应锯平灌浆槽，如图 3-57 所示。

砌块墙上下皮砌块的竖向灰缝应相互错开，相互错开长度宜为 300mm，并不小于 150mm。如不能满足，应在水平灰缝中放置 ϕ6 钢筋网片，钢筋网片的长度应不小于 700mm，如图 3-58 所示。

粉煤灰砌块墙砌到接近上层楼板底时，因最上一皮不能灌浆，可改用烧结普通砖或炉渣砖斜砌挤紧。

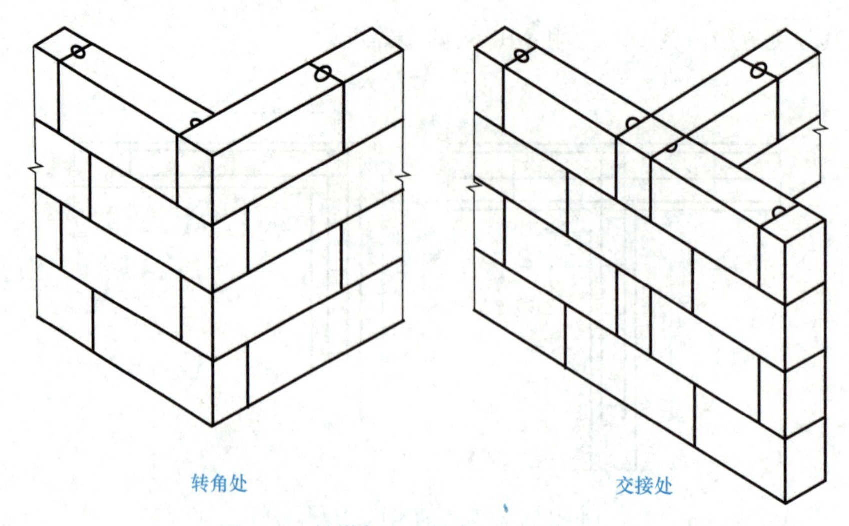

图 3-57　粉煤灰砌块转角处、交接处砌筑

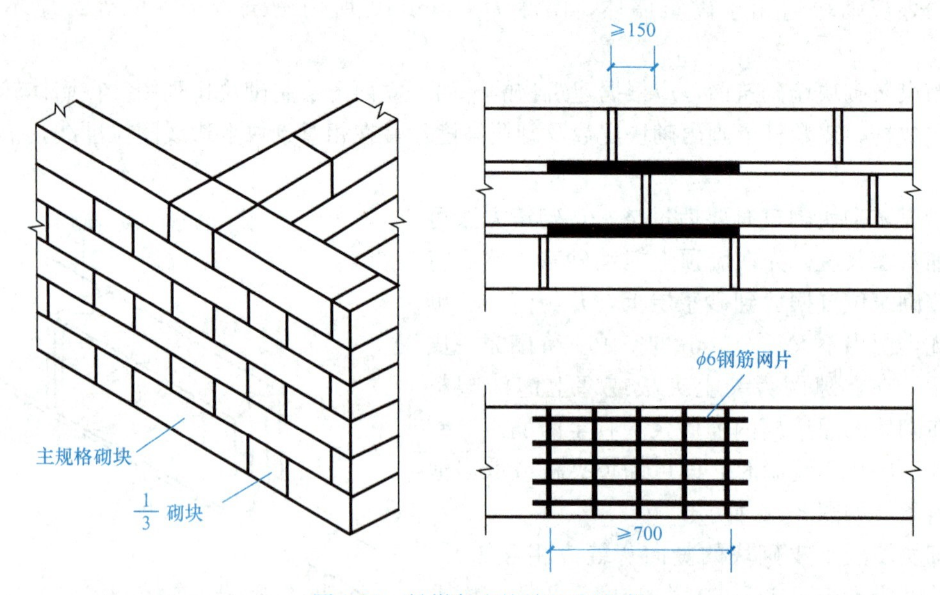

图 3-58　粉煤灰砌块墙组砌形式

砌筑粉煤灰砌块外墙时，不得留脚手眼。每一楼层内的砌块墙应连续砌完，尽量不留接槎，如必须留槎应留成斜槎。

粉煤灰砌块砌体一般尺寸的允许偏差应符合表 3-6 的要求。

粉煤灰砌块砌体一般尺寸的允许偏差　　表 3-6

<table>
<tr><th>项次</th><th colspan="3">项目</th><th>允许偏差（mm）</th><th>检验方法</th></tr>
<tr><td>1</td><td colspan="3">轴线位置</td><td>10</td><td>用经纬仪、水准仪复查施工记录</td></tr>
<tr><td>2</td><td colspan="3">基础或楼面标高</td><td>±15</td><td>用经纬仪、水准仪复查施工记录</td></tr>
<tr><td rowspan="3">3</td><td rowspan="3">垂直度</td><td colspan="2">每层楼</td><td>5</td><td rowspan="3">用吊线法检查
用经纬仪或吊线尺检查</td></tr>
<tr><td rowspan="2">全高</td><td>10m 以下</td><td>10</td></tr>
<tr><td>10m 以上</td><td>20</td></tr>
</table>

续表

项次	项目		允许偏差（mm）	检验方法
4	表面平整度		10	用2m直尺和塞尺检查
5	水平灰缝平直度	清水墙	7	用10m长的线和钢尺检查
		混水墙	10	
6	水平灰缝厚度		−5、＋10	与皮数杆比较用钢尺检查
7	竖向灰缝宽度		−5、＋1 ＞30用细石混凝土	钢尺检查
8	门窗洞口宽度（后塞口）		−5、＋10	钢尺检查
9	清水墙面游丁走缝		20	用吊线钢尺检查

3.4.6 砌筑工程施工顺序

砌筑工程的施工顺序一般为：土方开挖、砖基础的施工、构造柱钢筋的绑扎、砖墙的砌筑、支构造柱的模板、浇构造柱混凝土、绑扎圈梁的钢筋、支圈梁的模板、浇圈梁混凝土、楼板坐浆、预制构件的安装。

在混合结构房屋中所采用的预制构件主要是一些中小型构件，如空心板、过梁等。现简要介绍这些构件的安装方法。

3-8 砌体工程施工质量控制等级

1. 构件的堆放

构件从预制场运到施工现场后，应按不影响后续工作的原则进行堆放，构件尽可能地靠近垂直运输机械，以便缩短二次搬运的距离。堆放场地应平整夯实，有一定的坡度，以利排水。在堆放构件时应注意以下几点：

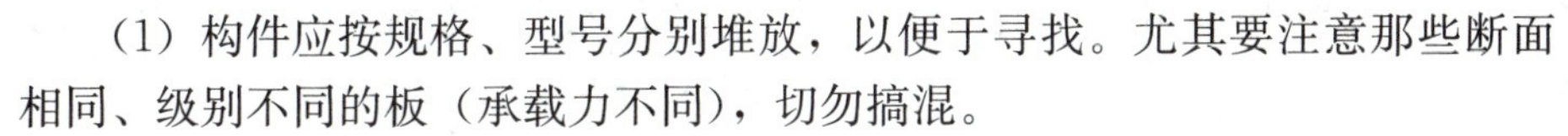

（1）构件应按规格、型号分别堆放，以便于寻找。尤其要注意那些断面相同、级别不同的板（承载力不同），切勿搞混。

3-9 砌筑工程验收前应提供的文件和记录

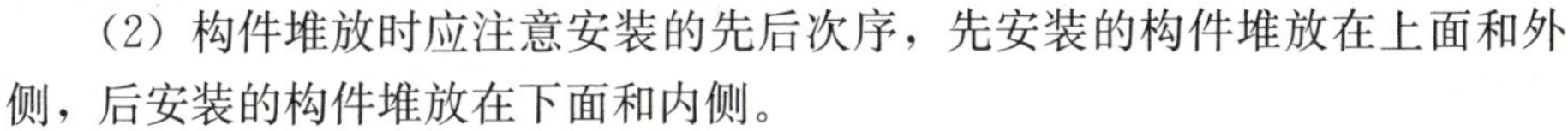

（2）构件堆放时应注意安装的先后次序，先安装的构件堆放在上面和外侧，后安装的构件堆放在下面和内侧。

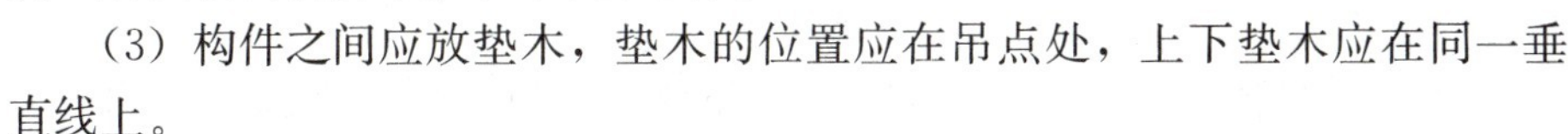

（3）构件之间应放垫木，垫木的位置应在吊点处，上下垫木应在同一垂直线上。

（4）重叠堆放的构件，应吊环向上、标志（板在生产时作的记号）向外。空心板一般堆放高度不超过6～8块。空心板也可侧立并排堆放，但应注意不能翻倒。

（5）构件的堆放位置应离开建筑物2.5～3m，构件之间应有200mm以上的间距。

2. 构件的安装

目前在混合结构房屋的施工中，中小型构件的安装，除一些设备条件较好的施工单位采用起重机进行安装外，大多采用井架、拔杆和小车进行安装。

（1）空心楼板的安装

空心楼板安装前应检查楼板标高和平整度，必要时还应检查开间尺寸、板的类型及质量。空心楼板安装前，要将空心楼板两端的空心孔用混凝土堵塞。空心楼板安装时，墙顶必须用水泥砂浆找平（超过20mm以上的找平宜用细石混凝土），随抹随安装，以保证空心楼板安装后平整、稳定。板就位以后不能随意撬动，并应检查板的砂浆是否铺满，有无松动情况，板缝是否平直、均匀。

每层楼板安装完毕后，即可用C20的细石混凝土灌缝。灌缝前，应将板缝打扫干净，撒水润湿。细石混凝土灌缝时，板下用吊板承托，在混凝土初凝前，捣实混凝土。这一工序很重要，处理不好，会造成楼层板面渗漏水。

空心楼板的安装应避免三边支撑，以免楼板出现裂缝。空心楼板的搁置长度：搁置于墙上不应小于 100mm，搁置于梁上不应小于 80mm。

(2) 过梁的安装

安装过梁前应对砖墙的标高、平整度、轴线、平面位置、构件型号及质量进行检查与核对。安装过梁时，支座面应打扫干净，撒水润湿，墙顶必须用水泥砂浆找平（超过 20mm 以上的宜用细石混凝土找平），随抹随安装，以保证过梁安装后平整、稳定。过梁就位以后不能随意撬动。

3.5 砌体工程冬期施工

当预计连续 10d 内的平均气温低于 5℃时，砌体工程的施工应按照冬期施工技术规定施工。日最低温底低于－20℃时，砌体工程不宜施工。

冬期施工所用的材料应符合下列要求：

(1) 砖、石、砌块在砌筑前应清除冰霜。

(2) 砂浆宜用普通硅酸盐水泥拌制，因为这种水泥的早期强度发展较其他水泥快，有利于砌体在冻结前具有一定的强度。

(3) 石灰膏、黏土膏和电石膏等应防止受冻。如遭冻结，经融化后方可使用。

(4) 拌制砂浆所用的砂，不得含有冰块和直径大于 100mm 的冻结块。

(5) 拌合砂浆时，水的温度不得超过 80℃，以免遇水泥发生“假凝”现象；砂的温度不得超过 40℃。

砖石工程冬期施工中应以掺盐砂浆法为主，只有对保温、绝缘、装饰方面有特殊要求的工程，才可用冻结法施工。

3.5.1 掺盐砂浆法

掺盐砂浆法是在砂浆中掺入一定量氯化物（氯化钠或氯化钙），由于此盐类具有一定的抗冻早强作用，可使砂浆在一定的负温下不致冻结，使水泥的水化作用继续进行。这种方法成本较低、使用方便，故在砖石工程冬期施工中应用广泛。

氯化钠的掺量为：当气温等于和高于－10℃时，为用水量的 3%；－15℃～－11℃时，为 5%；－20～－16℃时，为 7%。当温度较低时（如低于－20℃时），应用 7%的氯化钠和 3%的氯化钙。

如设计无要求，当日最低气温低于－15℃时，对承重砌体的砂浆应按常温施工提高 1 级，以弥补砂浆冻结后其后期强度降低的影响。

掺盐砂浆使用时的温度不应低于 5℃。

掺盐砂浆会使砌体析盐、吸湿，并对钢筋有锈蚀作用，故这时应再加亚硝酸钠以阻止。对下列工程不容许采用掺盐砂浆：发电站、变电所等工程；装饰艺术要求较高的工程；房屋使用时湿度大于 60%的工程；经常受 40℃以上高温影响的工程；经常处于水位变化的工程。

3.5.2 冻结法

冻结法是在室外用热砂浆进行砌筑，砂浆不掺外加剂，砂浆有一定强度后砌体很快冻结，融化后的砂浆强度接近于零，当气温升高转入正温后砂浆的强度继续增长。由于砂浆经冻结、融化、再硬化的三个阶段，其强度会降低，也减弱了砂浆与砖石砌体的黏结力，结构在砂浆融化阶段的变形也较大，会严重影响砌体的稳定性。故下列工程不允许采用冻结法施工：毛石砌体或乱毛石砌体；在解冻过程中遭受相当大的动力作用和振动作用的砖、石、砌块结构；空斗墙；在解冻期间不允许沉降的砌体（如筒拱支座）。

冻结施工时，当室外温度为－10℃以上时，砂浆温度应不低于10℃；气温为－20～－10℃时，砂浆温度应不低于15℃；气温为－20℃以下时，则砂浆温度应不低于20℃且强度提高2级；当气温为－20℃以上时，砂浆强度提高1级。上述要求，用以弥补冻结对砌体的影响。

冻结法施工时应用三顺一丁法组砌，对于外墙转角和内外墙交接处，灰缝必须饱满，并用一顺一丁法组砌。一般应连续砌完一个施工层高度，不得间断。每天砌筑高度和临时间断处的高差不得超过1.2m。间断处砌体应留踏步槎，每8皮砖间距应设置ϕ6的拉结钢筋。在施工期间和解冻期内必须对结构进行加固，以增强其稳定性。

复习思考题

1. 脚手架的作用、要求、类型、适用范围是什么？
2. 脚手架为什么要设置横向斜撑和剪刀撑？如何设置？
3. 单排和双排的扣件式钢管脚手架在构造上有什么区别？
4. 多立杆式和门式脚手架为什么要设置固定件？如何设置？
5. 安全网的搭设应遵循什么原则？
6. 如何保证井架和龙门架的稳定安全？
7. 井架和龙门架的构造有哪些？试述搭设要点和应用范围？
8. 为什么水泥砂浆和水泥混合砂浆的使用时间规定不同？
9. 什么叫皮数杆？皮数杆如何布置？如何划线？
10. 砖墙在转角处和交接处留设临时间断处时有什么构造要求？
11. 试说明砖体留脚手眼的规定。
12. 普通黏土砖砌筑前为什么要浇水？浇湿到什么程度？
13. 为什么要规定砖墙的每日砌筑高度？
14. 何谓包心组砌？为什么砖柱不能采用包心组砌？
15. 试述毛石砌体的施工要点。
16. 砌筑用砖有哪些？有何要求？
17. 墙体接槎形式有哪几种？各有何规定？
18. 试述砖砌体的施工工艺。
19. 试述钢筋砖过梁的施工工艺。
20. 砖砌体的组砌方式有哪些？各有何特点？
21. 砌筑砂浆有哪些？各有何要求？

3-10 复习思考题参考答案

4 钢筋混凝土工程

随着我国国民经济的迅速发展，多高层建筑越来越多，其中大多数采用钢筋混凝土结构。因此，钢筋混凝土工程已成为建筑施工中的主要工程之一。混凝土结构工程按施工方法可分为现浇混凝土结构工程和预制装配式混凝土结构工程，前者整体性好、抗震能力强、节约钢材，而且不需要大型的起重机械，但工期较长、成本较高、易受气候条件影响；后者构件可在加工厂批量生产，它具有降低成本、现场拼装、减轻劳动强度和缩短工期的优点，但其耗钢量较大，而且施工时需要大型的起重设备。为了兼顾这两者的优点，在施工中这两种方式往往兼而有之。

钢筋混凝土构件由混凝土和钢筋两种材料组成。混凝土是由水泥、粗细骨料和水经搅拌而成的混合物，以模板作为成型的工具，经过养护，混凝土达到规定的强度，拆除模板，成为钢筋混凝土结构构件。钢筋混凝土工程由模板工程、钢筋工程和混凝土工程组成，在施工中三者之间要紧密配合，才能保证质量、缩短工期、降低成本。

钢筋混凝土工程的施工工艺流程如图 4-1 所示。

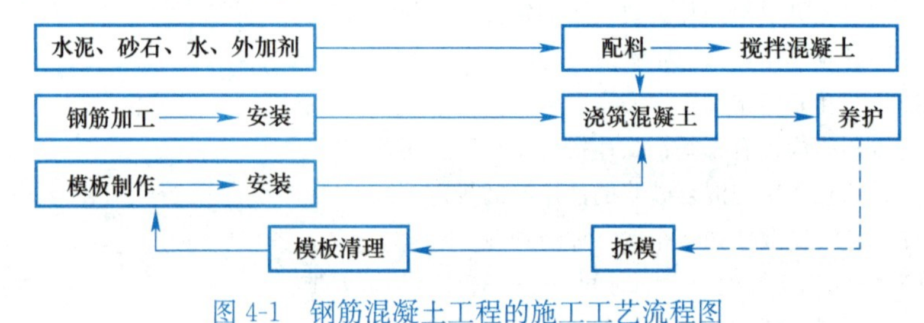

图 4-1　钢筋混凝土工程的施工工艺流程图

4.1 模板工程

模板工程的施工工艺包括：模板的选材、选型、设计、制作、安装、拆除和周转等过程。模板工程是钢筋混凝土工程的重要组成部分，特别是在现浇钢筋混凝土结构施工中占主导地位，决定着施工方法和施工机械的选择，直接影响工期和造价。一般情况下，模板工程费用占结构工程费用的 30%左右，劳动量占 50%左右。

4.1.1 模板的作用、组成及基本要求

1. 作用

模板是使钢筋混凝土结构或构件按所要求的形状和尺寸成型的模型板。

2. 组成

模板系统由模板、支架和紧固件三部分组成。

3. 基本要求

在现浇钢筋混凝土结构施工中，对模板系统的基本要求是：

(1) 要保证结构和构件各部分的形状、尺寸及相互位置的正确性。

(2) 具有足够的强度、刚度和稳定性。

(3) 构造简单，装拆方便，能多次周转使用。

(4) 接缝严密，不漏浆。

4.1.2 模板的分类

1. 模板按其所用的材料不同，可分为木模板、钢模板、钢木模板、胶合板模板、塑料模板、玻璃钢模板等。组合钢模板常用构件，如图 4-2 所示。

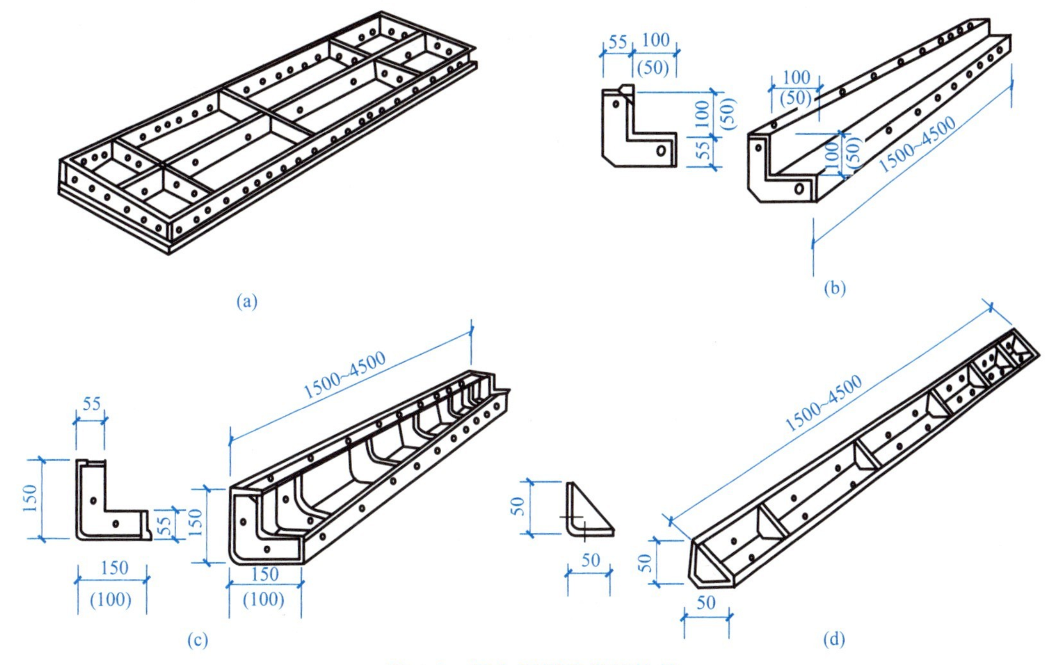

图 4-2 组合钢模板常用构件

(a) 平板模板；(b) 阳角模板；(c) 阴角模板；(d) 连接角模

2. 模板按其施工方法不同，可分为固定式、移动式和装拆式。固定式模板多用于制作预制构件，是按构件的形状、尺寸在现场或预制厂制作，待所浇筑的混凝土达到规定的强度后，方可脱模。移动式模板是指模板和支撑安装完毕后，随混凝土浇筑而移动，直到混凝土结构全部浇筑结束才一次拆除，如滑升模板、隧道模板。装拆式模板是指按设计要求的构件形状、尺寸及空间位置在现场组装，当混凝土达到拆模强度后即拆除。

3. 模板按规格形式可分为定型模板（如钢模板）和非定型模板（如木模板、胶合板模板等散装模板）。

4. 模板按结构类型可分为基础模板、柱模板、墙模板、梁和楼板模板、楼梯模板等。

4.1.3 模板的构造与安装

1. 木模板

4-1 模版安装质量检验

木模板一般是在木工车间或木工棚加工成基本元件（拼板），然后在现场进行拼装。拼板由一些板条用拼条钉拼而成，如图 4-3 所示。板条厚度一般为 25～50mm，宽度不宜超过 200mm。拼条间距取决于混凝土的侧压力和板条厚度，一般为 400～500mm。

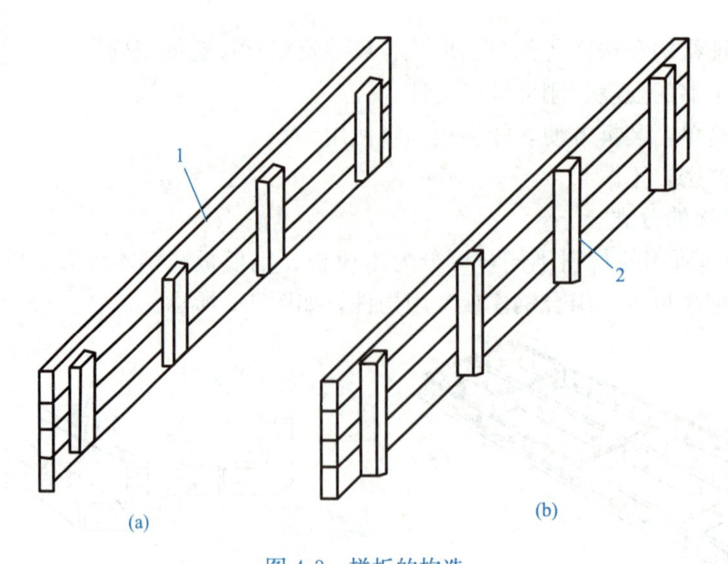

图 4-3　拼板的构造

（a）一般拼板；（b）梁侧板的拼板

1—板条；2—拼条

（1）基础模板

基础的特点是高度较小而体积较大，基础模板一般利用地基或基槽（基坑）进行支撑。安装阶梯形基础模板时要保证上下模板不发生相对位移。如土质良好，基础也可进行原槽浇筑。基础支模方法和构造如图 4-4、图 4-5 所示。

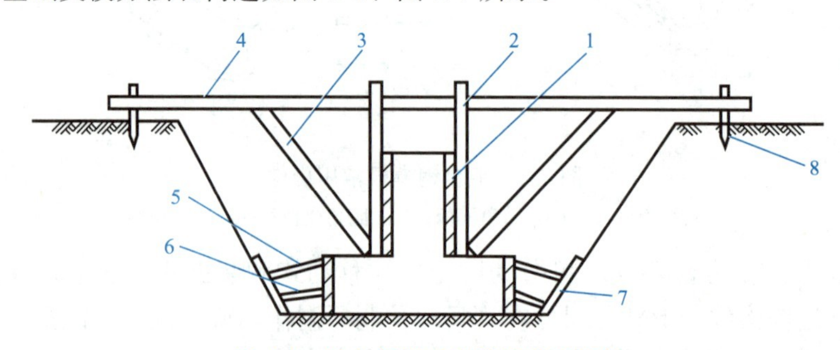

图 4-4　组合条形基础模板常用构件

1—上阶侧板；2—上阶吊木；3—上阶斜撑；

4—轿杠；5—下阶斜撑；6—水平撑；7—垫木；8—木桩

4-2 柱模版安装动画

（2）柱模板

柱子的特点是断面尺寸不大，但比较高。因此，柱模板的构造和安装主要考虑保证垂直度及抵抗新浇混凝土的侧压力，与此同时也要便于浇筑混凝土、清理垃圾与钢筋绑扎等。图 4-6 为柱模板，由内、外拼板和柱箍组成。柱模板顶部开有与梁模板连接的梁缺口，底部开有清理孔。高度超过 3m 时，应沿高度方向每隔 2m 左右开设混凝土浇筑孔，以防混凝土产生分层离析。安装时应校正其相邻两个侧面的垂直度，检查无误后即用斜撑支牢固定。

（3）梁模板

梁的特点是跨度较大而宽度不大。梁模板主要由底模、侧模、夹木及其支架系统组

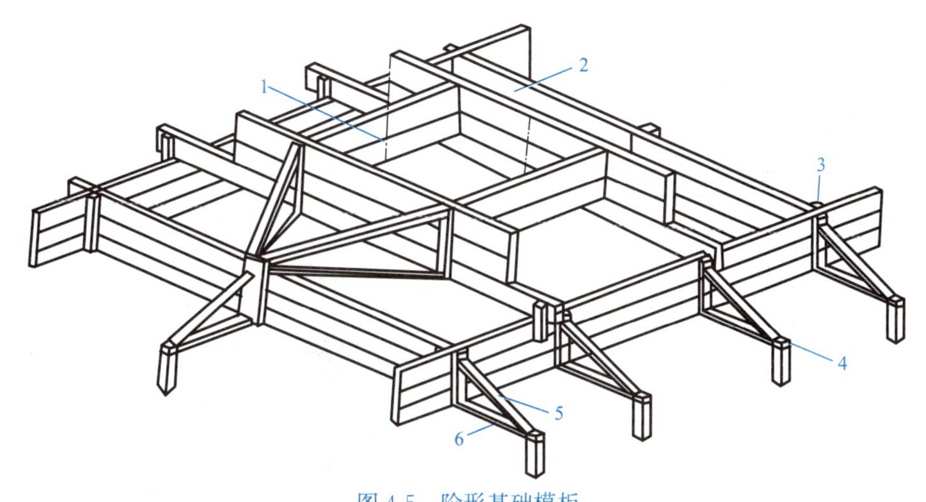

图 4-5 阶形基础模板

1—中线；2—侧板；3—木挡；4—木桩；5—斜撑；6—平撑

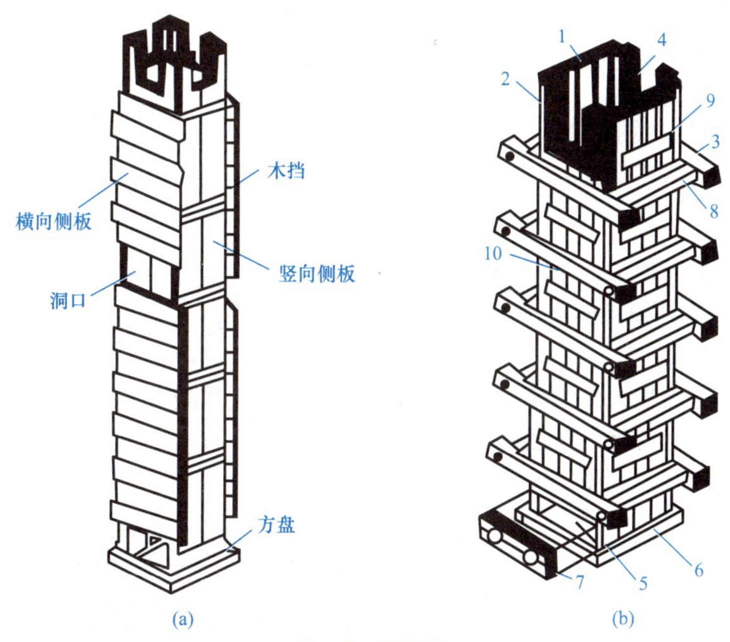

图 4-6 柱模板

(a) 矩形柱模板；(b) 方形柱模板

1—内拼板；2—外拼板；3—柱箍；4—梁缺口；5—清理孔；6—木框；

7— 盖板；8—拉紧螺栓；9—拼条；10—三角木条

成，如图 4-7 所示。为承受垂直荷载，在梁底模板下每隔一定间距（800～1200mm）用顶撑顶住。为使顶撑传下来的集中荷载均匀地传给地面，在顶撑底加铺垫板。多层建筑施工中，应使上、下层的顶撑在同一条竖向直线上。侧模板用长板条加拼条制成，以承受混凝土的侧压力，底部用夹木固定，上部由斜撑和水平拉条固定。

单梁的侧模板一般拆除得较早，因此侧模板包在底模板的外面。柱的模板与梁的侧模板一样，较早拆除，梁的模板也不应伸到柱模板的开口内，如图 4-8 所示，同样次梁模板也不应伸到主梁侧板的开口内。

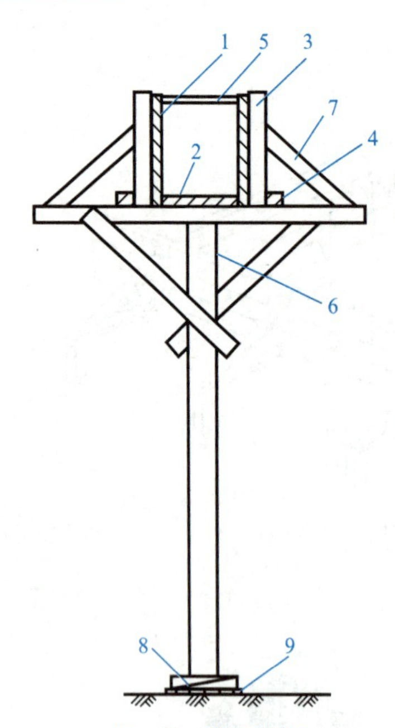

图 4-7　单梁模板

1—侧模板；2—底模板；3—侧模拼条；4—夹木；
5—水平拉条；6—顶撑；7—斜撑；8—木楔；
9—木垫板

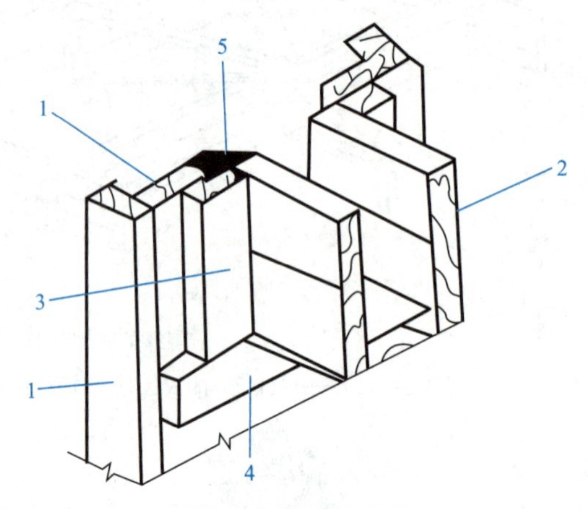

图 4-8　梁模板连接

1—柱模板；2—梁侧板；
3、4—衬口挡；5—斜口小木条

梁跨度等于或大于 4m 时，模板应起拱，如设计无要求时，钢模板的起拱高度为全跨长度的 1‰～2‰，木模板的起拱高度为全跨长度的 2‰～3‰。

（4）楼板模板

楼板的特点是面积大而厚度不大，侧压力较小。楼板模板及支撑系统主要是承受混凝土的垂直荷载和施工荷载，保证模板不变形下垂。楼板模板由底模和横楞组成，横楞下方由支柱承担上部荷载，如图 4-9 所示。

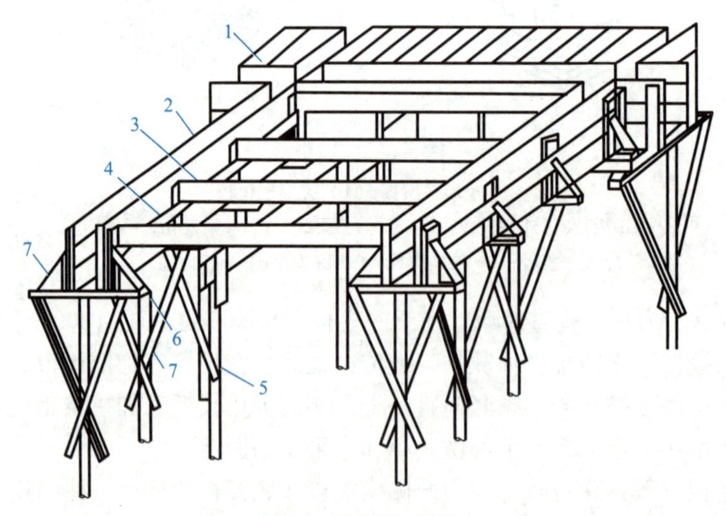

图 4-9　有梁楼板模板

1—楼板模板；2—梁侧模板；3—搁栅；4—横挡支撑；5—支撑；6—夹条；7—斜撑

（5）墙体模板

墙体具有高度大而厚度小的特点，其模板主要承受混凝土的侧压力，因此必须加强面板刚度并设置足够的支撑，以确保模板不变形和不发生位移，如图 4-10 所示。

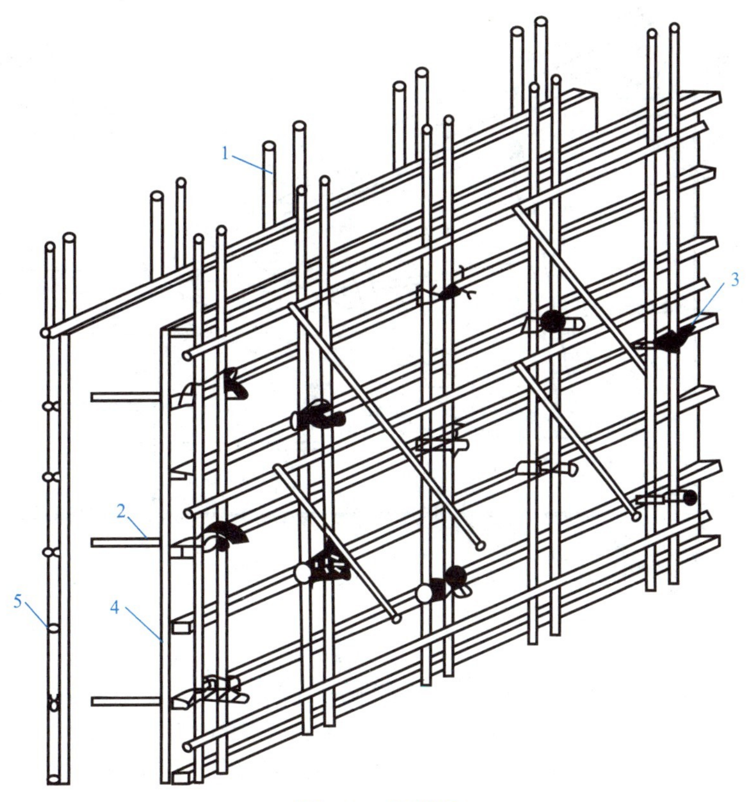

图 4-10 墙模板

1—钢管围檩；2—螺栓拉杆；3—定位配件；4—墙模板；5—木搁栅

（6）楼梯模板

图 4-11 是一种楼梯模板，它由平台梁、平台板、梯段板的模板组成。梯段板的模板由底模板、踏步侧板、边板、横挡板和反三角板等组成，在斜楞上面铺钉楼梯底模。

在浇筑混凝土前，应对模板工程进行验收。现浇结构模板安装的允许偏差及检验方法见表 4-1。

2. 定型组合钢模板

定型组合钢模板是一种工具式定型模板，钢模板通过各种连接件和支承件可组合成多种尺寸和几何形状，以适应各种类型建筑物梁、柱、板、墙、基础等施工的需要。

（1）定型组合钢模板的组成

定型组合钢模板由模板、连接件和支承件组成。

模板包括平面模板（P）、阴角模板（E）、阳角模板（Y）、连接角模板（J）等，如图 4-12 所示。钢模板的规格见表 4-2。

定型组合钢模板的连接件包括 U 形卡、L 形插销、钩头螺栓、紧固螺栓、对拉螺栓和扣件等，如图 4-12 所示。连接件应符合配套使用、装拆方便、操作安全的要求。定型组合钢模板的支承件包括钢楞、柱箍、钢支柱、早拆柱头、斜撑、组合支架、扣件式钢管支架、门式支架、碗扣式支架、方塔式支架、梁卡具、圈梁卡和桁架等。

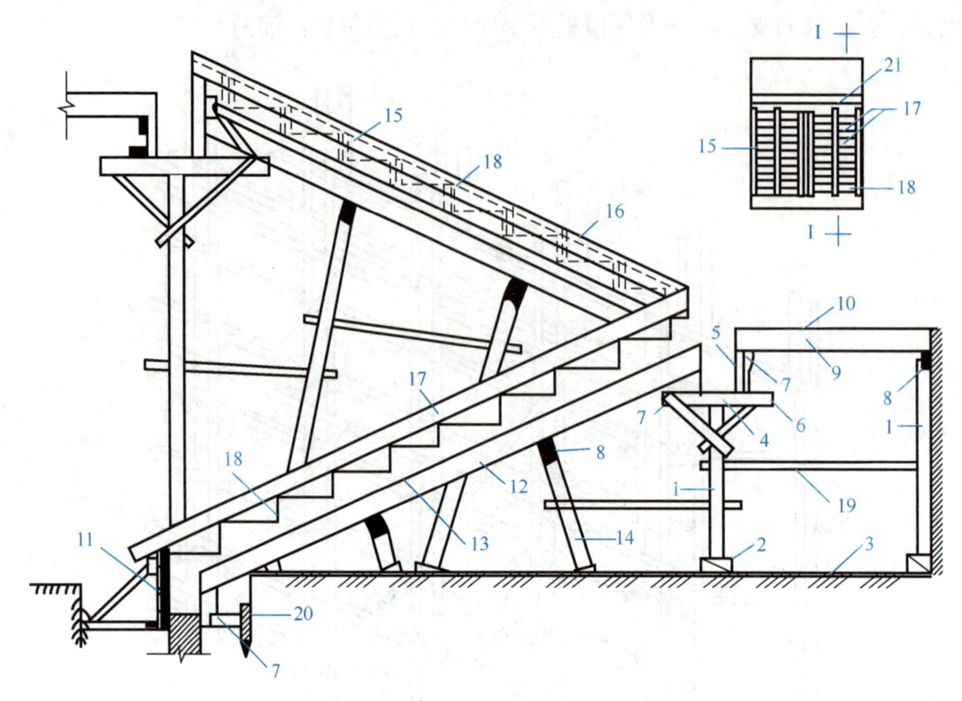

图 4-11　楼梯模板

1—支柱；2—木楔；3—垫板；4—平台梁底板；5—梁侧板；6—夹板；7—托木；8—杠木；9—木楞；10—平台底板；11—梯基侧板；12—斜木楞；13—楼梯底板；14—斜向顶撑；15—边板；16—横挡板；17—反三角板；18—踏步侧板；19—拉杆；20—木桩；21—平台梁模

现浇结构模板安装的允许偏差及检验方法　　表 4-1

项　　目		允许偏差（mm）	检验方法
轴线位置		5	尺量
底模上表面标高		±5	水准仪或拉线、尺量
模板内部尺寸	基础	±10	尺量
	柱、墙、梁	±5	尺量
	楼梯相邻踏步高差	5	尺量
柱、墙垂直度	层高≤6m	8	经纬仪或吊线、尺量
	层高>6m	10	经纬仪或吊线、尺量
相邻模板表面高差		2	尺量
表面平整度		5	2m 靠尺和塞尺量测

注：检查轴线位置，当有纵横两个方向时，沿纵、横两个方向量测，并取其中偏差的较大值。

（2）钢模板的配板设计

由于同一构件的模板可以有不同的配板方案，所以配板设计时要从中找出最佳配板方案，方案的优劣直接影响工程速度、质量和成本。配板原则如下：尽量采用大规格模板，减少木模嵌补量；合理排列，以提高模板的整体性；模板的长边宜与结构的长边平行布置，以采用错缝拼接为宜（图 4-13b），也可采用齐缝拼接（图 4-13a），但应使每块钢模

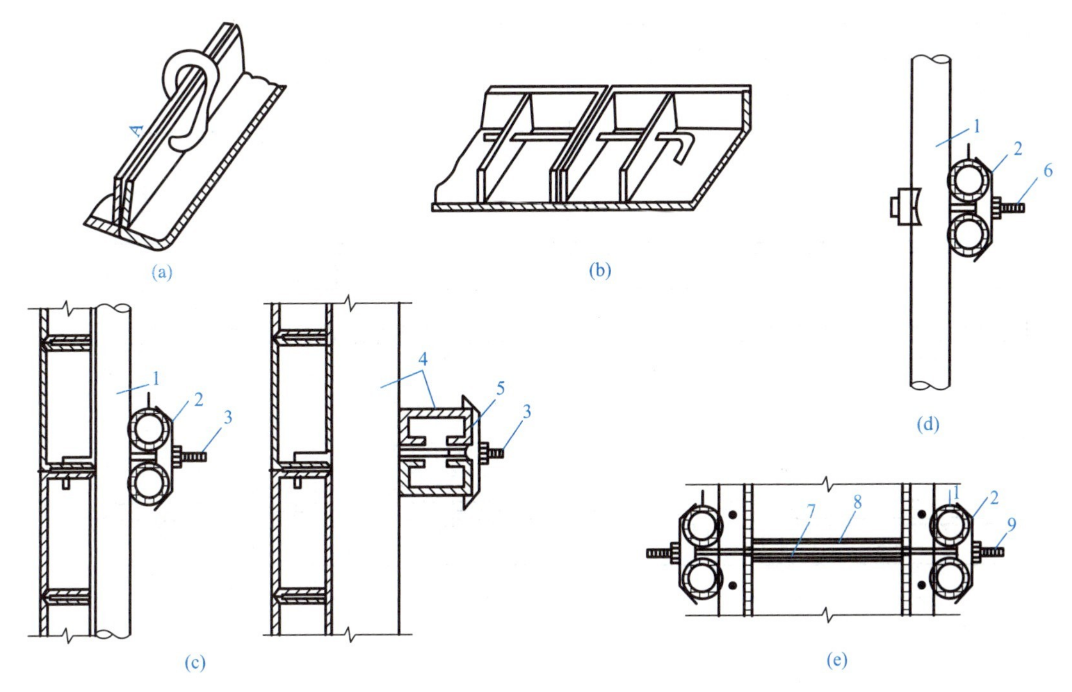

图 4-12　钢模板连接件

(a) U 形卡连接；(b) L 形插销连接；(c) 钩头螺栓连接；(d) 紧固螺栓连接；(e) 对拉螺栓连接
1—钢管；2—3 形扣件；3—钩头螺栓；4—槽钢；5—蝶形扣件；
6—紧固螺栓；7—对拉螺栓；8—塑料套管；9—螺帽

钢模板的规格（mm）　　表 4-2

名称	宽度	长度	肋高
平面模板	600、550、500、450、400、350、300、250、200、150、100	1800、1500、1200、900、750、600、450	55
阴角模板	150×150、100×150		
阳角模板	100×100、50×50		
连接角模	50×50		

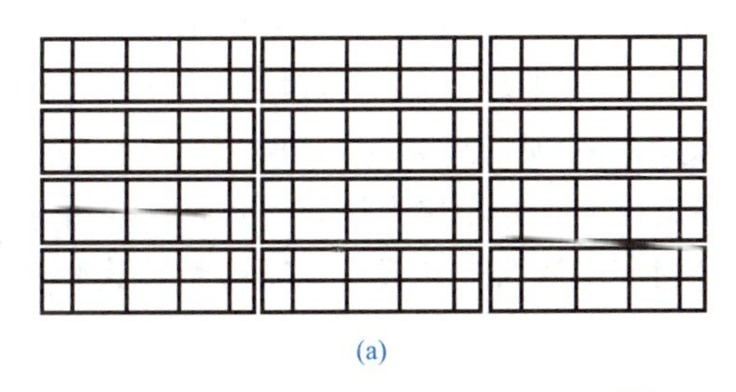

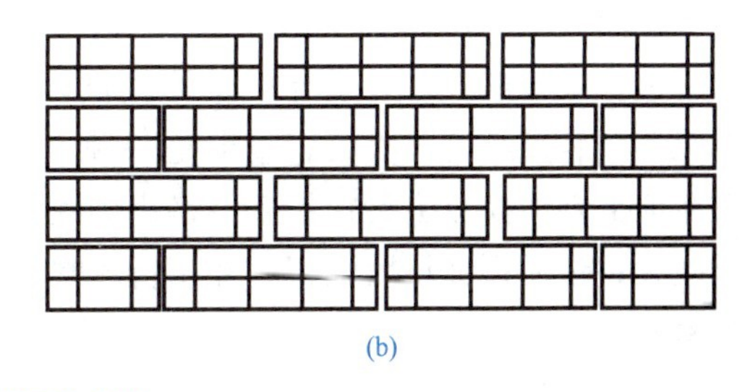

图 4-13　钢模板的拼接

(a) 齐缝拼接；(b) 错缝拼接

板下最少有两道钢楞支承，以免在齐缝处出现弯折。使用 U 形卡或 L 形插销，要保证连接孔对齐。两侧模板对拉螺栓的孔洞要保证对正。配板方案选定之后，应绘制模板配板图，图 4-14 为某梁配板图。

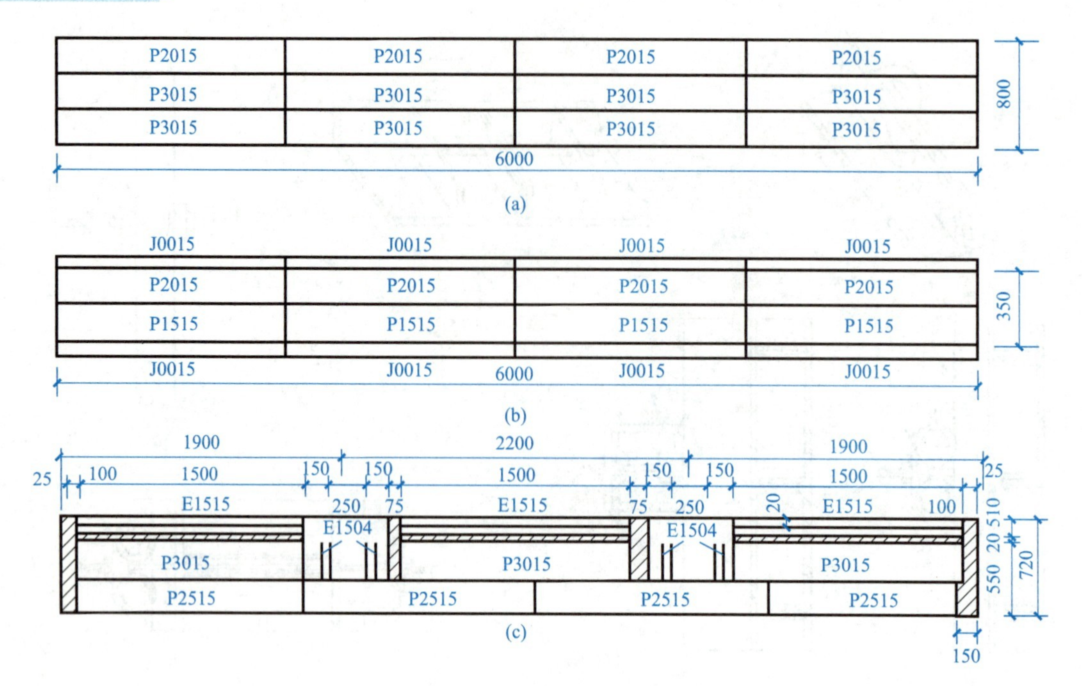

图 4-14　某梁配板图

（a）外侧模板；（b）底模板；（c）内侧模板

3. 胶合板模板

胶合板模板有木胶合板和竹胶合板，还有钢框或铝框胶合板。木胶合板的特点是重量轻、面积大、加工容易、周转次数多、模板强度高、刚度好、表面平整度高，在板面涂覆热压一层酚醛树脂或其他耐磨防水材料后可以提高其使用寿命和表面平整度。由于我国木材资源贫乏而竹材资源丰富，木胶合模板正在被竹胶合板代替。竹胶合板在强度、刚度、硬度和耐冲击性能方面比木材好，价格也比较低廉，且受潮后不变形，模板拼缝严密，加工方便，可锯刨、打钉，适应性强，应用日益广泛。

（1）梁板组装式胶合板模板

梁板组装式胶合板模板是目前模板工程中常用的一种形式。它是由胶合板与大梁、小梁组合而构成的，如图 4-15 所示。小梁构件排列间距一般为 300mm，可采用木工字梁和铝木组合梁等形式；大梁与小梁垂直布置，其间距一般为 1.0m，多用双槽钢形式，也可用铝合金轻型组合式大梁。梁卡是一种连接固定配件。在现场组装时，根据组装设计图，先在地上划线摆放大梁；然后再将小梁依次摆放在大梁上，并用梁卡固定，形成一个井字形框架；最后再铺设胶合板，并用自攻螺钉或铁钉固定，从而安装成一组梁板组装式胶合板模板。

（2）钢框胶合板模板

钢框胶合板模板是以钢材或铝材为框架、以胶合板为面板构成的组合式模板，亦称板块组合式模板。钢框架一般为矩形，框架的边框起大梁的作用，内框即横肋或竖肋则相当于小梁。面板镶嵌在框架上便形成一个板块式模板单元，它可以在工厂铆焊定型，到施工现场只需将各单元按设计要求进行组合成型。

根据模板单元面积和重量的大小，可将其分为轻型板块组合式模板和重型板块组合式模板两种，如图 4-16 所示。

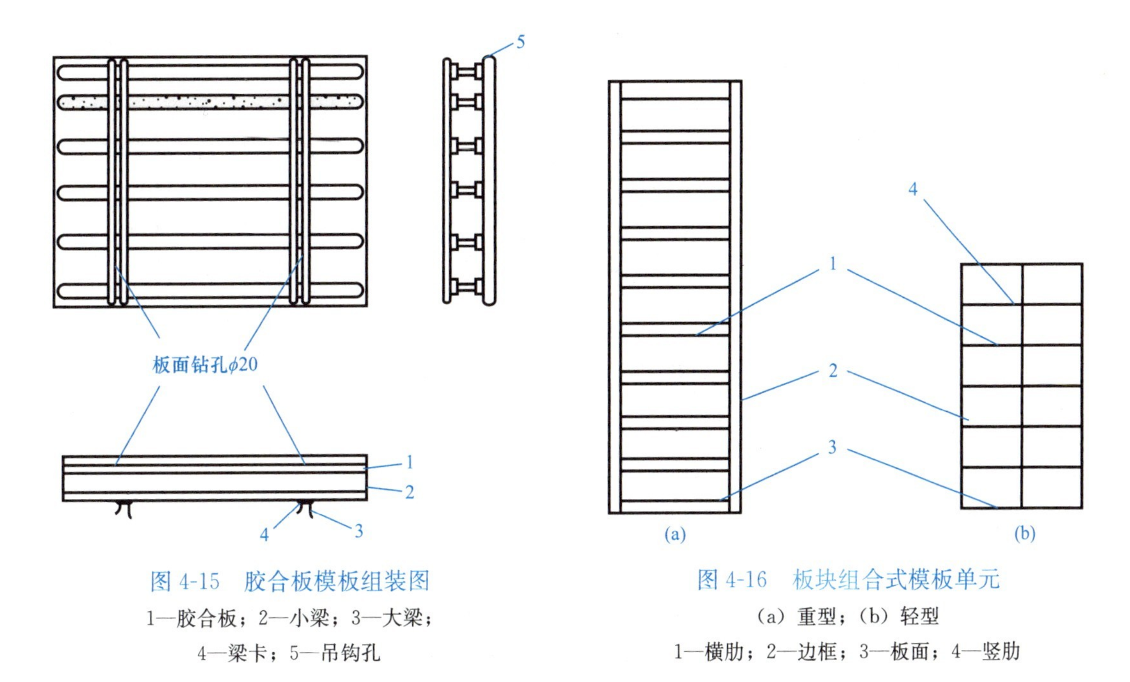

图 4-15 胶合板模板组装图

1—胶合板；2—小梁；3—大梁；4—梁卡；5—吊钩孔

图 4-16 板块组合式模板单元

(a) 重型；(b) 轻型

1—横肋；2—边框；3—板面；4—竖肋

(3) 胶合板模板支撑构件

胶合板模板常用的支撑构件有套管式、扣接式和门架式三种，并可与脚手架、木模板、组合钢模板的支撑通用。

4.1.4 模板的拆除

模板的拆除日期取决于混凝土的强度、模板的用途、结构的性质及混凝土硬化时的气温。及时拆模可提高模板的周转率，也可为其他工作创造条件。但过早拆模，混凝土会因强度不足以承担本身自重，或受到外力作用而变形甚至断裂，造成重大的质量事故。

1. 拆除日期

(1) 非承重的侧模板拆除日期，应在混凝土强度能保证其表面及棱角不因拆除模板而受损坏时，方可拆除。一般当混凝土强度达到 2.5MPa 后，即可拆除。

(2) 承重模板的拆除日期，在混凝土强度达到表 4-3 规定的强度后方能拆除。拆模时间参考表 4-4。

底模拆除时的混凝土强度要求 表 4-3

构件类型	构件跨度（m）	按设计的混凝土强度标准值的百分率（%）
板	≤2	≥50
	>2，≤8	≥75
	>8	≥100
梁、拱、壳	≤8	≥75
	>8	≥100
悬臂构件	—	≥100

对后张法预应力混凝土结构构件，侧模宜在预应力张拉前拆除；底模支架的拆除应按

施工技术方案执行，当无具体要求时，不应在结构构件建立预应力前拆除。

拆除底模板的时间参考表（d） 表 4-4

水泥的强度等级及品种	混凝土达到设计强度标准值的百分率（%）	硬化时昼夜平均温度					
		5℃	10℃	15℃	20℃	25℃	30℃
42.5级普通水泥	50	10	7	6	5	4	3
	75	20	14	11	8	7	6
	100	50	40	30	28	20	18
32.5级矿渣或火山灰质水泥	50	18	12	10	8	7	6
	75	32	25	17	14	12	10
	100	60	50	40	28	24	20
42.5级矿渣或火山灰质水泥	50	16	11	9	8	7	6
	75	30	20	15	13	12	10
	100	60	50	40	28	21	20

2. 拆除顺序

一般是先支的后拆，后支的先拆，先拆除非承重部分，后拆除承重部分。重大复杂模板的拆除，事先应制定拆模方案。对于框架结构模板的拆除顺序，首先是柱模板，然后是楼板底模板、梁侧模板，最后是梁底模板。

多层楼板模板支架的拆除，应按下列要求进行：上层楼板正在浇筑混凝土时，下一层楼板的模板支架不得拆除，再下一层楼板模板的支架仅可拆除一部分。跨度 4m 及 4m 以上的梁下均应保留支架，其间距不得大于 3m。

4.2 钢筋工程

在钢筋混凝土结构中钢筋起着关键性的骨架作用。它对于工程造价、工程质量、工期、劳动量的消耗影响很大，特别对工程造价的影响最大，因此，在工程中必须熟练掌握钢筋工程的基本理论，了解钢筋工程的施工工艺。

4.2.1 钢筋的分类

按钢筋的直径大小分为：钢丝（直径 3～5mm）、细钢筋（直径 6～10mm）、中粗钢筋（直径 12～20mm）和粗钢筋（直径大于 20mm）。

钢筋按生产工艺分为：热轧钢筋、余热处理钢筋、冷轧带肋钢筋、冷轧扭钢筋、冷拔螺旋钢筋、碳素钢丝、刻痕钢丝和钢绞线。

热轧钢筋按轧制的外形分为：光圆钢筋和变形钢筋（月牙纹、螺旋纹、人字纹）；按力学性能分为：HPB300、HRB400、HRBF400、HRB400E、HRBF400E、HRB500、HRBF500、HRB500E、HRBF500E、HRB600。

4.2.2 钢筋的进场验收和存放

1. 钢筋的进场检验

钢筋对混凝土结构的承载能力至关重要，对其质量应从严要求。钢筋进场时，应检查产品合格证和出厂检验报告（有时产品合格证、出厂检验报告可以合并；当用户有特别要求时，还应列出某些专门的检验数据），并按有关标准的规定进行抽样检验，进场抽样检验的结果是钢筋材料能否在工程中应用的判断依据。

钢筋进场时和使用前均应加强外观质量的检查。弯曲不直或经弯折损伤、有裂纹的钢筋不得使用；表面有油污、颗粒状或片状老锈的钢筋亦不得使用，以防止影响钢筋的握裹力或锚固性能。

钢筋、成型钢筋进场检验，当满足下列条件之一时，其检验批容量可扩大一倍：

（1）获得认证的钢筋、成型钢筋；

（2）同一厂家、同一牌号、同一规格的钢筋，连续三批均一次检验合格；

（3）同一厂家、同一类型、同一钢筋来源（指成型钢筋加工所用钢筋为同一企业生产）的成型钢筋，连续三批均一次检验合格。

需要注意的是，当钢筋、成型钢筋满足上述条件时，检验批容量只扩大一次。当扩大检验批后的检验出现一次不合格情况时，应按扩大前的检验批容量重新验收，并不得再次扩大检验批容量。

当发现钢筋脆断、焊接性能不良或力学性能显著不正常等现象时，应对该批钢筋进行化学成分检验或其他专项检验。

（1）原材钢筋

钢筋进场时，应按国家现行相关标准的规定抽取试件做屈服强度、抗拉强度、伸长率、弯曲性能和重量偏差检验，检验结果应符合相应标准的规定。

钢筋应按批进行检查和验收，每批由同一牌号、同一炉罐号、同一规格的钢筋组成。每批重量通常不大于 60t。超过 60t 的部分，每增加 40t（或不足 40t 的余数），增加一个拉伸试验试样和一个弯曲试验试样。

对于每批钢筋的检验数量，应按相关产品标准执行。热轧钢筋每批抽取 5 个试件，先进行重量偏差检验，再取其中 2 个试件进行拉伸试验检验屈服强度、抗拉强度、伸长率，另取其中 2 个试件进行弯曲性能检验。对于钢筋伸长率，牌号带“E”的钢筋必须检验最大力下总伸长率。

在拉伸试验的试件中，若有一根试件的屈服强度、抗拉强度和伸长率三个指标中有一个达不到标准中的规定值，或冷弯试验中有一根试件不符合标准要求，则在同一批钢筋中再抽取双倍数量的试件进行该不合格项目的复验，复验结果中只要有一个指标不合格，则该批钢筋即为不合格品。

（2）成型钢筋

成型钢筋（包括箍筋、纵筋、焊接网、钢筋笼等）进场时，应抽取试件做屈服强度、抗拉强度、伸长率和重量偏差检验，检验结果应符合国家现行有关标准的规定。

对由热轧钢筋组成的成型钢筋，当有施工单位或监理单位的代表驻厂监督加工过程，并能提交该批成型钢筋原材钢筋第三方检验报告时，可只进行重量偏差检验。此时成型钢筋进场的质量证明文件主要为产品合格证、产品标准要求的出厂检验报告和成型钢筋所用原材钢筋的第三方检验报告。对由热轧钢筋组成的成型钢筋不满足上述条件时，及由冷加工钢筋组成的成型钢筋，进场时应按规定做屈服强度、抗拉强度、伸长率和重量偏差检验。此时成型钢筋的质量证明文件主要为产品合格证、产品标准要求的出厂检验报告；对成型钢筋所用原材钢筋，生产企业可参照现行规范的规定自行检验，其检验报告在成型钢筋进场时可不提供，但应在生产企业存档保留，以便需要时查阅。

检查数量：同一厂家、同一类型、同一钢筋来源的成型钢筋，不超过30t为一批，每批中每种钢筋牌号、规格均应至少抽取1个钢筋试件，总数不应少于3个。

2. 钢筋的存放

当钢筋运进施工现场后，必须严格按批分等级、牌号、直径、长度挂牌分别存放，并注明数量，不得混淆。钢筋应尽量堆入仓库或料棚内。条件不具备时，应选择地势较高、土质坚实、较为平坦的露天场地存放。在仓库或场地周围挖排水沟，以利泄水。堆放时钢筋下面要加垫木，离地不宜小于200mm，以防钢筋锈蚀和污染。钢筋成品要分工程名称和构件名称，按号码顺序存放。同一项工程与同一构件的钢筋要存放在一起，按号挂牌排列，牌上注明构件名称、部位、钢筋类型、尺寸、钢号、直径、根数，不能将几项工程的钢筋混放在一起。同时，不要和产生有害气体的车间靠近，以免污染和腐蚀钢筋。

4.2.3 钢筋的连接

钢筋接头连接方法有：绑扎连接、焊接连接和机械连接。绑扎连接浪费钢筋，且连接不可靠，故宜限制使用。焊接连接的方法较多、成本较低、质量可靠、宜优先选用。机械连接设备简单、节约能源、不受气候影响可全天候施工、连接可靠、技术易于掌握、适用范围广，尤其适用于焊接有困难的现场，但费用较高。

1. 绑扎连接

4-3 钢筋安装检验批质量验收标准

钢筋搭接处，应在中心及两端用20～22号铁丝扎牢。《混凝土结构工程施工质量验收规范》GB 50204—2015规定，位于同一连接区段内的受拉钢筋搭接接头面积百分率应符合设计要求；当设计无具体要求时，应符合下列规定：

(1) 对梁、板类及墙类构件，不宜大于25%。

(2) 对柱类构件，不宜大于50%。

(3) 当工程中确有必要增大时，对于梁类构件也不应大于50%。纵向受压钢筋搭接接头面积百分率，不宜大于50%。

纵向受拉钢筋绑扎搭接的搭接长度按下式计算，且在任何情况下不应小于300mm：

$$l_l = \zeta l_a \tag{4-1}$$

式中 l_l——纵向受拉钢筋的搭接长度；

l_a——纵向受拉钢筋的基本锚固长度；

ζ——纵向受拉钢筋搭接长度修正系数，按表4-5采用。

纵向受拉钢筋搭接长度修正系数 ζ 　表4-5

纵向钢筋搭接接头面积百分率（%）	≤25	50	100
ζ	1.2	1.4	1.6

钢筋搭接位置应设置在受力较小处，且同一根钢筋上宜少设置连接。同一构件中相邻纵向受力钢筋搭接位置宜相互错开。两搭接接头的中心距应大于$1.3l_l$，否则，则认为两搭接接头属于同一搭接范围，如图4-17所示。

对于纵向受压钢筋，其搭接长度不应小于$0.7l_l$，且在任何情况下不应小于200mm。

由于搭接接头仅靠黏结力传递钢筋内力，可靠性较差，因此在以下情况下不得采用绑扎搭接接头：

(1) 轴心受拉及小偏心受拉杆件（如桁架和拱的拉杆）。

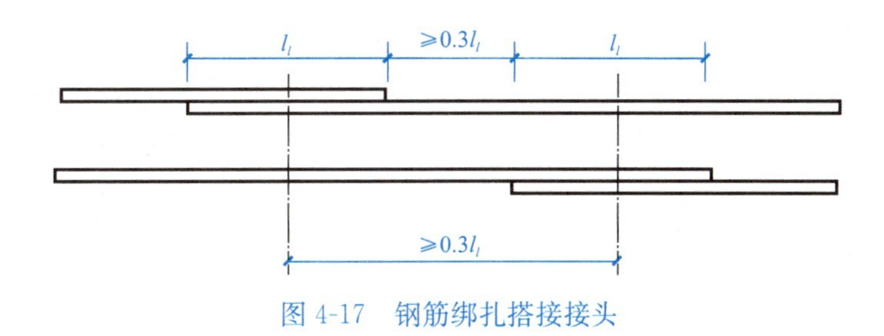

图 4-17 钢筋绑扎搭接接头

(2) 受拉钢筋直径大于 28mm 及受压钢筋直径大于 32mm。

(3) 需要进行疲劳验算构件中的受拉钢筋。

在梁、柱类构件的纵向受力钢筋搭接长度范围内，应按设计要求配置箍筋。当设计无具体要求时，应符合下列规定：

(1) 箍筋直径不应小于搭接钢筋较大直径的 0.25 倍。

(2) 当钢筋受拉时，箍筋间距不应大于搭接钢筋较小直径的 5 倍，且不应大于 100mm。

(3) 当钢筋受压时，箍筋间距不应大于搭接钢筋较小直径的 10 倍，且不应大于 200mm。

(4) 当受压钢筋直径 $d>25$mm 时，尚应在搭接接头两个端面外 100mm 范围内各设置两道箍筋，其间距宜为 50mm。

2. 焊接连接

采用焊接代替绑扎可改善结构受力性能、提高工效、节约钢筋、降低成本。钢筋常用的焊接方法有闪光对焊、电弧焊、电渣压力焊、电阻点焊、埋弧压力焊以及气压焊等。

受力钢筋采用焊接接头时，设置在同一构件内的焊接接头应相互错开。在任一焊接接头中心至中心长度为钢筋直径 d 的 35 倍，且不小于 500mm 的区段，同一根钢筋不得有两个接头；在该区段内有接头的受力钢筋的接头面积百分率应符合设计要求；当设计无具体要求时，应符合下列规定：①受拉区不宜超过 50%，受压区和装配式构件连接处不限制；②预应力筋受拉区不宜超过 25%，当有可靠的保证措施时，可放宽到 50%；受压区和后张法的螺丝端杆不限制。

(1) 闪光对焊

钢筋闪光对焊的原理如图 4-18 所示，是利用对焊机使两段钢筋接触，通过低压的强电流，待钢筋被加热到一定温度变软后，进行轴向加压顶锻，形成对焊接头。

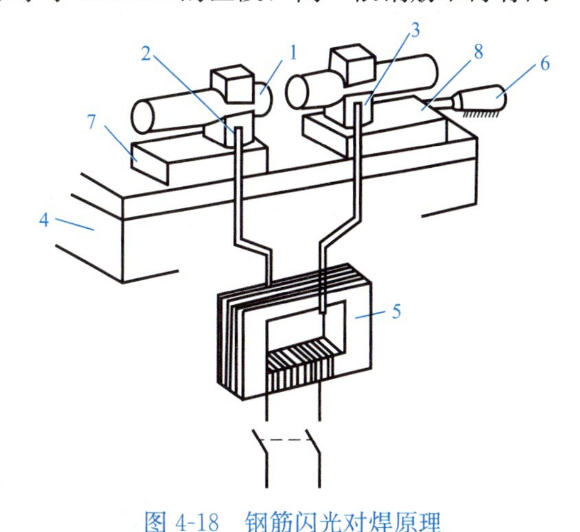

图 4-18 钢筋闪光对焊原理

1—焊接的钢筋；2—固定电极；3—可动电极；4—基座；5—变压器；6—平动顶压机构；7—固定支座；8—滑动机构

闪光对焊广泛用于钢筋接长以及预应力钢筋与螺丝端杆的焊接。热轧钢筋的接长宜优先用闪光对焊，不可能时才用电弧焊。

闪光对焊按工艺可分为：连续闪光焊、预热闪光焊、闪光—预热—闪光焊三种。连续闪光焊一般用于焊接直径 22mm 以内的 HPB300、HRB400 或 RRB400 级钢筋及直径在 16mm 以内的 HRB500 级钢筋。对 HRB500 级钢筋在焊接后应进行通电热处理，以改善对焊接头的塑性；预热闪光焊一般用于焊接直径 25mm 以上的粗钢筋。

对焊接头的质量检验包括外观检查和机械性能检验。外观检查取样数量每批抽查 10%的接头，并不少于 10 个；机械性能检验应按钢筋品种和直径分批进行，每 300 个接头为一批，每批切取 6 个试件，其中 3 个做拉力试验，3 个做冷弯试验。试验结果应符合热轧钢筋的机械性能指标或符合冷拉钢筋的机械性能指标。做破坏性试验时亦不应在焊缝处或热影响区内断裂。

(2) 电弧焊

电弧焊是利用弧焊机使焊条与焊件之间产生高温电弧，使焊条和电弧燃烧范围内的焊件熔化，待其凝固后便形成焊缝或接头。电弧焊广泛用于钢筋接头、钢筋骨架焊接、装配式结构接头的焊接、钢筋与钢板的焊接及各种钢结构焊接。

钢筋电弧焊的接头形式有：搭接焊（单面焊缝或双面焊缝）接头、帮条焊接头（单面焊缝或双面焊缝）、坡口焊接头（平焊或立焊）、熔槽帮条焊接头等，如图 4-19 所示。

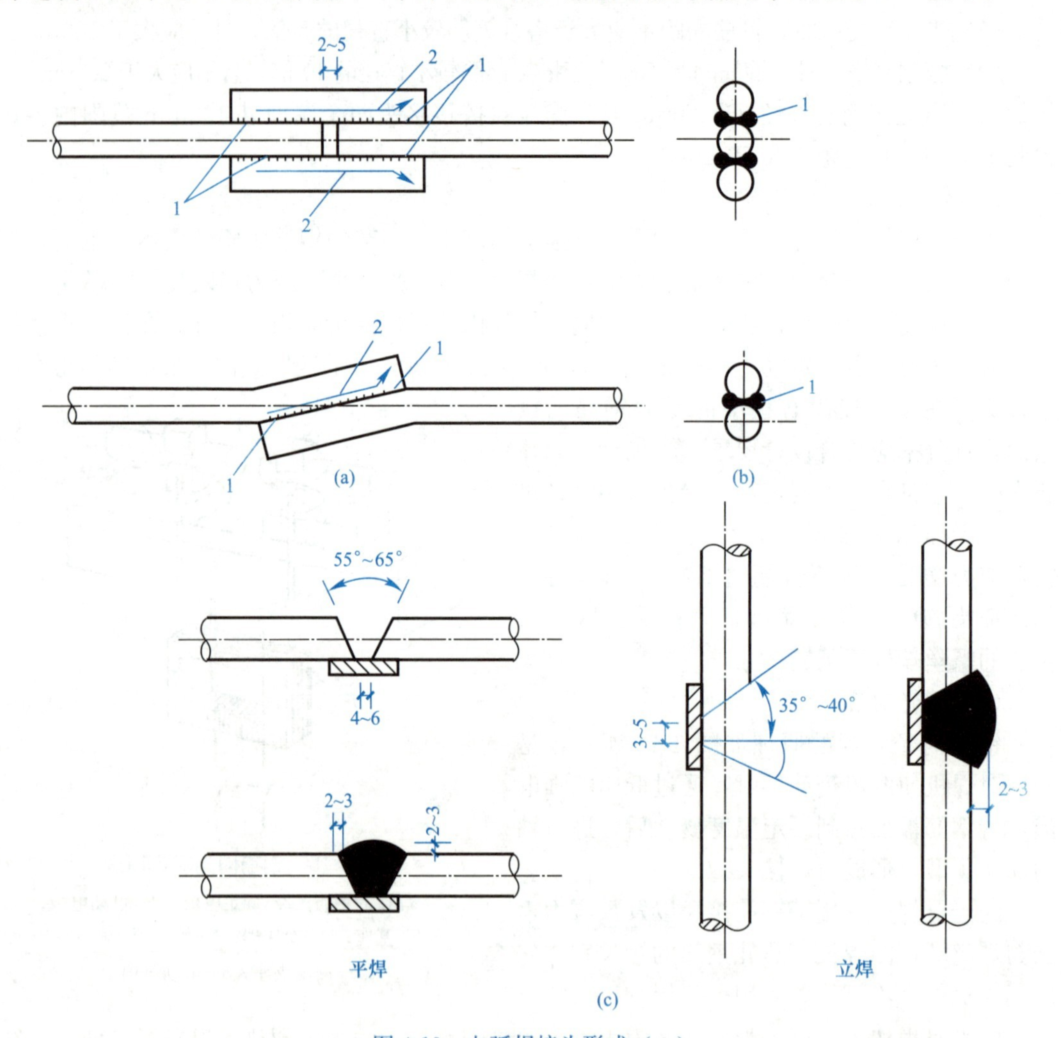

图 4-19 电弧焊接头形式（一）

(a) 搭接焊；(b) 帮条焊；(c) 坡口焊

1—定位焊缝；2—弧坑拉出方位

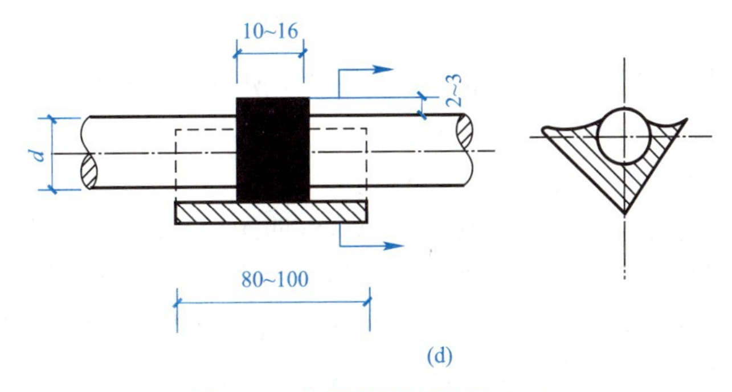

图 4-19 电弧焊接头形式（二）

(d) 熔槽帮条焊

1）搭接焊接头：适用于焊接 10～40mm 的 HPB300、HRB400 级钢筋。焊接时宜采用双面焊，不能进行双面焊时，也可采用单面焊。

2）帮条焊接头：适用于焊接 10～40mm 的 HPB300、HRB400 级钢筋。焊接时宜采用双面焊，不能进行双面焊时，也可采用单面焊。帮条宜采用与主筋同级别、同直径的钢筋。

3）坡口焊接头：有平焊和立焊两种。这种接头比以上两种接头节约钢筋，适用于在现场焊接装配整体式构件接头中直径为 18～40mm 的 HPB300、HRB400 级钢筋。

采用帮条焊或搭接焊时，焊缝的长度不应小于帮条或搭接长度，焊缝高度 $h \geqslant 0.3d$，并不得小于 4mm；焊缝宽度 $b \geqslant 0.7d$，并不得小于 10mm。电弧焊一般要求焊缝表面平整，无裂纹，无较大凹陷、焊瘤，无明显咬边、气孔、夹渣等缺陷。在现场安装条件下，每一层楼以 300 个同类型接头为一批，每一批选取三个接头进行拉伸试验。如有一个不合格，取双倍试件复验，再有一个不合格，则该批接头不合格。如对焊接质量有怀疑或发现异常情况，还可以进行非破损方式（X 射线、γ 射线、超声波探伤等）检验。

（3）电渣压力焊

电渣压力焊是利用电流通过电渣池产生的电阻热将钢筋端部熔化，然后施加压力使钢筋焊合，多用于现浇混凝土结构构件内竖向或斜向（倾斜度在 4∶1 的范围内）钢筋的接长。

钢筋电渣压力焊示意如图 4-20 所示。电渣压力焊的接头不得有裂纹和明显的烧伤；轴线偏移不得大于 $0.1d$，且不得超过 2mm；接头弯折不得超过 4°。每 300 个接头为一批，截取 3 个试件做拉伸试验，如有一个不合格，取双倍试件复验，再有一个不合格，则该批接头不合格。

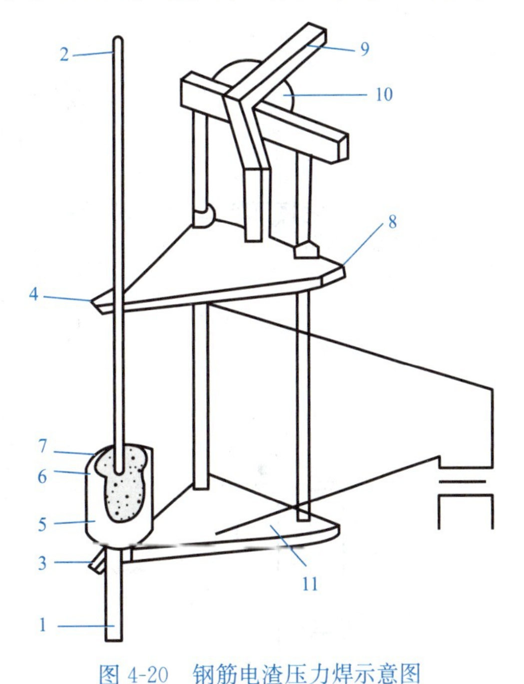

图 4-20 钢筋电渣压力焊示意图

1、2—钢筋；3—固定夹具；4—活动夹具；5—焊剂盒；6—导电剂；7—焊药；8—滑动架；9—操作手柄；10—支架；11—固定架

（4）电阻点焊

电阻点焊的工作原理是：将钢筋的交叉点放在点焊机的两个电极间，电极通过钢筋闭合电路通电，点接触处电阻较大，在接触的瞬间，全部电流都集中在一点上，因而使金属受热熔化，同时在电极加压下使焊点金属得到焊合。

电阻点焊主要用于钢筋的交叉连接，如焊接钢筋网片、钢筋骨架等。采用点焊代替绑扎，可提高工效，节约劳动力，成品刚性好，便于运输，并可节约钢材。

常用的电焊机有单点点焊机和钢筋焊接网成型机。单点电焊机用于较粗钢筋的焊接，钢筋焊接网成型机用作焊接钢筋网片。此外，现场还可采用手提式点焊机。

焊点应进行外观检查和强度试验。热轧钢筋的焊点应进行抗剪强度试验。冷加工钢筋除进行抗剪试验外，还应进行拉伸试验。外观检查取样数量应按同一类型制品分批抽检（每 200 件为一批）。一般制品每批抽查 5%；梁、柱、桁架等重要制品每批抽查 10%，均不得少于 3 件。强度检验时，试件应从每批成品中切取。

（5）气压焊

钢筋气压焊是用氧—乙炔火焰使焊接接头加热至塑性状态，加压形成接头。这种方法具有设备简单、工效高、成本低等优点，适用于 HPB300、HRB400 级热轧钢筋、直径相差不大于 7mm 的不同直径钢筋及各种位置钢筋的现场焊接。

钢筋气压焊设备由氧气瓶、乙炔瓶、烤枪、钢筋卡具、油缸及油泵等组成，如图 4-21 所示。

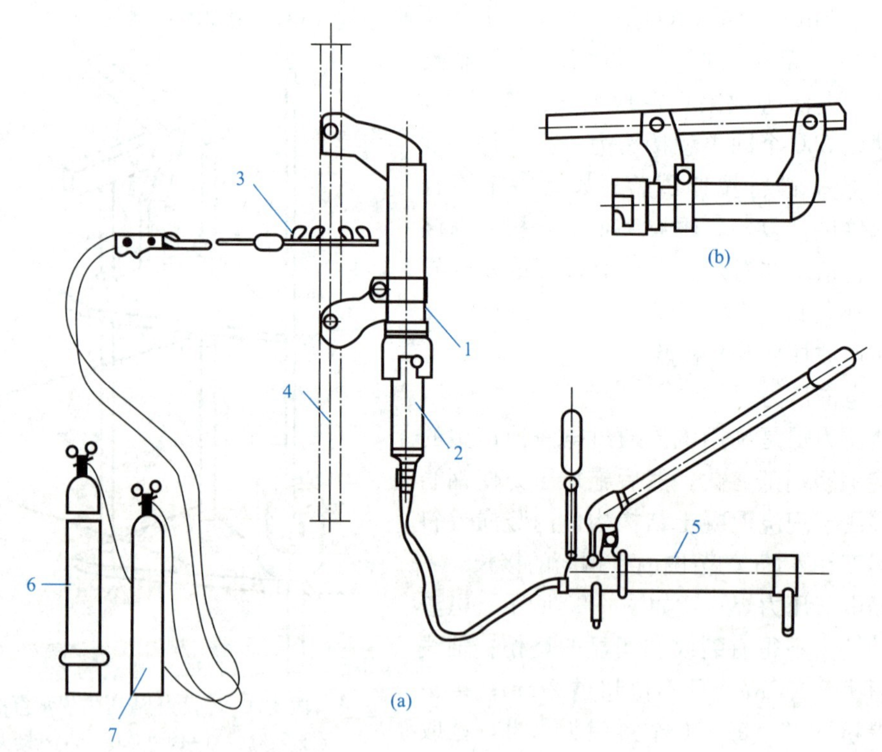

图 4-21 钢筋气压焊设备

（a）竖向焊接；（b）横向焊接

1—压接器；2—顶压油缸；3—加热器；4—钢筋；5—加压器（手动）；6—氧气瓶；7—乙炔瓶

3. 机械连接

钢筋机械连接是指通过连接件的机械咬合作用或钢筋端面的承压作用，将一根钢筋中的力传递至另一根钢筋的连接方法。钢筋机械连接包括套筒挤压连接和锥螺纹套筒连接、镦粗直螺纹套筒连接、滚压直螺纹套筒连接。其中，镦粗直螺纹套筒连接、滚压直螺纹套筒连接是近年来大直径钢筋现场连接的主要方法。

当采用机械连接时，应符合专门的技术规定。接头位置宜相互错开，凡接头中点位于连接区段的长度（35d，500mm）内均属于同一连接区段。同一连接区段内纵向受力钢筋接头面积百分率应符合设计要求；当设计无具体要求时，应符合下列规定：①受拉区不宜大于50%，受压区不受限制；②接头不宜设置在有抗震设防要求的框架梁端、柱端的箍筋加密区；当无法避开时，对等强度高质量机械连接接头，不应大于50%；③直接承受动力荷载的结构构件中的机械连接接头不应大于50%。

（1）钢筋套筒挤压连接

钢筋套筒挤压连接亦称钢筋套筒冷压连接。它是将需连接的变形钢筋插入特制钢套筒内，利用液压驱动的挤压机进行径向或轴向挤压，使钢套筒产生塑性变形，使它紧紧咬住变形钢筋实现连接，如图4-22所示。

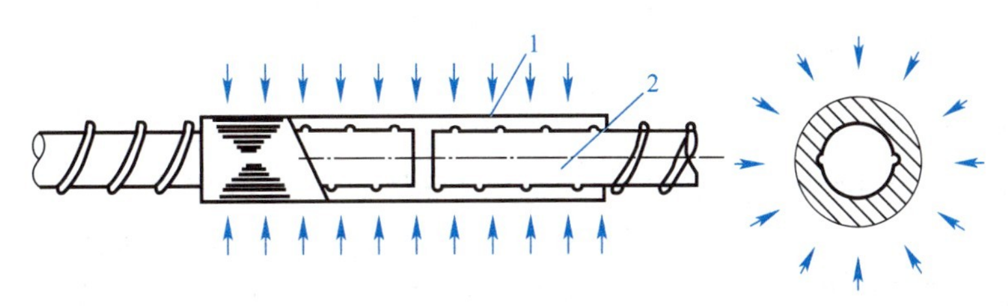

图4-22 钢筋径向挤压连接原理图

1—钢套管；2—连接钢筋

这种连接方法具有接头性能可靠、质量稳定、不受气候及焊接技术水平的影响、连接速度快、安全、无明火、节能等优点。它适用于竖向、横向及其他方向的直径16～40mm Ⅱ、Ⅲ级变形钢筋的连接，并可连接各种规格的同径和异径钢筋（直径相差不大于5mm），也可连接可焊性差的钢筋，但价格较贵。

接头的质量检验包括外观检查和机械性能检验。每500个接头为一批，外观检查取样数量每批抽查10%的接头，并不少于10个；机械性能检验每批切取3个试件。

（2）锥螺纹套筒连接

钢筋锥螺纹套筒连接是将两根待接钢筋端头用套丝机做出锥形外丝，然后用带锥形内丝的套筒将钢筋拧紧的钢筋连接方法，如图4-23所示。

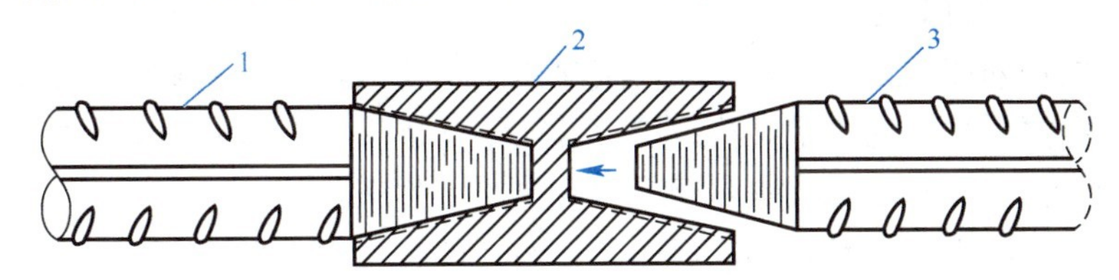

图4-23 钢筋锥螺纹套筒连接

1—已连接的钢筋；2—锥螺纹套筒；3—待连接的钢筋

这种方法具有接头质量一般、操作简单、不用电源、全天候施工、对中性好、施工速度快等优点，可连接各种钢筋，不受钢筋种类、含碳量的限制，但所连接钢筋直径之差不宜大于 9mm。其价格适中，成本低于挤压套筒连接，高于电渣压力焊和气压焊接头。

钢筋锥螺纹套筒连接的工艺：主要是套筒的加工、钢筋锥螺纹的加工及锥螺纹钢筋的连接。

（3）钢筋镦粗直螺纹套筒连接

钢筋镦粗直螺纹连接是先将钢筋端部用冷镦机镦粗，再用直螺纹套丝机切削直螺纹，然后用带直螺纹的套筒将钢筋拧紧的连接方法，如图 4-24 所示。

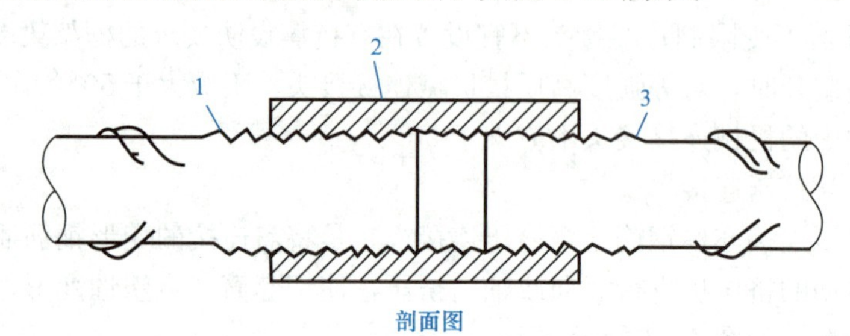

4-4 钢筋直螺纹连接

图 4-24　钢筋镦粗直螺纹套筒连接

1—已连接的钢筋；2—直螺纹套筒；3—正在拧入的钢筋

这种连接技术不仅具有钢筋锥螺纹连接的优点，成本相近，而且套筒短，一般螺纹扣数少，接头质量稳定性好，连接速度快；而且钢筋端部经冷镦后不仅直径增大，使套丝后丝扣底部横截面积不小于钢筋原截面积，而且由于冷镦后钢材强度的提高，致使接头部位有很高的强度，断裂均发生于母材，达到 SA 级接头性能的要求，即 3 个试件的抗拉强度都能发挥钢筋母材强度或大于 1.15 倍钢筋的抗拉强度标准值。

钢筋镦粗直螺纹套筒连接的工艺：主要有钢筋端部扩粗、切削直螺纹、用连接套筒对接钢筋。其施工方法与锥螺纹套筒连接大体相同。

接头的质量检验包括外观检查和机械性能检验。同一施工条件下采用同一批材料的同等级别、同规格接头，以 500 个接头为一批，外观检查取样数量每批抽查 10％的接头，并不少于 10 个；机械性能检验每批切取 3 个试件。当 3 个试件的抗拉强度都能发挥钢筋母材强度或大于 1.15 倍钢筋抗拉强度标准值时，该检查批达到 SA 级强度指标。如有一个试件的抗拉强度不符合要求，应加倍取样复验。

（4）滚压直螺纹套筒接头

滚压直螺纹钢筋接头是利用钢筋的冷作硬化原理，在滚压螺纹过程中提高钢筋材料的强度，用来补偿钢筋净截面面积减小而给钢筋强度带来的不利影响，使滚压后的钢筋接头能基本保持与钢筋母材等强。

滚压直螺纹钢筋接头目前主要分为直接滚压直螺纹钢筋接头和剥肋滚压直螺纹钢筋接头两种类型，我国最早出现的是直接滚压直螺纹钢筋接头，它是使用滚丝机直接在钢筋端部滚丝的一种工艺；剥肋滚压直螺纹钢筋接头是对上述工艺的一种改进，它是在滚压螺纹前先将钢筋的纵横肋剥去，然后再进行滚丝，两者的技术内容大同小异。

滚压直螺纹钢筋连接技术工艺简单、操作容易、设备投资少，受到用户的普遍欢迎。其主要技术特点是：

1）滚轧直螺纹钢筋接头强度高、工艺简单，最适合钢筋尺寸公差小的工况。

2）当钢筋尺寸公差或形位公差过大时，易出现缺牙、秃牙、表面光洁度差等现象，影响接头质量。

3）钢筋纵横肋过高对直接滚压不利，滚压过程中纵横肋倒伏易形成虚假螺纹，剥肋工序可明显改善滚轧螺纹外观和螺纹内在质量。

4）选择技术和质量管理水平高的单位供应或分包钢筋接头是很重要的，用不良设备、工艺制作的螺纹丝头还常带有较大锥度或椭圆度。

5）严格控制丝头直径及圆柱度是很重要的，否则，滚轧直螺纹钢筋接头易出现接头滑脱。

4.2.4 钢筋的配料与代换

1. 钢筋配料

钢筋配料是根据结构施工图，分别计算构件各根钢筋的下料长度、根数质（重）量，并编制钢筋配料单，绘出钢筋加工形状、尺寸，以作为钢筋备料、加工和结算的依据。

（1）钢筋下料长度的计算

钢筋加工所需截取的直钢筋长度称为下料长度。

4-5 钢筋接头应满足的要求

结构施工图中注明的钢筋尺寸是指加工后的钢筋外轮廓尺寸，钢筋外边缘至外边缘之间的长度，即钢筋外包尺寸。钢筋外包尺寸是由构件的外形尺寸减去混凝土保护层厚度求得。混凝土保护层厚度是指受力钢筋外边缘至混凝土构件表面的距离，其作用是保护钢筋在混凝土结构中不受锈蚀。

由于钢筋弯曲时外皮伸长而内皮缩短，只有轴线长度不变，而量得的外包尺寸总和要大于钢筋轴线长度，弯曲钢筋的外包尺寸和轴线长之间存在的差值称量度差值。量度差值在计算下料长度时必须加以扣除，否则，加工后的钢筋尺寸要大于设计要求的外包尺寸，可能无法放入模板内，造成质量问题并浪费钢材。

为了增加光圆钢筋与混凝土的锚固能力，一般在其两端做成180°的弯钩。而变形钢筋虽与混凝土黏结性能较好，但有时要求应有一定的锚固长度，钢筋末端需做成90°弯折，如柱钢筋的下部、箍筋及附加钢筋。直径较小的钢筋有时需做成135°的斜钩。钢筋外包尺寸不包括弯钩的增加长度，所以钢筋的下料长度应考虑弯钩增加长度。

由以上分析可得：

钢筋下料长度＝图示尺寸－弯曲量度差＋端部增长值

以上钢筋若需搭接，还应增加钢筋搭接长度，钢筋的搭接长度应符合规定。另外，钢筋配料时，还要考虑施工需要的附加钢筋、构造钢筋。

1）钢筋弯折处的量度差值

钢筋弯折处的量度差值与钢筋弯心直径及弯曲角度有关。

为了计算方便，钢筋弯折处的量度差值近似地取为：当弯折45°时，量度差值取$0.5d$；当弯折60°时，量度差值取$1d$；当弯折90°时，量度差值取$2d$。

2）钢筋末端弯钩增长值

钢筋弯钩有三种形式：半圆弯钩、直角弯钩和斜弯钩。半圆弯钩是最常用的一种弯钩。根据规定，HPB300级钢筋末端应做180°弯钩，其圆弧弯曲直径D不应小于钢筋直径的2.5倍，平直部分长度不宜小于钢筋直径d的3倍，每个弯钩端部增加长度近似的取为 6.25d。

3）箍筋弯钩增长值

箍筋末端的弯钩形式应符合设计要求，当设计无具体要求时，用 HPB300 级钢筋或冷拔低碳钢丝制作的箍筋，其弯钩的弯曲直径应大于受力钢筋直径，且不小于箍筋直径的 2.5 倍。弯钩平直部分的长度，对一般结构，不宜小于箍筋直径的 5 倍；对有抗震要求的结构，不应小于箍筋直径的 10 倍。

弯钩的一般形式可按图 4-25（b）、（c）加工，对有抗震要求和受扭的结构，可按图 4-25（a）加工。

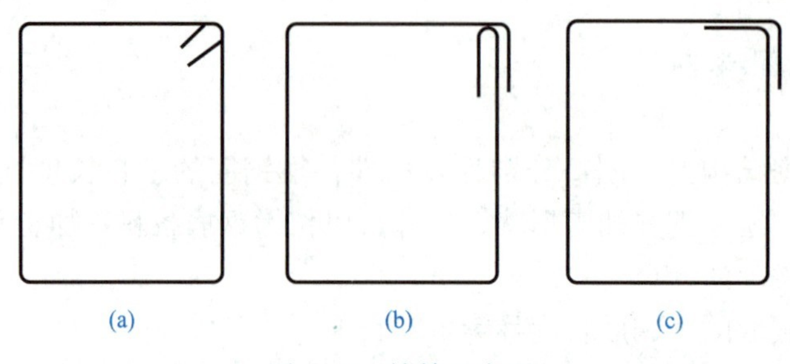

图 4-25　箍筋示意图

（a）135°/135°；（b）90°/180°；（c）90°/90°

对于一般结构，为便于计算箍筋下料长度，也可用箍筋调整值的方法计算。调整值即为弯钩增长值和弯曲调整值之差，见表 4-6，计算时将箍筋外包尺寸（外周长）或内皮尺寸（内周长）加上箍筋调整值即为箍筋下料长度。

箍筋调整值　　**表 4-6**

箍筋量度方法	箍筋直径（mm）			
	4～5	6	8	10～12
量外包尺寸	40	50	60	70
量内包尺寸	80	100	120	150～170

另外，在计算箍筋下料长度时，对于有抗震要求的结构，其弯钩端部平直段要求不小于 10d，在参照上述方法计算时，亦可采用下述简便计算方法。

这里，对于一般结构，为方便计算箍筋下料长度，结合箍筋调整值的计算方法，对于抗震与非抗震箍筋差值计算来作如下调整：

对于常用箍筋 $\phi 6$、$\phi 8$、$\phi 10$

当 $d=6$mm 时，差值 $\Delta\delta=21.136\times6-50=76.816$mm

而：$7d\times2=7\times6\times2=84$mm

当 $d=8$mm 时，差值 $\Delta\delta=21.136\times8-60=109.088$mm

而：$7d\times2=7\times8\times2=112$mm

当 $d=10$mm 时，差值 $\Delta\delta=21.136\times10-70=141.36$mm

而：$7d\times2=7\times10\times2=140$mm

所以，为方便计算，对于有抗震要求的结构，其箍筋的下料长度也可用下式计算：

$$下料长度=外包尺寸+箍筋调整值(查表 4\text{-}6)+7d\times2$$

(2) 例题分析

【例 4-1】 某建筑物共有 L-1 梁五根，梁的配筋如图 4-26 所示，作出该梁的钢筋配料单。

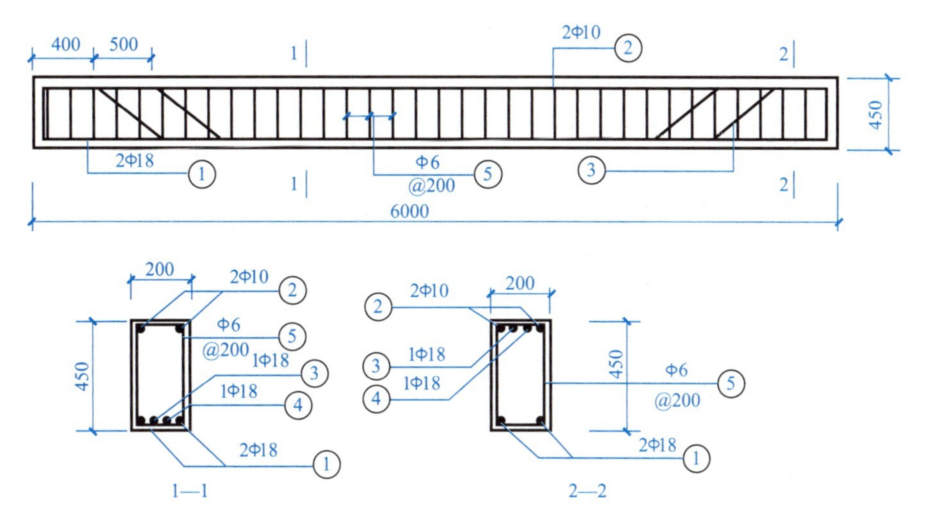

图 4-26 L-1 梁配筋图

【解】 梁两端保护层取 10mm，上下保护层厚度取 25mm。

(1) ①号钢筋 2Φ18 的受拉钢筋

钢筋下料长度＝6000－2×10＋2×6.25×18＝6205mm

(2) ②号钢筋 2Φ10 的架立钢筋

钢筋下料长度＝6000－2×10＋2×6.25×10＝6105mm

(3) ③号钢筋是 1 根Φ18 的弯起钢筋。

端部平直段长为：

400－10＝390mm

斜段长＝(梁高－2×保护层)×1.41

＝(450－2×25)×1.41

＝400×1.41＝564mm

中间直线段长为：

6000－2×10－2×390－2×400＝4400mm

下料长度＝外包尺寸＋端部弯钩－量度差值

＝2×(390＋564)＋4400＋2×6.25×18－4×0.5×18

＝1908＋4400＋225－36＝6497mm

④号钢筋是另 1 根Φ18 的弯起钢筋，计算方法同③号钢筋：

下料长度＝(890＋564)×2＋3400＋189＝6497mm

(4) ⑤号钢筋是Φ6 的箍筋，其计算方法如下：

下料长度＝(412＋162)×2＋50＝1198mm

(5) 箍筋的个数可用下式计算：

(5980÷200)＋1≈31 个箍筋

由上述计算可编制出该梁的钢筋配料单，见表 4-7。

钢筋配料单 表 4-7

构件名称	钢筋编号	图例	直径（mm）	钢筋级别	下料长度（mm）	钢筋根数	合计根数	质量（kg）
L-1 梁 共计 5 根	①	5980	18	Φ	6205	2	10	123
	②	5980	10	Φ	6105	2	10	37.5
	③	390 566 4400 566 390	18	Φ	6497	1	5	64.7
	④	890 566 3400 566 890	18	Φ	6497	1	5	64.7
	⑤	400 150	6	Φ	1198	31	165	41.3
备注	合计Φ 6=41.3kg，Φ 10=37.5kg，Φ 18=252.4kg							

（3）配料计算注意事项

在设计图纸中，钢筋配置的细节问题没有注明时，一般可按构造要求处理。

配筋计算时，要考虑钢筋的形状和尺寸在满足设计要求的前提下要有利于加工安装。

施工时，还要考虑施工需要的附加钢筋。例如，后张预应力构件预留孔道定位用的钢筋井架、基础双层钢筋网中保证上层钢筋网位置的钢筋撑脚、墙面双层钢筋网中固定钢筋间距用的钢筋撑铁等。

2. 钢筋代换

在钢筋配料中如遇施工现场钢筋品种或规格与设计要求不符，需要代换时，可参照以下原则进行钢筋代换。

（1）代换原则

1）等强度代换：不同种类的钢筋代换，按抗拉强度值相等的原则进行代换。

2）等面积代换：相同种类和级别的钢筋代换，应按面积相等的原则进行代换。

（2）代换方法

1）等强度代换方法

如设计图中所用的钢筋设计强度为 f_{y1}，钢筋总面积 A_{s1}，代换后的钢筋设计强度为 f_{y2}，钢筋总面积 A_{s2}，则应使

$$A_{s1} f_{y1} \leqslant A_{s2} f_{y2} \tag{4-2}$$

$$\because \quad n_1 \cdot \pi \cdot (d_1^2/4) \cdot f_{y1} \leqslant n_2 \cdot \pi \cdot (d_2^2/4) \cdot f_{y2}$$

$$\therefore \quad n_2 \geqslant (n_1 \cdot d_1^2 \cdot f_{y1})/(d_2^2 \cdot f_{y2}) \tag{4-3}$$

式中 n_1——原设计钢筋根数；

n_2——代换后钢筋根数；

d_1——原设计钢筋直径；

d_2——代换后钢筋直径。

2）等面积代换方法

$$A_{s1} \leqslant A_{s2} \tag{4-4}$$

$$n_2 \geqslant n_1 d_1^2 / d_2^2 \tag{4-5}$$

【**例 4-2**】某墙体设计配筋为Φ 14@200，施工现场现无此钢筋，拟用Φ 12 的钢筋代换，试计算代换后每米几根。

【**解**】因钢筋的级别相同，所以可按面积相等的原则进行代换。

代换前墙体每米设计配筋的根数：$n_1=1000/200=5$ 根

∴ $$n_2 \geqslant n_1 d_1^2/d_2^2=5\times14^2/12^2=6.8$$

故取 $n_2=7$ 根，即代换后每米 7 根Φ 12 的钢筋。

(3) 钢筋代换注意事项

钢筋代换时，应征得设计单位同意，并应符合下列规定：

1) 对重要构件，如吊车梁、薄腹梁桁架下弦等，不宜用光面钢筋代替变形钢筋，以免裂缝开展过大。

2) 钢筋代换后，应满足《混凝土结构设计规范（2015 年版）》GB 50010—2010 中所规定的钢筋间距、锚固长度、最小钢筋直径、根数等要求。

3) 当构件受裂缝宽度或挠度控制时，钢筋代换后应进行刚度、裂缝验算。

4) 梁的纵向受力钢筋与弯起钢筋应分别代换，以保证正截面与斜截面强度。偏心受压构件（如框架柱、有吊车的厂房柱、桁架上弦等）或偏心受拉构件作钢筋代换时，不取整个截面配筋量计算，应按受力面（受拉或受压）分别代换。

5) 有抗震要求的梁、柱和框架，不宜以强度等级较高的钢筋代换原设计中的钢筋。如必须代换时，尚应符合抗震对钢筋的要求。

6) 预制构件的吊环，必须采用未经冷拉的 HPB300 热轧钢筋制作，严禁以其他钢筋代换。

4.2.5 钢筋的加工

1. 钢筋加工包括调直、除锈、切断和弯曲成型等工作。

(1) 调直：钢筋调直可利用冷拉进行。若冷拉只是为了调直，而不是为了提高钢筋强度，冷拉率可采用 0.7%～1%，或拉到钢筋表面的氧化铁皮开始剥落为止。除利用冷拉调直外，粗钢筋还可以采用锤击的方法；直径为 4～14mm 的钢筋可采用调直机进行调直。

(2) 除锈：经冷拉或机械调直的钢筋一般不必进行除锈，但对产生鳞片状锈蚀的钢筋，使用前应进行除锈。除锈的方法有：电动除锈机除锈；手工用钢丝刷、砂盘等除锈；喷砂及酸洗除锈。

(3) 切断：钢筋下料时须按下料长度进行剪切。钢筋剪切可采用钢筋剪切机或手动剪切器，前者可切断直径 12～40mm 的钢筋，后者一般只用于切断直径小于 12mm 的钢筋。大于 40mm 的钢筋需用氧乙炔焰或电弧割切。

(4) 弯曲成型：钢筋切断后，要根据图纸要求弯曲成一定的形状。根据弯曲设备的特点及工地习惯进行划线，以便弯曲成所规定的（外包）尺寸。当弯曲形状比较复杂的钢筋时，可先放出实样，再进行弯曲。钢筋弯曲宜采用弯曲机，可弯直径 6～40mm 的钢筋。直径小于 25mm 的钢筋，当无弯曲机时也可采用板钩弯曲。

2. 钢筋加工的形状、尺寸应符合设计要求，其偏差应符合表 4-8 的规定。

4.2.6 钢筋的安装

钢筋的安装包括钢筋的现场绑扎、钢筋网与钢筋骨架的安装、植筋施工。钢筋安装位置的允许偏差和检验方法见表 4-9。

钢筋加工的允许偏差　　表 4-8

项目	允许偏差（mm）
受力钢筋顺长度方向全长的净尺寸	±10
弯起钢筋的弯折位置	±20
箍筋内净尺寸	±5

钢筋安装位置的允许偏差和检验方法　　表 4-9

项目		允许偏差（mm）	检验方法
绑扎钢筋网	长、宽	±10	尺量
	网眼尺寸	±20	尺量连续三档，取最大偏差值
绑扎钢筋骨架	长	±10	尺量
	宽、高	±5	尺量
纵向受力钢筋	锚固长度	−20	尺量
	间距	±10	尺量两端、中间各一点，取最大偏差值
	排距	±5	
纵向受力钢筋、箍筋的混凝土保护层厚度	基础	±10	尺量
	柱、梁	±5	尺量
	板、墙、壳	±3	尺量
绑扎箍筋、横向钢筋间距		±20	尺量连续三档，取最大值
钢筋弯起点位置		20	尺量，沿纵、横两个方向量测，并取其中偏差的最大值
预埋件	中心线位置	5	尺量
	水平高差	±3，0	塞尺量测

注：检查中心线位置时，沿纵、横两个方向量测，并取其中偏差的最大值。

1. 植筋施工

在钢筋混凝土结构上钻出孔洞，注入胶粘剂，植入钢筋，待其固化后即完成植筋施工。用此法植筋犹如原有结构中的预埋筋，能使所植钢筋的技术性能得以充分利用。

4-6浇筑混凝土之前钢筋隐蔽工程验收的内容

植筋方法具有工艺简单、工期短、造价省、操作方便、劳动强度低、质量易保证等优点，为工程结构加固及解决与旧混凝土连接提供了一个全新的处理技术。

（1）植筋施工工艺

植筋施工过程：钻孔→清孔→填胶粘剂→植筋→凝胶。

1）钻孔使用配套冲击电钻。钻孔时，孔洞间距与孔洞深度应满足设计要求。

2）清孔时，先用吹气泵清除孔洞内粉尘等，再用清孔刷清孔，要经多次吹刷完成。同时，不能用水冲洗，以免残留在孔中的水分削弱胶粘剂的作用。

3）使用植筋注射器从孔底向外均匀地把适量胶粘剂填注孔内，注意勿将空气封入孔内。

4）按顺时针方向把钢筋平行于孔洞走向轻轻植入孔中，直至插入孔底，胶粘剂溢出。

5）将钢筋外露端固定在模架上，使其不受外力作用，直至凝结，并派专人现场保护。凝胶的化学反应时间一般为15min，固化时间一般为1h。

(2) 钢筋胶粘剂

钢筋胶粘剂为软塑状的两个不同化学成分分别装入两个管状箔包中，在两个箔包的端部设有特殊的连接器，然后再放入手动注射器中，扳动注射器将两个箔包中的不同组分挤出，在连接器中相遇后再通过混合器将两个不同组分充分混合后，最终注入所需植筋的孔洞中。

2. 钢筋网片与钢筋骨架的安装

钢筋网片与钢筋骨架的安装是指组装的成品运输至安装地点进行现场拼装的一种施工方法。这种方法施工速度快，受外界因素干扰较小。其施工工艺包括钢筋网片与钢筋骨架的制作、运输、安装。一般钢筋网片的分块面积以 6～20m^2 为宜，钢筋骨架的分段长度宜为 6～12m。

为防止钢筋网片与钢筋骨架在运输和安装过程中发生歪斜变形，应采取临时加固措施。

4.3 混凝土工程

混凝土是以胶凝材料水泥、水、细骨料、粗骨料，需要时掺入外加剂和矿物掺合料，按适当比例配合，经过均匀拌制、密实成型及养护硬化而成的人工石材。

混凝土工程施工工艺包括配料、搅拌、运输、浇筑、振捣和养护等施工过程。在整个混凝土工程施工过程中，各工序之间是紧密联系和相互影响的，我们必须保证每一工序的施工质量，以确保混凝土结构的强度、刚度、密实性和整体性。

混凝土工程施工工艺流程如图 4-27 所示。

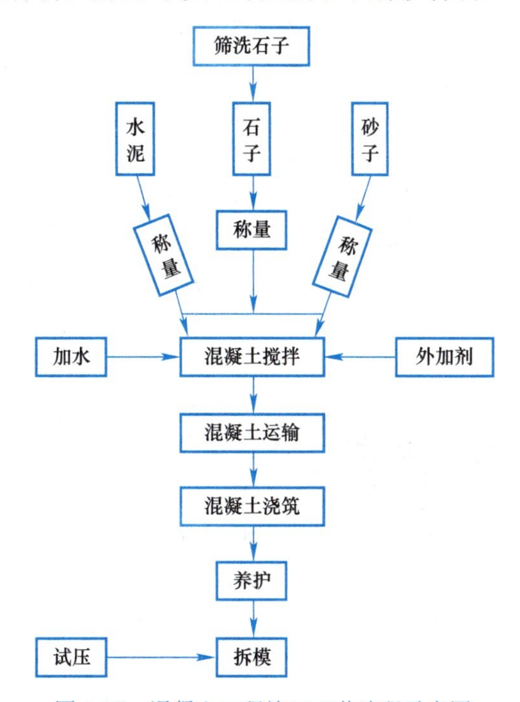

图 4-27 混凝土工程施工工艺流程示意图

4.3.1 混凝土的配料

施工配料是保证混凝土质量的重要环节之一，必须严格加以控制。为了确保混凝土的质量，在施工中随时按砂、石骨料实际含水率的变化调整施工配合比，严格控制称量。

1. 施工配合比换算

混凝土实验室配合比是根据完全干燥的砂、石骨料制定的，但实际使用的砂、石骨料一般都含有一些水分，而且含水量又会随气候条件发生变化。所以施工时应及时测定砂、石骨料的含水量，并将混凝土实验室配合比换算成骨料在实际含水量情况下的施工配合比。

设实验室配合比为：水泥：砂子：石子$=1:x:y$，并测得砂子的含水量为 W_x，石子的含水量为 W_y，则施工配合比应为：$1:x(1+W_x):y(1+W_y)$。

按实验室配合比 1m^3 混凝土水泥用量为 C (kg)，计算时确保混凝土水灰比 (W/C) 不变 (W 为用水量)，则换算后材料用量为：

水泥：$C'=C$

4-7 混凝土原材料质量检验中的主控项目检验

砂子：$C_{砂}=C_x\ (1+W_x)$

石子：$C_{石}=C_y\ (1+W_y)$

水：$W'=W-C_xW_x-C_yW_y$

【例 4-3】 设混凝土实验室配合比为：1∶2.56∶5.5，水灰比为 0.64，每 $1m^3$ 混凝土的水泥用量为 251.4kg，测得砂子含水量为 4%，石子含水量为 2%，求施工配合比及每立方米混凝土各种材料用量。

【解】 施工配合比为：$1:x(1+W_x):y(1+W_y)=1:2.56(1+4\%):5.5(1+2\%)$

$=1:2.66:5.61$

每 $1m^3$ 混凝土材料用量为：

水泥：251.4kg

砂子：251.4×2.66＝668.7kg

石子：251.4×5.61＝1410.4kg

水：251.4×0.64－251.4×2.56×4%－251.4×5.5×2%＝107.5kg

2. 施工配料

求出每立方米混凝土材料用量后，还必须根据工地现有搅拌机出料容量确定每次需用几袋水泥，然后按水泥用量来计算砂石的每次拌用量。

【例 4-4】 按上例已知条件不变，如采用 JZ250 型搅拌机，出料容量为 $0.25m^3$，求每搅拌一盘的投料量。

【解】 搅拌机搅拌一盘混凝土时各种材料的投料量为：

水泥：251.4×0.25＝62.85kg（取用一袋水泥，即 50kg）

砂子：668.7×(50/251.4)＝133.0kg

石子：1410.4×(50/251.4)＝280.5kg

水：107.5×(50/251.4)＝21.4kg

为严格控制混凝土的配合比，搅拌混凝土时应根据计算出的各组成材料的重量准确投料。其重量偏差不得超过以下规定：水泥、外掺混合材料为±2%；粗、细骨料为±3%；水、外加剂溶液为±2%。各种衡量器应定期校验，经常保持准确。骨料含水量应经常测定，雨天施工时，应增加测定次数。

3. 掺合外加剂和混合料

在混凝土施工过程中，经常掺入一定量的外加剂或混合料，以改善混凝土某些方面的性能。混凝土外加剂有：

(1) 改善新拌混凝土流动性能的外加剂，包括减水剂（如木质素类、萘类、糖蜜类、水溶性树脂类）和引气剂（如松香热聚物、松香皂）；

(2) 调节混凝土凝结硬化性能的外加剂，包括早强剂（如氯盐类、硫酸盐类、三乙醇胺）、缓凝剂和促凝剂等；

(3) 改善混凝土耐久性的外加剂，包括引气剂、防水剂和阻锈剂等；

(4) 为混凝土提供其他特殊性能的外加剂，包括加气剂、发泡剂、膨胀剂、胶粘剂、抗冻剂和着色剂等。常用的混凝土混合料有：粉煤灰、炉渣等。

由于外加剂或混合料的形态不同，使用方法也不相同，因此，在混凝土配料中要采用合理的掺合方法，保证掺合均匀、掺量准确，才能达到预期的效果。

4.3.2 混凝土的搅拌

混凝土的搅拌，就是将水、水泥和粗、细骨料进行均匀拌合及混合的过程。同时，通过搅拌还可以使材料达到强化、塑化的作用。

1. 搅拌方法

混凝土搅拌方法主要有人工搅拌和机械搅拌两种。人工搅拌拌合质量差、水泥耗量多，只有在工程量很少时采用。目前工程中一般采用机械搅拌。

2. 混凝土搅拌机

混凝土搅拌机按搅拌原理分为自落式搅拌机和强制式搅拌机两类。自落式搅拌机多用于搅拌塑性混凝土和低流动性混凝土，适用于施工现场。强制式搅拌机主要用以搅拌干硬性混凝土和轻骨料混凝土，一般用于预制厂或混凝土集中搅拌站。

我国规定混凝土搅拌机以其出料容量（m^3）×1000为标定规格，故国内混凝土搅拌机的系列为：50，150，250，350，500，700，1000，1500和3000。

3. 搅拌制度

为拌制出均匀优质的混凝土，除正确地选择搅拌机的类型外，还必须正确地确定搅拌制度，其内容包括进料容量、搅拌时间与投料顺序等。

（1）进料容量

搅拌机的容量有三种表示方式，即出料容量、进料容量和几何容量。出料容量也即公称容量，是搅拌机每次从搅拌筒内可卸出的最大混凝土体积，几何容量则是指搅拌筒内的几何容积，而进料容量是指搅拌前搅拌筒可容纳的各种原材料的累计体积。

（2）搅拌时间

搅拌时间应为全部材料投入搅拌筒起，到开始卸料为止所经历的时间。它是影响混凝土质量及搅拌机生产率的一个主要因素。混凝土搅拌的最短时间可按表4-10确定。

混凝土搅拌的最短时间（s） **表4-10**

混凝土坍落度（mm）	搅拌机类型	搅拌机出料量（L）		
		＜250	250～500	＞500
≤30	强制式	60	90	120
	自落式	90	120	150
＞30	强制式	60	60	90
	自落式	90	90	120

（3）投料顺序

常用的方法有一次投料法、二次投料法和水泥裹砂法等。

1）一次投料法：是在料斗中先装入石子，再加入水泥和砂子，然后一次投入搅拌机。

这种投料顺序是把水泥夹在石子和砂子之间，上料时水泥不致飞扬，而且水泥也不致粘在料斗底和鼓筒上。上料时水泥和砂先进入筒内形成水泥浆，缩短了包裹石子的过程，能提高搅拌机生产率。

2）二次投料法：分为预拌水泥砂浆法和预拌水泥净浆法。

预拌水泥砂浆法是先将水泥、砂和水加入搅拌筒内进行充分搅拌，成为均匀的水泥砂浆后，再加入石子搅拌成均匀的混凝土。

预拌水泥净浆法是将水泥和水充分搅拌成均匀的水泥净浆后，再加入砂和石子搅拌成混凝土。

国内外的试验表明，二次投料法搅拌的混凝土与一次投料法相比较，混凝土强度可提高约15%，在强度等级相同的情况下，可节约水泥15%～20%。

3）水泥裹砂法：又称为SEC法，是先将砂子表面进行湿度处理，控制在一定范围内，然后将处理过的砂子、水泥和部分水进行搅拌，使砂子周围形成黏着性很强的水泥糊包裹层；加入第二次水和石子，经搅拌部分水泥浆便均匀地分散在已经被造壳的砂子及石子周围，最后形成混凝土。

采用该法制备的混凝土与一次投料法相比较，强度可提高20%～30%，混凝土不易产生离析现象，泌水少，工作性能好。

4.3.3 混凝土的运输

1. 对混凝土运输的要求

混凝土自搅拌机中卸出后应及时运至浇筑地点，为保证混凝土的质量，对混凝土运输的基本要求是：

（1）混凝土运输过程中要能保持良好的均匀性、不离析、不漏浆；

（2）保证混凝土具有设计配合比所规定的坍落度；

（3）使混凝土在初凝前浇入模板并捣实完毕；

（4）保证混凝土浇筑能连续进行。

2. 混凝土运输工具

混凝土运输分为地面运输、垂直运输、楼面运输和泵送混凝土四种。

（1）地面运输

地面运输的工具主要有：搅拌运输车、自卸汽车、机动翻斗车和手推车。混凝土运距较远时宜采用如图4-28所示的混凝土搅拌运输车，也可用自卸汽车；运距较近的场内运输宜用机动翻斗车，也可用手推车。

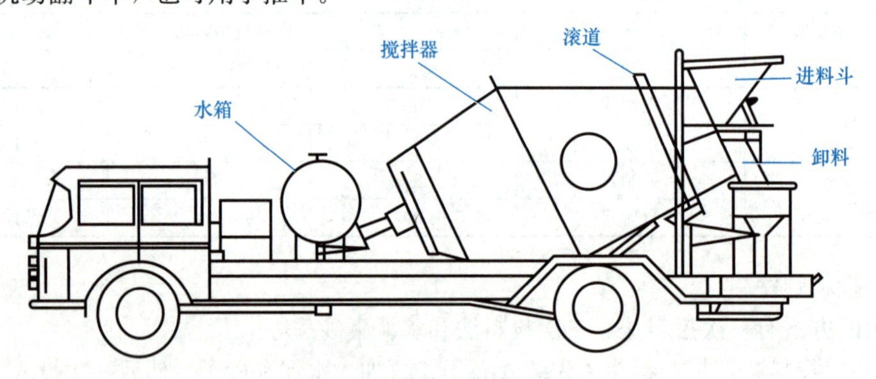

图4-28 混凝土搅拌运输车

（2）垂直运输

混凝土垂直运输工具有：井架、塔式起重机及混凝土提升机等。

1）井架运输机适用于多层工业与民用建筑施工时的混凝土运输。井架装有平台或混凝土自动倾卸料斗（翻斗）。混凝土搅拌机一般设在井架附近，当用升降平台时，手推车可直接推到平台上；用料斗时，混凝土可倾卸在料斗内。

2）塔式起重机作为混凝土垂直运输的工具，一般均配有料斗。料斗的容积一般为 0.3m³，上部开口装料，下部安装扇形手动闸门，可直接把混凝土卸入模板中。当搅拌站设在起重机工作半径范围内时，起重机可完成地面、垂直及楼面运输而不需要二次搬运。

3）混凝土提升机是高层建筑混凝土垂直运输的最佳提升设备。它由钢井架、混凝土提升斗、高速卷扬机等组成，提升速度可达 50～100m/min。一般每台容量为 $0.5m^3\times2$ 的双斗提升机，以 75m/min 的速度提升 120m 的高度时的输送能力可达 $20m^3/h$。

（3）楼面运输

楼面运输工具有：手推车、皮带运输机，也可用塔式起重机、混凝土泵等。楼面运输应采取措施保证模板和钢筋位置，防止混凝土离析等。

4-8 混凝土结构子分部工程验收

（4）泵送混凝土

泵送混凝土是利用混凝土泵通过管道将混凝土输送到浇筑地点，一次完成地面运输、垂直运输及楼面运输。泵送混凝土具有输送能力大、速度快、效率高、节省人力、能连续作业的特点。因此，它已成为施工现场运输混凝土的一种重要方法。当前，泵送混凝土的最大水平输送距离可达 800m，最大垂直输送高度可达 300m。

3. 运输时间

混凝土应以最少的转运次数和最短的时间，从搅拌点运至浇筑地点，并在初凝前浇筑完毕。混凝土从搅拌机中卸出后到浇筑完毕的延续时间不宜超过表 4-11 的规定。

混凝土从搅拌机中卸出后到浇筑完毕的延续时间（min）　　表 4-11

混凝土强度等级	气温		混凝土强度等级	气温	
	<25℃	≥25℃		<25℃	≥25℃
≤C30	120	90	>C30	90	60

注：1. 对掺用外加剂或采用快硬水泥拌制的混凝土其延续时间应按试验确定。
2. 对轻骨料混凝土，其延续时间应适当缩短。

4.3.4 混凝土的浇筑与振捣

混凝土的浇筑成型工作包括布料、摊平、捣实和抹面修整等工序。它对混凝土的密实性和耐久性，结构的整体性和外形的正确性等都有重要影响。

1. 混凝土浇筑前的准备工作

（1）模板的检查

1）检查模板的形状、尺寸、位置、标高是否符合设计要求。

2）检查模板的强度、刚度、稳定性。

3）检查模板的接缝是否严密不漏浆。

4）检查模板内的垃圾、泥土是否清除，木模板应浇水湿润但不得有积水。

（2）钢筋的检查

1）检查钢筋的形状、尺寸、位置、直径、级别、数量、间距是否符合设计要求。

2）检查钢筋的锚固长度、搭接长度、连接的方法是否符合规范的要求。

3）检查安装偏差是否在允许范围之内。

4）检查保护层厚度是否符合要求。

5）做好施工组织工作和安全技术交底，并做好隐蔽工程记录。

2. 混凝土浇筑

（1）混凝土浇筑的一般规定

1）混凝土浇筑前不应发生初凝和离析现象。混凝土运至现场后，其坍落度应满足表 4-12 的要求。

混凝土浇筑时的坍落度（mm） **表 4-12**

序号	结构种类	坍落度
1	基础或地面等的垫层、无配筋的大体积结构（挡土墙、基础等）或配筋稀疏的结构	10～30
2	板、梁和大型及中型截面的柱子等	30～50
3	配筋密列的结构（薄壁、斗仓、筒仓、细柱等）	50～70
4	配筋特密的结构	70～90

2）控制混凝土自由倾落高度以防离析。混凝土倾倒高度一般不宜超过 2m；竖向结构（如墙、柱）不宜超过 3m，否则应采用溜槽、串筒或振动串筒下料，如图 4-29 所示。

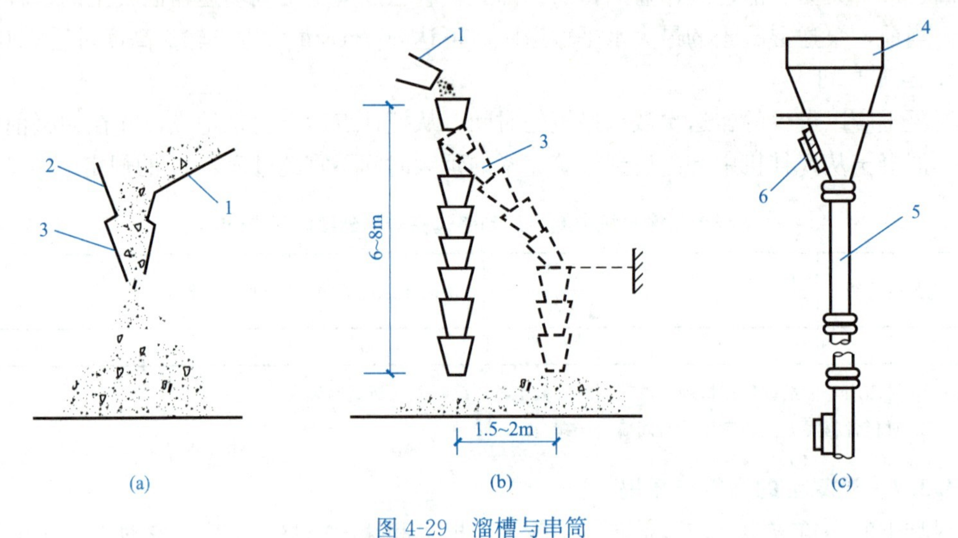

图 4-29 溜槽与串筒

（a）溜槽；（b）串筒；（c）振动串筒

1—溜槽；2—挡板；3—串筒；4—漏斗；5—节管；6—振动器

3）浇筑竖向结构混凝土前，应先在底部填筑一层 50～100mm 厚与混凝土成分相同的水泥砂浆，然后再浇筑混凝土。

4）为了使混凝土振捣密实，必须分层浇筑，每层浇筑厚度与振捣方法、结构配筋有关，应符合表 4-13 的规定。

混凝土浇筑层厚度（mm） **表 4-13**

项次	捣实混凝土的方法		浇筑层的厚度
1	插入式振捣器		振捣器作用部分长度的 1.25 倍
2	表面式振捣器		200
3	人工捣固	在基础、无配筋混凝土或配筋稀疏的结构中	250
		在梁、墙板、柱结构中	200
		在配筋密列的结构中	150

续表

项次	捣实混凝土的方法	浇筑层的厚度
4	插入式振捣器	300
	表面振动器（振动时需加压）	200

5）混凝土应连续浇筑。当必须间歇时，间歇时间宜缩短，并应在下层混凝土初凝前将上层混凝土浇筑完毕。混凝土从搅拌机中卸出，经运输、浇筑及间歇的全部时间不得超过有关规范的规定，否则应留置施工缝。

（2）施工缝的留设与处理

由于技术上的原因或设备、人力的限制，混凝土的浇筑不能连续进行，中间的间歇时间需超过混凝土的初凝时间时，则应留置施工缝。所谓施工缝，是指先浇的混凝土与后浇的混凝土之间的薄弱接触面。施工缝宜留在结构受力（剪力）较小且便于施工的部位。

1）施工缝留设位置

根据施工缝留设的原则，一般柱应留水平缝，梁、板和墙应留垂直缝。施工缝留设具体位置如下：

① 柱子的施工缝宜留在基础顶面、梁或吊车梁牛腿的下面、吊车梁的上面和无梁楼盖柱帽下面，如图 4-30 所示；

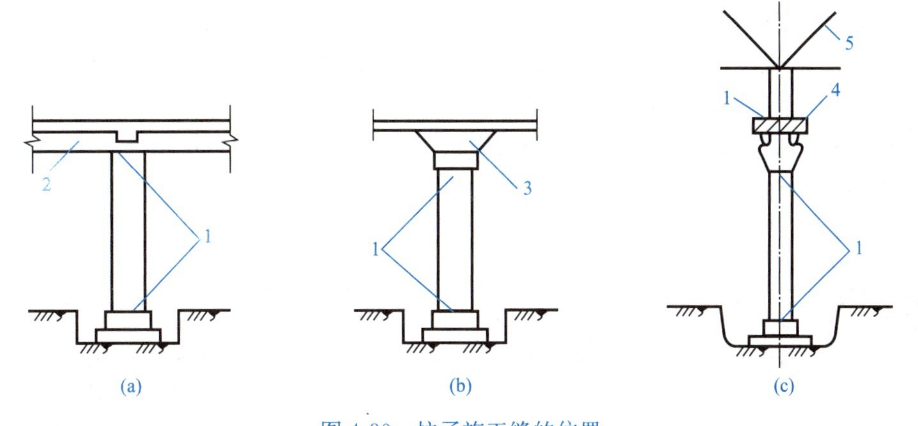

图 4-30　柱子施工缝的位置

（a）肋形楼板柱；（b）无梁楼板柱；（c）吊车梁柱

1—施工缝；2—梁；3—柱帽；4—吊车梁；5—屋架

② 与板连为一体的大截面梁，施工缝应留在板底面以下 20～30mm 处；

③ 单向板留在平行于板短边的任何位置；

④ 有主次梁的楼盖，宜顺次梁方向浇筑，施工缝留在次梁跨度中间 1/3 范围内，如图 4-31 所示；

⑤ 楼梯的施工缝应留置在梯段板端部 1/3 范围内；

⑥ 墙的施工缝应留置在门洞过梁跨中 1/3 范围内，也可留在纵横墙的交接处。

双向受力楼板、大体积混凝土结构、拱、薄壳、蓄水池等复杂结构工程的施工缝应按设计要求留置。

2）施工缝的处理

在施工缝处继续浇筑混凝土时，已浇筑的混凝土抗压强度应不小于1.2MPa，以抵抗继续浇筑混凝土时的扰动。

施工缝处浇筑混凝土前，应除去施工缝表面的浮浆、松动的石子和软弱的混凝土层；凿毛、洒水湿润、冲刷干净；然后浇一层10～15mm厚的水泥浆（水泥：水=1：0.4）或与混凝土成分相同的水泥砂浆，以保证接缝的质量。混凝土浇筑过程中，施工缝处应细致捣实，使其紧密结合。

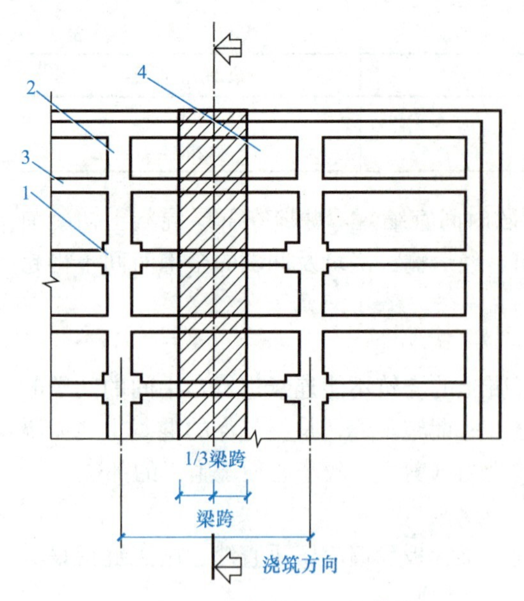

图4-31　有梁板的施工缝位置

1—柱；2—主梁；3—次梁；4—板

（3）后浇带的施工

后浇带是在现浇混凝土结构施工过程中，克服由于温度、收缩可能产生有害裂缝而设置的临时施工缝。该缝需根据设计要求保留一段时间后再浇筑混凝土，将整个结构连成整体。

后浇带的留置位置应按设计要求和施工技术方案确定。在正常施工条件下，有关规范对此的规定是：如混凝土置于室内和土中，后浇带的设置距离为30m，露天为20m。

后浇带的保留时间应根据设计确定，若设计无要求时，一般至少保留28d以上。

后浇带的宽度应考虑施工简便，避免应力集中。一般其宽度为700～1000mm。后浇带内的钢筋应完好保存。后浇带的构造，如图4-32所示。

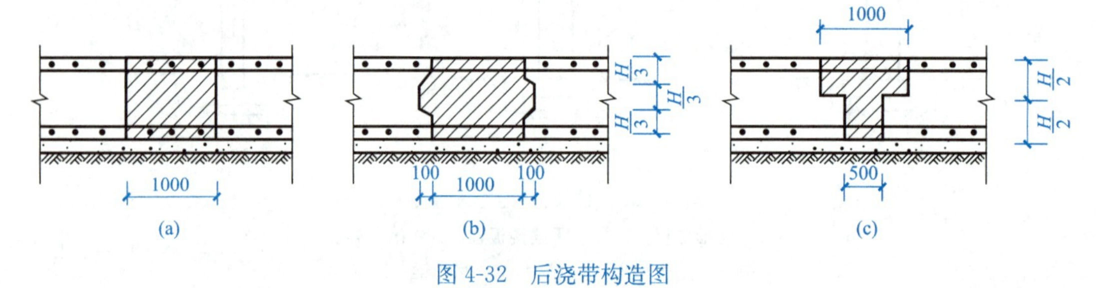

图4-32　后浇带构造图

（a）平接式；（b）企口式；（c）台阶式

后浇带混凝土浇筑应严格按照施工技术方案进行。在浇筑混凝土前，必须将整个混凝土表面按照施工缝的要求进行处理。填充后浇带混凝土可采用微膨胀或无收缩水泥，也可采用普通水泥加入相应的外加剂拌制，但必须要求填筑混凝土的强度等级比原来的结构强度提高一级，并保持至少15d的湿润养护。

（4）大体积混凝土浇筑

大体积混凝土指的是最小断面尺寸大于1m的混凝土结构，其尺寸已经大到必须采用相应的技术措施妥善处理温度差值，合理解决温度应力并控制裂缝开展的混凝土结构。

大体积混凝土结构在工业建筑中多为设备基础，在高层建筑中多为桩基承台或厚大基础底板等。其施工特点有：结构整体性要求高，一般不留施工缝，要求整体浇筑；结构体积大，水泥水化热温度应力大，要预防混凝土早期开裂；混凝土体积大，泌水多，施工中对泌水应采取有效措施。

大体积混凝土的裂缝控制问题是一项国际性的技术难题。虽然有许多研究成果，但在工程实践中仍需要不断探索。

1）早期温度裂缝预防

要防止大体积混凝土产生温度裂缝就要避免水泥水化热的积聚，使混凝土内外温差不超过 25℃。为此，要优先采用水化热低的水泥（如矿渣硅酸盐水泥），降低水泥用量，掺入适量的粉煤灰，降低浇筑速度或减小浇筑厚度。施工中应采取以下措施：

① 降低混凝土成型时的温度。混凝土成型时的温度取决于混凝土拌合物的温度。混凝土拌合物的温度与水、水泥、砂、石的用量及温度有关。

② 降低水泥水化热。选用水化热低的水泥品种，如矿渣硅酸盐水泥。要采取措施降低水泥用量，如掺入减水剂和掺合料。

③ 提高混凝土的表面温度。对大体积混凝土表面实行保温潮湿养护，使其保持一定温度，或采取加温措施，是防止大体积混凝土表面开裂的有效措施。

2）整体浇筑方案

大体积混凝土的浇筑应根据整体连续浇筑的要求，结合结构实际尺寸的大小、钢筋疏密、混凝土供应条件等具体情况，分别选用不同的浇筑方案，以保证结构的整体性。常用的混凝土浇筑方案有以下三种：

① 全面分层（图 4-33a）。即将整个结构浇筑层分为数层浇筑，在已浇筑的下层混凝土尚未凝结时，即开始浇筑第二层，如此逐层进行，直至浇筑完毕。这种浇筑方案一般适用于结构平面尺寸不大的工程。施工时宜从短边开始，沿长边方向进行。

② 分段分层（图 4-33b）。即将基础划分为几个施工段，施工时从底层一端开始浇筑混凝土，进行到一定距离后就回头浇筑该区段的第二层混凝土，如此依次向前浇筑其他各段（层）。这种浇筑方案适用于厚度较薄而面积或长度较大的结构。

③ 斜面分层（图 4-33c）。即混凝土浇筑时，不再水平分层，由底一次浇筑到结构面。这种浇筑方案适用于长度大大超过厚度的结构，也是大体积混凝土底板浇筑时应用较多的一种方案。

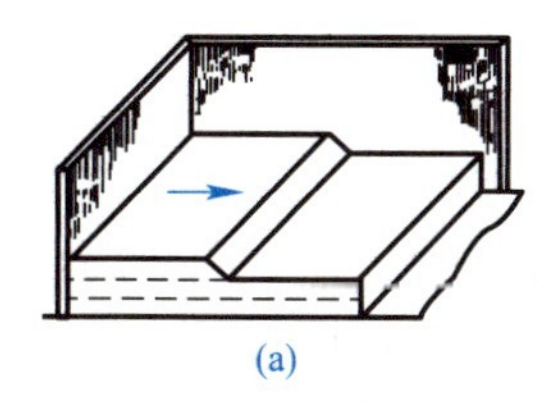
(a)

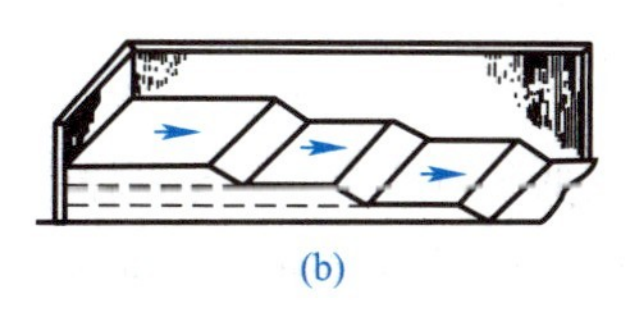
(b)

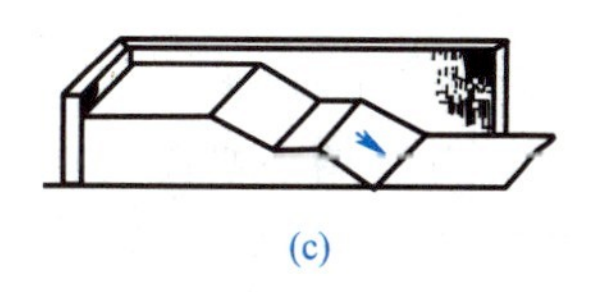
(c)

图 4-33 大体积混凝土浇筑方案

(a) 全面分层方案；(b) 分段分层方案；(c) 斜面分层方案

(5）水下浇筑混凝土

在干地拌制而在水下浇筑和硬化的混凝土，叫作水下浇筑混凝土，简称水下混凝土。水下混凝土的应用范围很广，如沉井封底、钻孔灌注桩浇筑、地下连续墙浇筑、水中浇筑基础结构以及一系列桥墩、水下工程和海底工程结构的施工等。

水下浇筑混凝土常采用导管法。水下浇筑混凝土一般不进行振捣，是依靠自重（或压力）和流动性进行摊平和密实。因此要求混凝土拌合物应该具有较好的和易性、良好的流动性保持能力、较小的泌水率和一定的表观密度。水下混凝土宜选用颗粒细、泌水率小、收缩性小的水泥，如硅酸盐水泥和普通水泥。对细骨料宜选用石英含量高、颗粒浑圆、具有平滑筛分曲线的中砂，砂率宜为40%～47%。对粗骨料宜选用卵石，当需要增加水泥砂浆与骨料的胶结力时，可以掺入20%～25%的碎石。

(6) 喷射混凝土

喷射混凝土是利用压缩空气把混凝土由喷射机的喷嘴以较高的速度（50～70m/s）喷射到岩石、工程结构或模板的表面。在隧道、涵洞、竖井等地下建筑物的混凝土支护、薄壳结构和喷锚支护等都有广泛的应用，具有不用模板、施工简单、劳动强度低、施工进度快等优点。

喷射混凝土施工工艺分为干式和湿式两种。混凝土在“微潮”（水灰比0.1～0.2）状态下输送至喷嘴处加压喷出者，为干式喷射混凝土；将水灰比为0.45～0.50的混凝土拌合物输送至喷嘴处加压喷出者，为湿式喷射混凝土。湿式与干式喷射混凝土相比，湿式混凝土喷射施工具有施工条件好，混凝土的回弹量小等优点，应用较为广泛。

(7) 常用特种混凝土

1) 纤维增强混凝土

目前发展起来的纤维增强混凝土，应用最广的是钢纤维增强混凝土、玻璃纤维增强混凝土和聚丙烯类纤维增强混凝土。前者在国内已经制成高强纤维混凝土，抗压强度为100～110MPa，抗弯强度也接近15MPa，抗冲击强度为普通混凝土的3.6～6.3倍。

纤维增强混凝土与普通混凝土相比，虽有许多优点，但毕竟代替不了钢筋混凝土。人们开始在配有钢筋的混凝土中掺加纤维，使其成为钢筋—纤维复合混凝土，这又为纤维增强混凝土的应用开发了一条新途径。

① 钢纤维混凝土

在混凝土拌合物中，掺入适量的钢纤维，可配成一种既可浇筑又可喷射的特种混凝土，这就是钢纤维混凝土。与普通混凝土相比，钢纤维混凝土的抗拉、抗弯强度及耐磨、耐冲击、耐疲劳、韧性和抗裂、抗暴等性能都可得到提高。因为大量很细的钢纤维均匀地分散在混凝土中，与混凝土接触的面积很大，因而在所有的方向都使混凝土的强度得到提高，大大改善了混凝土的各项性能。

② 聚丙烯纤维混凝土

聚丙烯纤维增强水泥基材有两种不同的方式：连续网片和短切纤维。

聚丙烯纤维的使用非常方便，根据配合比掺量，将适量纤维（体积掺量0.05%～0.15%）加入料斗中的骨料一同送入搅拌机加水搅拌即可。近年来聚丙烯纤维已经先后应用于各种工程中，如高速公路修补路面；公路收费站特殊路段；桥梁；地下室工程结构性自防水、外墙抹灰、仓库地板、屋面防水等。

③ 碳纤维片材加固混凝土结构技术

用于土木建筑结构加固的碳纤维片材加固修补混凝土结构技术是一种新型的结构加固技术，主要是利用树脂类黏结材料将碳纤维片材黏结于混凝土表面，以达到对结构及构件加固补强的目的。

④ 玻璃纤维混凝土

玻璃纤维混凝土是由玻璃纤维与水泥混凝土复合的材料，主要用于制作复合外墙板（以岩棉、泡沫聚苯等作芯材）、隔墙板、阳台栏板、垃圾道和通风道、卫生盒子间等。

2）聚合物水泥混凝土

聚合物水泥混凝土是由水泥混凝土和高分子材料有机结合而成的一种性能比普通混凝土优越的复合材料。聚合物水泥混凝土配制比较简单，只要利用现有普通混凝土的生产设备，将聚合物同水泥、骨料、水一起搅拌即可。

将聚合物搅拌在混凝土中，聚合物在混凝土内形成膜状体，填充水泥水化产物和骨料之间的空隙，与水泥水化物结成一体，起到增强同骨料黏结的作用，从而使聚合物水泥混凝土比普通混凝土具有更优良的特性：如提高了普通混凝土的密实度和强度，显著地增加了混凝土的抗拉、抗弯强度，不同程度地改善了混凝土的耐化学腐蚀性能和减少其收缩变形等。

3）耐火混凝土

耐火混凝土是一种能长期承受高温作用（200℃以上），并在高温下保持所需要的物理力学性能（如有较高的耐火度、热稳定性、荷重软化点以及高温下较小的收缩等）的特种混凝土。它是由耐火骨料（粗细骨料）与适量的胶结料（有时还有矿物掺合料或有机掺合料）和水按一定比例配制而成。耐火混凝土按其胶结料不同，有水泥耐火混凝土和水玻璃耐火混凝土等；按其骨料的不同，有黏土熟料耐火混凝土、高炉矿渣耐火混凝土和红砖耐火混凝土等。

4）补偿收缩混凝土

当混凝土的体积受到约束时，因其体积膨胀而产生的压应力（0.2～0.7MPa）全部或大部分补偿了因水泥硬化收缩而产生的拉应力，这种混凝土即称为补偿收缩混凝土。应用补偿收缩混凝土的目的是为了防止裂缝的产生，它常用于钢筋混凝土后浇带的灌缝连接等。

5）水下不分散混凝土

水下不分散混凝土技术是借助于混凝土外加剂——絮凝剂的应用，即在普通混凝土中加入絮凝剂后，使混凝土在水中浇筑不离析、不分散，水泥不流失，能自流平、自密实，使浇筑的混凝土优质均匀，凝结硬化后其物理力学性能和耐久性与普通混凝土类同。

3. 混凝土振捣

混凝土浇入模板后，由于内部骨料和砂浆之间的摩阻力与黏结力作用，混凝土流动性很低，不能自动充满模板内各角落，其内部是疏松的，空气与气泡约占混凝土体积的5%～20%。不能达到要求的密实度，必须进行适当的振捣，促使混凝土混合物克服阻力并逸出气泡消除空隙，使混凝土满足设计要求的强度等级和足够的密实度。

混凝土捣实分人工捣实和机械振实两种方式。

混凝土振捣设备按其工作方式分为内部振动器、表面振动器、外部振动器和振动台，如图 4-34 所示。

（1）内部振动器

内部振动器又称插入式振动器，其构造如图 4-35 所示。常用来捣实梁、柱、墙、基础和大体积混凝土。

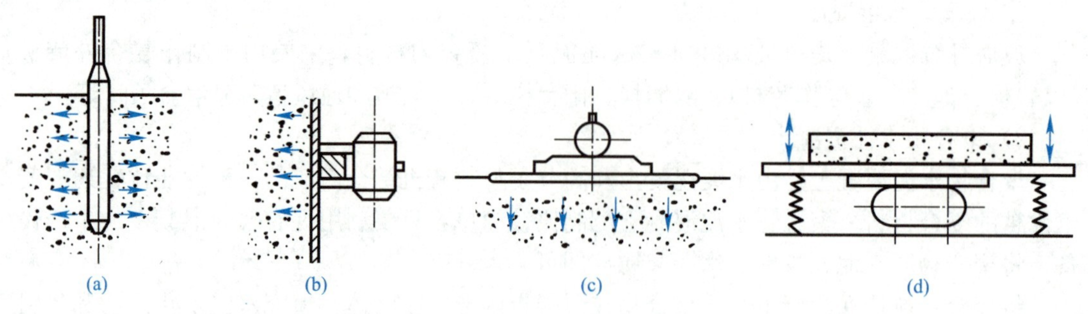

图 4-34 振动机械示意图

(a) 内部振动器;(b) 外部振动器;(c) 表面振动器;(d) 振动台

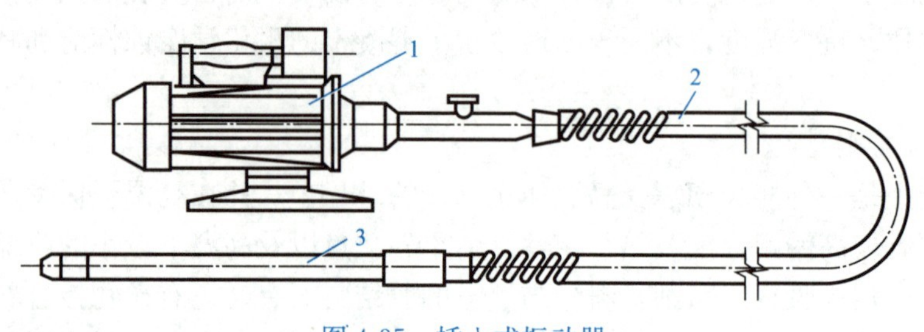

图 4-35 插入式振动器

1—电动机;2—软轴;3—振动棒

(2) 外部振动器

外部振动器又称附着式振动器,如图 4-36 所示。其是将一个带偏心块的电动振动器利用螺栓或夹具固定在构件模板外侧,振动动力通过模板传给混凝土。它适用于振捣钢筋密集、断面尺寸小于 250mm 的构件及不宜使用插入式振动器的构件,如墙体、薄腹梁等。

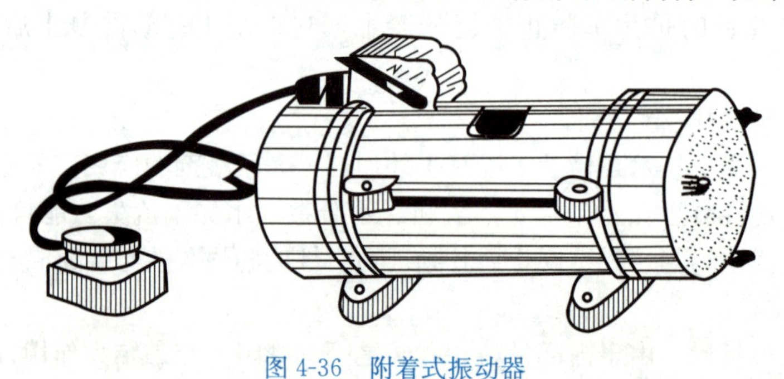

图 4-36 附着式振动器

(3) 表面振动器

表面振动器又称平板振动器,是将附着式振动器固定在一块底板上而成。它适用于振实楼板、地面、板形构件和薄壳等构件。

(4) 振动台

振动台是将模板和混凝土构件放于平台上一起振动,主要用于预制构件的生产。它适用于预制构件厂生产预制构件。

4.3.5 混凝土的养护

混凝土成型后，为保证水泥能充分进行水化反应，应及时进行养护。养护的目的就是为混凝土硬化创造必要的湿度和温度条件，防止由于水分蒸发或冻结造成混凝土强度降低和出现收缩裂缝、剥皮、起砂和内部疏松等现象，确保混凝土质量。

混凝土养护的方法一般有自然养护和加热养护。

1. 自然养护

自然养护是指在室外平均气温高于5℃的条件下，选择适当的覆盖材料并适当浇水，使混凝土在规定的时间内保持湿润环境。自然养护又分为洒水养护、薄膜布养护和喷涂薄膜养生液养护等。

（1）洒水养护

洒水养护是用吸水保温能力较强的材料将混凝土覆盖，经常洒水使其保持湿润，应符合下列规定：

1）混凝土浇筑完毕后12h以内应进行覆盖并浇水养护。

2）浇水养护日期与水泥品种有关。对于硅酸盐水泥和矿渣硅酸盐水泥拌制的混凝土，不得少于7d；对于掺用缓凝型外加剂或有抗渗性要求的混凝土及火山灰质硅酸盐水泥和粉煤灰硅酸盐水泥拌制的混凝土，不得少于14d。

3）浇水的次数以能保持混凝土湿润状态为准。

4）养护用水与拌制水相同。

5）如平均气温低于5℃时，不得浇水，应按冬期施工要求保温养护。

（2）薄膜布养护

薄膜布养护是采用不透水、气的布覆盖在混凝土表面，保证混凝土在不失水的情况下得到充足的养护。这种养护方法不必浇水，操作方便，能重复使用，提高混凝土的早期强度。

（3）喷涂薄膜养生液养护

它是将过氯乙烯树脂养护剂用喷枪喷涂在混凝土表面上，溶剂挥发后在混凝土表面形成一层塑料薄膜，将混凝土与空气隔绝，阻止其中水分的蒸发以保证水泥水化作用的正常进行。喷涂薄膜适用于不宜洒水养护的高耸构筑物、缺水地区和大面积混凝土结构。

2. 蒸汽养护

蒸汽养护就是将构件放置在有饱和蒸汽或蒸汽空气混合物的养护室内，在较高的温度和相对湿度的环境中进行养护，以加速混凝土的硬化，使混凝土在较短的时间内达到规定的强度标准值。蒸汽养护主要用于预制构件厂生产预制构件。

4.4 混凝土冬期施工

4.4.1 混凝土冬期施工的特点

根据当地多年气温资料，室外日平均气温连续5d稳定低于5℃时，混凝土结构工程应按冬期施工要求组织施工。冬期施工时，气温低，水泥水化作用减弱，新浇混凝土强度增加明显地延缓，当气温降到0℃以下时，水泥水化作用基本停止，混凝土强度亦停止增长。特别是温度降到混凝土冰点温度以下时，混凝土中的游离水开始结冰，结冰后的水体积膨胀约 9%。实验证明，混凝土的早期冻害是由于内部的水结冰所致。混凝土在浇筑后立即受冻，抗压强度约损失 50%，抗拉强度约损失 40%，受冻前混凝土养护时间越长，所达到的强度就越高，水化物生成就越多，能结冰的游离水就越少，强度损失就越低。试验还证明，混凝土遭受冻结带来的危害与遭冻的时间早晚、水灰比、水泥强度等级、养护温度等有关。

冬期浇筑的混凝土在受冻以前必须达到的最低强度称为混凝土受冻临界强度。我国有关规范规定：在受冻前，混凝土受冻临界强度应分别达到下列要求：硅酸盐水泥或普通硅酸盐水泥配制的混凝土不得低于其设计强度标准值的 30%；矿渣硅酸盐水泥配制的混凝土不得低于其设计强度标准值的 40%；掺防冻剂的混凝土，温度降低到防冻剂规定的温度以下时，混凝土的强度不得低于 3.5N/mm^2。

4.4.2 混凝土冬期施工的要求

一般情况下，混凝土冬期施工要求在正温下浇筑，正温下养护，使混凝土强度在冰冻前达到受冻临界强度，在冬期施工时对原材料和施工过程均要求采取必要的措施，以保证混凝土的施工质量。

1. 对材料的要求及加热

（1）对水泥的要求：水泥应优先选用活性高、水化热大的硅酸盐水泥和普通硅酸盐水泥。水泥的强度等级不应低于 32.5R 级，最小水泥用量不宜少于 300kg/m^3，水灰比不应大于 0.6。使用矿渣硅酸盐水泥时，宜采用蒸汽养护，使用其他品种水泥，应注意其中掺合材料对混凝土抗冻、抗渗等性能的影响。冷混凝土法施工宜优先选用含引气成分的外加剂，含气量宜控制在 2%～4%。掺用防冻剂的混凝土，严禁使用高铝水泥。

（2）对粗、细骨料的要求：混凝土所用的骨料必须清洁，不得含有冰雪等冰结物及易冻裂的矿物质。冬期骨料所用贮备场地应选择地势较高不积水的地方。

（3）冬期施工对组成混凝土材料的加热，应优先考虑加热水，因为水的热容量大，加热方便，但加热温度不得超过规定的数值。水泥不得与 80℃以上的水直接接触，以免“假凝”。水泥不得直接加热，使用前宜运入暖棚存放。

（4）冬期浇筑的混凝土，宜使用无氯盐类防冻剂，对抗冻性要求高的混凝土，宜使用引气剂或引气减水剂。

2. 混凝土的搅拌、运输和浇筑

（1）混凝土的搅拌

混凝土不宜露天搅拌，应尽量搭设暖棚，优先选用大容量的搅拌机，以减少混凝土的热损失。混凝土搅拌时间应根据各种材料的温度情况，考虑相互间的热平衡过程，可通过试拌确定延长的时间，一般为常温搅拌时间的 1.25～1.5 倍。搅拌时为防止水泥出现“假凝”现象，应在水、砂、石搅拌一定时间后再加入水泥。搅拌混凝土时，骨料中不得带有冰、雪及冻团。

拌制掺用外加剂的混凝土，外加剂应随水加入。

配制与加入外加剂，应设专人负责并作好记录，应严格按剂量要求掺入。

混凝土拌合物的出机温度不宜低于 10℃。

（2）混凝土的运输

混凝土的运输过程是热损失的关键阶段，应采取必要的措施减少混凝土的热损失，同

时应保证混凝土的和易性。常用的主要措施为减少运输时间和距离；使用大容积的运输工具并采取必要的保温措施。保证混凝土入模温度不低于5℃。

(3) 混凝土的浇筑

混凝土在浇筑前应清除模板和钢筋上的冰雪和污垢，尽量加快混凝土的浇筑速度，防止热量散失过多。当采用加热养护时，混凝土养护前的温度不得低于2℃。

冬期施工混凝土振捣应用机械振捣，振捣时间应比常温有所增加。

4.4.3 混凝土冬期的施工方法

混凝土工程冬期施工方法是保证混凝土在硬化过程中防止早期受冻所采取的各种措施，并根据自然气温条件、结构类型、工期要求来确定混凝土工程冬期施工方法。

混凝土冬期施工方法主要有两大类，第一类为蓄热法、暖棚法、蒸汽加热法和电热法，这类冬期施工方法实质是人为地创造一个正温环境，以保证新浇筑的混凝土强度能够正常地、不断地增长，甚至可以加速增长；第二类为冷混凝土法，这类冬期施工方法实质是在拌制混凝土时加入适量的外加剂，可以适当降低水的冰点，使混凝土中的水在负温下保持液相，从而保证了水化作用的正常进行，使得混凝土强度得以在负温环境中持续增长，这种方法一般不再对混凝土加热。

在选择混凝土冬期施工方法时，应保证混凝土尽快达到冬期施工临界强度，避免遭受冻害。一个理想的施工方案，首先应当在杜绝混凝土早期受冻的前提下，在最短的施工期限内，用最低的冬期施工费用，获得优良的施工质量。

1. 蓄热法

蓄热法是混凝土浇筑后，利用原材料加热及水泥水化热的热量，通过适当保温延缓混凝土冷却，使混凝土冷却到0℃以前达到预期要求强度的施工方法。

蓄热法施工方法简单，费用较低，较易保证质量。当室外最低温度不低于−15℃时，地面以下的工程或表面系数不大于10的结构应优先采用蓄热法养护。

2. 冷混凝土法

冷混凝土法是在混凝土中加入适量的抗冻剂、早强剂、减水剂，使混凝土在负温下能继续水化，增加强度。该方法使混凝土冬期施工工艺简化，节约能源，降低冬期施工费用，是冬期施工最有发展前途的施工方法之一。

(1) 常用外加剂的类型

1) 减水剂：减水剂能改善混凝土的和易性及拌合用水量，降低水灰比，提高混凝土的强度和耐久性。常用的减水剂有：木质素系减水剂、苯磺酸盐系减水剂、水溶性树脂减水剂。

2) 早强剂：早强剂是加速混凝土早期强度发展的外加剂，可以在常温、低温或负温（不低于−5℃）条件下加速混凝土硬化过程。常用的早强剂主要有：氯化钠、氯化钙、硫酸钠、亚硝酸钠、三乙醇胺、碳酸钾等。

大部分早强剂同时具有降低水的冰点、使混凝土在负温情况下继续水化、增加强度、防冻的作用。

3) 引气剂：引气剂是指在混凝土搅拌过程中，引入无数微小气泡，改善混凝土拌合物的和易性和减少用水量，并显著提高混凝土的抗冻性和耐久性。常用的引气剂有：松香热聚物、松香皂、烷基苯磺酸盐等。

4）阻锈剂：氯盐类外加剂对混凝土中的金属预埋件有腐蚀作用，阻锈剂能在金属表面形成一层氧化膜，阻止金属的锈蚀。常用的阻锈剂有：亚硝酸钠、重铬酸钾等。

（2）混凝土中外加剂的应用

混凝土冬期施工中外加剂的配用应满足抗冻、早强的需要；对结构钢筋无锈蚀作用；对混凝土后期强度和其他物理化学性能无不良影响；同时应适应结构工作环境的需要。单一的外加剂常不能完全满足混凝土冬期施工的要求，一般宜采用复合配方。常用的复合配方有下面几种类型：

1）氯盐类外加剂：主要有氯化钠、氯化钙，其价廉、易购买，但对钢筋有锈蚀作用，一般钢筋混凝土中掺用，按无水状态计算不得超过水泥量的1%；无筋混凝土中，采用热材料拌合的混凝土，氯盐掺量不得大于水泥重量的3%；采用冷材料拌制时，氯盐掺量不得大于拌合水重量的15%。掺用氯盐的混凝土必须振捣密实，且不宜采用蒸汽养护。

在下列工作环境中的钢筋混凝土结构中不得掺用氯盐：

① 在高湿度空气环境中使用的结构；

② 处于水位升降部位的结构；

③ 露天结构或经常受水淋的结构；

④ 有镀锌钢材或与铝铁相接触部位的结构，以及有外露钢筋、预埋件而无防护措施的结构；

⑤ 与含有酸、碱和硫酸盐等侵蚀性介质相接触的结构；

⑥ 使用过程中经常处于环境温度为60℃以上的结构；

⑦ 使用冷拉钢筋或冷拔低碳钢丝的结构；

⑧ 薄壁、吊车梁、屋架、落锤或锻锤基础等结构；

⑨ 电解车间和直接靠近直流电源的结构；

⑩ 直接靠近高压（发电站、变电所）的结构；

⑪ 预应力混凝土结构。

2）硫酸钠—氯钾钠复合外加剂：由硫酸钠2%、氯化钠1%～2%和亚硝酸钠1%～2%组成。当气温在－3～－5℃时，氯化钠和亚硝酸钠掺量分别为1%；当气温在－5～－8℃时，其掺量分别为2%。这种配方的复合外加剂不能用于高温湿热环境及预应力结构。

3）亚硝酸钠—硫酸钠复合外加剂：由2%～8%的亚硝酸钠和2%的硫酸钠组成。当气温分别为－3℃、－5℃、－8℃、－10℃时，亚硝酸钠的掺量分别为2%、4%、6%、8%。亚硝酸钠—硫酸钠复合外加剂在负温下有较好的促凝作用，能使混凝土强度较快增长，且对混凝土有塑化作用，对钢筋无锈蚀作用。

使用硫酸钠复合外加剂时，应先将其溶解在30～50℃的温水中，配成浓度不大于20%的溶液。施工时混凝土的出机温度不宜低于10℃，浇筑成型后的温度不宜低于5℃，在有条件时应尽量提高混凝土的温度，建筑成型后应立即覆盖保温，尽量延长混凝土的正温养护时间。

4）三乙醇胺复合外加剂：由三乙醇胺适量、氯化钠、亚硝酸钠组成，当气温低于－15℃时，还可掺入适量的氯化钙。三乙醇胺在早期正温条件下起早强作用，当混凝土内部温度下降到0℃以下时，氯盐又在其中起抗冻作用使混凝土继续硬化。混凝土浇筑入仓温度应保持在15℃以上，浇筑成型后应马上覆盖保温，使混凝土在0℃以上温度达72h以上。

混凝土冬期掺外加剂施工时，混凝土的搅拌、浇筑及外加剂的配制必须设专人负责，其掺量和使用方法严格按产品说明执行。搅拌时间应比常温条件下适当延长，按外加剂的种类及要求严格控制混凝土的出机温度，混凝土的搅拌、运输、浇筑、振捣、覆盖保温应连续作业，减少施工过程中的热量损失。

3. 综合蓄热法

综合蓄热法是在掺化学外加剂的混凝土浇筑后，利用原材料加热及水泥水化热，通过适当保温，延缓混凝土的冷却速度，使混凝土温度降到0℃或设计规定温度前达到预期要求强度的施工方法。

4-9 混凝土施工质量缺陷

复习思考题

1. 钢筋闪光对焊工艺有几种？如何选用？

2. 钢筋闪光对焊接头质量检查包括哪些内容？

3. 电弧焊接头有哪几种形式？如何选用？质量检查内容有哪些？

4. 如何计算钢筋下料长度及编制钢筋配料单？

5. 简述钢筋加工工序和绑扎、安装要求。绑扎接头有何规定？

6. 钢筋工程检查验收包括哪几方面？应注意哪些问题？

7. 试述模板的作用。对模板及其支架的基本要求有哪些？模板有哪些类型？各有何特点？适用范围怎样？

4-10 复习思考题参考答案

8. 基础、柱、梁、楼板结构的模板构造及安装要求有哪些？

9. 试述定型组合钢模的特点、组成及组合钢模配板原则。

10. 混凝土工程施工包括哪几个施工过程？

11. 混凝土施工配合比怎样根据实验室配合比求得？施工配料怎样计算？

12. 混凝土搅拌参数指什么？各有何影响？什么是一次投料、二次投料？各有何特点？二次投料时混凝土强度为什么会提高？

13. 混凝土运输有哪些要求？有哪些运输工具和机械？各适用于何种情况？

14. 混凝土浇筑前对模板钢筋应作哪些检查？

15. 混凝土浇筑的基本要求有哪些？怎样防止离析？

16. 什么是施工缝？怎样留设位置？浇筑混凝土时，对施工缝有何要求？如何处理？

17. 多层钢筋混凝土框架结构的施工顺序、施工过程和柱、梁、板的浇筑方法是怎样？怎样组织流水施工？

18. 什么是混凝土的自然养护？自然养护有哪些方法？具体做法是怎样？对混凝土拆模强度有何要求？

习　　题

1. 计算如图4-37所示钢筋的下料长度。

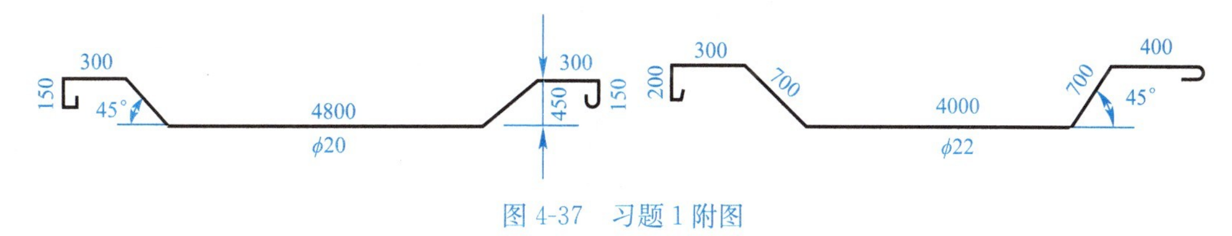

图4-37　习题1附图

2. 某梁设计主筋为 3 根直径为 20mm 的 HRB400 级钢筋（$f_{y1}=400\text{N/mm}^2$），今现场无该级钢筋，拟用直径为 24mm 的 HPB300 级钢筋（$f_{y2}=300\text{N/mm}^2$）代换，试计算需几根钢筋？若用直径为 20mm 的 HPB300 级钢筋代换，当梁宽为 250mm 时，钢筋按一排布置能排下否？

3. 某混凝土实验室配合比为 1∶2.12∶4.37，$W/C=0.62$，每 1m^3 混凝土水泥用量为 290kg，实测现场砂含水率 3%，石含水率 1%。

试求：

(1) 施工配合比？

(2) 当用 250L（出料容量）搅拌机搅拌时，每拌一次投料水泥、砂、石、水各多少？

5 预应力混凝土工程

5.1 概　　述

普通钢筋混凝土构件在荷载作用下，受拉区的混凝土容易开裂。为了提高构件的抗裂性，并使高强度钢材能充分发挥作用，在构件承受荷载以前，可在混凝土构件受拉区预先施加压应力。当构件在荷载作用下产生拉应力时，首先要抵消混凝土的预压应力，然后随着荷载的不断增加，受拉区的混凝土受到拉应力，从而大大改善了受拉区混凝土的受力性能，推迟了裂缝的出现和限制了裂缝的开展。这种在混凝土构件受荷载以前对受拉区预先施加压应力的混凝土，称为预应力混凝土。

1. 预应力混凝土的发展

预应力混凝土是近几十年发展起来的一门新兴科学技术，自 1928 年法国的弗来西奈首先研究成功预应力混凝土后，经过数十年的推广应用与改进提高，已成为一项专门技术。我国自 1956 年开始采用预应力混凝土结构，至今已有六十多年历史。1950—1960 年间，预应力混凝土主要用于单层工业厂房的屋面板、屋架和吊车梁。1960—1970 年间，我国结合民用建筑和农村住宅的发展，研制与推广了冷拔低碳钢丝预应力混凝土中、小型构件，例如平板、空心板、梁等，与此同时发展了板、梁合一的预应力构件，例如 T 形板梁、V 形折板和马鞍形壳板等。1977 年以后，随着建筑工业化的发展，大开间与大跨度多层结构体系的研究与应用，预应力技术从单个构件阶段发展到预应力结构新阶段。其主要有：预应力薄板叠合板结构、装配整体预应力板柱结构、无黏结预应力现浇平板结构、大跨度部分预应力框架结构、竖向预应力剪力墙结构等。

2. 预应力混凝土的特点

预应力混凝土与普通混凝土相比，改善了受拉区混凝土的受力性能，充分发挥了高强钢筋的受拉性能，从而具有抗裂性高、刚度大、耐久性好、减轻自重、增加构件的耐久性、降低造价、扩大预制装配化程度、经济指标好等优点，不但能节约钢筋（节约 40%～50%）、混凝土（节约 20%～40%），并能用于大跨度结构。

与钢结构相比，预应力混凝土结构能节约大量钢材，降低成本，增加耐火等级。因此，预应力混凝土结构目前已广泛应用于工业、民用、交通运输、水工建筑等方面。例如，工业建筑的屋架吊车梁、大型屋面板、预应力槽瓦、托架梁等；民用建筑的空心楼板、梁、平板等，以及交通运输方面的桥梁、轨枕等。

预应力混凝土结构的钢筋有非预应力筋和预应力筋之分。非预应力筋宜采用 HRB400、HRB500 级，也可采用 HPB300 级和 RRB400 热轧钢筋。预应力筋宜采用预应力钢绞线、钢丝，也可采用热处理钢筋。

预应力混凝土的强度等级不宜低于 C30，采用高强钢丝时则不宜低于 C40。

3. 预应力混凝土的分类

根据施加预应力的方法不同，预应力混凝土分为先张法、后张法（包括无黏结后张法）等。先张法和后张法采用机械张拉，是最常用的两种施加预应力的方法。按钢筋张拉方式不同又可分为机械张拉、电热张拉和自应力张拉（即用膨胀水泥拌制的混凝土来灌注构件，利用混凝土硬化时的膨胀力使钢筋伸长而获得预应力）。

5.2 先张法施工

先张法是在浇筑混凝土之前，先张拉预应力钢筋，并将预应力筋临时固定在台座或钢模上，待混凝土达到一定强度（一般不低于混凝土设计强度标准值的 75%），混凝土与预应力筋具有一定的黏结力时，放松预应力筋，在预应力筋的弹性回缩力作用下，借助于混凝土与预应力筋之间的黏结力，对构件受拉区的混凝土产生预压应力。图 5-1 为预应力混凝土构件先张法（台座）生产示意图。

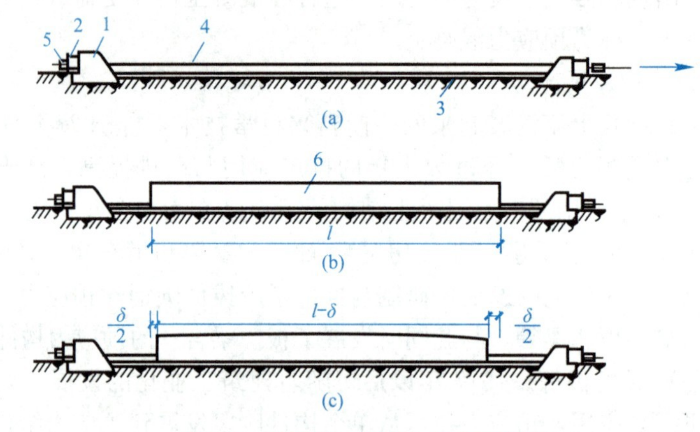

图 5-1　先张法（台座）生产示意图

（a）预应力筋张拉；（b）混凝土灌注与养护；（c）放松预应力筋

1—台座承力结构；2—横梁；3—台面；4—预应力筋；5—锚固夹具；6—混凝土构件

先张法适用于生产定型的中小型构件，如空心板、屋面板、吊车梁、檩条等。

先张法中常用的预应力筋有钢丝和细钢筋两类。由于钢丝和钢筋所采用的夹具和张拉设备不同，生产工艺也各有特点。

本节只介绍先张法中采用台座法生产预应力混凝土构件的方法，并分别叙述台座、张拉设备与夹具及预应力混凝土构件生产工艺。

5.2.1 先张法施工的设备和张拉机具

1. 台座

采用台座法生产预应力混凝土构件时，台座承受全部预应力筋的拉力，故台座应具有足够的强度、刚度和稳定性，以免因台座变形、倾覆和滑移而引起预应力的损失。

台座按构造形式不同，可分为墩式台座、槽形台座和构架式台座。按承力结构不同，可分为墩式、构架式、锚桩式及压杆式等。

(1) 墩式台座

墩式台座是由承力的台墩、横梁及台面组成，如图 5-2 所示。

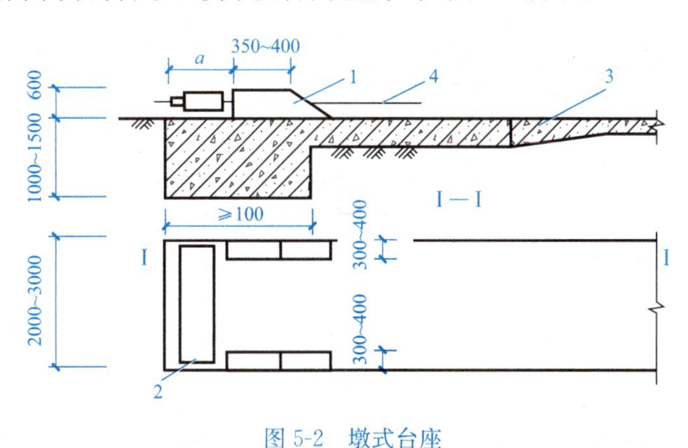

图 5-2 墩式台座

1—台墩；2—横梁；3—台面；4—预应力筋

台座一般较长，当用钢丝作预应力筋时，其长度通常为 100～150m，这样既可利用钢丝长的特点，张拉一次可生产多根构件，减少张拉及临时固定工作，又可减少因钢丝滑动或台座横梁变形引起的预应力损失。墩式台座一般用以生产中小型构件。

(2) 槽形台座

槽形台座由钢筋混凝土压杆、横梁和砖墙组成，如图 5-3 所示。它可以承受较大的张拉力和张拉力矩，而且又可用作蒸汽养护槽，故一般用以生产张拉力较大的大型构件（如吊车梁、屋架薄腹梁等）。

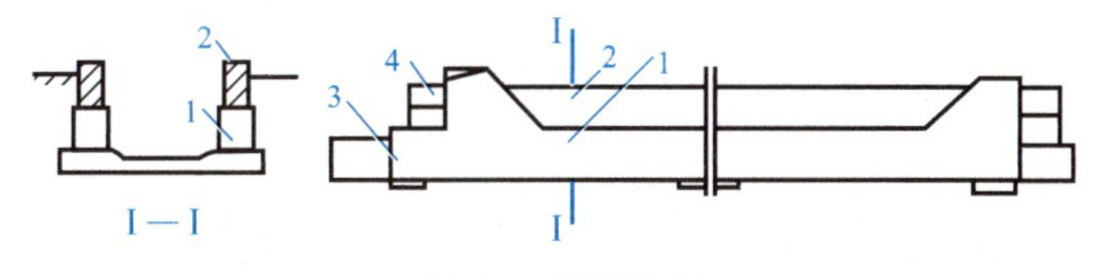

图 5-3 槽形台座

1—钢筋混凝土压杆；2—砖墙；3—下横梁；4—上横梁

槽形台座的材料用量不仅与受力大小有关，还随台座长度的增加而增加，同时考虑到钢筋搬运、安装方便等因素，故台座长度不宜过长，一般为 45～75m（可生产 6～10 根 6m 长吊车梁）。为便于混凝土运输及蒸汽养护，台座以低于地面为好，但应考虑地下水位及排水等因素。

2. 张拉设备

张拉设备要求简易可靠，能准确控制应力，能以稳定的速率增大拉力。在先张法中常用油压千斤顶、卷扬机、倒链、电动或手动螺杆式张拉机具等来张拉钢筋。其中除用油压千斤顶张拉时，可以用油压表读数直接求得张拉应力值外，其余张拉机具则一般用弹簧测力计或杠杆测力计来控制张拉应力值。近年来，随着电阻应变测试技术日益广泛的应用，有些预制厂和工地已采用电阻应变式传感器控制张拉力，可以达到很高的精度。

图 5-4 为用油压千斤顶成组张拉钢筋的布置。

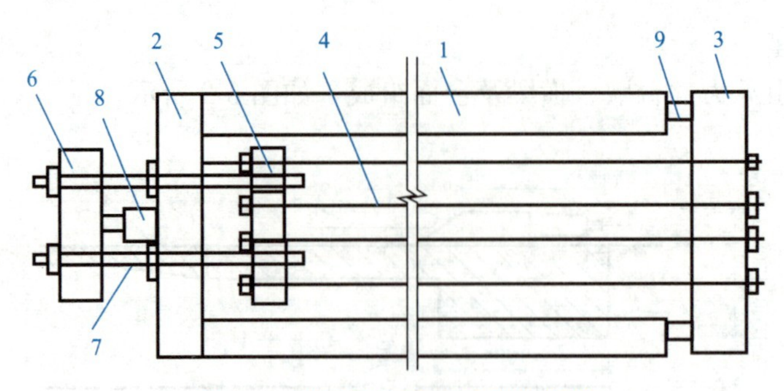

图 5-4　油压千斤顶成组张拉钢筋

1—台座；2、3—前后横梁；4—钢筋；5、6—拉力架横梁；
7—大螺栓杆；8—油压千斤顶；9—放松装置

3. 夹具

夹具是先张法施工时为保持预应力筋拉力并将其固定在台座上的临时性锚固装置。按其作用分为锚固夹具和张拉夹具。

(1) 钢丝锚固夹具

1) 钢质锥形夹具

钢质锥形夹具是常用的单根钢丝夹具，适用于锚固直径 3～5mm 的冷拔低碳钢丝和碳素（刻痕）钢丝，如图 5-5 所示。这种夹具既可以用于固定端，也可以用于张拉端。

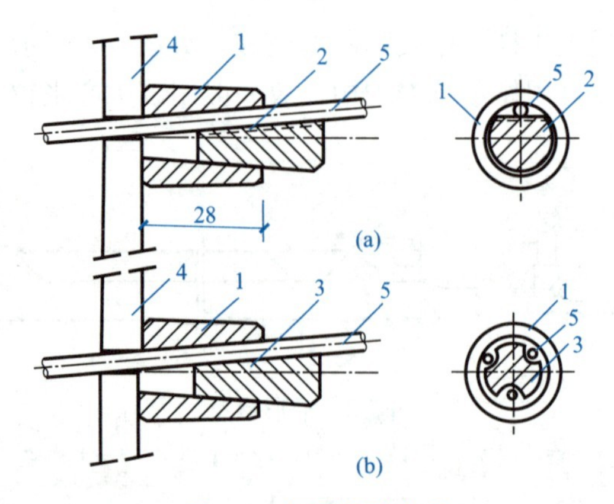

图 5-5　钢质锥形夹具

(a) 圆锥齿板式；(b) 圆锥三槽式
1—套筒；2—齿板；3—锥销；4—定位板；5—预应力筋

2) 镦头夹具

将钢丝端部冷镦或热镦成粗头，通过承力板或梳筋板锚固。镦头夹具用于预应力钢丝固定端的锚固，如图 5-6 所示。

(2) 钢筋锚固夹具

圆套筒三片式夹具由夹片与套筒组成，如图 5-7 所示。这种夹具适用于夹持直径为 12mm、14mm 的单根热处理钢筋。

(3) 张拉夹具

张拉夹具是将预应力筋与张拉机械连接起来进行预应力张拉的工具，常用的张拉夹具有月牙形夹具、偏心式夹具和楔形夹具等，如图 5-8 所示。

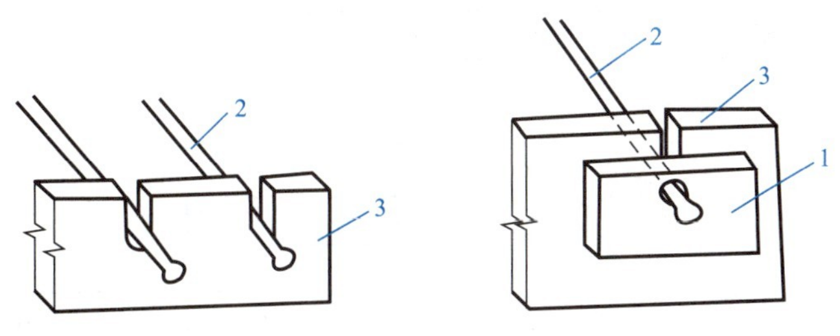

图 5-6 固定端镦头夹具

1—垫片；2—镦头钢丝；3—承力板

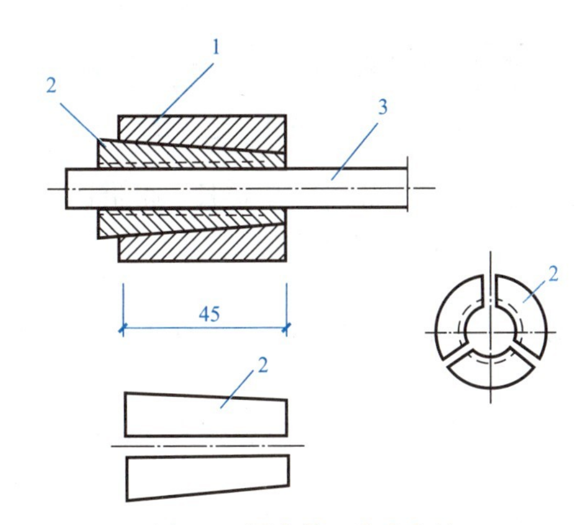

图 5-7 圆套筒三片式夹具

1—套筒；2—夹片；3—预应力钢筋

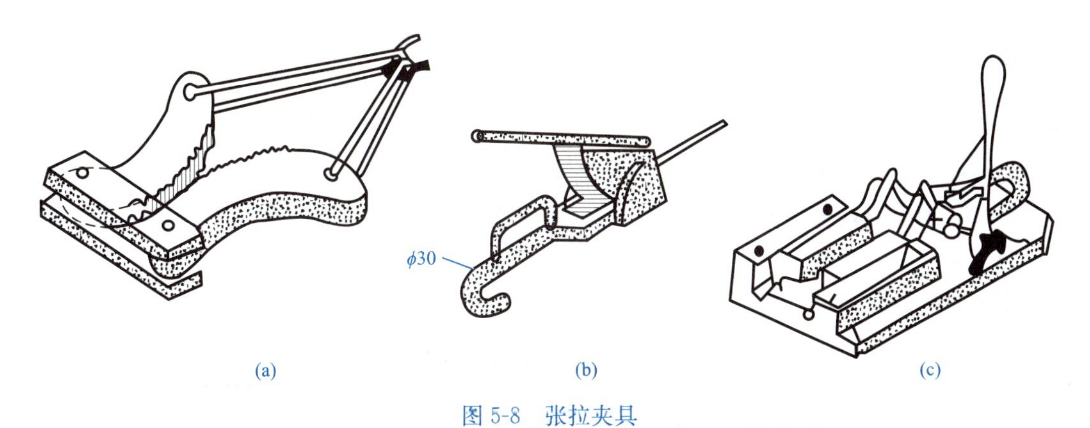

图 5-8 张拉夹具

(a) 月牙形夹具；(b) 偏心式夹具；(c) 楔形夹具

5.2.2 先张法施工工艺

先张法预应力混凝土构件制作在台座上进行，其施工工艺流程如图 5-9 所示。

1. 预应力筋的铺设

长线台座台面在铺放钢丝前应涂隔离剂。隔离剂不应沾污钢丝，以免影响钢丝与混凝土的黏结。如果预应力筋遭受污染，应使用适当的溶剂加以清洗。在生产过程中，应防止雨水冲刷掉台面上的隔离剂。

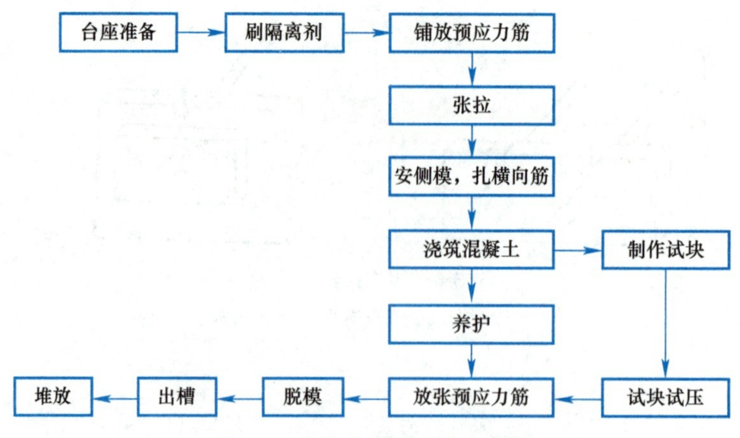

图 5-9　先张法施工工艺流程图

预应力钢丝宜用牵引车铺设。如果钢丝需要接长，可借助于钢丝拼接器用 20～22 号钢丝密排绑扎。绑扎长度：对冷拔低碳钢丝不得小于 40 倍钢丝直径；对高强刻痕钢丝不得小于 80 倍钢丝直径。

预应力钢筋铺设时，钢筋之间的连接或钢筋与螺杆之间的连接可采用连接器。

2. 预应力筋的张拉

预应力筋张拉应根据设计要求，采用合适的张拉方法、张拉顺序及张拉程序进行，并应有可靠的质量保证措施和安全技术措施。

预应力筋的张拉可采用单根张拉或多根同时张拉。当预应力筋数量不多，张拉设备拉力有限时，常采用单根张拉。当预应力筋数量较多，且张拉设备拉力较大时，则可采用多根同时张拉。

预应力筋的张拉程序可采用两种不同方式：

$$0 \rightarrow 1.05\sigma_{con} \xrightarrow[2min]{持荷} \sigma_{con} \text{ 或 } 0 \rightarrow 1.03\sigma_{con}$$

第一种张拉程序中，超张拉 5%并持荷 2min，其目的是为了加速预应力筋松弛的早期发展，以减少应力松弛引起的预应力损失。第二种张拉程序中，超张拉 3%，其目的是为了弥补预应力筋的松弛损失，这种张拉程序施工简便，一般较多采用。

施工时，预应力筋如需超张拉，其最大超张拉应力应符合表 5-1 的规定。

最大张拉控制应力允许值　　表 5-1

钢种	张拉方法	
	先张法	后张法
碳素钢丝、刻痕钢线、钢绞线	$0.80f_{ptk}$	$0.75f_{ptk}$
热处理钢筋、冷拔低碳钢丝	$0.75f_{ptk}$	$0.70f_{ptk}$
冷拉钢筋	$0.95f_{pyk}$	$0.90f_{pyk}$

注：f_{ptk} 为预应力筋极限抗拉强度标准值；f_{pyk} 为预应力筋屈服强度标准值。

3. 混凝土的浇筑与养护

为减少混凝土收缩、徐变引起的预应力损失，应采用低水灰比，控制水泥用量，采用良好的级配，保证振捣密实，特别是构件端部，以保证混凝土的强度和黏结力。

预应力筋张拉、绑扎和支模工作完成之后，即应浇筑混凝土，每条生产线应一次浇筑完毕。为保证钢丝与混凝土有良好的黏结，浇筑时振动器不应碰撞钢丝，混凝土未达到一定强度前也不允许碰撞或踩动钢丝。

4. 预应力筋的放张

预应力筋放张过程是预应力的传递过程，是先张法构件能否获得良好质量的一个重要生产过程，应根据放张要求确定适宜的放张顺序、放张方法和相应的技术措施。

(1) 放张要求

放张预应力筋时，混凝土强度必须符合设计要求，如设计无规定时，则不得低于设计强度等级的 75%（重叠生产时，需待最后一层构件的混凝土达到设计强度等级的 75%后方可放张）。

(2) 放张方法

当预应力混凝土构件用钢丝配筋时，若钢丝数量不多，钢丝放张可采用剪切、锯割或氧—乙炔焰熔断的方法，并应先从靠近生产线中间处剪断。若钢丝数量较多，所有钢丝应同时放张，不允许采用逐根放张的方法。放张的方法可用放张横梁来实现，横梁可用千斤顶或预先设置在横梁支点处的放张装置（砂箱或楔块等）来放张。

预应力筋为钢筋时，对热处理钢筋及冷拉Ⅳ级钢筋，宜用砂轮锯或切断机切断（不得用电弧切割）。数量多的预应力钢筋同时放张时，应在张拉工艺中考虑设置油压千斤顶、砂箱、楔块等组成的放张装置，如图 5-10 所示。

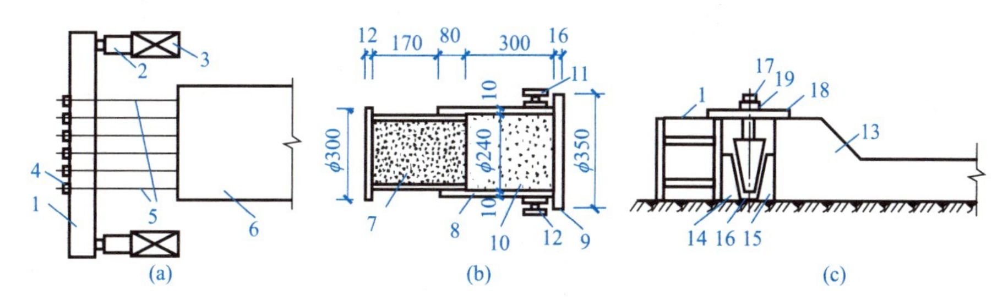

图 5-10 预应力筋放张装置

(a) 千斤顶放张装置；(b) 砂箱放张装置；(c) 楔块放张装置

1—横梁；2—千斤顶；3—承力架；4—夹具；5—钢丝；6—构件；7—活塞；8—套箱；9—套箱底板；10—砂；11—进砂口（ϕ25 螺钉）；12—出砂口（ϕ16 螺钉）；13—台座；14、15—钢固定楔块；16—钢滑动楔块；17—螺杆；18—承力板；19—螺母

(3) 放张顺序

预应力筋的放张顺序应符合设计要求，当设计无要求时应符合下列规定：

1) 对轴心受压构件，所有预应力筋应同时放张。

2) 对偏心受压构件（如梁），应先同时放张预应力较小区域的预应力筋，再同时放张预应力较大区域的预应力筋。

3) 如不能满足上述要求，应分阶段、对称、相互交错进行放张，以防止在放张过程中构件产生弯曲、裂纹及预应力筋断裂等现象。

注意放张前应拆除侧模，使放张时构件能自由压缩，否则将损坏模板或造成构件开裂。对有横肋的构件（如大型屋面板），其横肋断面应有适宜的斜度，或采用活动模板，以免放张钢筋时构件端肋开裂。

5.3 后张法施工

后张法是先制作构件，并在构件中按预应力筋的位置预先留出相应的孔道，待构件混凝土强度达到设计规定的数值后，穿入预应力筋，用张拉机具进行张拉，并利用锚具把张拉后的预应力筋锚固在构件的端部。预应力筋的张拉力主要靠构件端部的锚具传给混凝土，使其产生压应力。张拉锚固后立即在预留孔道内灌浆，使预应力筋不受锈蚀，并与构件形成整体。图 5-11 为预应力混凝土后张法生产示意图。

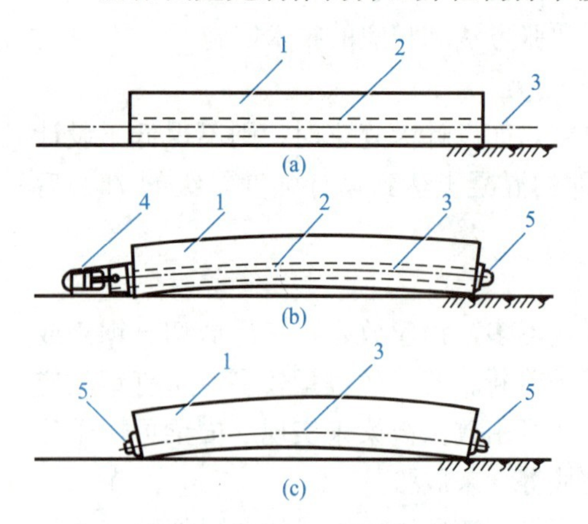

图 5-11 预应力混凝土后张法生产示意图

(a) 制作混凝土构件；(b) 张拉钢筋；(c) 锚固和孔道灌浆

1—混凝土构件；2—预留孔道；3—预应力筋；4—千斤顶；5—锚具

5.3.1 后张法施工的锚具和张拉机械

1. 锚具

锚具是进行张拉预应力筋和永久固定在预应力混凝土构件上传递预应力的工具。要求锚具工作可靠，构造简单，施工方便，预应力损失小，成本低廉。按锚固性能不同可将锚具分为两类：

Ⅰ类锚具：适用于承受动载、静载的预应力混凝土结构。

Ⅱ类锚具：仅适用于有黏结预应力的混凝土结构，且锚具只能处于预应力筋应力变化不大的部位。

(1) 单根钢筋的锚具

单根预应力粗钢筋，在其张拉端常采用螺栓端杆锚具，而在非张拉端则可以采用帮条锚具，如图 5-12 所示。它们适用于直径为 12～40mm 的热处理钢筋。

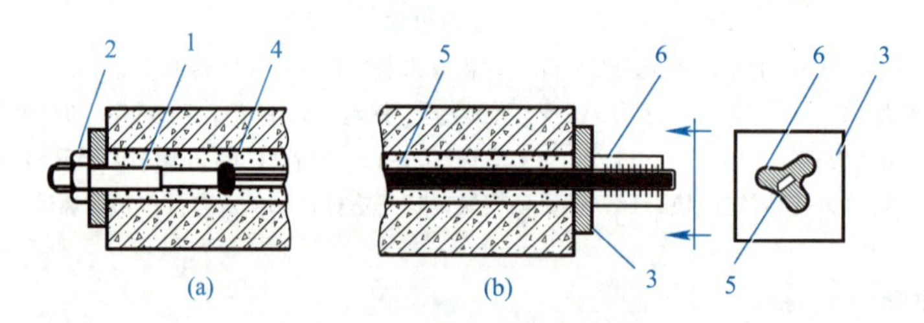

图 5-12 单根预应力筋锚具

(a) 螺栓端杆锚具；(b) 帮条锚具

1—螺栓端杆；2—螺母；3—垫板；4—螺杆与预应力筋对接接头；5—预应力筋；6—帮条

1) 螺栓端杆锚具

螺栓端杆锚具是由螺栓端杆、螺母、垫板组成的，这种锚具适用于锚固直径不大于 36mm 的冷拉 HRB335 级与 HRB400 级钢筋。螺栓端杆可采用与预应力筋同级的冷拉钢筋制作，也可采用热处理 45 号钢制作。螺栓端杆与预应力筋的焊接应在预应力筋冷拉以前进行。冷拉时螺母的位置应在螺栓端杆的端部，经冷拉后螺栓端杆不得发生塑性变形。

2）帮条锚具

帮条锚具是由衬板与三根帮条焊接而成，这种锚具可作为冷拉 HRB335 级与 HRB400 级钢筋的固定端锚具。帮条采用与预应力筋同级别的钢筋，衬板采用 Q235 钢。帮条固定时，三根帮条按 1200mm 均匀布置，与衬板相接触部分的截面应在同一垂直面上，以免受力时产生扭曲。

（2）预应力钢筋束和钢绞线锚具

预应力钢筋束和钢绞线常用的锚具有 KT-Z 型锚具和 JM12 型锚具。在固定端也可采用镦头锚具。

1）KT-Z 型锚具

KT-Z 型锚具是可锻铸铁锥形锚具的简称，是由锚环和锚塞两部分组成，如图 5-13 所示。适用于锚固 3～6 根直径 12mm 的冷拉Ⅲ、Ⅳ级钢筋，直径 8mm 的Ⅴ级钢筋及 7 根 4mm 的钢绞线。KT-Z 型锚具为半埋式，使用时先将锚环小头嵌入承压钢板中，并用断续焊缝焊牢，然后埋设在构件端部。此种锚具由于预应力筋在锚环小口处形成弯折，因而会产生摩擦应力损失。

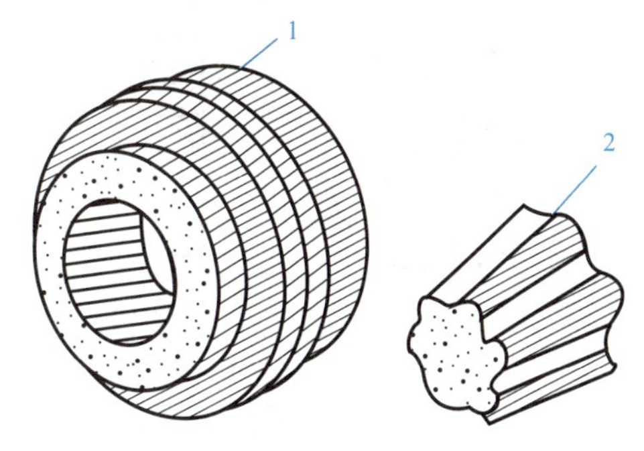

图 5-13　KT-Z 锚具

1—锚环；2—锚塞

2）JM12 型锚具

JM12 型锚具（图 5-14）由锚环和夹片组成。夹片呈扇锥形，用两侧的半圆槽锚住预应力钢筋，为了增加夹片与预应力筋之间的摩擦，在半圆槽内刻有截面为梯形的齿痕，夹片背面的坡度与锚环一致。锚环分甲型和乙型两种。

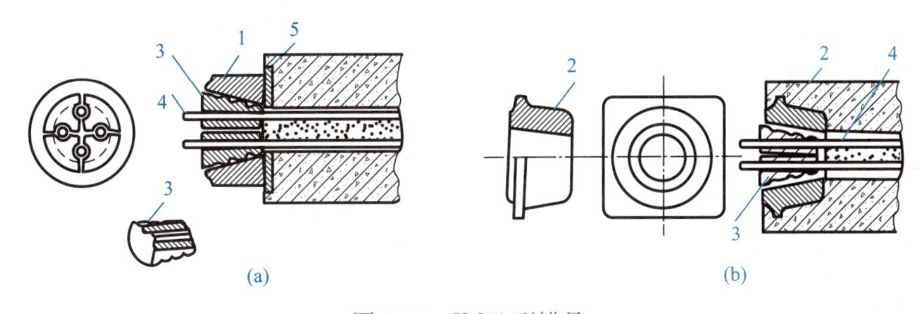

图 5-14　JM12 型锚具

（a）甲型锚环锚具；（b）乙型锚环锚具

1—甲型锚环；2—乙型锚环；3—夹片；4—预应力筋；5—垫板

由于 JM12 型锚具所锚固的钢筋是被单根夹紧，不受直径误差的影响，且预应力筋是在呈直线状态下被张拉和锚固，受力性能好。

3）固定端用镦头锚具

固定端用镦头锚具（图 5-15）是由锚固板和带镦头的预应力筋组成。当预应力钢筋束一端张拉时，在固定端可用这种锚具代替 KT-Z 型锚具或 JM12 型锚具，以降低成本。

（3）预应力钢丝束锚具

预应力钢丝束一般由几根或几十根直径为 3～5mm 的碳素钢丝组成。常用的有锥形锚具、锥形螺杆锚具和镦头锚具等。

1）锥形锚具

锥形锚具（图 5-16）是由锚环和锚塞组成，适用于 12～24 根直径为 5mm 的碳素钢丝组成的钢丝束，也可锚固直径为 4mm 的钢丝。锥形锚具的尺寸应按钢丝的直径确定，以减少应力损失。

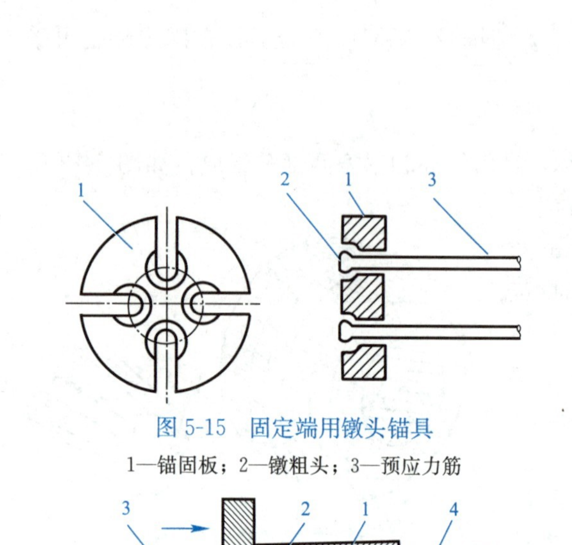

图 5-15　固定端用镦头锚具

1—锚固板；2—镦粗头；3—预应力筋

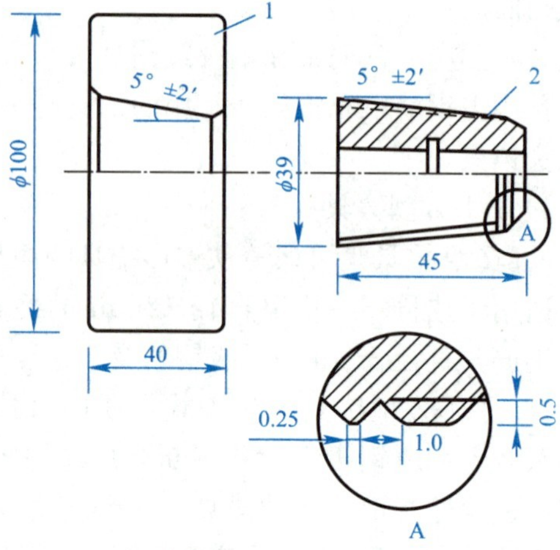

图 5-16　锥形锚具

1—锚环；2—锚塞

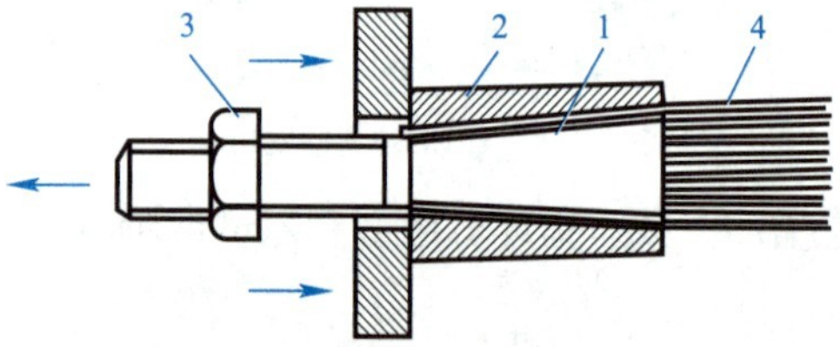

图 5-17　锥形螺杆锚具

1—锥形螺杆；2—套筒；
3—螺母；4—预应力钢丝束

2）锥形螺杆锚具

锥形螺杆锚具（图 5-17）由锥形螺杆、套筒和螺母三部分组成。使用时，先将钢丝束均匀整齐地紧贴在螺杆锥体部分，然后套上套筒，用拉杆式千斤顶使端杆锥体通过钢丝挤压套筒，从而锚紧钢丝。

3）钢丝束镦头锚具

钢丝束镦头锚具（图 5-18）张拉端为带有螺纹的锚环和螺母，固定端为锚板，利用钢丝两端的镦头进行锚固。预应力钢丝束张拉时，在锚环内口拧上工具式拉杆，通过拉杆式千斤顶进行张拉，然后拧紧螺母将锚环锚固。此种锚具适用锚固 12～54 根直径为 5mm 的高强钢丝束，其锚固性能良好，安全可靠，预应力损失小，操作方便。

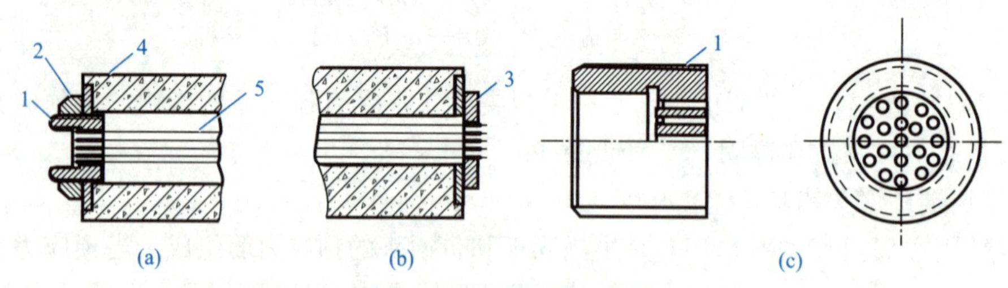

图 5-18　钢丝束镦头锚具

（a）张拉端；（b）固定端；（c）锚环构造

1—锚环；2—螺母；3—锚板；4—垫板；5—镦头预应力钢丝

2. 张拉机械

后张法的张拉设备主要有各种型号的拉杆式千斤顶、锥锚式千斤顶和穿心式千斤顶，以及电动高压油泵。

（1）拉杆式千斤顶

拉杆式千斤顶主要用于张拉带有螺栓端杆锚具的单根粗钢筋，如图 5-19 所示。目前工地上常用的为 600kN 拉杆式千斤顶。

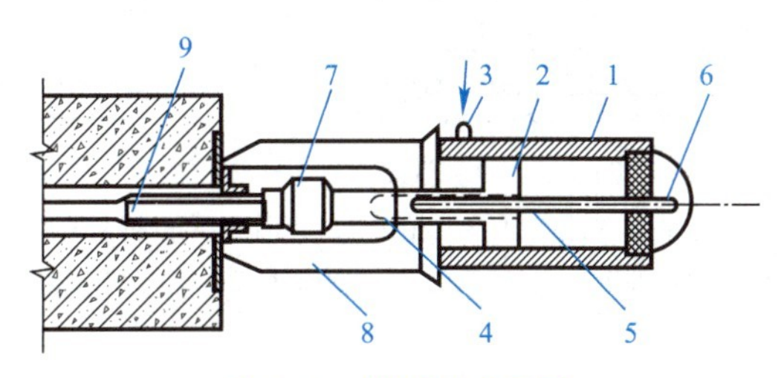

图 5-19　拉杆式千斤顶

1—主缸；2—主缸活塞；3—主缸进油孔；4—副缸；5—副缸活塞；6—副缸进油孔；
7—连接器；8—传力架；9—螺栓端杆

（2）锥锚式千斤顶

锥锚式千斤顶主要用于张拉 KT-Z 型锚具锚固的预应力钢筋束（或钢绞线束）和使用锥形锚具的预应力钢丝束。其张拉钢筋和推顶锚塞的原理（图 5-20）是当主缸进油时，主缸被压移，使固定在其上的钢筋被张拉。钢筋张拉后，改由副缸进油，随即由副缸活塞将锚塞顶入锚圈中。主缸和副缸的回油则是借助设置在主缸和副缸中弹簧的作用来进行的。

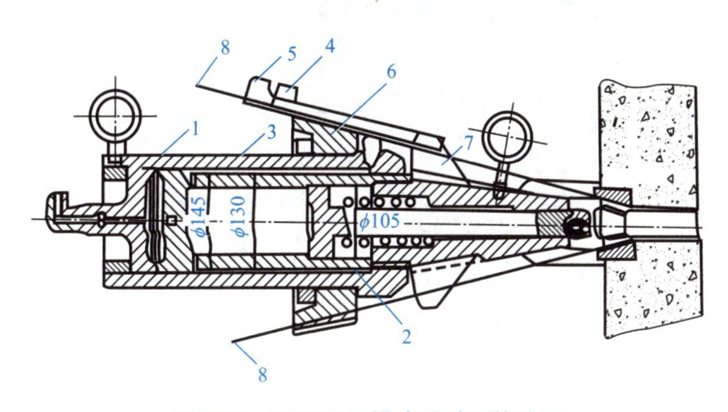

图 5-20　850kN 锥锚式千斤顶构造图

1—主缸；2—副缸；3—退楔缸；4—楔块（张拉时位置）；5—楔块（退出时位置）；
6—楔形卡环；7—退楔翼片；8—预应力筋

（3）YC-60 穿心式千斤顶

YC-60 穿心式千斤顶（图 5-21）主要由张拉油缸、顶压油缸、顶压活塞和弹簧四个部分组成。预应力筋通过沿轴线的穿心孔道用工具锚锚固在张拉油缸的端头上，当张拉油缸进油时，钢筋被张拉。当顶压油缸进油时，顶压活塞即将夹片顶入锚环锚固钢筋。当张拉油缸回油，顶压油缸同时进油即可放松工具锚，将张拉油缸回复到初始位置。当顶压油缸回油时，则由于弹簧作用而将顶压活塞推回到初始位置。

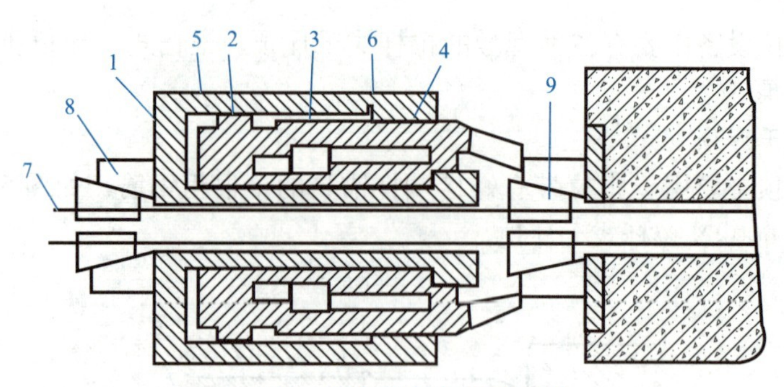

图 5-21　穿心式双作用千斤顶

1—张拉油缸；2—顶压油缸（即张拉活塞）；3—顶压活塞；4—弹簧；5—张拉油缸油嘴；
6—顶压油缸油嘴；7—预应力筋；8—工具锚；9—JM12 型锚具

（4）电动高压油泵

电动高压油泵的类型比较多，电动高压油泵（图 5-22）由泵体、控制阀和车体、管路等部分组成。

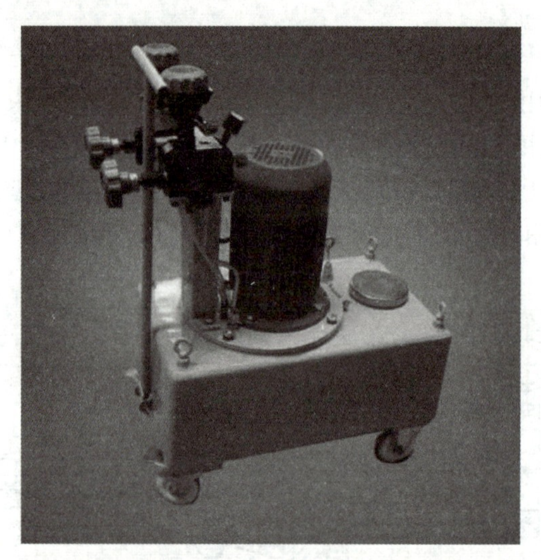

图 5-22　电动高压油泵

5.3.2　预应力筋制作

1. 单根预应力粗钢筋

单根预应力粗钢筋为热处理钢筋，其制作一般包括配料、对焊、冷拉等工序。预应力筋的下料长度应计算确定，计算时要考虑结构的孔道长度、锚具厚度、千斤顶长度、焊接接头或镦头的预留量、冷拉伸长值、弹性回缩值、张拉伸长值等。其下料长度计算示意图如图 5-23 所示。

（1）预应力筋两端采用螺栓端杆锚具

预应力筋的成品长度（即预应力筋完成冷拉后的长度）$L_0=l-2l_1+2l_2$，如图 5-23（a）所示，预应力筋的下料长度为：

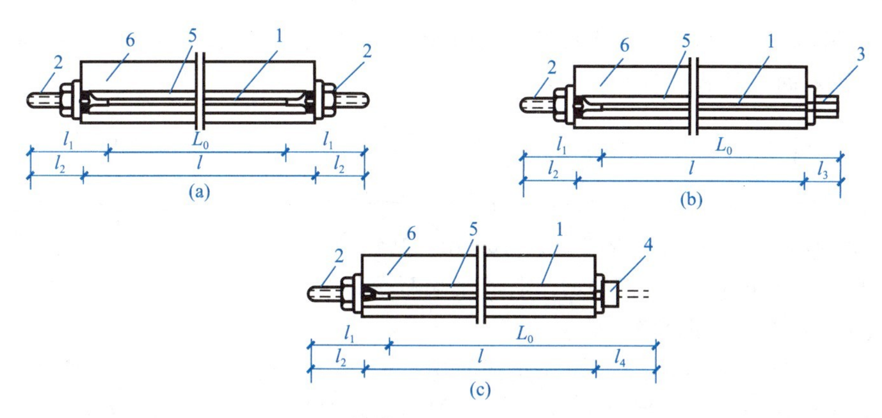

图 5-23　单根钢筋下料长度计算示意图

(a) 预应力筋两端采用螺栓端杆锚具；(b) 预应力筋一端采用螺栓端杆锚具，另一端采用帮条锚具；(c) 预应力筋一端采用螺栓端杆锚具，另一端采用镦头锚具

1—预应力筋；2—螺栓端杆锚具；3—帮条锚具；4—镦头锚具；5—孔道；6—混凝土构件

$$L=\frac{L_0}{1+\delta-\delta_1}+nl_0=\frac{l-2l_1+2l_2}{1+\delta-\delta_1}+nl_0 \tag{5-1}$$

式中　L——预应力筋的下料长度；

L_0——预应力筋的成品长度；

l——构件的孔道长度；

l_1——螺栓端杆长度（可取 320mm）；

l_2——螺栓端杆的外露长度（可取 120～150mm）；

n——钢筋与钢筋、钢筋与螺栓端杆的对焊接头总数；

l_0——每个对焊接头的压缩量（可取钢筋直径），一般为 20～30mm；

δ——钢筋的冷拉率（由试验确定）；

δ_1——钢筋的冷拉弹性回缩率（由试验确定）。

(2) 预应力筋一端采用螺栓端杆锚具，另一端采用帮条锚具或镦头锚具

预应力钢筋的成品长度 $L_0=l-l_1+l_2+l_3$（或 l_4），如图 5-25（b）、（c）所示，预应力筋的下料长度按式（5-2）计算。

$$L=\frac{L_0}{1+\delta-\delta_1}+nl_0=\frac{l-l_1+l_2+l_3(\text{或 } l_4)}{1+\delta-\delta_1}+nl_0 \tag{5-2}$$

式中　l_3——帮条锚具长度（可取 70～80mm）；

l_4——镦头锚具长度（可取 2.25 倍钢筋直径加垫板厚度 15mm）。

【例 5-1】 计算 18m 预应力屋架预应力筋的下料长度。已知构件孔道长度为 17800mm，预应力筋为 ϕ25，测得钢筋冷拉率为 3.5%，弹性回缩率为 0.5%。两端均用螺栓端杆锚具，端杆长 320mm，外露在构件外面的长度为 120mm。预应力筋用三根钢筋对焊而成，则对焊接头数为 4 个。试计算预应力筋的下料长度。

【解】 预应力筋全长 $L=17800+2\times120=18040$mm

预应力筋的下料长度：

$$L=\frac{l-2l_1+2l_2}{1+\delta+\delta_1}+nl_0=\frac{17800-2\times320+2\times120}{1+0.035-0.005}+4\times25=16993\text{mm}$$

若一端用螺栓端杆，另一端用帮条锚具时，因帮条锚具长度为 70～80mm，现取 70mm，则钢筋的下料长度为：

$$L=\frac{l-l_1+l_2+l_3}{1+\delta+\delta_1}+nl_0=\frac{17800-320+120+70}{1+0.035-0.005}+4\times25=17255\text{mm}$$

若一端用螺栓端杆，另一端用镦头锚具时，一般镦头留量取 2.25 倍钢筋的直径，即得 2.25×25≈56mm，如垫板厚度选用 15mm，则镦头锚具所需钢筋的长度 $l_4=56+12=68$mm，可采用 70mm，此时钢筋的下料长度同帮条锚具。

2. 预应力钢筋束或钢绞线束

钢筋束由直径 12mm 的细钢筋（光圆或螺纹）编束而成，钢绞线束由直径 12mm 或 15mm 的钢绞线编束而成。每束 3～6 根，一般不需要对焊接长，下料是在冷拉后进行的。下料长度是构件孔道长度再加上张拉端与固定端的留量。

当一端张拉时，下料长度为：$L=L_k+a+b$ (5-3)

两端张拉时：$L=L_k+2a$ (5-4)

式中 a——张拉端留量，当千斤顶长度为 435mm 时，a 取 600mm；

b——固定端留量，b 取 80mm；

L_k——孔道长度。

5-1 后张法有黏结楼板施工动画

3. 钢丝束的制作

钢丝束的制作随锚具形式的不同，其方法也有差异。用锥形锚具的钢丝束，其制作和下料长度计算基本上与钢筋束相同。

5.3.3 后张法施工工艺

后张法预应力构件制作过程主要分为三个阶段：混凝土构件的制作（预留孔道）→预应力筋的张拉、锚固→孔道灌浆。其工艺流程如图 5-24 所示。

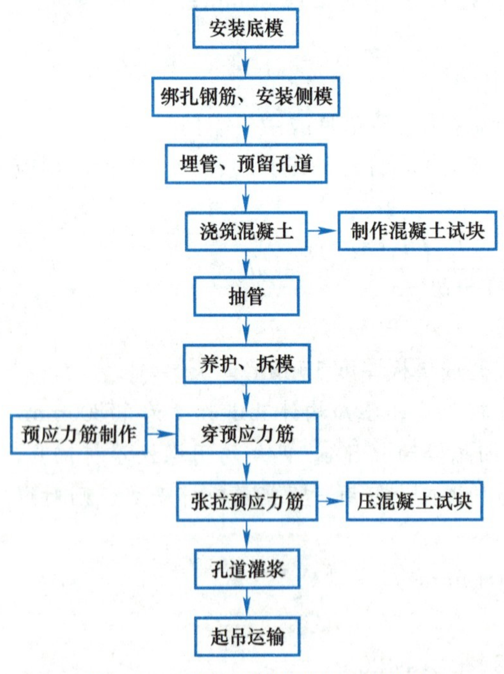

图 5-24 后张法构件制作工艺流程

1. 孔道留设

预应力筋的孔道形状有直线、曲线和折线三种。

预应力筋的孔道可采用钢管抽芯、胶管抽芯和预埋波纹管等方法成型。对孔道成型的基本要求是：孔道的尺寸与位置准确；孔道应平顺；端部预埋件钢板应垂直孔道中心线等。孔道成型的质量对孔道摩阻损失的影响较大。

(1) 钢管抽芯法

钢管抽芯用于直线孔道。钢管必须平直光滑，预埋前应除锈、刷油。钢管在构件中用钢筋井字架固定位置，井字架间距不宜大于 1.0m，与钢筋骨架扎牢。每根钢管长度最好不超过 15m，构件较长时可用两根钢管，两根钢管接头处可用 0.5mm 厚铁皮做成的套管连接，套管内表面要与钢管外表面紧密结合，以防漏浆堵塞孔道。

应恰当地掌握抽管时间。抽管过早，会造成塌孔；抽管太晚，混凝土与钢管黏结牢固，摩阻力增大，抽管困难，甚至有抽不出钢管的可能。具体的抽管时间与混凝土的性质、气温和养护条件有关。一般是在混凝土初凝以后终凝以前，当用手指按压混凝土表面不粘浆又无明显印痕时，即可抽管。在常温下，抽管时间在浇筑混凝土后 3～6h。

抽管顺序宜先上后下地进行。抽管时，必须速度均匀，边抽边转，并与孔道保持在同一直线上。抽管后应及时检查孔道，并做好孔道清理工作，以免增加以后穿筋的困难。

由于孔道灌浆的需要，每个构件在与孔道垂直的方向应留设若干个灌浆孔和排气孔，孔距一般不大于 12m，孔径 20mm。留设灌浆孔或排气孔时，可用木塞或白铁皮管成孔。

(2) 胶管抽芯法

留孔用胶管一般采用有 5～7 层帆布夹层，壁厚 6～7mm 的普通橡胶管。此种胶管可用于直线、曲线或折线孔道。使用前把胶管一头密封，勿使漏水漏气。

抽管前，先放水（或气）降压，待胶管断面缩小与混凝土自行脱离即可抽管。抽管时间比抽钢管略迟，抽管顺序一般为先上后下，先曲后直。

用胶管留孔时，构件长度在 20～30m 以内可用整根胶管，一端抽出；当构件孔道较长时，胶管可在中间接长；对于充气或充水胶管，其接头处应做好密封，防止漏气或漏水。接头形式如图 5-25 所示。

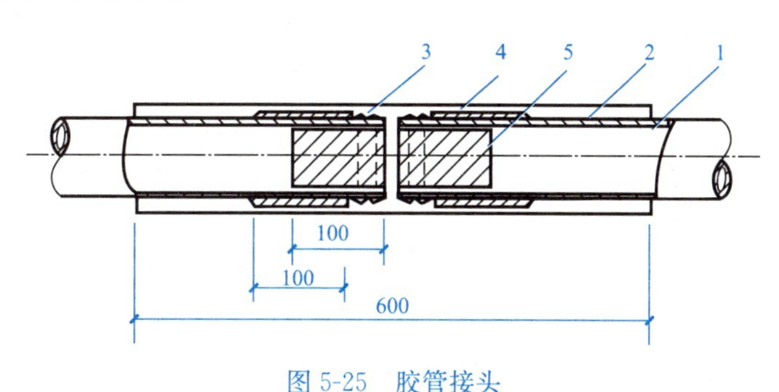

图 5-25 胶管接头

1—胶管；2—白铁皮套管；3—钉子；4—厚 1mm 的钢管；5—硬木塞

(3) 预埋管法

孔道留设除了采用钢管或胶管抽拔成孔外，也可采用预埋波纹管方法成孔，波纹管直接埋设在构件中而不再抽出。预埋管法因省去抽管工序，且孔道留设的位置、形状也易保证，故目前应用较为普遍。金属波纹管因重量轻、刚度好、弯折方便且与混凝土黏结好，它不但可用于直线孔道，更适用于各种曲线孔道。

留设孔道的同时还要在设计规定位置留设灌浆孔。一般在构件两端和中间每隔 12m 留一个直径 20mm 的灌浆孔，并在构件两端各设一个排气孔。

2. 预应力筋的张拉

预应力筋张拉时，结构的混凝土强度应符合设计要求，当设计无具体要求时，不应低于设计强度标准值的 75%。

(1) 张拉控制应力

张拉控制应力（σ_{con}）直接影响预应力的效果，控制应力越高，建立的预应力值就越大，构件的抗裂性也越好。如果控制应力过高，则预应力筋在使用过程中经常处于高应力状态，构件出现裂缝的荷载与破坏荷载很接近，往往构件破坏前没有明显预告，这是不允许的。下列情况可考虑采用超张拉：

1）为了提高构件在施工阶段的抗裂性能而在使用阶段受压区内设置的预应力筋。

2）为了部分抵消由于应力松弛、摩擦、钢筋分批张拉以及预应力钢筋与张拉台座之间的温差因素产生的预应力损失。

当采用超张拉方法减少预应力筋的松弛损失时，预应力筋的张拉程序可为：

$$0 \rightarrow 1.05\sigma_{con} \xrightarrow[2min]{持荷} \sigma_{con} \quad 或 \quad 0 \rightarrow 1.03\sigma_{con}$$

第一种张拉程序中，超张拉 5%并持荷 2min，其目的是为了加速预应力筋松弛早期发展，以减少应力松弛引起的预应力损失。第二种张拉程序中，超张拉 3%，其目的是为了弥补预应力筋的松弛损失。

（2）张拉端设置

预应力筋张拉端的设置，应按设计要求确定。当设计无具体要求时，应符合下列规定：

1）抽芯形成孔道：对曲线预应力筋和长度大于 24m 的直线预应力筋，应在两端张拉；长度小于等于 24m 的直线预应力筋可在一端张拉。

2）预埋波纹管孔道：对曲线预应力筋和长度大于 30m 的直线预应力筋，宜在两端张拉；对长度小于等于 30m 的直线预应力筋可在一端张拉。

当同一截面有多根一端张拉的预应力筋时，张拉端宜分别设在结构的两端，以使构件受力均匀。

（3）预应力损失值的测定

为了解预应力值建立的可靠性，需对预应力筋的应力及损失进行检验和测定，以便在张拉时补足和调整预应力值。

检验应力损失最方便的方法：在后张法中是将钢筋张拉 24h 后，未进行孔道灌浆以前，再重拉一次，测读前后两次应力值之差，即为钢筋中预应力损失（并非预应力损失全部，但已完成很大部分）。由于摩擦力所引起的应力损失，可在钢筋两端安置千斤顶拉住钢筋，然后将一台千斤顶充油，反映在两台千斤顶油表上的读数之差即为摩擦力的大小。

（4）预应力筋伸长值校核

在张拉过程中，必要时还应测定预应力筋的实际伸长值，用以对预应力筋的预应力值进行校核。若实测伸长值大于按预应力筋控制应力所计算的伸长值 10%，或小于计算伸长值 5%时，应暂停张拉，待查明原因并采取措施予以调整后方可重新张拉。预应力筋按控制应力计算的伸长值 ΔL 可由下式求得：

$$\Delta L = \frac{\sigma_{con}}{E_s} L \tag{5-5}$$

式中 σ_{con}——预应力筋张拉控制应力（N/mm^2），如需要超张拉应取实际超张拉应力值；

E_s——预应力筋的弹性模量（N/mm^2）；

L——预应力筋的长度（m）。

在测定预应力筋伸长值时，凡是用螺栓端杆锚具锚固的预应力筋，可直接量出螺母拉离构件端部的距离（两端张拉时为所量长度之和）即为伸长值 ΔL。当预应力筋成束张拉时，为使各钢筋受力均匀，须先建立 10%的初应力，钢筋束的伸长值也应从建立初应力后开始测量，但须加上初应力以下的推算伸长值；对于后张法尚应扣除混凝土构件在张拉过程中的弹性压缩值。

3. 孔道灌浆

预应力筋张拉锚固后，应进行孔道灌浆。其作用主要是保护预应力筋，防止其锈蚀和使预应力筋与结构混凝土形成整体。因此，孔道灌浆宜在预应力筋张拉锚固后尽快进行。

孔道灌浆所用灰浆除应满足强度和黏结力要求外，还应具有较大的流动性和较小的干缩性、泌水性。因此，孔道灌浆应采用强度不低于 42.5 级的普通硅酸盐水泥配制的水泥浆。水泥浆强度应不低于 $20N/mm^2$，水灰比宜控制在 0.4～0.45 之间，搅拌后 3h 泌水率宜控制在 2%左右，最大不得超过 3%。对于空隙较大的孔道，水泥浆中可以掺入适量的细砂。为了增加孔道灌浆的密实性，在水泥浆中可掺入水泥用量 0.05‰～0.1‰的铝粉或 0.025‰的木质素磺酸钙或其他减水剂，但不得掺入氯化物或其他对预应力筋有腐蚀作用的外加剂。

灌浆前，混凝土孔道应用压力水冲刷干净并润湿孔壁。孔道灌浆可用电动灰浆泵。水泥浆倒入灰浆泵时必须过筛，以免水泥块或其他杂物进入泵体或孔道，影响灰浆泵正常工作或堵塞孔道。在孔道灌浆过程中，灰浆泵内应始终保持有一定的灰浆量，以免空气进入孔道而形成空腔。

灌浆时，水泥浆应缓慢均匀地泵入，不得中断，灌满孔道并封闭排气孔后，宜再继续加压至 0.5～0.6MPa，并稳压一定时间，以确保孔道灌浆的密实性。用压力水冲洗孔道后，灌浆时应待排气孔中流出足量的浓浆后才能封闭灌浆孔。对于用不加外加剂的水泥浆灌浆，必要时可掌握时机进行二次灌浆，以提高孔道灌浆的密实性。

灌浆顺序应先下后上，以避免上层孔道漏浆而把下层孔道堵塞。曲线孔道灌浆，宜由最低点压入水泥浆，至最高点排气孔排出空气及溢出浓浆为止。为确保曲线孔道最高处或锚具端部灌浆密实，宜在曲线孔道的最高处设立泌水竖管，使水泥浆下沉，泌水上升到泌水管内排除，并利用压入竖管内水泥浆的回流，以保证曲线孔道最高处或锚固处的灌浆密实。

5.4 无黏结预应力施工

在后张法预应力混凝土中，预应力筋分为有黏结和无黏结两种。其中有黏结的预应力筋是后张法的常规作法，张拉后通过灌浆或其他措施使预应力筋与混凝土产生黏结力，在使用荷载作用下，构件的预应力筋与混凝土不再发生纵向相对滑动。

所谓无黏结预应力混凝土，就是在浇注混凝土之前，将钢丝束的表面覆裹一层涂塑层，并绑扎好钢筋束，埋在混凝土内，待混凝土达到设计强度之后，用张拉机具进行张拉，当张拉达到设计的应力后，两端再用特制的锚具锚固。这种方法借用锚具传递预先施加的应力，无需留孔道，也不必在孔道内灌浆，使之产生预应力效果。

这样做的优点：一是可以降低楼层高度；二是空间大，可以提高使用功能；三是提高了结构的整体刚度；四是减少材料用量。

1. 无黏结预应力筋的组成

无黏结预应力筋是以专用防腐润滑脂（或防腐沥青）作涂料层，由聚乙烯（或聚丙烯）塑料作外包层的钢绞线或碳素钢丝束制作而成。

涂料层的作用是使预应力筋与混凝土隔离，减少张拉时的摩擦损失，防止预应力筋腐蚀等。因此，对涂料要求有较好的化学稳定性、韧性；在－20～70℃温度范围内不裂缝、不变脆、不流淌；能较好地黏附在钢筋上，对钢筋和混凝土无腐蚀作用；不透水、不吸湿、润滑性好，摩擦阻力小。常用的涂料层有防腐沥青、防腐油脂、建筑油脂等。

对外包层的要求是在－20～70℃温度范围内不脆化，化学稳定性高；具有足够的韧性，抗破损性强；对周围材料无侵蚀作用；防水性好，保证预应力筋在运输、储藏、铺设和浇注混凝土过程中不会发生不可修复的破坏。常用的外包层可以用塑料布或高压聚乙烯塑料制作，也可选用聚氯乙烯、高压聚乙烯、低压聚乙烯和聚丙烯等挤压成型作为预应力束的涂层包裹层。无黏结预应力筋按钢筋种类和直径分为：ϕ12、ϕ15 的钢绞线和 $7\phi^{b}5$ 的碳素钢丝束，形状如图 5-26 所示。

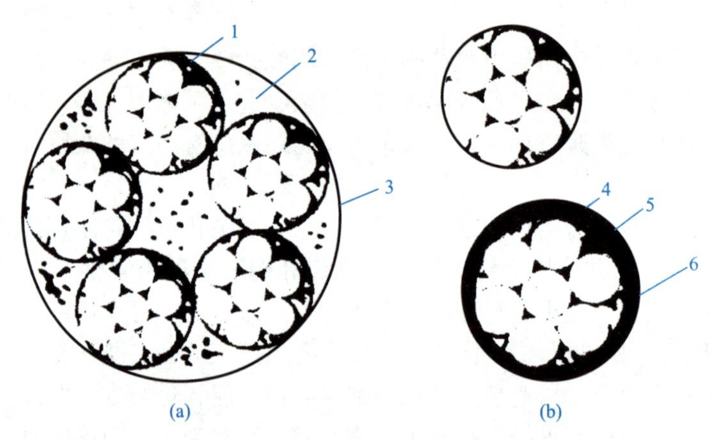

图 5-26　无黏结预应力筋横截面示意图

(a) 无黏结钢绞线束；(b) 无黏结钢丝束或单根钢绞线

1—钢绞线；2—沥青涂料；3—塑料布外包层；4—钢丝；5—油脂涂料；6—塑料管、外包层

2. 无黏结预应力筋的制作

制作无黏结筋一般使用钢丝束或钢绞线，要求不应有死弯，每根必须通长，中间没有接头。其制作工艺为：编束放盘→涂上涂料层→覆裹塑料套→冷却→调直→成型。

无黏结预应力束的制作，一般采用缠纸工艺和挤压涂层工艺两种。

(1) 缠纸工艺

无黏结预应力束制作的缠纸工艺是在缠纸机上连续作业，完成编束、涂油、镦头、缠塑料布和切断等工序。

制作时，钢丝放在放线盘上，穿过梳子板汇集成束，成束钢丝通过油枪均匀涂油，涂油钢丝穿入锚环用冷镦机冷镦锚头，带有锚环的成束钢丝用牵引机牵引向前，与此同时开动装有塑料布条的缠纸转盘，钢丝束边前进边缠塑料布条。塑料布条的宽度根据钢丝束直径大小而定，一般宽度为 50mm。在缠制过程中应确保塑料布条搭接 3mm。当钢丝束达到需要长度后进行切割，成为一个完整的无黏结预应力束。

(2) 挤压涂层工艺

挤压涂层工艺主要是钢丝通过涂油装置涂油，涂油钢丝束通过塑料挤压机涂刷塑料薄膜，再经冷却筒槽成型塑料套管。这种无黏结束挤压涂层工艺与电线、电缆包裹塑料套管的工艺相似。无黏结预应力束挤压涂层工艺的特点是效率高、质量好、设备性能稳定。

3. 无黏结预应力筋的布置

无黏结预应力筋布置前，应逐根检查外包层的完好程度，对有轻微破损者，可用塑料带补好，对破损严重者应予以报废，不得使用。布置时，应符合下列要求：

(1) 预应力筋的绑扎

与其他普通钢筋一样，用钢丝绑扎牢固。

(2) 双向预应力筋的布置

对各个交叉点要比较其标高，先布置下面的预应力筋，再布置上面的预应力筋。总之，不要使两个方向的预应力筋相互穿插编结。

(3) 控制预应力筋的位置

在配置预应力筋时，为使位置准确，不要单根配置，而要成束或先拧成钢绞线再布置。在配置时，为严格竖向、环形、螺旋形的位置，还应设支架，以固定预应力筋的位置。

4. 无黏结预应力施工工艺

(1) 无黏结预应力筋的张拉

无黏结预应力筋张拉前，应检查混凝土的强度，需要达到设计强度的 100%。此外，还要检查机具、设备。

无黏结预应力束的张拉方法与后张法中带有螺栓端杆锚具的有黏结预应力钢丝束张拉方法相似。张拉程序一般采用 $0 \rightarrow 1.03\sigma_{con}$。

无黏结预应力束的张拉顺序应根据其铺设顺序确定，一般是先铺设的先张拉，后铺设的后张拉。

在张拉过程中需要注意：

1) 张拉中，严防钢丝被拉断，要控制同一截面的断裂不得超过 2%，最多只允许 1 根。

2) 当预应力筋的长度小于 25m，宜采用一端张拉；若长度大于 25m，宜采用两端张拉。

3) 张拉伸长值，按设计要求进行。

(2) 无黏结预应力筋的端部处理

无黏结预应力束由于一般采用镦头锚具，锚头部位的外径比较大，因此，钢丝束两端应在构件上预留有一定长度的孔道，其直径略大于锚具的外径。钢丝束张拉锚固以后，其端部便留下孔道，并且该部分钢丝没有涂层，为此应加以处理，保护预应力钢丝。

无黏结预应力束镦头端部处理目前常采用两种方法：第一种方法是在孔道中注入油脂并加以封闭；第二种方法是在两端留设的孔道内注入环氧树脂水泥砂浆，其抗压强度不低于 35MPa。灌浆时同时将锚头封闭，防止钢丝锈蚀，同时也起到一定的锚固作用。

5.5 电热法施工

电热法施工是利用钢筋热胀冷缩的原理来实现的。施工时，对预应力筋通以低电压强电流，由于钢筋电阻较大，致使钢筋发热伸长，待钢筋伸至预定长度后，随即进行锚固，并切断电源，断电后钢筋冷却回缩，使混凝土获得预压应力。

电热法的优点是：操作简便，劳动强度低，设备简单，效率高，而且电热张拉过程中对冷拉钢筋起到电热时效作用，还可消除钢筋在热轧制造时所产生的内应力，故能使钢筋的强度有所提高，同时在曲线配筋中也可以避免摩擦应力损失。因此，它不仅适用于直线配筋，而且可作为高空作业、张拉框架结构和曲线配筋的构件。但是，由于电热法是用预应力筋的伸长来控制预应力值，往往因材质不均不易控制准确，因此在成批生产前应用千斤顶对电热张拉后的钢筋预应力值进行校核，摸索出钢筋伸长与应力间的规律，作为电热张拉时的依据。

电热法适用于热处理钢筋配筋的构件，可用于先张法，也可用于后张法。在后张法中，它既可采取预留孔道的方法，又可采取不留孔道的方法。不留孔道时，主要是在预应力筋表面浸涂一层热塑涂料（如沥青、硫磺砂浆等），当钢筋通电加热时，热塑涂料遇热熔化，钢筋即可自由伸长，而当电热张拉完毕，热塑涂料又随钢筋温度的下降而硬化，使预应力筋与构件形成整体。电热法同样适用于曲线形预应力混凝土结构和圆形结构（如油罐、粮仓）。

电热法的施工工艺流程如图 5-27 所示。

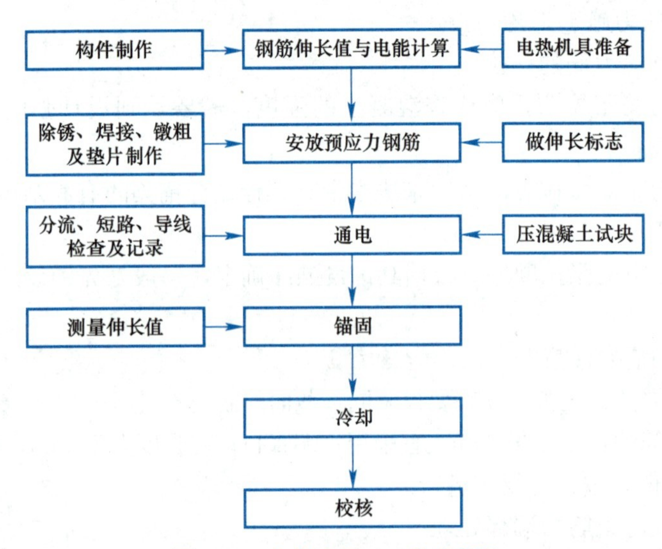

图 5-27　电热法施工工艺流程图

1. 钢筋伸长值的计算

伸长值的计算是电热法的关键，构件按电热法设计，在设计中已经考虑了由于预应力筋放张而产生的混凝土弹性压缩对预应力筋有效应力值的影响，故在计算钢筋伸长时，只需考虑电热张拉工艺特点。电热张拉时，由于预应力筋不直以及钢筋在高温和应力状态下的塑性变形，将产生应力损失。因此，预应力筋伸长值 ΔL 按下式计算：

$$\Delta L=\frac{\sigma_{con}+30}{E_s}L \tag{5-6}$$

式中　σ_{con}——设计张拉控制应力（N/mm^2）；

30——由于预应力筋不直和热塑变形而产生的附加预应力损失值（N/mm^2）；

E_s——电热后预应力筋弹性模量，当条件允许时，可由试验确定（N/mm^2）；

L——电热前预应力筋总长度（mm）。

对抗裂要求较高的构件，在成批生产前应根据实际建立的预应力值的复核结果对伸长值进行必要的调整。

2. 电热设备的选择

电热设备的选择主要包括对电热变压器（或弧焊机）、导线截面和夹具型式等的计算和选择。

（1）预应力筋电热温度计算

预应力筋通电后，随其温度升高而伸长，当其伸长值为 ΔL 时，其电热温度为：

$$T = T_0 + \frac{\Delta L}{\alpha L} \tag{5-7}$$

式中 T——预应力筋电热温度（℃）；

T_0——预应力筋初始温度（一般为环境温度,℃）；

α——预应力筋线膨胀系数（取 $1.2\times10^{-5}℃^{-1}$）；

L——电热前预应力筋全长（mm）。

对预应力筋的电热温度应加以限制，如果温度太低，伸长变形缓慢，功效低；如果温度过高，对冷拉预应力筋起退火作用，影响预应力筋的强度。因此，应控制预应力筋电热温度不超过350℃。

（2）变压器的选择

变压器所需功率可按下列近似公式计算：

$$P = \frac{mcT}{380t} \tag{5-8}$$

式中 m——钢筋同时电热部分的质量（kg）；

c——钢筋的热容量系数，取0.48kJ/（kg·K）；

T——钢筋所需加热温度（℃）；

t——钢筋加热时间（h）。

计算所得的 P 值，应考虑铁耗和铜耗的损失，一般乘以1.08～1.15的系数，即得电热变压器的计算容量。

根据上述计算结果，即可选择电热设备。电热设备可选用低变压器或弧焊机等。选择变压器时应满足一次电压为220～380V，二次电压为30～65V，二次额定电流值不宜小于 $2.0A/mm^2$。

（3）导线和夹具的选择

从电源接到变压器的一次导线，可用普通绝缘硬铜线；而变压器与预应力筋连接的二次导线，最好用绝缘软铜丝绞线。二次导线应尽量缩短，以减少二次导线的电阻。二次导线的安全截面可根据二次电流大小选用，采用铜线时，其电流密度不宜超过 $0.05A/mm^2$；采用铝线时，不宜超过 $0.03A/mm^2$。

二次导线与预应力筋应用接线夹具连接，夹具要求导电性能好、接头处电阻小、接触良好、构造简单，因此宜用紫铜板制成夹具，并且夹具要与钢筋夹紧并需除去铁锈，以减少电阻，加速电热过程。

5.6 预应力房屋结构施工

5.6.1 部分预应力现浇框架结构施工

部分预应力现浇框架结构是在框架梁中施加部分预应力的一种现浇预应力混凝土结构体系。框架柱一般是非预应力的，对顶层边柱，有时为了解决配筋过多，也有采用预应力的。这种结构体系具有跨度大、内柱少、工艺布置灵活、结构性能好等优点，已广泛用于大跨度多层工业厂房、仓库及公共建筑。

1. 预应力筋孔道布置

预应力筋孔道直径宜比钢丝束或钢绞线束的外径大 5～10mm，且孔道面积不应小于预应力筋净面积的二倍。

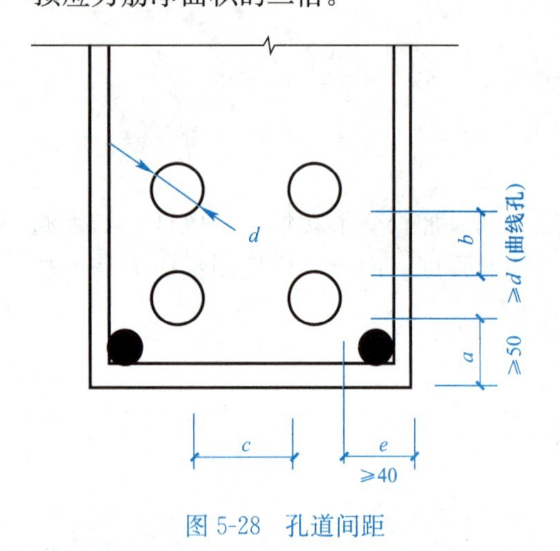

图 5-28　孔道间距

预应力筋孔道的最小净距应大于粗骨料最大直径的 4/3；对于曲线筋孔道，竖直方向净距不应小于孔径 d；对使用插入式振动器穿过孔道振捣的，水平方向净距不应小于 1.5d（图 5-28）。

预应力筋保护层的最小厚度（从孔壁算起）：综合国内外资料及工程实践，对梁底取 50mm，对梁侧取 40mm。这样预应力筋就有可能位于非预应力筋以内，裂缝宽度比混凝土表面处小些。

2. 钢筋构造措施

根据框架结构施加预应力的特点，以及为了解决预应力筋孔道与钢筋相碰问题，钢筋的构造采用以下措施：

(1) 在框架梁的预应力筋弯折处，应加密箍筋或沿弯折处内侧设置钢筋网片，以加强预应力筋弯折区段的混凝土。

(2) 框架梁的宽度≤350mm 时，可不设四肢箍，以免与预应力筋孔道相碰。

(3) 框架梁的截面高度范围内有集中荷载作用时，应在该处设置附加箍筋，不宜采用吊筋，以免将预应力筋孔道挤弯。

(4) 如框架梁的预应力筋及套管从钢筋骨架的顶部放入，可将箍筋先做成开口，待套管安放完毕后再封闭。

3. 多层框架混凝土浇筑与预应力筋张拉的施工顺序

根据大量工程实践，框架混凝土施工与预应力张拉可归纳为三种施工顺序：

(1) 逐层浇筑、逐层张拉

多层现浇预应力混凝土框架结构施工时，浇筑一层框架梁的混凝土，张拉一层框架梁的预应力筋，自下而上逐层进行的施工顺序称为“逐层浇筑、逐层张拉”。

采用这种施工顺序组织施工时，上层框架梁混凝土浇筑应在该下层框架梁预应力筋张拉后进行。每层框架梁混凝土浇筑后都必须养护到设计规定强度时，方可张拉预应力筋。一般情况下，框架梁混凝土养护所需时间较长，所以对于平面尺寸不大的工程，每层框架梁混凝土养护与预应力筋张拉都要占用一些工期。对于平面尺寸较大的工程，则可划分施工段组织流水施工，以减少混凝土养护对工期的影响。

由于框架梁下支撑只承受一层施工荷载，预应力筋张拉后即可拆除，因此占用模板、支撑的时间和数量均较少。一般情况下梁侧模板只需配置一套，梁底模及支撑需要配置两套。但是，预应力张拉专业队伍每层需要进场一次，花费时间较多。

（2）数层浇筑、顺向张拉

多层现浇预应力混凝土框架结构施工时，在浇筑 2～3 层框架梁混凝土之后，自下而上（顺向）逐层张拉框架梁预应力筋的施工顺序称为“数层浇筑、顺向张拉”。

采用这种施工顺序时，框架结构混凝土施工可按普通钢筋混凝土结构一样逐层连续施工，框架梁预应力筋张拉可错开一层自下而上逐层跟着张拉。这样先浇筑的框架梁先张拉，基本消除了框架梁混凝土养护对工期的影响，并可使预应力筋张拉不占工期，工作紧凑。但这种施工顺序，底层框架梁支撑需承受上面两层施工荷载，因此占用支撑和模板较多，预应力张拉专业队伍进场次数也较多，而且存在立体交叉作业，安全措施要求较高。采用这种施工顺序时，由于下层框架梁预应力筋张拉后所产生的反拱，会通过支撑对上层框架梁产生影响，因此要求此时上层框架梁混凝土的强度应达到 C15。

（3）数层浇筑、逆向张拉

多层现浇预应力混凝土框架结构施工时，在浇筑 2～3 层框架梁混凝土之后，自上而下（逆向）逐层张拉框架梁预应力筋的施工顺序称为“数层浇筑、逆向张拉”。

采用这种施工顺序时，框架混凝土施工可按普通钢筋混凝土结构逐层浇筑数层后一起养护，待最上层梁的混凝土强度达到设计要求后，自上而下逐层张拉预应力筋，直至张拉工作全部结束。这就可以减少混凝土养护对工期的影响，加速工程进度，减少预应力张拉专业队伍进场次数和时间。但这种施工顺序，由于框架结构混凝土采用数层连续浇筑，底层框架梁支撑需承受上面几层施工荷载，因此支撑受力大，支撑与底模配置层数多，占用时间长。该施工顺序适用于平面尺寸不大、层数不多（2～3 层）的现浇预应力混凝土框架结构施工。

以上是多层现浇预应力混凝土框架结构施工时可采用的三种基本施工顺序。一个工程可根据具体情况选择一种施工顺序进行施工；也可采用两种施工顺序组合进行。工程实践表明，合理地安排好框架梁混凝土浇筑和预应力筋张拉的施工顺序，将对整个工程的工期、工程质量及经济效益等产生较大的影响。

4. 预应力混凝土框架梁施工工艺

多层现浇预应力混凝土框架结构具有跨度大、柱距大、施工荷载大和高空张拉等特点。因此，预应力框架梁施工与普通钢筋混凝土框架相比，难度更大，施工技术要求更高。

（1）模板的安装与拆除

预应力混凝土框架梁的特点：跨度大、自重大、层高也大，并考虑到预应力筋张拉前楼板与次梁的荷载可能会传给框架梁，因此预应力框架梁支模时，支架的承载力应经过验算，以保证安全。对底层框架梁的支撑必须做好地基处理，防止不均匀沉陷。

预应力框架梁底模板的起拱值，考虑到梁张拉后产生的反拱可以抵消部分梁自重产生的挠度，因此其起拱高度较小，仅为全跨长度的 0.5‰～1‰。

预应力框架梁的侧模板和楼板模板应在预应力筋张拉前全部拆除，以避免施加预应力时模板束缚梁的混凝土自由变形，影响混凝土预应力的建立。框架梁底模板及支撑应在预应力筋张拉结束、孔道灌浆强度达到 15MPa 之后，方可拆除。

（2）混凝土浇筑

框架梁混凝土浇筑过程中，振动器不得触及螺旋管，以免损坏螺旋管而引起漏浆、堵塞孔道。同时，在梁端锚固区因钢筋密集，宜用小直径振动棒振捣密实，以免张拉时预埋钢板凹陷而引起质量事故。

为了防止螺旋管漏浆而引起孔道堵塞，在混凝土浇筑后应立即用通孔器通孔或用高压水冲孔。通孔器是用一段圆钢做成两端小、中间大的形状，其直径应比孔径小 10mm，长度为 60～80mm，两端栓有尼龙绳，以便来回拉动。如在混凝土浇筑前先穿预应力束，也可在混凝土浇筑过程中及时来回拉动预应力束，以防止偶尔漏浆引起预应力束与波纹管黏结，保证孔道畅通。

预应力框架梁一般应连续浇筑完毕，不留施工缝。在梁端处柱的施工缝位置应根据预应力筋锚固区局部承压的要求确定，必要时其施工缝位置应高出梁面 200～300mm。

5.6.2　无黏结预应力楼面结构施工

无黏结预应力混凝土楼面结构是在楼板中配置无黏结筋的一种现浇预应力混凝土结构体系。这种结构体系具有柱网大、使用灵活、施工方便等优点，但预应力筋的强度不能充分发挥，开裂后的裂缝较集中。采用无黏结预应力混凝土，可改善开裂后的性能与破坏特征。该体系广泛用于大开间多层和高层建筑的混凝土楼面结构，也可用于预应力混凝土框架梁中。

1. 预应力筋布置

预应力筋的布置根据楼面结构形式，有以下几种：

（1）多跨单向平板

无黏结预应力筋采取纵向多波连续曲线配筋方式。曲线筋的形式与板承受的荷载形式及活荷载与恒荷载的比值等因素有关。

（2）多跨双向平板

无筋结预应力筋在纵横两个方向均采用多波连续曲线配筋的方式，在均布荷载作用下其配筋形式有下列两种：

1）按柱上板带与跨中板带布筋（图 5-29a）；

2）一向带状集中布筋，另向均匀分散布筋（图 5-29b）。

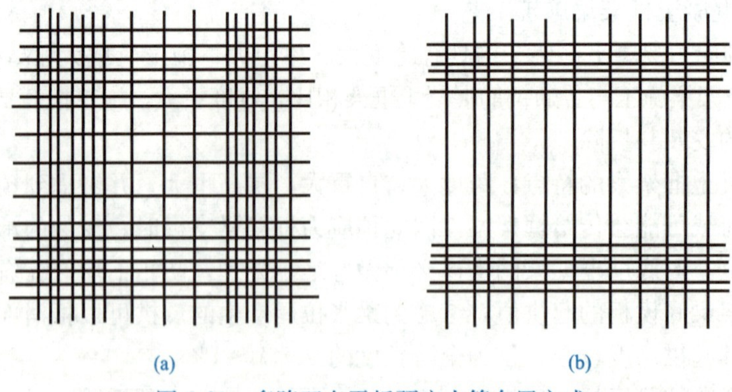

图 5-29　多跨双向平板预应力筋布置方式

（a）按柱上板带与跨中板带布筋；（b）一向带状集中布筋，另向均匀分散布筋

（3）多跨双向密肋板

在多跨双向密肋板中，每根肋中布置无黏结预应力筋，柱间采用双向无黏结预应力扁梁。

2. 细部构造

（1）混凝土保护层

无黏结预应力筋保护层的最小厚度，应根据耐火等级及结构约束条件确定，见表 5-2、表 5-3（表中未填项要求采取特殊措施）。梁宽在 200～300mm 之间时，保护层可按表 5-3 取插算值；当混凝土保护层厚度不满足列表要求时，应使用防火涂料。

板的混凝土保护层最小厚度（mm） 表 5-2

约束条件	耐火极限（h）			
	1	1.5	2	3
简支	25	30	40	55
连续	20	20	25	30

梁的混凝土保护层最小厚度（mm） 表 5-3

约束条件	梁宽	耐火极限（h）			
		1	1.5	2	3
简支	200	45	50	65	—
简支	≥300	40	45	50	65
连续	200	40	40	45	50
连续	≥300	40	40	40	45

（2）锚固区构造

1）在平板中单根无黏结预应力筋的张拉端可设在边梁或墙体外侧，有凸出式或凹入式作法（图 5-30）。前者利用外包钢筋混凝土圈梁封裹，后者利用掺膨胀剂的砂浆封口。承压钢板的参考尺寸为 80mm×80mm×12mm 或 90mm×90mm×12mm，根据预应力筋规格与锚固区混凝土强度确定。螺旋筋为 ϕ6 钢筋、直径 70mm，3.5 圈，可直接点焊在承压板上。

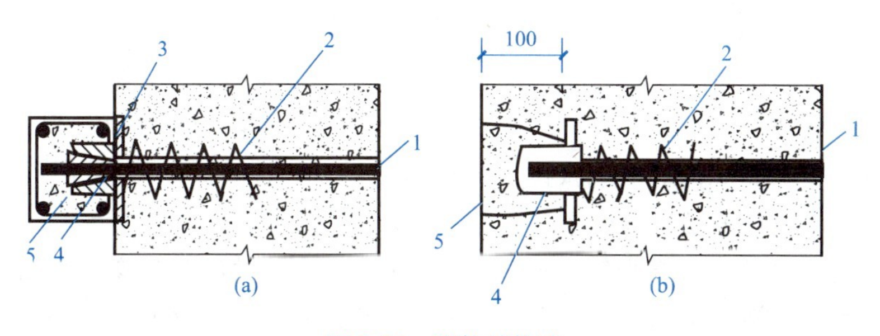

图 5-30 张拉端构造

（a）凸出式；（b）凹入式

1—无黏结预应力筋；2—螺旋筋；3—承压钢板；4—夹片锚具；5—混凝土圈梁

2）在梁中成束布置的无黏结预应力筋，宜在张拉端分散为单根布置，承压钢板上预应力筋的间距为 60～70mm。当一块钢板上预应力筋根数较多时，宜采用钢筋网片。网片

采用 ϕ6～ϕ8 钢筋，4～6 片。

3）无黏结预应力筋的固定端可利用镦头锚固板或挤压锚具采取内埋式作法（图 5-31）。对于多根无黏结预应力筋，为避免内埋式固定端拉力集中使混凝土开裂，可采取错开位置锚固。

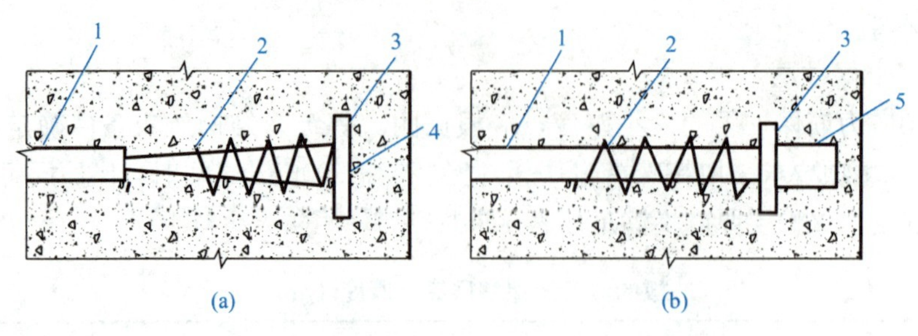

图 5-31　无黏结预应力筋固定端内埋式构造

（a）钢丝束镦头锚板；（b）钢绞线挤压锚具

1—无黏结预应力筋；2—螺旋筋；3—承压钢板；4—冷镦头；5—挤压锚具

5.6.3　大面积预应力楼板施工

大面积预应力楼板施工，应重点解决特长的预应力筋施工、分段流水施工等问题；同时，必须考虑施工中如何减少约束力，使楼板获得预期的预应力效果。

1. 分段流水施工

楼面施工段的划分应考虑结构特点、施工能力、模板周转、特长预应力筋施工以及减少约束力等因素综合确定。分段施工可减小后张阶段由于早期体积改变产生的位移量和约束力。施工段的长度一般为 30～40m。

第一施工段的混凝土浇筑后，即可进行第二段施工；但第二段混凝土的浇筑，应在第一段预应力筋张拉后进行。每段工期为 7～10d，模板需要配备两套（即两个施工段所需的数量）。如在大面积楼板上设置后浇带或伸缩缝，则两个施工段可独立进行，不受预应力筋张拉的影响。

沿预应力筋方向布置的剪力墙会阻碍板中预应力的建立。在施工中为了消除这种效应的影响，对剪力墙采取三面留施工缝，与柱和楼板脱离，待楼板预应力筋张拉完毕后再补浇施工缝。

2. 特长预应力筋施工

为了防止特长多波曲线预应力筋一次张拉造成的摩擦损失过大，同时也为了减少众多的柱的约束而影响楼板的预应力效果，特长预应力筋宜分段接力张拉。每段的长度：对一端张拉，一般不大于 25m；对两端张拉，一般不大于 50m。具体做法有以下几种：

（1）预应力筋通长铺设、分段张拉

预应力筋通长铺设、分段张拉，如图 5-32 所示。这种做法是在第二段浇筑混凝土前必须将第一段预应力筋张拉完毕。由于预应力筋是连续铺至第二段的，因此在中间张拉时张拉设备应从预应力筋上方卡入。

如预应力筋通长铺设，楼板混凝土一次浇筑，则中间预留张拉口用专用千斤顶分段接力张拉。

（2）预应力筋搭接铺设、分段张拉

预应力筋搭接铺设、分段张拉，如图 5-33 所示。预应力筋的张拉端设在板面的凹槽处，其固定端采用镦头锚板，埋设在楼板内。如预应力筋采取两端张拉，则两端都设有凹槽。在预应力筋搭接处，由于无黏结筋的高度减少而影响抗弯能力，可增加非预应力筋补足。

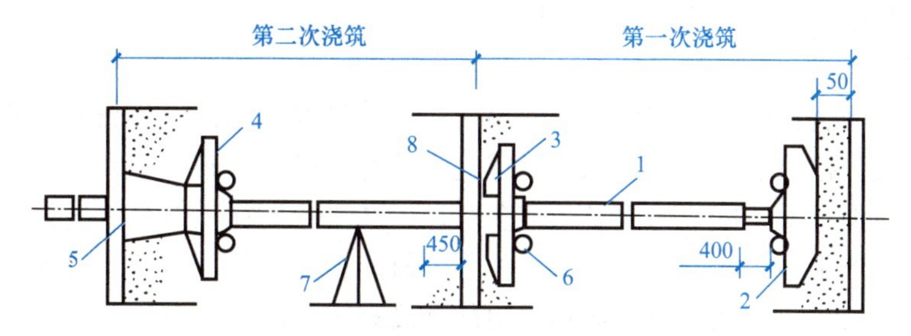

图 5-32 预应力筋通长铺设、分段张拉简图

1—无黏结预应力筋；2—固定端锚具；3—中间锚具；4—张拉端锚具；
5—塑料穴模；6—横向钢筋；7—支架；8—模板

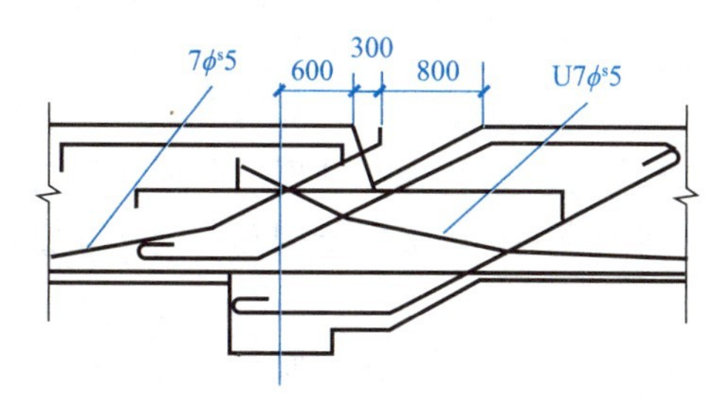

图 5-33 预应力筋搭接铺设、分段张拉简图

5.7 预应力混凝土质量通病及预防措施

在预应力混凝土施工中，常发生的质量事故有：孔道位置不正，孔道塌陷、堵塞、预应力值不足，孔道灌浆不通畅、不密实，无黏结预应力混凝土摩阻损失大，张拉后构件产生弯曲变形等。

1. 张拉裂缝

预应力大型屋面板、墙板、槽形板常在上表面或横肋、纵肋端头出现裂缝；预应力吊车梁、屋架等则多在端头出现裂缝；板面裂缝多为横向，在板角部位呈 45°角，端头横肋靠近纵肋部位的裂缝基本平行于肋高，纵肋端头裂缝呈斜向；此外预应力吊车梁、桁架等构件的端头锚固区常出现沿预应力筋方向的纵向裂缝，并断续延伸一定长度范围，矩形梁有时贯通全梁；桁架端头有时还出现垂直裂缝，其中拱形桁架上弦往往产生横向裂缝；吊车梁屋面板在使用阶段，在支座附近出现由下而上的竖向裂缝。

产生原因：预应力板类构件板面裂缝，主要是预应力筋放张后，由于肋的刚度差，产生反拱受拉，加上板面与纵肋收缩不一致，而在板面产生横向裂缝；板面四角斜裂缝是由于端肋对纵肋压缩变形的牵制作用，使板面产生空间挠曲，在四角区出现对角拉应力而引起裂缝。

预应力大型屋面板端头裂缝是由于放张后，肋端头受到压缩变形，而模胎阻止其变形

（俗称卡模）造成板角受拉，横肋端部受剪，因而将横肋与纵肋交接处拉裂；另外在纵肋端头部位，预应力钢筋产生的剪应力和放松引起的拉应力均为最大，从而因主拉应力较大引起斜向裂缝。

预应力吊车梁、桁架、托架等端头锚固区，沿预应力方向的纵向水平或垂直裂缝，主要是构件端部节点尺寸不够和未配置足够的横向钢筋网片或钢箍，当张拉时，由于垂直预应力筋方向的“劈裂拉应力”而引起裂缝出现；此外，混凝土振捣不密实、张拉时混凝土强度偏低，以及张拉力超过规定等都会出现这类裂缝。拱形屋架上弦裂缝，主要是因下弦预应力筋张拉应力过大，屋架向上拱起较多，使上弦受拉而在顶部产生裂缝。

预防措施：严格控制混凝土配合比；加强混凝土振捣，保证混凝土密实性和强度；预应力筋张拉和放松时，混凝土必须达到规定的强度；操作时，控制应力应准确，并应缓慢放松预应力钢筋；模胎端部加弹性垫层（木或橡皮），或减小模胎端头角度，并选用有效隔离剂，以防止和减少卡模现象；板面适当施加预应力，使纵肋预应力钢筋引起的反拱减小，提高板面抗裂度；在吊车梁、桁架、托架等构件的端部节点处，增配箍筋、螺旋筋或钢筋网片，并保证外围混凝土有足够的厚度，或减小张拉力或增大梁端截面的宽度。

轻微的张拉裂缝在结构受荷后会逐渐闭合，基本上不影响承载力，可不处理或采取涂刷环氧胶泥、粘贴环氧玻璃布等方法进行封闭处理；严重的裂缝将明显降低结构刚度，应根据具体情况，采取预应力加固或用钢筋混凝土围套、钢套箍加固等方法处理。

2. 孔道坍塌、堵塞

后张法构件预留孔道塌陷或堵塞，使预应力筋不能顺利穿过，不能保证灌浆质量。

产生原因：

（1）抽芯过早，混凝土尚未凝固，或抽芯过晚，混凝土已凝固，黏着钢管，被抽塌。

（2）孔壁受外力和振动影响，如抽管时，因方向不正而产生的挤压和附加振动等。

（3）管芯弯曲，表面不平整、光洁，抽管顺序不当，抽管的速度过快等。

预防措施：钢管抽芯宜在混凝土初凝后、终凝前进行；浇灌混凝土后，钢管应每隔10～15min转动一次，转动应始终顺同一方向；用两根钢管对接的管子，两根钢管的旋转方向应相反；抽管程序宜先上后下，先曲后直；抽管速度要均匀，其方向应与孔道走向保持一致；芯管抽出后应及时检查孔道成型质量，局部塌陷处可用特制长杆及时加以疏通。

3. 孔道灌浆不实

孔道灌浆不饱满，强度低。

产生原因：

（1）灌浆的水泥强度过低，或过期、受潮、失效。

（2）灌浆顺序不当，宜先灌下层后灌上层，避免将下层孔道堵住。

（3）灌浆压力过小。

（4）未设排气孔，部分孔道被空气阻塞。

（5）灌浆未连续进行，部分孔道被堵。

预防措施：灌浆水泥强度应采用32.5级以上普通水泥或矿渣水泥；灰浆水灰比宜控制在0.4左右，为减少收缩，可掺入0.01%的铝粉或0.25%的减水剂；铝粉应先和水泥拌匀使用；灌浆前用压力水冲洗孔道，灌浆顺序应先下后上；直线孔道灌浆，可从构件一端到另一端，曲线孔道应从最低点开始向两端进行；孔道末端应设排气孔，灌浆压力以

0.3～0.5MPa 为宜，每个孔道一次灌成，中途不应停顿；重要预应力构件可进行二次灌浆，在第一次灌浆初凝后进行。

4. 孔道裂缝

构件灌浆前后，沿孔道方向产生水平裂缝。

产生原因：

(1) 抽管、灌浆操作不当，产生裂缝。

(2) 冬期施工灰浆受冻膨胀，将孔道胀裂。

(3) 灌浆压力过大，孔道部分混凝土强度低，将孔道胀破。

预防措施：防止抽管、灌浆操作不当产生孔道裂缝的措施见防止“孔道塌陷、堵塞”有关内容。

混凝土应振捣密实，特别保证孔道下部的混凝土密实；尽量避免在冬期进行孔道灌浆，必须在冬期灌浆时，应在孔道中通入蒸汽或热水预热，灌浆后做好构件的加热和保温措施。

5. 侧向弯曲变形

屋架、薄腹梁等类型构件张拉后，产生侧向弯曲变形。

产生原因：制作构件的地基不坚实、不平整；模板刚度差或未维护保管好，产生变形，造成混凝土构件不平直；孔道偏移或张拉顺序不对称，使混凝土构件偏心受压。

预防措施：制作构件的场地地基要夯实平整，模板保证有足够刚度，并维护保管好；采用钢筋井架卡住埋管，混凝土仔细捣实，保证留孔位置正确；采用两端对称同时张拉，使张拉速度一致，构件同时对称受力。

6. 预应力值不足

重叠生产构件，如屋架等张拉后常出现应力值不足情况，钢筋的应力损失最大可达10%以上。

产生原因：后张法构件施加预应力时，混凝土弹性压缩损失在张拉过程中同时完成，结构设计时可不必考虑；而采用重叠方法生产构件，由于上层构件重量和层间黏结力将阻止上、下层构件张拉时的弹性压缩，当构件起吊后层间摩阻力消除，从而产生附加预应力损失。

预防措施：采取自上而下分层进行张拉，并逐层加大张拉力；但底层张拉力不宜超过顶层张拉力的 5%（对钢丝、钢绞线和热处理钢筋不得大于其抗拉强度的 80%），做好隔离层（用石灰膏加废机油或铺油毡、塑料薄膜）；浇捣上层混凝土，防止振动棒触及下层构件。

5.8 预应力混凝土工程安全技术

为了保证预应力混凝土施工的生产安全，施工单位应特别注意以下问题：

(1) 张拉预应力区应有明显标志，非工作人员禁止进入。采用台座法生产时，其两端应设有防护设施，并在张拉预应力筋时，沿台座长度方向每隔 4～5m 设置一个防护架，两端严禁站人，更不准进入台座，并设置防护措施。

(2) 操作千斤顶的人员应严格遵守操作规程，应站在千斤顶侧面工作。在油泵开动过程中，不得擅自离开岗位，如需离开，应将油阀全部松开或切断电路。

(3) 选择高压油泵的位置时，应考虑张拉过程中构件突然破坏，操作人员可立即避开。如张拉屋架预应力筋时，油泵位置宜放在屋架端头上弦的两侧。

(4) 油泵操作人员应戴保护眼镜，防止油管破裂及油表连接处喷油伤眼。

(5) 油泵与千斤顶之间的所有连接点、紫铜管的喇叭口要求完整无损。连接喇叭口的螺母要拧紧，油表接头处要用纱布包扎，防止漏油喷出。

(6) 电热张拉时如发生碰火现象应立即停电，查找原因，采取措施后再进行张拉。

(7) 在电热张拉中，应经常检查和测量一、二次导线的电压、电流、钢筋和孔道温度、通电时间等。如果通电时间较长，构件混凝土发热，钢筋伸长缓慢或不再伸长时必须停电，待钢筋冷却后，加大电流进行。

(8) 电热张拉时，操作人员必须穿绝缘鞋、戴绝缘手套，操作时站在构件侧面。

(9) 电热张拉施工中应经常检查电压、电流、钢筋与构件温度，以防分流与短路。

复习思考题

1. 什么叫预应力混凝土？

5-2 复习思考题参考答案

2. 预应力混凝土构件对材料（混凝土、钢筋）有何要求？
3. 施加预应力的方法有几种？其预应力值是如何建立和传递的？
4. 什么是先张法？什么是后张法？主要区别是什么？各有什么特点，适用范围如何？
5. 先张法长线台座由哪几部分组成？各有什么作用？
6. 先张法常用的夹具有哪几种？如何与配套的张拉设备共同使用？
7. 简述先张法的张拉顺序和放松预应力筋的方法。
8. 后张法使用的锚具与先张法中使用的夹具有何不同？配套的张拉机械如何使用？
9. 后张法使用的预应力筋主要可分为哪三类？与之配套的锚具有哪些？
10. 后张法施工中，孔道留设的方法有哪些？如何留设？
11. 后张法预应力筋张拉的程序如何？
12. 分批张拉、重叠生产的预应力构件，如何弥补其应力损失？
13. 后张法预应力筋张拉完后，为什么需对孔道灌浆？如何灌浆？有什么要求？
14. 预应力筋的张拉与钢筋的冷拉有何区别？
15. 无黏结预应力混凝土的特点是什么？

习　题

1. 某预应力混凝土屋架，采用机械张拉后张法施工，两端为螺栓端杆锚具，端杆长度为 320mm，端杆外露出构件端部长度为 120mm，孔道长度为 23.80m，预应力筋为热处理钢筋，直径为 20mm，钢筋长度为 8m，实测钢筋冷拉率为 4%，弹性回缩率为 0.3%，张拉控制应力为 $0.85f_{ptk}$（$f_{ptk}=500N/mm^2$），试计算钢筋的下料长度和张拉力。

2. 某车间采用 21m 的预应力混凝土屋架，孔道长度 20.8m，采用 $2\phi28$ 钢筋，一端用螺栓端杆锚具（锚具长 320mm，端部露出构件 120mm），另一端用帮条锚具（帮条长 60mm，垫板厚 15mm），张拉控制应力 $0.85f_{ptk}$（$f_{ptk}=500N/mm^2$），混凝土采用 C40 级，冷拉控制应力为 $500N/mm^2$，冷拉率为 5%，弹性回缩率为 0.4%，现场钢筋每根长度为 7.5m，屋架在工地三榀平卧重叠预制。采用拉杆式千斤顶一端张拉，试计算：

(1) 预应力筋的下料长度；

(2) 预应力筋的冷拉力及冷拉伸长值；

(3) 确定预应力筋的张拉程序，计算每榀预应力筋的张拉力和伸长值。

6 结构安装工程

结构安装工程就是在现场或工厂预制的结构构件或构件组合，用起重机械在施工现场吊起并安装在设计要求的位置上，以构成完整的建筑物或构筑物的施工过程。

结构安装工程是装配式结构工程施工的重要组成部分，其施工特点如下：

（1）受预制构件的类型和质量影响大。

（2）正确选用起重机具是完成吊装任务的主导因素。

（3）构件所处的应力状态变化多。

（4）高空作业多，容易发生事故，必须提高安全意识，加强安全措施。

6.1 索具与锚碇

结构安装工程中常用的索具设备有钢丝绳、滑轮组、卷扬机、吊钩、卡环、横吊梁和锚碇等。

1. 钢丝绳

钢丝绳是吊装工艺中的主要绳索，具有强度高、韧性好、耐磨等特点。同时，钢丝绳被磨损后，外表面会产生许多毛刺，易被发现，便于防止事故的发生。

常用的钢丝绳是用若干根钢丝搓捻成股，再由六股围绕绳芯搓捻成绳，其规格有 6×19、6×37、6×61 三种（6 股，每股分别由 19、37、61 根钢丝捻成）。

在绳的直径相同的情况下，6×19 钢丝绳钢丝粗，比较耐磨，但较硬，不易弯曲，多用作缆风绳；6×37 钢丝绳钢丝细，比较柔软，一般用于穿滑车组和吊索；6×61 钢丝绳质地软，主要用于重型起重机械。

2. 滑轮组

所谓滑轮组，即由一定数量的定滑轮和动滑轮组成，并由绕过它们的绳索联系成为整体，从而达到省力和改变力的方向的目的。

由于滑轮的起重能力大，同时又便于携带，所以滑轮是吊装工程中常用的工具。

3. 卷扬机

结构安装中的卷扬机有手动和电动两类，其中电动卷扬机又分快速和慢速两种。快速电动卷扬机又有单筒和双筒之分，其钢丝绳牵引速度为 25～50m/min，单头牵引力为 4.0～80kN，主要用于垂直运输和打桩作业；慢速电动卷扬机多为单筒式，钢丝绳牵引速度为 6.5～22m/min，单头牵引力为 5～100kN，主要用于结构吊装、钢筋冷拉和预应力筋张拉等作业。

另外，卷扬机在使用过程中必须用地锚予以固定，以防止工作时产生滑动或倾覆。根据受力大小，固定卷扬机有四种方法，如图 6-1 所示。

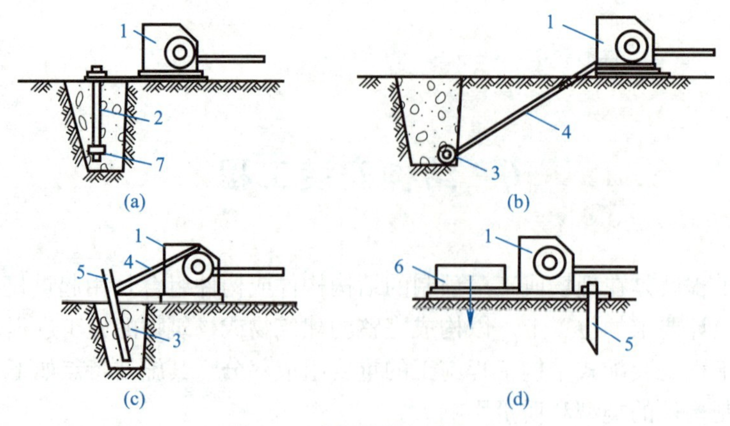

图 6-1　卷扬机的固定方法

(a) 螺栓锚固法；(b) 水平锚固法；(c) 立桩锚固法；(d) 压重锚固法

1—卷扬机；2—地脚螺栓；3—横木；4—拉索；5—木桩；6—压重；7—压板

4. 吊具

在构件吊装过程中，常用的吊具有吊钩、吊索、卡环和横吊梁等。

(1) 吊钩

起重吊钩常用优质碳素钢材锻造后经退火处理而成，吊钩表面应光滑，不得有剥裂、刻痕、锐角、裂缝等缺陷存在，并不准对磨损或有裂缝的吊钩进行补焊修理。吊钩在钩挂吊索时要将吊索挂至钩底；直接钩在吊环上时，不能使吊环硬别或歪扭，以免吊钩产生变形或使吊索脱钩。

(2) 吊索

吊索又称千斤绳，主要用于绑扎构件以便起吊，分为环形吊索和开口吊索两种，如图 6-2 (a) 所示。吊索是用钢丝绳做成的，因此，钢丝绳的允许拉力即为吊索的允许拉力。在工作中，吊索拉力不应超过其允许拉力。

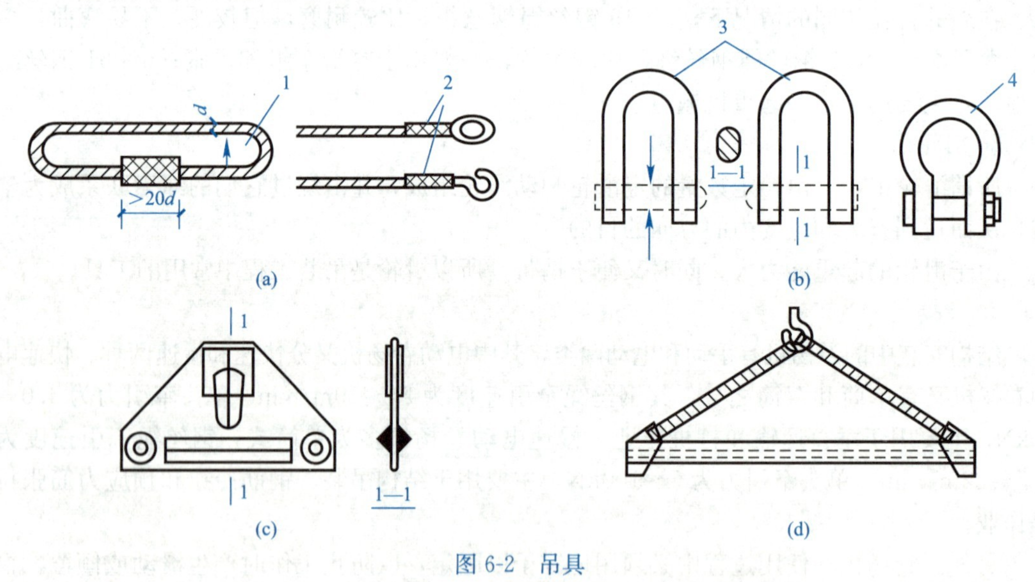

图 6-2　吊具

(a) 吊索；(b) 卡环；(c) 钢板横吊梁；(d) 钢管横吊梁

1—环形吊索；2—开口吊索；3—螺栓式卡环；4—活络式卡环

（3）卡环

卡环又称卸甲（由弯环和销子两部分组成），主要用于吊索之间或吊索与构件吊环之间的连接，分为螺栓式卡环和活络式卡环两种，如图 6-2（b）所示。

（4）横吊梁

横吊梁又称铁扁担，常用形式有钢板横吊梁和钢管横吊梁两种，如图 6-2（c）、（d）所示。采用直吊法吊柱时，用钢板横吊梁，可使柱直立，垂直入杯；吊装屋架时，用钢管横吊梁，可减小吊索对构件的横向压力并减少索具高度。

5. 锚碇

锚碇又称地锚，用来固定缆风绳、卷扬机、导向滑轮等。

锚碇有桩式锚碇和水平锚碇两种。桩式锚碇适用于固定受力不大的缆风绳，结构吊装中很少采用；吊装工程中常用水平锚碇，是将一根或几根圆木捆绑在一起，横放在挖好的坑底，用钢丝绳系在横木的一点或两点，成 30°～45°斜度引出地面，然后用土石回填夯实，如图 6-3 所示。

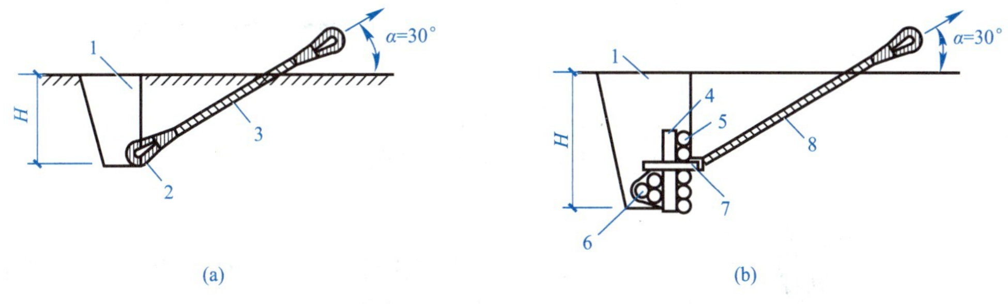

图 6-3　水平锚碇构造示意图

（a）拉力 30kN 以下的水平锚碇；（b）拉力 100～400kN 的水平锚碇

1—回填土逐层夯实；2—地龙木 1 根；3—钢丝绳或钢筋；4—柱木；5—挡木；6—地龙木 3 根；7—压板；8—钢丝绳圈或钢筋环

6.2　起重机械

起重机械是建筑施工中广泛采用的起重运输设备，它的合理选择与使用对于减轻劳动强度、提高劳动生产率、加速工程进度、降低工程造价等起着十分重要的作用。

结构安装工程中常用的起重机械有：桅杆式起重机、自行杆式起重机和塔式起重机三大类。

6.2.1　桅杆式起重机

桅杆式起重机具有制作简单，装拆方便，起重量较大（可达 1000kN 以上），受地形限制小，能用于其他起重机械不能安装的一些特殊结构设备等优点；但也有其缺点：服务半径小，移动困难，需要拉设较多的缆风绳等。

桅杆式起重机按其构造不同，可分为独脚拔杆、人字拔杆、悬臂拔杆和牵缆式拔杆起重机等。

1. 独脚拔杆

独脚拔杆由拔杆、滑轮组、卷扬机、缆风绳和锚碇等组成（图 6-4）。使用时，拔杆应保持不大于 10°的倾角。缆风绳数量一般为 6～12 根，与地面夹角为 30°～45°。木独脚拔杆起重高度为 15m 以内，起重量 100kN 以下；钢管独脚拔杆，一般起重高度在 30m 以内，起重量可达 300kN；格构式独脚拔杆起重高度达 60m，起重量可达 1000kN 以上。

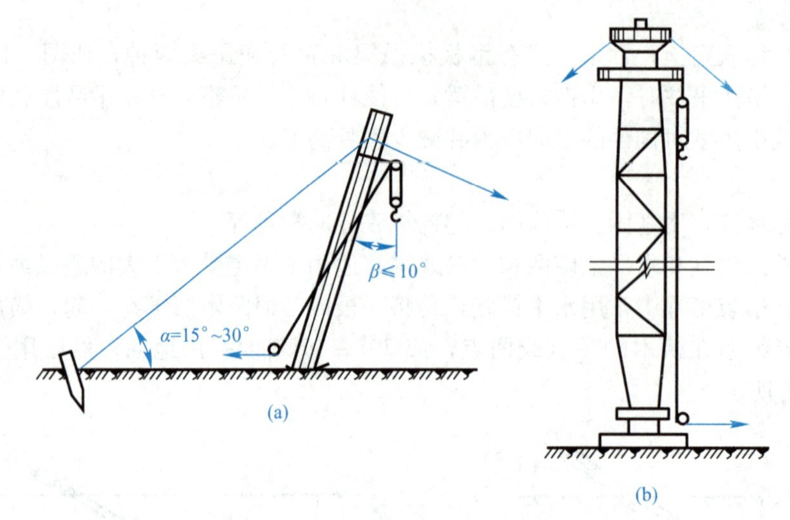

图 6-4　独脚拔杆

(a) 木拔杆；(b) 格构式金属拔杆

2. 人字拔杆

人字拔杆由两根圆木或钢管或格构式截面的独脚拔杆在顶部相交成 20°～30°夹角，以钢丝绳绑扎或铁件铰接而成（图 6-5）。拔杆下端两脚距离约为高度的 1/3～1/2。人字拔杆的优点是侧向稳定性好，缆风绳较少（一般不少于 5 根）；缺点是构件起吊后活动范围小，一般仅用于安装重型构件或作为辅助设备以吊装厂房屋盖体系上的轻型构件。

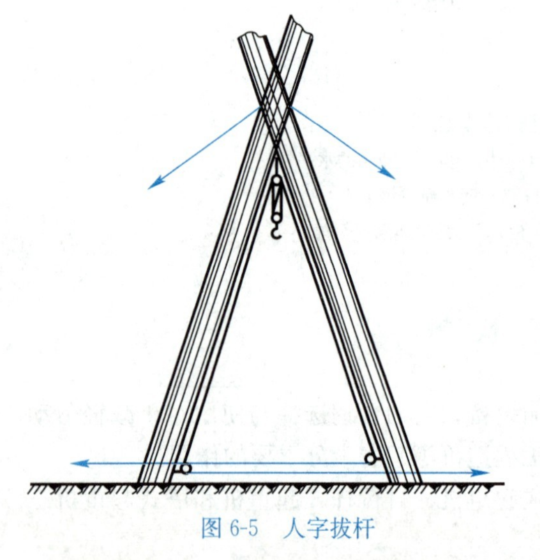

图 6-5　人字拔杆

3. 悬臂拔杆

在独脚拔杆的中部 2/3 高度处装上一根起重臂，即成悬臂拔杆。起重杆可以回转和起伏，可以固定在某一部位，亦可根据需要沿杆升降（图 6-6）。为了使起重臂铰接处的拔杆部分得到加强，可用撑杆和拉条（或钢丝绳）进行加固。其特点是有较大的起重高度和相应的起重半径；悬臂起重杆左右摆动角度大(120°～170°)，使用方便。但因起重量较小，故多用于轻型构件的吊装。

4. 牵缆式拔杆

牵缆式拔杆是在独脚拔杆的下端装上一根可以回转和起伏的起重臂而组成（图 6-7）。整个机身可做 360°回转，具有较大的起重半径和起重量，并有较好的灵活性。该类起重机的起重量一般为 150～600kN，起重高度可达 80m，多用于构件多、重量大且集中的结构安装工程。其缺点是缆风绳用量较多。

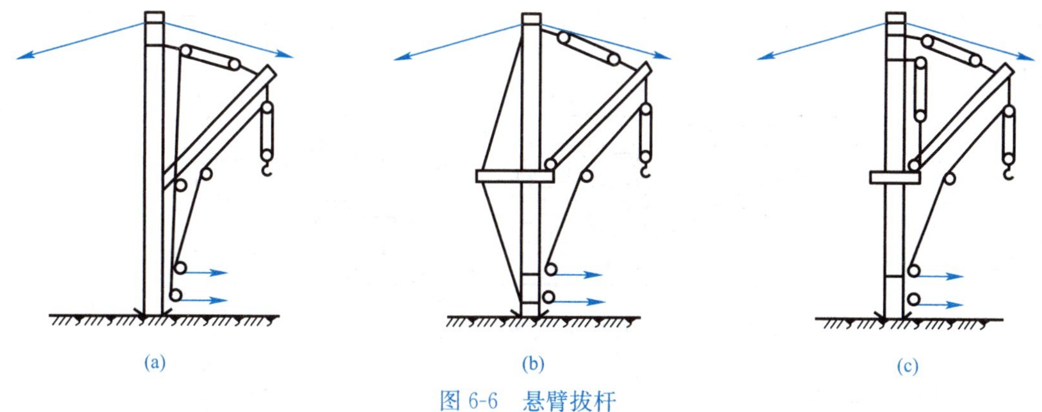

图 6-6　悬臂拔杆

(a) 一般形式；(b) 带加劲杆；(c) 起重臂杆可沿拔杆升降

6.2.2　自行式起重机

常用的自行式起重机有履带式起重机、汽车式起重机和轮胎式起重机三种。

1. 履带式起重机

履带式起重机（图 6-8）是在行走的履带底盘上装有起重装置的起重机械，是自行式、全回转的一种起重机，它具有操作灵活、使用方便、有较大的起重能力、在平坦坚实的道路上可负载行驶等优点。但履带式起重机行走速度慢，对路面破坏性大，在进行长距离转移时，应用平板拖车或铁路平板车运输。

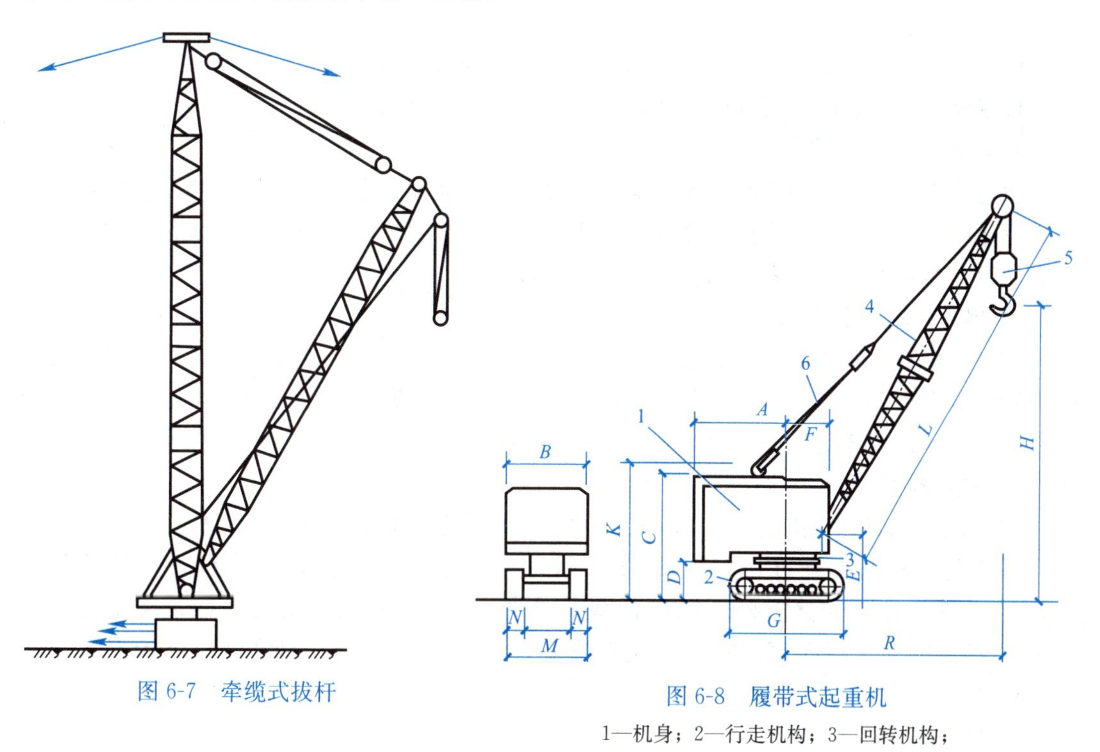

图 6-7　牵缆式拔杆

图 6-8　履带式起重机

1—机身；2—行走机构；3—回转机构；4—起重臂；5—起重滑轮组；6—变幅滑轮组

2. 汽车式起重机

汽车式起重机（图 6-9）常用于构件运输、装卸和结构吊装，其特点是转移迅速，对路面损伤小；但吊装时需使用支腿，不能负载行驶，也不适于在松软或泥泞的场地上工作。

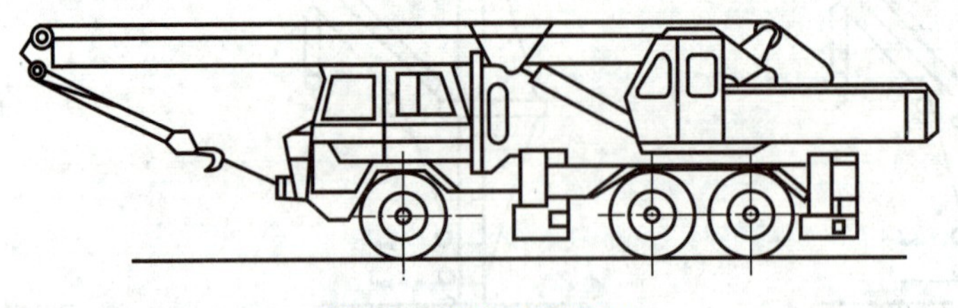

图 6-9　汽车式起重机

3. 轮胎式起重机

轮胎式起重机在构造上与履带式起重机基本相似，但其行走装置采用轮胎。起重机构及机身装在特制的底盘上，能全回转。随着起重量的大小不同，底盘上装有若干根轮轴，配有 4～10 个或更多个轮胎，并有可伸缩的支腿（图 6-10）；起重时，利用支腿增加机身的稳定，并保护轮胎。必要时，支腿下可加垫块，以扩大支承面。

轮胎式起重机的特点与汽车式起重机相同，它们均可用于一般工业厂房结构安装。

6.2.3　塔式起重机

塔式起重机的塔身直立，起重臂安在塔身顶部可做 360°回转。它具有较高的起重高度、工作幅度和起重能力，工作速度快、生产效率高，机械运转安全可靠，操作和装拆方便等优点，在多层、高层房屋结构安装中应用最广。

塔式起重机按行走机构、变幅方式、回转机构位置及爬升方式的不同可分成若干类型。现仅就轨道式、爬升式和附着式塔式起重机的性能予以介绍。

1. 轨道式塔式起重机

轨道式塔式起重机能负荷行走，能同时完成水平运输和垂直运输，且能在直线和曲线轨道上运行，使用安全，生产效率高，起重高度可按需要增减塔身、互换节架。但因需要铺设轨道，装拆及转移耗费工时多，台班费较高。

2. 爬升式塔式起重机

爬升式塔式起重机是安装在建筑物内部电梯井或特设开间的结构上，借助爬升机构随建筑物的升高而向上爬升的起重机械（图 6-11）。一般每隔 1～2 层楼便爬升一次。其特点是塔身短，不需要轨道和附着装置，不占施工场地，但全部荷载均由建筑物承受，拆卸时需在屋面架设辅助起重设备。

爬升式塔式起重机由底座、套架、塔身、塔顶、起重臂和平衡臂等组成。

塔式起重机的爬升过程如图 6-12 所示，先用起重钩将套架提升到一个塔位处予以固定（图 6-12b），然后松开塔身底座梁与建筑物骨架的连接螺栓，收回支腿，将塔身提至需要位置（图 6-12c）；最后旋出支腿，扭紧连接螺栓，即可再次进行安装作业（图 6-12a）。

3. 附着式塔式起重机

附着式塔式起重机紧靠拟建的建筑物布置，塔身可借助顶升系统自行向上接高，随着建筑物和塔身的升高，每隔 20m 左右采用附着支架装置，将塔身固定在建筑物上，以保持稳定，如图 6-13 所示。

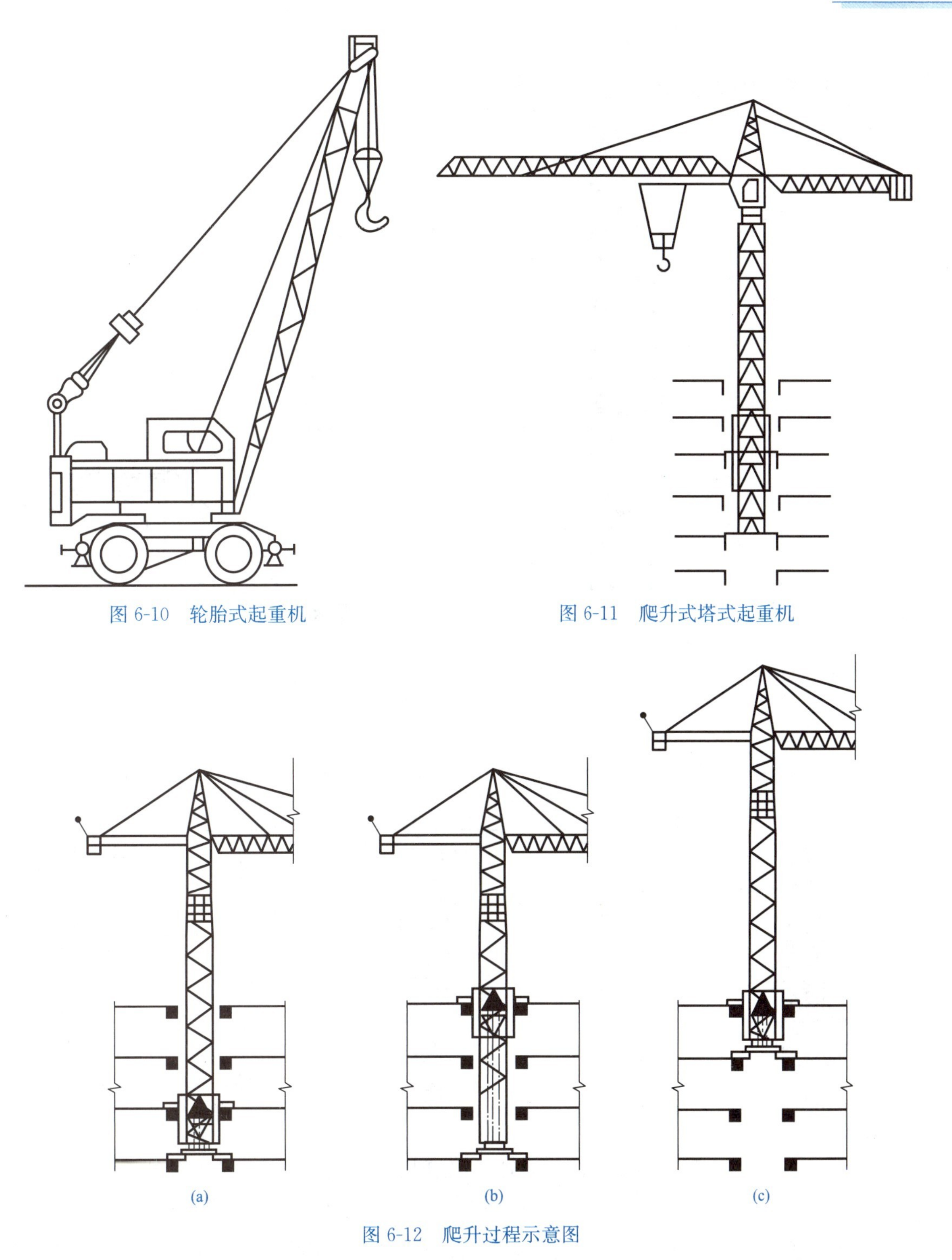

图 6-10 轮胎式起重机

图 6-11 爬升式塔式起重机

图 6-12 爬升过程示意图

附着式塔式起重机的自升系统包括顶升套架、长行程液压千斤顶、承座、顶升横梁及定位销等。液压千斤顶的缸体安装在塔顶底部的承座上，其顶升过程可分为五个步骤（图 6-14）：

（1）准备状态：将标准节吊到摆渡小车上，并将过渡节与塔身标准节相连的螺栓松开，准备顶升。

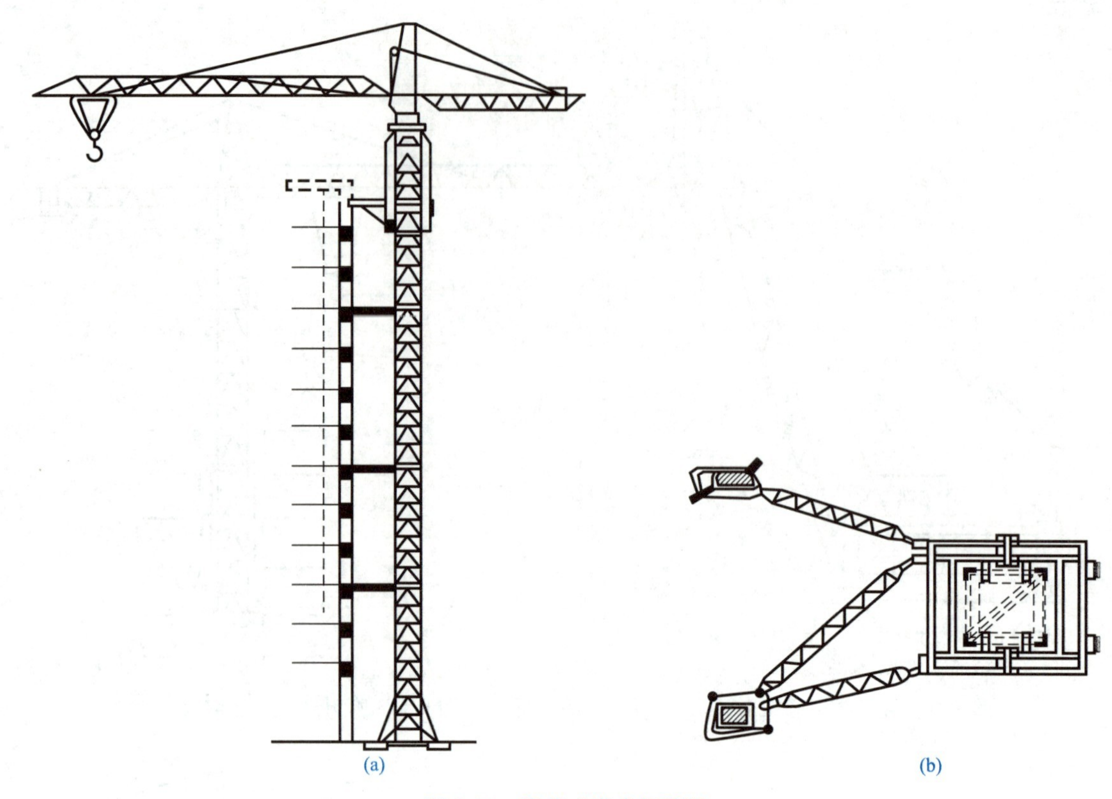

图 6-13　附着式塔式起重机

(a) 全貌图；(b) 锚固装置图

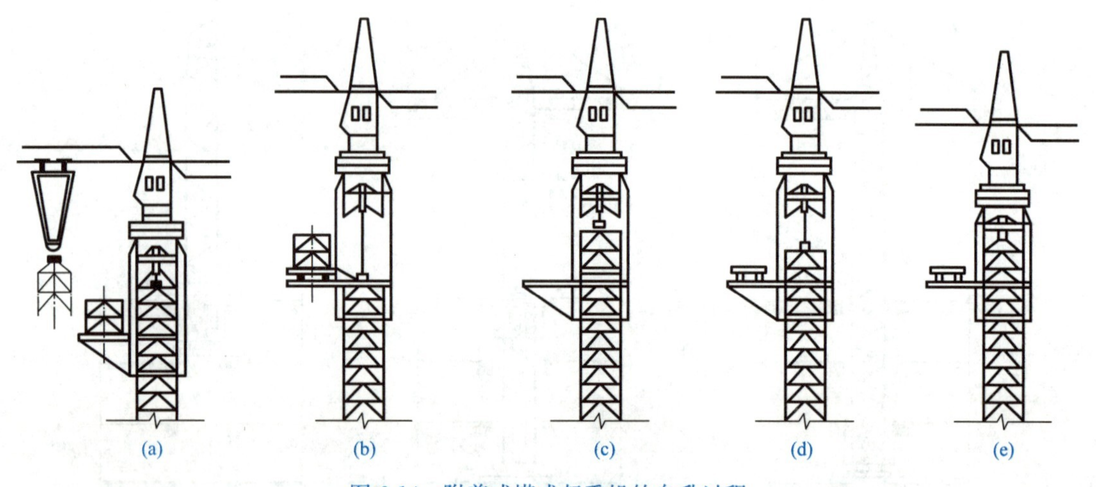

图 6-14　附着式塔式起重机的自升过程

(a) 准备状态；(b) 顶升塔顶；(c) 推入标准节；(d) 安装标准节；(e) 塔顶与塔身连接

(2) 顶升塔顶：开动液压千斤顶，将塔式起重机上部结构包括顶升套架向上升到超过一个标准节的高度，然后用定位销将套架固定，这时塔式起重机的重量便通过定位销传给塔身。

(3) 推入标准节：将液压千斤顶回缩，形成引进空间，此时便将装有标准节的摆渡车推入。

（4）安装标准节：用千斤顶顶起接高的标准节，推出摆渡小车，将待接的标准节平稳地落到下面的塔身上，用螺栓拧紧。

（5）塔顶与塔身连接：拔出定位销，下降过渡节，使之与已接高的塔身连成整体。

6.3　单层工业厂房结构安装

装配式钢筋混凝土单层工业厂房的结构构件有基础、柱、基础梁、吊车梁、连系梁、托架、屋架、天窗架、屋面板、墙板及支撑等。除杯口基础现浇外，其余构件都是在现场吊装。

6.3.1　吊装前的准备工作

1. 场地清理与道路的修筑

构件吊装之前，按照现场施工平面布置图，标出起重机的开行路线，清理场地上的杂物，将道路平整压实，并做好排水工作。如遇到松软土或回填土，应铺设枕木或厚钢板。

2. 构件的检查与清理

为保证工程质量，对现场所有的构件要进行全面检查，检查构件的型号、数量、外形、截面尺寸、混凝土强度、预埋件位置、吊环位置等。

3. 构件的运输

构件运输时混凝土强度应满足设计要求，不应低于设计强度等级的75%。在运输过程中为保证构件受力合理，防止构件变形、倾倒、损坏，一定要将构件固定可靠，各构件间应有隔板和垫木，且上下垫木应在同一垂直线。

4. 构件的弹线与编号

构件在吊装前经过全面质量检查合格后，即可在构件表面弹出安装用的定位、校正墨线，作为构件安装、对位、校正的依据。在对构件弹线的同时，应按图纸对构件进行编号，编号应写在明显的部位。不易辨别上下左右的构件，应在构件上用记号标明，以免安装时将方向搞错。

5. 杯口基础的准备

柱基施工时，杯底标高一般比设计标高低（通常低5cm），柱在吊装前需对基础杯底标高进行一次调整（或称找平）。调整方法是测出杯底原有标高（小柱测中间一点，大柱测四个角点），再量出柱脚底面至牛腿面的实际长度，计算出杯底标高调整值，并在杯口内标出，然后用1∶2水泥砂浆或细石混凝土将杯底找平至标志处。例如，测出杯底标高为−1.20m，牛腿面的设计标高是+7.80m，而柱脚至牛腿面的实际长度为8.95m，则杯底标高调整值$h=(7.80+1.20)-8.95=0.05$m。

此外，还要在基础杯口面上弹出建筑的纵、横定位轴线和柱的吊装准线，作为柱对位、校正的依据（图6-15）。柱子应在柱身的三个面上弹出吊装准线（图6-16）。柱的吊装准线应与基础面上所弹的吊装准线位置相适应。对矩形截面柱可按几何中线弹吊装准线；对工字形截面柱，为便于观测及避免视差，则应靠柱边弹吊装准线。

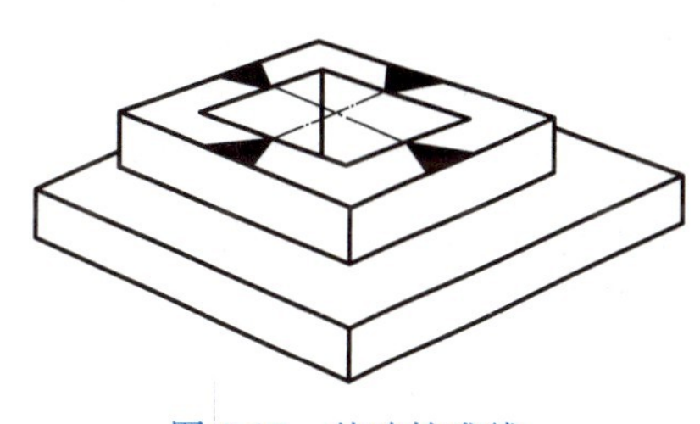

图6-15　基础的准线

6.3.2 构件吊装工艺

构件的吊装工艺有绑扎、吊升、对位、临时固定、校正、最后固定等工序。

1. 柱的吊装

(1) 柱的绑扎

柱的绑扎方法、绑扎位置和绑扎点数，应根据柱的形状、长度、截面、配筋、起吊方法和起重机性能等因素确定。由于柱起吊时吊离地面的瞬间由自重产生的弯矩最大，其最合理的绑扎点位置，应按柱子产生的正负弯矩绝对值相等的原则来确定。一般中小型柱（自重13t以下）大多绑扎一点；重型柱或配筋少而细长的柱（如抗风柱），为防止起吊过程中柱的断裂，常需绑扎两点甚至三点。对于有牛腿的柱，其绑扎点应选在牛腿以下200mm处；工字形断面和双肢柱，应选在矩形断面处，否则应在绑扎位置用方木加固翼缘，防止翼缘在起吊时损坏。

根据柱起吊后柱身是否垂直，分为斜吊法和直吊法，相应的绑扎方法有如下两种：

1）斜吊绑扎法

当柱平卧起吊的抗弯强度满足要求时，可采用斜吊绑扎法（图6-17）。此法的特点是柱不需翻身，起重钩可低于柱顶，当柱身较长，起重机臂长不够时，用此法较方便，但因柱身倾斜，就位对中比较困难。

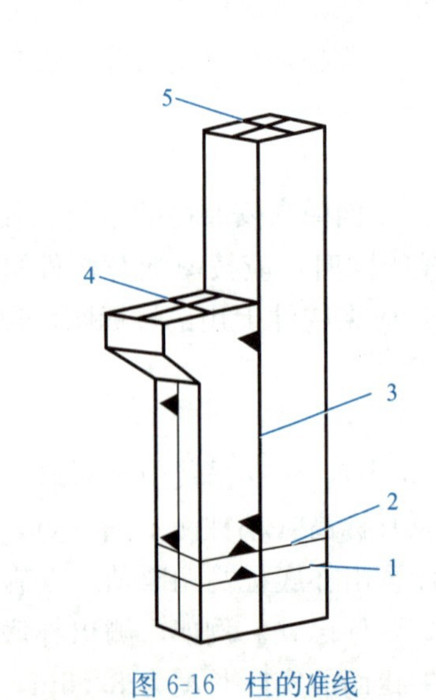

图6-16 柱的准线

1—基础顶面线；2—地坪标高线；3—柱子中心线；4—吊车梁对位线；5—柱顶中心线

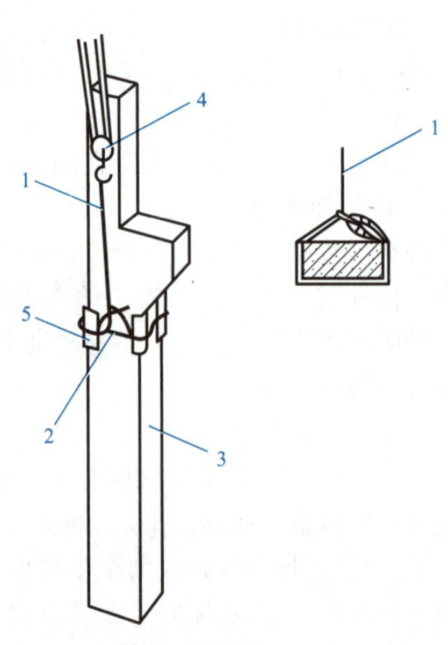

图6-17 柱的斜吊绑扎法

1—吊索；2—活络卡环；3—柱；4—滑车；5—方木

2）直吊绑扎法

当柱平卧起吊的抗弯强度不足时，吊装前需先将柱翻身后再绑扎起吊，这时就要采取直吊绑扎法（图6-18）。此法吊索从柱子两侧引出，上端通过卡环或滑轮挂在铁扁担上，柱身呈垂直状态，便于插入杯口，就位校正。但由于铁扁担高于柱顶，须用较长的起重臂。

此外，当柱较重较长、需采用两点起吊时，也可采用两点斜吊和直吊绑扎法（图6-19）。

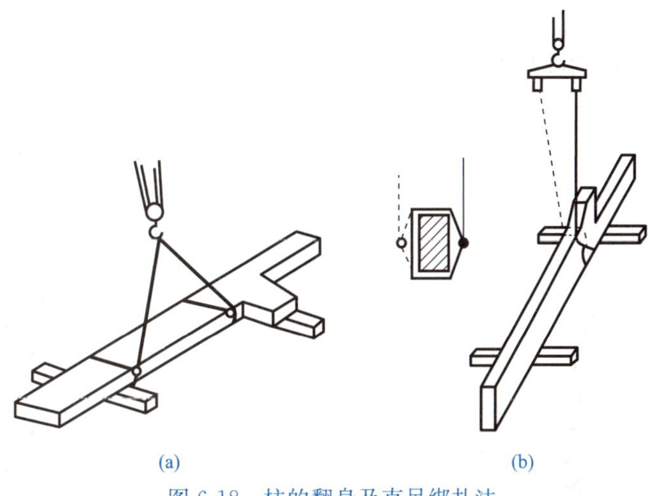

图 6-18 柱的翻身及直吊绑扎法

（a）柱翻身绑扎法；（b）柱直吊绑扎法

（2）柱的吊升方法

根据柱在吊升过程中的特点，柱的吊升可分为旋转法和滑行法两种。对于重型柱还可采用双机抬吊的方法。

1）旋转法

采用旋转法吊柱时（图 6-20），柱脚宜近基础，柱的绑扎点、柱脚与基础中心三者宜位于起重机同一起重半径的圆弧上。在起吊时，起重机的起重臂边升钩、边回转，使柱绕柱脚旋转而呈直立状态，然后将柱吊离地面插入杯口（图 6-21）。此法要求起重机应具有一定回转半径和机动性，故一般适用于自行杆式起重机吊装。其优点是，柱在吊装过程中振动小、生产率较高。

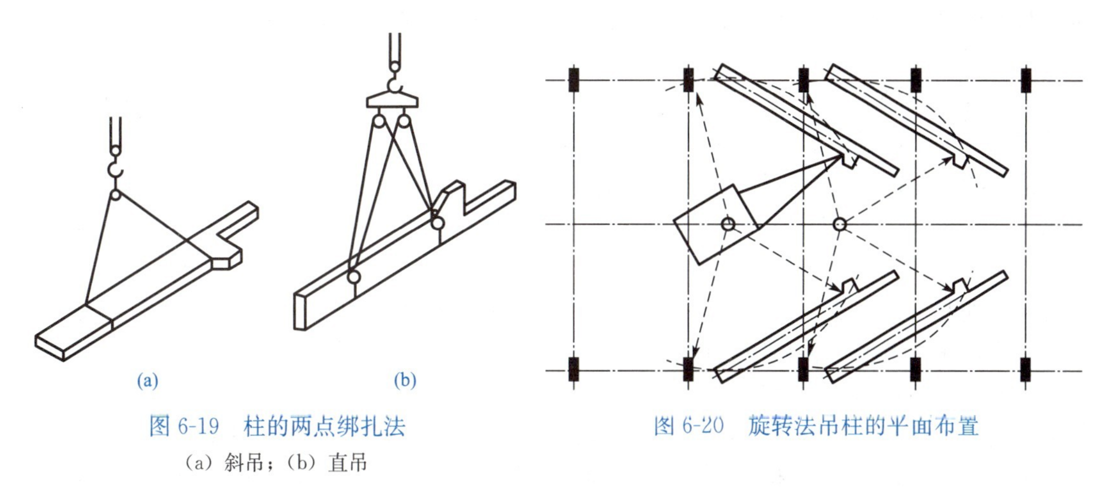

图 6-19 柱的两点绑扎法

（a）斜吊；（b）直吊

图 6-20 旋转法吊柱的平面布置

尚须指出，采用旋转法吊柱，若受施工现场的限制柱的布置不能做到三点共弧时，则可采用绑扎点与基础中心或柱脚与基础中心两点共弧布置，但在吊升过程中需改变回转半径和起重机仰角，该布置工效低且安全度较差。

2）滑行法

柱吊升时，起重机只升钩，起重臂不转动，使柱脚沿地面滑升逐渐直立，然后吊离地面插入杯口（图 6-22）。采用此法吊柱时，柱的绑扎点布置在杯口附近，并与杯口中心位于起重机同一起重半径的圆弧上（图 6-23）。

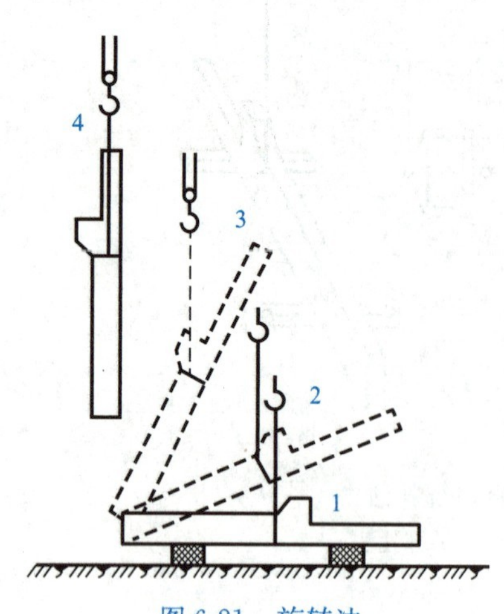

图 6-21　旋转法

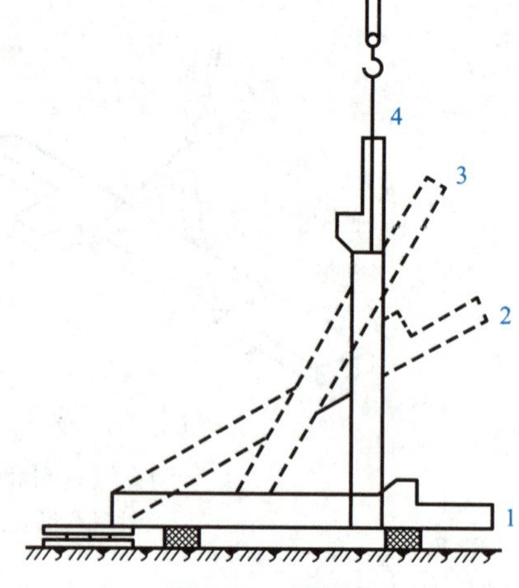

图 6-22　滑行法

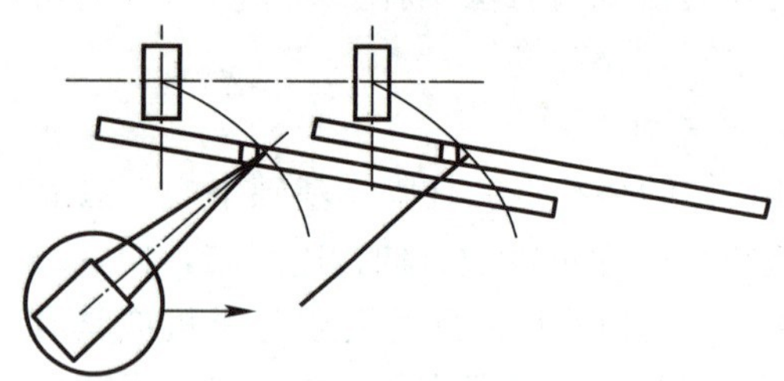
图 6-23　滑行法吊柱的平面布置

滑行法的特点是柱的布置较灵活；起重半径小，起重杆不转动，操作简单；可以起吊较重、较长的柱子；适用于现场狭窄或采用桅杆式起重机吊装。但是柱在滑行过程中阻力较大，易受振动影响产生冲击力，致使构件、起重机引起附加内力；而且当柱子刚吊离地面时会产生较大的“串动”现象。为此，采用滑行法吊柱时，宜在柱的下端垫一枕木或滚筒，拉一溜绳，以减小阻力和避免“串动”。

3）双机抬吊

当柱的重量较大，使用一台起重机无法吊装时，可以采用双机抬吊。双机抬吊仍可采用旋转法（两点抬吊）和滑行法（一点抬吊）。

双机抬吊旋转法是用一台起重机抬柱的上吊点，另一台抬柱的下吊点，柱的布置应使两个吊点与基础中心分别处于起重半径的圆弧上，两台起重机并列于柱的一侧（图 6-24）。起吊时，两机同时同速升钩，将柱吊离地面为 $m+0.3$m，然后两台起重机起重臂同时向杯口旋转，此时从动起重机 A 只旋转不提升，主动起重机 B 则边旋转边升钩直至柱直立，双机以等速缓慢落钩，将柱插入杯口中。

（3）柱的对位与临时固定

如用直吊法时，柱脚插入杯口后，应悬离杯底 30～50mm 处进行对位。若用斜吊法时，则需将柱脚基本送到杯底，然后在吊索一侧的杯口中插入两个楔子，再通过起重机回转使其对位。对位时，应先从柱子四周向杯口放入 8 只楔块，并用撬棍拨动柱脚，使柱的吊装准线对准杯口上的吊装准线，并使柱基本保持垂直。

柱子对位后，应先将楔块略为打紧，待松钩后观察柱子沉至杯底后的对中情况，若已符合要求即可将楔块打紧，使之临时固定（图 6-25）。当柱基杯口深度与柱长之比小于 1/20，

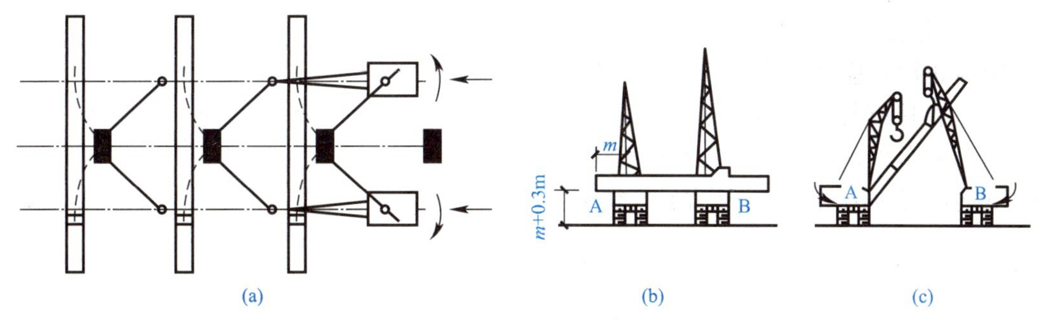

图 6-24 双机抬吊旋转法

(a) 柱的平面布置；(b) 双机同时提升吊钩；(c) 双机同时向杯口旋转

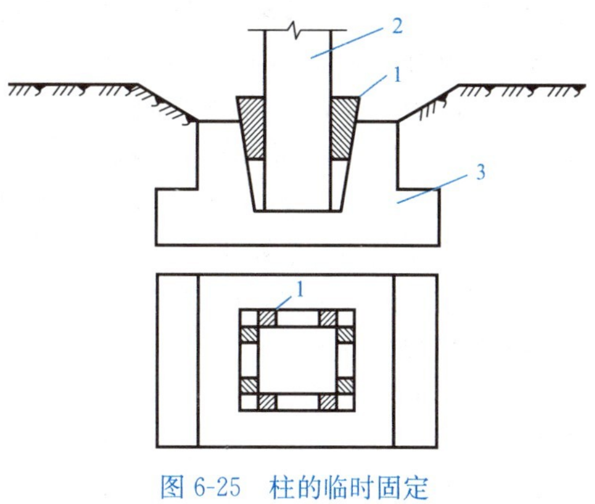

图 6-25 柱的临时固定

1—楔子；2—柱子；3—基础

或是具有较大牛腿的重型柱，还应增设带花篮螺栓的缆风绳或加斜撑措施来加强柱临时固定的稳定性。

(4) 柱的校正与最后固定

柱的校正包括平面位置、垂直度和标高。标高的校正应在与柱基杯底找平时同时进行。平面位置校正，要在对位时进行。垂直度的校正，则应在柱临时固定后进行。

垂直度的校正直接影响吊车梁、屋架等吊装的准确性，必须认真对待。要求垂直偏差的允许值：一般柱高为 5m 或小于 5m 时为 5mm；大于 5m 时为 10mm；当柱高为 10m 及大于 10m 的多节柱时为 1/1000 柱高，但不得大于 20mm。

柱垂直度的校正方法有敲打楔块法、千斤顶校正法、钢管撑杆斜顶法及缆风校正法等，如图 6-26 所示。

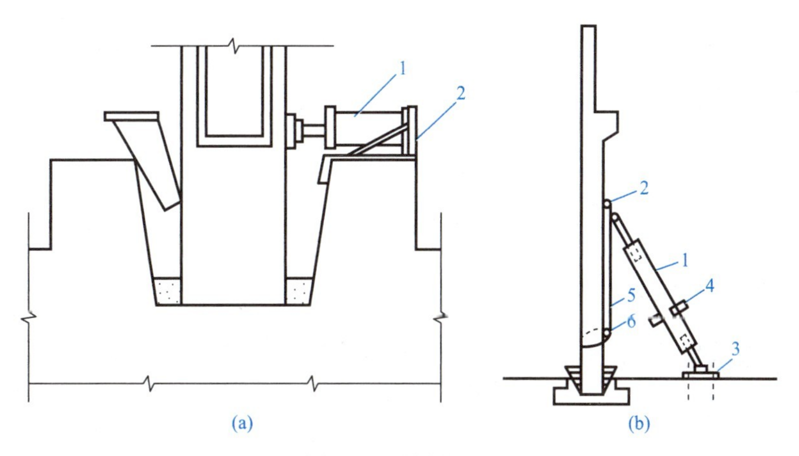

图 6-26 柱的校正

(a) 千斤顶校正法：1—螺旋千斤顶；2—千斤顶支座

(b) 钢管撑杆斜顶法：1—钢管；2—头部摩擦板；3—底板；4—转动手柄；5—钢丝绳；6—卡环

对于中小型柱或偏斜值较小时，可用打紧或稍放松楔块进行校正。若偏斜值较大或为重型柱，则用撑杆、千斤顶或缆风等校正。

柱校正后，应将楔块以每两个一组对称、均匀、分次打紧，并立即进行最后固定。其方法是在柱脚与杯口的空隙中浇筑比柱子混凝土强度等级高一级的细石混凝土。混凝土的浇筑应分两次进行，第一次浇至楔块底面，待混凝土强度达到25%时，即可拔去楔块，再将混凝土浇满杯口进行养护，待第二次浇筑混凝土强度达到70%后，方能安装上部构件。

2. 吊车梁的吊装

吊车梁吊装时应两点绑扎，对称起吊，吊钩应对准吊车梁重心，使其起吊后基本保持水平。对位时不宜用撬棍顺纵轴线方向撬动吊车梁，吊装后需校正标高、平面位置和垂直度。吊车梁的标高主要取决于柱子牛腿的标高，只要牛腿标高准确，其误差就不大，如存在误差，可待安装轨道时加以调整。平面位置的校正，主要是检查吊车梁纵轴线以及两列吊车梁之间的跨度 L_k 是否符合要求。规范规定轴线偏差不得大于5mm；在屋盖吊装前校正时，L_k 不得有正偏差，以防屋盖吊装后柱顶向外偏移，使 L_k 的偏差过大。

在检查校正吊车梁中心线的同时，可用锤球检查吊车梁的垂直度，若发现偏差，可在两端的支座面上加斜垫铁纠正。每叠垫铁不得超过三块。

一般较轻的吊车梁，可在屋盖吊装前校正，亦可在屋盖吊装后校正；较重的吊车梁，宜在屋盖吊装前校正。

吊车梁平面位置的校正常用通线法及平移轴线法。通线法是根据柱轴线用经纬仪和钢尺准确地校正好一跨内两端的四根吊车梁的纵轴线和轨距，再依据校正好的端部吊车梁沿其轴线拉上钢丝通线，逐根拨正。平移轴线法是根据柱和吊车梁定位轴线间的距离（一般为750mm），逐根拨正吊车梁的安装中心线。

吊车梁校正后，应随即焊接牢固，并在接头处浇筑细石混凝土进行最后固定。

3. 屋架的吊装

（1）屋架的扶直与就位

钢筋混凝土屋架一般在施工现场平卧浇筑，吊装前应将屋架扶直就位。因屋架的侧向刚度差，扶直时由于自重影响，改变了杆件受力性质，容易造成屋架损伤。因此，应事先进行吊装验算，以便采取有效措施，保证施工安全。

按照起重机与屋架相对位置不同，屋架扶直可分为正向扶直与反向扶直。

1）正向扶直

起重机位于屋架下弦一边，首先以吊钩对准屋架上弦中心，收紧吊钩，然后略略起臂使屋架脱模，随即起重机升钩升臂使屋架以下弦为轴缓缓转为直立状态（图6-27a）。

2）反向扶直

起重机位于屋架上弦一边，首先以吊钩对准屋架上弦中心，接着升钩并降臂，使屋架以下弦为轴缓缓转为

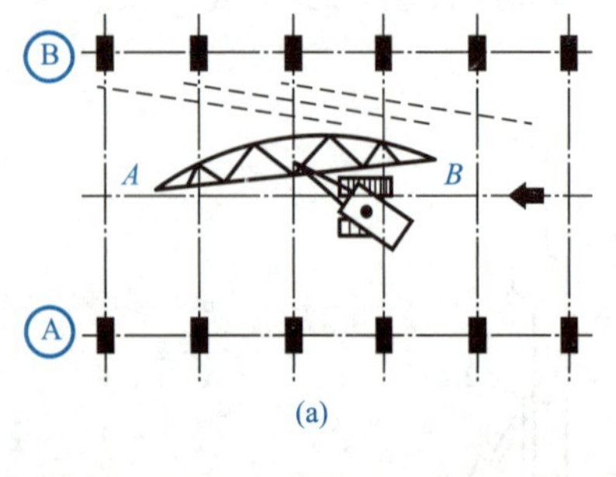

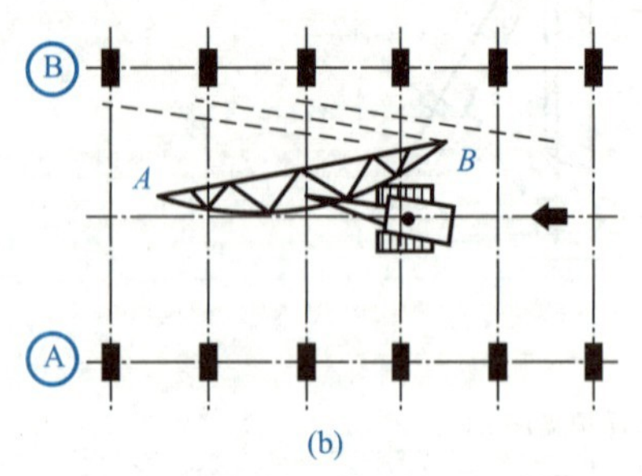

图6-27　屋架扶直

（a）正向扶直；（b）反向扶直

直立状态（图 6-27b）。

正向扶直与反向扶直的最大区别在于扶直过程中，一为升臂，一为降臂。升臂比降臂易于操作且较安全，故应尽可能采用正向扶直。

屋架扶直后，立即进行就位。就位的位置与屋架安装方法、起重机的性能有关，应少占场地，便于吊装，且应考虑到屋架安装顺序、两端朝向等问题。一般靠柱边斜放或以3～5 榀为一组平行柱边纵向就位。屋架就位后，应用 8 号铁丝、支撑等与已安装的柱或已就位的屋架相互拉牢，以保持稳定。

（2）屋架的绑扎

屋架的绑扎点应选在上弦节点处，左右对称，并高于屋架重心，使屋架起吊后基本保持水平，不晃动、倾翻。吊索与水平线的夹角不宜小于 45°，以免屋架承受过大的横向压力；必要时，为了减少绑扎高度和所受的横向压力，可采用横吊梁。吊点的数目及位置与屋架的形式和跨度有关，一般应经吊装验算确定。在屋架两端应加溜索，以控制屋架的转动。

当屋架跨度小于或等于 18m 时，采用两点绑扎（图 6-28a）；屋架跨度为 18～24m 时，采用四点绑扎（图 6-28b）；屋架跨度为 30～36m 时，采用 9m 横吊梁，四点绑扎（图 6-28c）；侧向刚度较差的屋架，必要时应进行临时加固（图 6-28d）；对于组合屋架，因刚性差、下弦不能承受压力，故绑扎时也应用横吊梁。

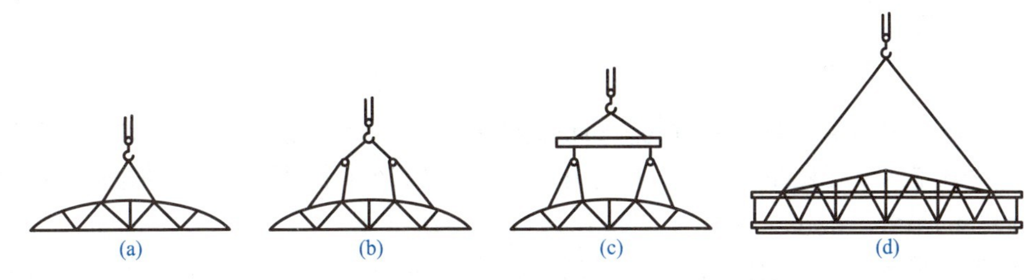

图 6-28　屋架的绑扎方法

（3）屋架的吊升、对位与临时固定

屋架的吊升是先将屋架吊离地面约 300mm，然后将屋架转至吊装位置下方，再将屋架吊升超过柱顶约 300mm，随即将屋架缓缓放至柱顶，进行对位。

屋架对位应以建筑物的定位轴线为准。如柱顶截面中心线与定位轴线偏差过大，可逐步调整纠正。

屋架对位后，立即进行临时固定，第一榀屋架用四根缆风绳从屋架两边拉牢，或将屋架与抗风柱连接；第二榀以后的屋架均是用两根工具式支撑撑牢在前一榀屋架上（图 6-29）。临时固定稳妥后，起重机才能脱钩。当屋架经校正、最后固定，并安装了若干块大型屋面板后，才能将支撑取下。

（4）屋架的校正与固定

屋架的竖向偏差可用锤球或经纬仪检查。用经纬仪检查是在屋架上安装三个卡尺，一个安装在上弦中点附近，另外两个分别安装在屋架两端。自屋架几何中心向外量出一定距离（一般为 500mm）在卡尺上作出标志，然后在距离屋架中线同样距离（500mm）处安置经纬仪，观察三个卡尺上的标志是否在同一垂直面上。

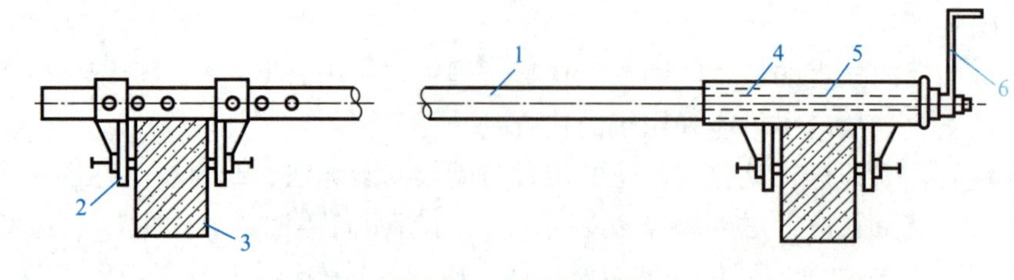

图 6-29　屋架校正器

1—钢管；2—撑脚；3—屋架上弦；4—螺母；5—螺杆；6—摇把

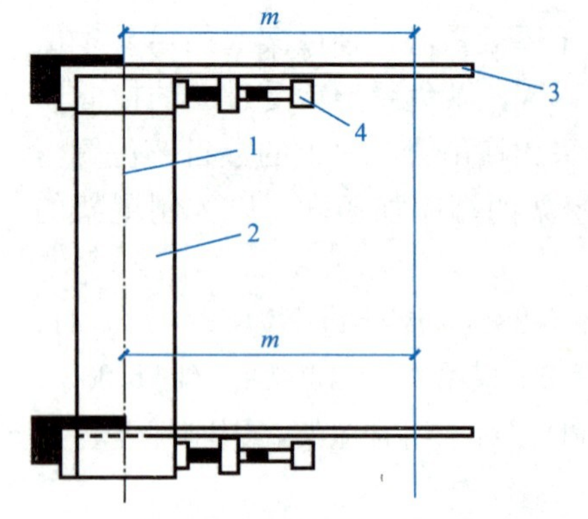

图 6-30　屋架垂直度校正

1—屋架轴线；2—屋架；3—标尺；4—固定螺杆

用锤球检查屋架竖向偏差，与上述步骤相同，但标志距屋架几何中心距离可短些（一般为 300mm），在两端卡尺的标志间连一通线，自屋架顶卡尺的标志处向下挂锤球，检查三卡尺的标志是否在同一垂直面上（图 6-30）。若发现卡尺标志不在同一垂直面上，即表示屋架存在竖向偏差，可通过转动工具式支撑上的螺栓加以纠正，并在屋架两端的柱顶上嵌入斜垫铁。

屋架校正垂直后，立即用电焊固定。焊接时，应在屋架两端同时对角施焊，避免两端同侧施焊。

4. 天窗架及屋面板的吊装

天窗架常采用单独吊装；也可与屋架拼装成整体同时吊装，以减少高空作业，但对起重机的起重量和起重高度要求较高。天窗架单独吊装时，需待两侧屋面板安装好后进行，并应用工具式夹具或绑扎圆木进行临时加固（图 6-31）。

屋面板的吊装一般多采用一钩多块迭吊或平吊法（图 6-32），以发挥起重机的效能，提高生产率。吊装顺序应由两边檐口左右对称逐块吊向屋脊，避免屋架承受半跨荷载。屋面板对位后应立即焊接牢固，并应保证有三个角点焊接。

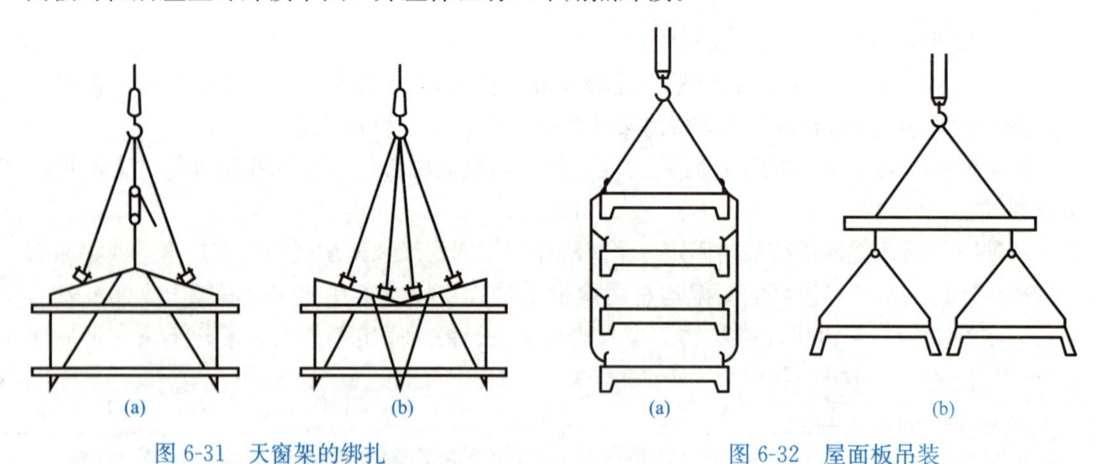

图 6-31　天窗架的绑扎

（a）两点绑扎；（b）回点绑扎

图 6-32　屋面板吊装

（a）多块迭吊；（b）多块平吊

6.3.3　结构吊装方案

在拟定单层工业厂房结构吊装方案时，应着重解决起重机的选择、结构吊装方法、起重机的开行路线及停机位置与构件的平面布置与运输堆放等问题。

1. 起重机的选择

起重机的选择直接影响结构吊装方法、起重机的开行路线及停机点位置、构件的平面布置与运输堆放等。首先应根据厂房跨度、构件重量、吊装高度以及施工现场条件和当地现有机械设备等确定机械类型。一般中小型厂房结构吊装多采用自行杆式起重机；当厂房的高度和跨度较大时，可选用塔式起重机吊装屋盖结构。在缺乏自行杆式起重机或受地形限制自行杆式起重机难以到达地方，可采用拔杆吊装。对于大跨度的重型工业厂房，则可选用自行杆式起重机、牵缆式起重机、重型塔式起重机等进行吊装。

对于履带式起重机型号的选择，应使起重量、起重高度、起重半径均能满足结构吊装的要求（图 6-33）。

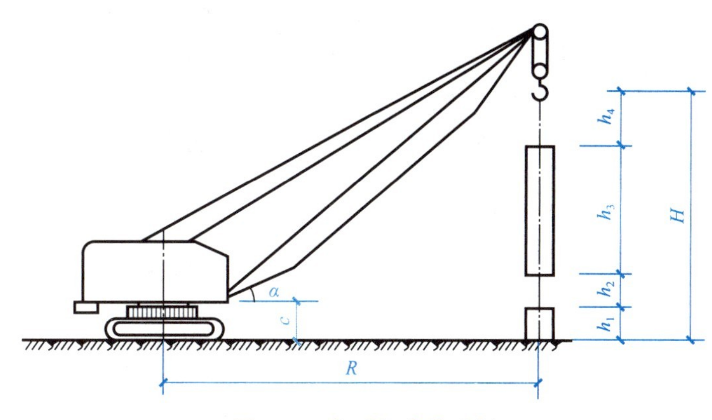

图 6-33　起重机参数选择

（1）起重量

起重机起重量 Q 应满足下式要求：

$$Q \geqslant Q_1 + Q_2 \tag{6-1}$$

式中　Q_1——构件重量（t）；

Q_2——索具重量（t）。

（2）起重高度

起重机的起重高度必须满足所吊构件的高度要求，即：

$$H \geqslant h_1 + h_2 + h_3 + h_4 \tag{6-2}$$

式中　H——起重机的起重高度（m），从停机面至吊钩的垂直距离；

h_1——安装支座表面高度（m），从停机面算起；

h_2——安装间隙，应不小于 0.3m；

h_3——绑扎点至构件吊起后底面的距离（m）；

h_4——索具高度（m），自绑扎点至吊钩面，不小于 1m。

（3）起重半径

在一般情况下，当起重机可以不受限制地开到构件吊装位置附近吊装时，对起重半径没有要求，在计算起重量及起重高度后，便可查阅起重机起重性能表或性能曲线来选择起重机型号及起重臂长度，并可查得在此起重量和起重高度下相应的起重半径，作为确定起重机开行路线及停机位置的参考。

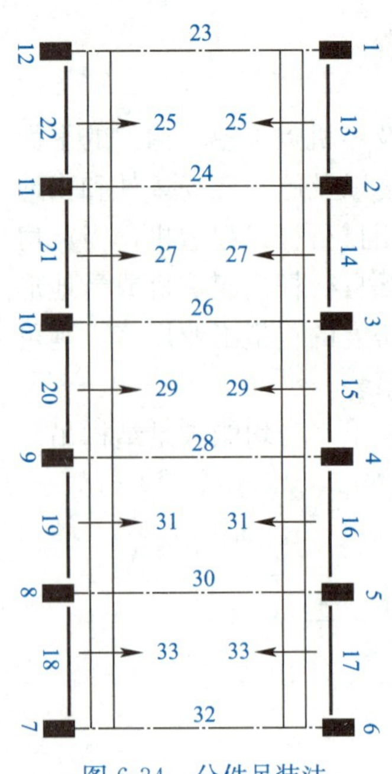

图 6-34　分件吊装法

1、2、3……为吊装构件顺序

当起重机不能直接开到构件吊装位置附近去吊装构件时，需根据起重量、起重高度和起重半径三个参数，查起重机起重性能表或性能曲线来选择起重机型号及起重臂长。

当起重机的起重臂需要跨过已安装好的结构去吊装构件时（如跨过屋架或天窗架吊屋面板），为了避免起重臂与已安装结构碰撞，使所吊构件不碰起重臂，则需求出起重机的最小臂长及相应的起重半径。

2. 结构吊装方法

单层工业厂房的结构吊装方法有分件吊装法和综合吊装法两种。

（1）分件吊装法（又称大流水法）

分件吊装法是指起重机每开行一次，仅吊装一种或两种构件（图 6-34）。

第一次开行，吊装完全部柱子，并对柱子进行校正和最后固定；

第二次开行，吊装吊车梁、连系梁及柱间支撑等；

第三次开行，按节间吊装屋架、天窗架、屋面板及屋面支撑等。

分件吊装的优点是：构件便于校正；构件可以分批进场，供应亦较单一，吊装现场不至拥挤；吊具不需经常更换，操作程序基本相同，吊装速度快；可根据不同的构件选用不同性能的起重机，能充分发挥机械的效能。其缺点是：不能为后续工作尽早提供工作面，起重机的开行路线长。

（2）综合吊装法（又称节间安装）

综合吊装法是起重机在车间内一次开行中，分节间吊装完所有各种类型的构件。即先吊装 4～6 根柱子，校正固定后随即吊装吊车梁、连系梁、屋面板等构件，待吊装完一个节间的全部构件后，起重机再移至下一节间进行安装（图 6-35）。

综合吊装法的优点是：起重机开行路线短，停机点位置少，可为后续工作创造工作面，有利于组织立体交叉平行流水作业，以加快工程进度。其缺点是：要同时吊装各种类型的构件，不能充分发挥起重机的效能；且构件供应紧张，平面布置复杂，校正困难；必须要有严密的施工组织，否则会造成施工混乱。故此法很少采用，只有在某些结构（如门式结构）必须采用综合吊装时，或当采用桅杆式起重机进行吊装时，才采用综合吊装法。

3. 起重机的开行路线及停机位置

起重机的开行路线及停机位置与起重机的性能、构件尺寸及重量、构件平面布置、构件的供应方式、吊装方法等有关。

当吊装屋架、屋面板等屋面构件时，起重机大多沿跨中开行；当吊装柱时，则视跨度大小、构件尺寸、重量及起重机性能，可沿跨中或跨边开行（图 6-36）。

图 6-37 是一个单跨车间采用分件吊装时起重机的开行路线及停机位置图。起重机自Ⓐ轴线进场，沿跨外开行吊装Ⓐ列柱（柱跨外布置）；再沿Ⓑ轴线跨内开行吊装Ⓑ列柱（柱跨内布置）；之后转到Ⓐ轴扶直屋架并将屋架就位；再转到Ⓑ轴吊装Ⓑ列连系梁、吊车

梁等；接着转到Ⓐ轴吊装Ⓐ列吊车梁等构件；最后转到跨中吊装屋盖系统。

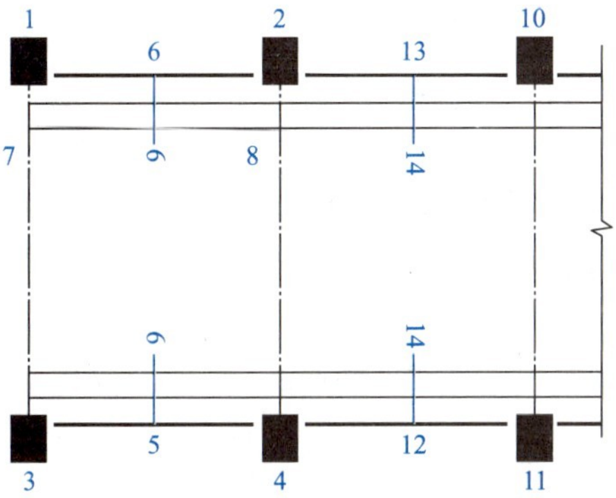

图 6-35 综合吊装法

1、2、3……为吊装顺序

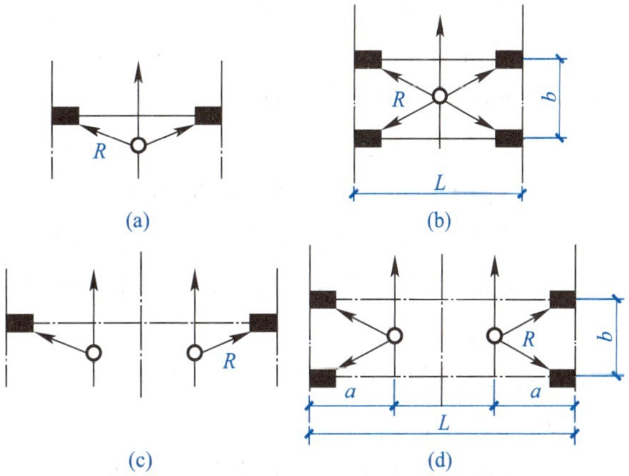

图 6-36 起重机吊装柱时的开行路线及停机位置

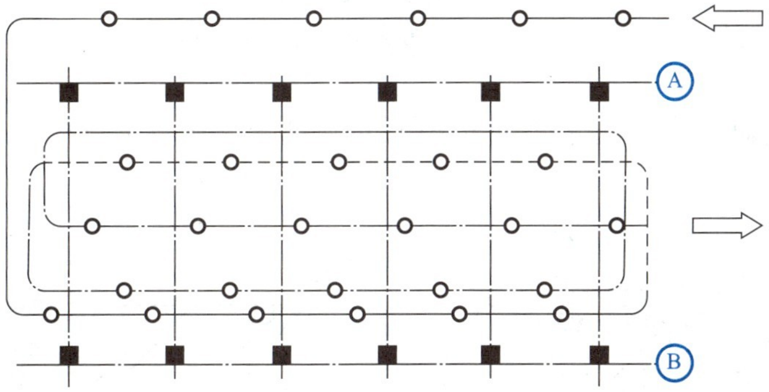

图 6-37 起重机开行路线及停机位置

当单层工业厂房面积大或具有多跨结构时，为加速工程进度，可将建筑物划分为若干段，选用多台起重机同时进行施工。每台起重机可以独立作业，负责完成一个区段的全部吊装工作，也可选用不同性能的起重机协同作业，有的专门吊装柱子，有的专门吊装屋盖结构，组织大流水施工。

当厂房具有多跨并列和纵横跨时，可先吊装各纵向跨，以保证吊装各纵向跨时，起重机械、运输车辆畅通。如各纵向跨有高低跨，则应先吊高跨，然后逐步向两侧吊装。

4. 构件的平面布置与运输堆放

单层工业厂房构件的平面布置是吊装工程中一项很重要的工作。构件布置得合理，可以避免构件在场内的二次搬运，充分发挥起重机械的效率。

构件的平面布置与吊装方法、起重机性能、构件制作方法等有关。故应在确定吊装方法、选择起重机械之后，根据施工现场的实际情况，会同有关土建、吊装施工人员共同研究确定。

(1) 构件布置的要求

构件布置时应注意以下问题：

1) 每跨构件尽可能布置在本跨内，确有困难时，才考虑布置在跨外便于吊装的地方；

2) 构件布置方式应满足吊装工艺要求，尽可能布置在起重机的起重半径内，尽量减少起重机负重行驶的距离及起重臂的起伏次数；

3）应首先考虑重型构件的布置；

4）构件布置的方式应便于支模及混凝土的浇筑工作，预应力构件尚应考虑有足够的抽管、穿筋和张拉的操作场地；

5）构件布置应力求占地最少，保证道路畅通，当起重机械回转时不至与构件相碰；

6）所有构件应布置在坚实的地基上；

7）构件的平面布置分预制阶段构件平面布置和吊装阶段构件就位布置，但两者之间有密切的关系，需同时加以考虑，做到相互协调，有利吊装。

（2）柱的预制布置

需要在现场预制的构件主要是柱和屋架，吊车梁有时也在现场制作。其他构件均在构件厂或场外制作，运到工地就位吊装。

柱的预制布置有斜向布置和纵向布置两种。

1）柱的斜向布置

柱如以旋转法起吊，应按三点共弧斜向布置（图 6-38）：

有时由于受场地或柱长的限制，柱的布置很难做到三点共弧，则可按两点共弧布置。其方法有两种：

一种是将柱脚与柱基安排在起重半径 R 的圆弧上，而将吊点放在起重半径 R 之外（图 6-39）。

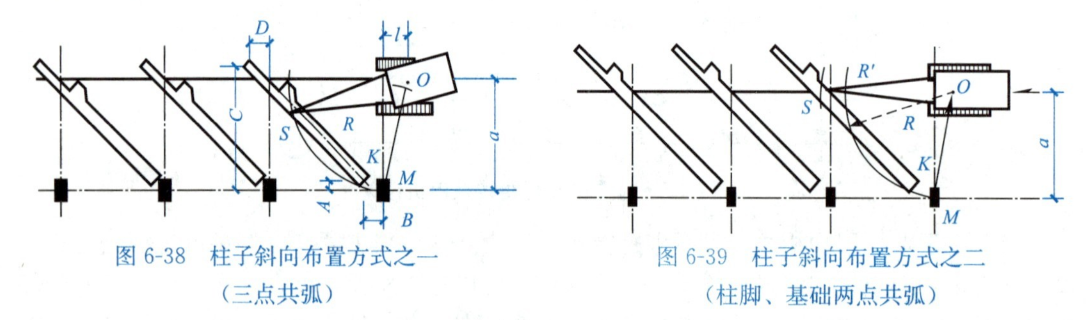

图 6-38　柱子斜向布置方式之一（三点共弧）

图 6-39　柱子斜向布置方式之二（柱脚、基础两点共弧）

另一种是将吊点与柱基安排在起重半径 R 的同一圆弧上，两柱脚可斜向任意方向（图 6-40）。吊装时，柱可用旋转法或滑行法吊升。

2）柱的纵向布置

当柱采用滑行法吊装时，可以纵向布置（图 6-41），吊点靠近基础，吊点与柱基两点共弧。若柱长小于 12m，为节约模板和场地，两柱可以叠浇，排成一行；若柱长大于 12m，则可排成两行叠浇。起重机宜停在两柱基的中间，每停机一次可吊两根柱子。

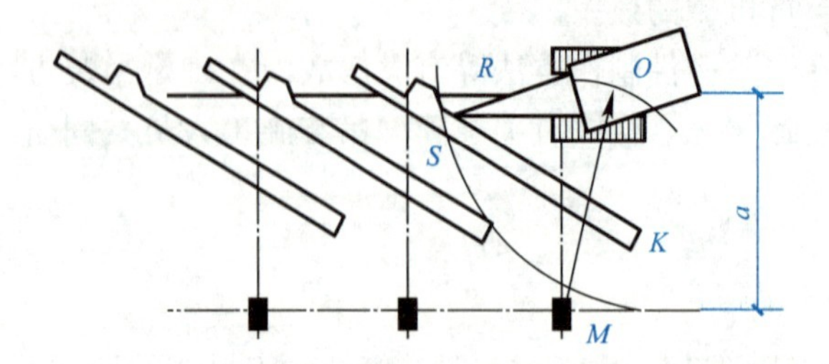

图 6-40　柱子斜向布置方式之三（吊点、柱基共弧）

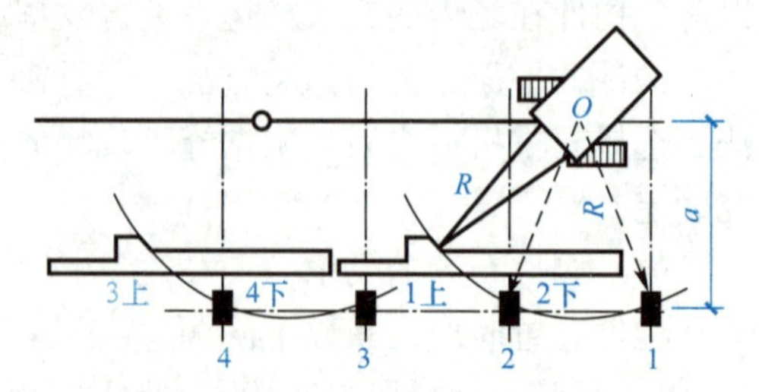

图 6-41　柱的纵向布置

（3）屋架的预制布置

屋架一般在跨内平卧叠浇预制，每迭 3～4 榀，布置方式有三种：斜向布置、正反斜向布置及正反纵向布置（图 6-42）。

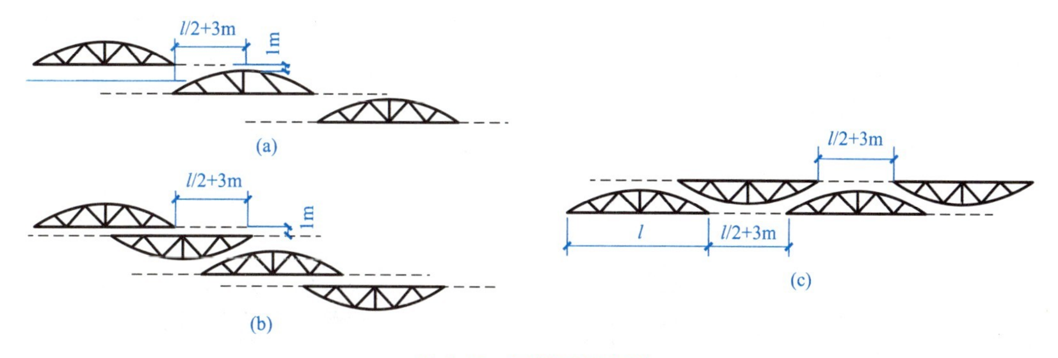

图 6-42 屋架预制布置

（a）斜向布置；（b）正反斜向布置；（c）正反纵向布置

在上述三种布置形式中，应优先考虑斜向布置，因为此种布置方式便于屋架的扶直就位。只有当场地受限制时，才采用其他两种形式。

在屋架预制布置时，还应考虑屋架扶直就位要求及扶直的先后顺序，应将先扶直后吊装的放在上层。同时也要考虑屋架两端的朝向，要符合吊装时对朝向的要求。

（4）吊车梁的预制布置

当吊车梁安排在现场预制时，可靠近柱基顺纵向轴线或略作倾斜布置，也可插在柱的空档中预制。如具有运输条件，也可在场外预制。

（5）屋架的扶直就位

屋架扶直后立即进行就位，按就位的位置不同，可分为同侧就位和异侧就位两种（图 6-43）。同侧就位时，屋架的预制位置与就位位置均在起重机开行路线的同一边。异侧就位时，需将屋架由预制的一边转至起重机开行路线的另一边就位，此时屋架两端的朝向已有变动。因此，在预制屋架时，对屋架的就位位置应事先加以考虑，以便确定屋架两端的朝向及预埋件的位置。

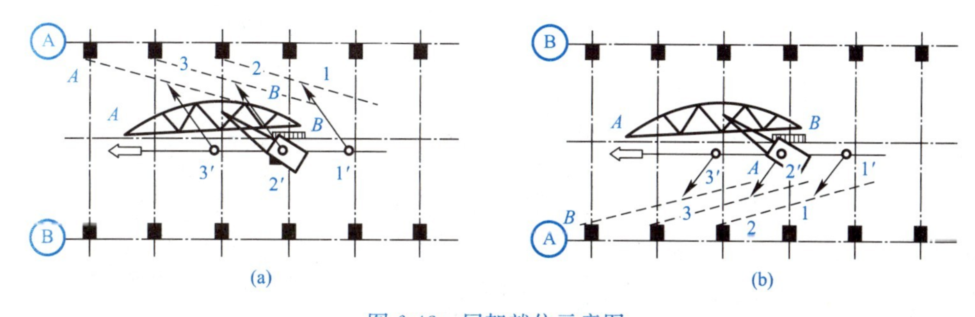

图 6-43 屋架就位示意图

（a）同侧就位；（b）异侧就位

屋架的就位方式有两种：一种是靠柱边斜向就位；另一种是靠柱边成组纵向就位。

（6）吊车梁、连系梁、屋面板的就位

单层工业厂房除了柱和屋架一般在施工现场制作外，其他构件如吊车梁、连系梁、屋面板等均在预制厂或附近的预制场地制作，然后运至工地吊装。

构件运至现场后，应按施工组织设计所规定的位置，按构件吊装顺序及编号进行就位或集中堆放。梁式构件叠放不宜过高，常取2～3层；大型屋面板不超过6～8层。

吊车梁、连系梁的就位位置，一般在其吊装位置的柱列附近，跨内跨外均可。屋面板的就位位置，可布置在跨内或跨外（图6-44），当在跨内就位时，应向后退3～4个节间开始堆放；若在跨外就位，应向后退1～2个节间开始堆放。此外，也可根据具体条件采取随吊随运的方法。

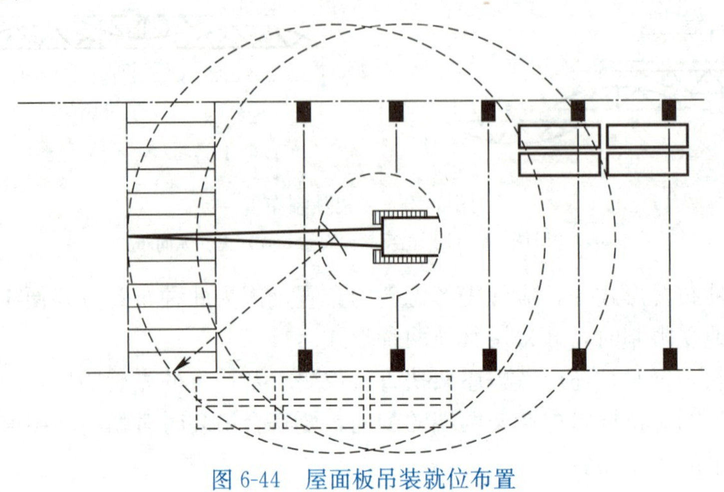

图6-44　屋面板吊装就位布置

图6-45为某车间预制构件平面布置图。柱、屋架均采用叠层预制，Ⓐ列柱跨外预制，Ⓑ列柱跨内预制，屋架在跨内靠Ⓐ轴线一侧预制，采用分件吊装方式，柱子吊升采用旋转法。起重机自Ⓐ轴线跨外进场，自①～⑩先吊Ⓐ列柱；然后转至Ⓑ轴线，自⑩～①吊装Ⓑ列柱，再吊装两根抗风柱；之后自①～⑩吊装Ⓐ列吊车梁、连系梁、柱间支撑等；而后自⑩～①扶直屋架、屋架就位、吊装Ⓑ列吊车梁、连系梁、柱间支撑以及屋面板卸车就位等；最后起重机自①～⑩吊装屋架、屋面支撑、天沟和屋面板，吊装完成后退场。

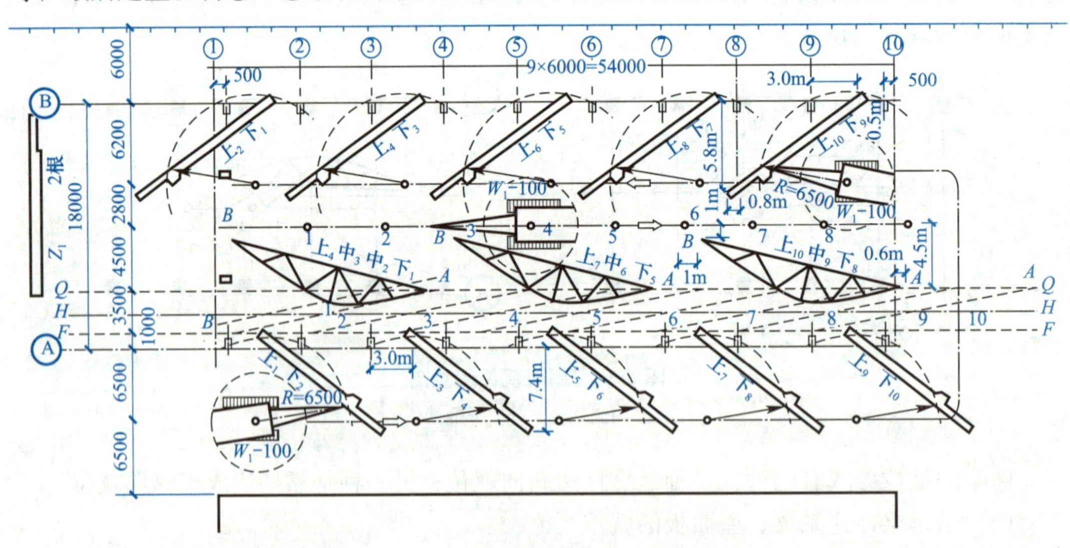

图6-45　某车间预制构件平面布置图

6.4 多层工业厂房结构安装

6.4.1 吊装方案

多层装配式框架结构吊装的特点是：房屋高度大而占地面积较小，构件类型多、数量大、接头复杂、技术要求较高等。因此，在考虑结构吊装方案时，应着重解决吊装机械的选择和布置、吊装顺序和吊装方法等问题。

1. 起重机的选择

自行式塔式起重机在低层装配式框架结构吊装中使用较广。其型号选择主要根据房屋的高度与平面尺寸、构件重量及安装位置以及现有机械设备而定。起重机选择时应确定各种主要构件的重量 Q，及吊装时所需的起重半径 R；然后根据起重机械性能验算其起重量、起重高度和起重半径是否满足要求（图 6-46）。对于高层（10 层以上）装配式建筑，由于高度较大，只有采用自升式塔式起重机才能满足起重高度的要求。自升式塔式起重机可布置在房屋内，随着房屋的升高往上爬升；亦可附着在房屋外侧。布置时，应尽量使建筑平面和构件堆场位于起重半径范围内。

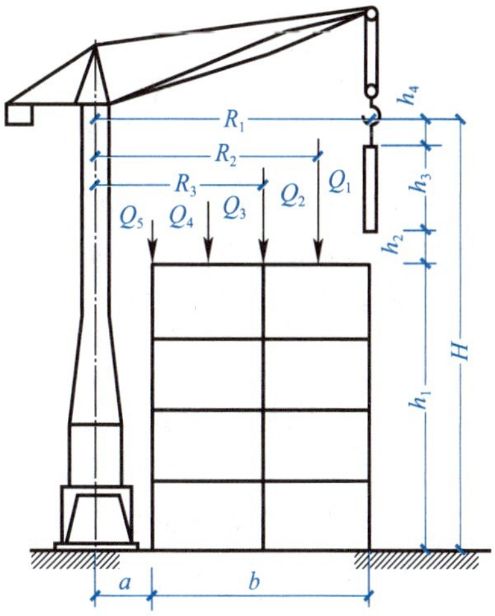

图 6-46 塔式起重机工作参数计算简图

2. 起重机的布置

塔式起重机的布置方案主要根据建筑物平面形状、构件重量、起重机性能及施工现场地形条件确定。一般有以下四种方案（图 6-47）：

（1）单侧布置（图 6-47a、b）

当房屋宽度小、构件重量较轻时常采用单侧布置。此时，其起重半径 R 应满足：

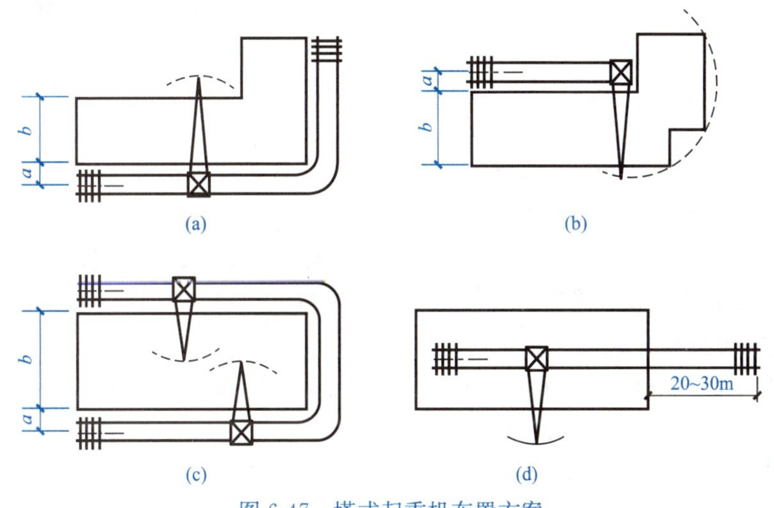

图 6-47 塔式起重机布置方案

(a)、(b) 单侧布置；(c) 双侧布置；(d) 跨内单行布置

$$R \geqslant b+a \tag{6-3}$$

式中　b——房屋宽度（m）；

a——房屋外侧至塔轨中心线距离（$a=3\sim5$m）。

此种布置的优点是轨道长度较短，并在起重机的外侧有较宽的构件堆放场地。

（2）双侧布置（图 6-47c)

适用于房屋宽度较大或构件较重的情况，起重半径应满足：

$$R=\frac{b}{2}+a \tag{6-4}$$

若吊装工程量大且工期紧迫，可在房屋两侧各布置一台起重机；反之，则可用一台起重机环形吊装。

（3）跨内单行布置（图 6-47d)

这种方案往往是因场地狭窄，在房屋外侧不可能布置起重机，或由于房屋宽度较大、构件较重时才采用。其优点是可减少轨道长度，并节约施工用地。缺点是只能采用竖向综合安装，结构稳定性差；构件多布置在起重半径之外，需增加二次搬运；对房屋外侧围护结构吊装也较困难；同时房屋的一端还应有长 20～30m 的场地，作为塔式起重机装拆之用。

（4）跨内环形布置

当房屋较宽、构件较重、起重机跨内单行布置不能起吊全部构件，而受场地限制又不可能在跨外环形布置时，则宜采用跨内环形布置。

3. 预制构件现场布置

多层装配式框架结构除较重的柱以外，其他构件均在预制厂预制，然后运到现场进行安装。构件的现场布置是否合理，对提高吊装效率、保证吊装质量及减少二次搬运都有很大影响。因此，构件的布置也是多层框架吊装的重要环节之一。其原则是：

（1）尽可能布置在起重半径范围内，以免二次搬运；

（2）重型构件靠近起重机布置，中小型则布置在重型构件外侧；

（3）构件布置地点应与吊装就位的布置相配合，尽量减少吊装时起重机的移动和变幅；

（4）如条件允许，中小型构件可考虑采用随运随吊，以减小构件堆场和装卸工序，有利于缩短工期。

柱为现场预制的主要构件，布置时应先予考虑。其布置方式有与塔式起重机轨道相平行、倾斜及垂直三种方案（图 6-48）。平行布置的优点是可以将几层柱通长预制，能减少柱接头的偏差。倾斜布置可用旋转法起吊，适用于较长的柱。当起重机在跨内开行时，为了使柱的吊点在起重半径范围内，柱宜与房屋垂直布置。

6.4.2　结构吊装方法

多层框架结构的吊装方法可分为分件安装法与综合安装法两种。

1. 分件安装法

根据其流水方式不同，又可分为分层分段流水安装法和分层大流水安装法。

分层分段流水安装法（图 6-49）就是将多层房屋划分为若干施工层，并将每一施工层再划分若干安装段。起重机在每一段内按柱、梁、板的顺序分次进行安装，直至该段的

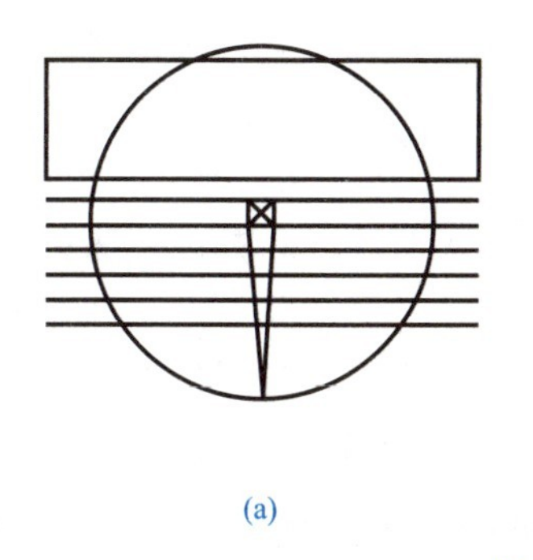
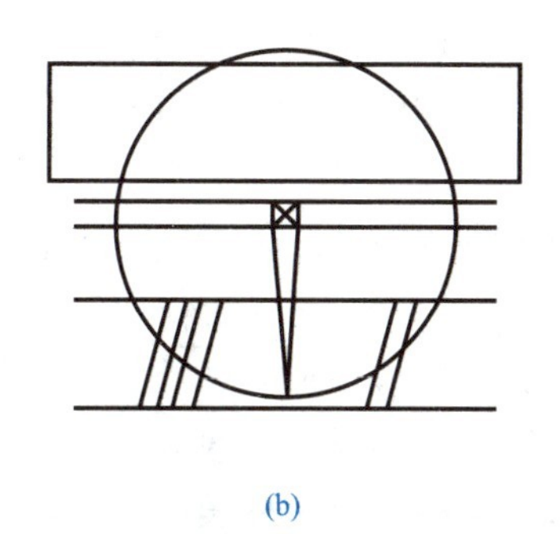
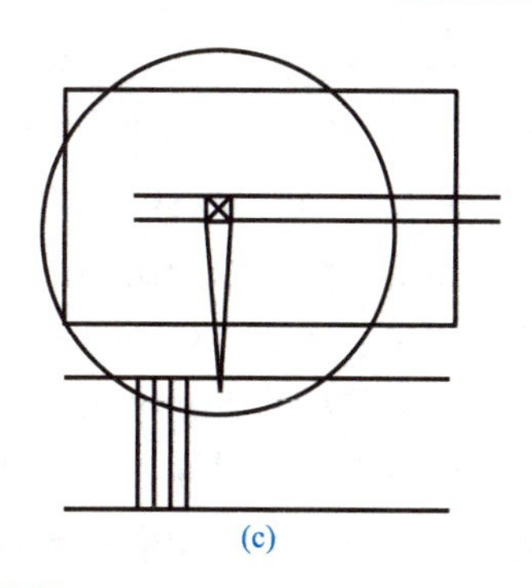

图 6-48 使用塔式起重机吊装柱的布置方案

(a) 平行布置；(b) 倾斜布置；(c) 垂直布置

构件全部安装完毕，再转移到另一段去。待一层构件全部安装完毕并最后固定后，再安装上一层构件。

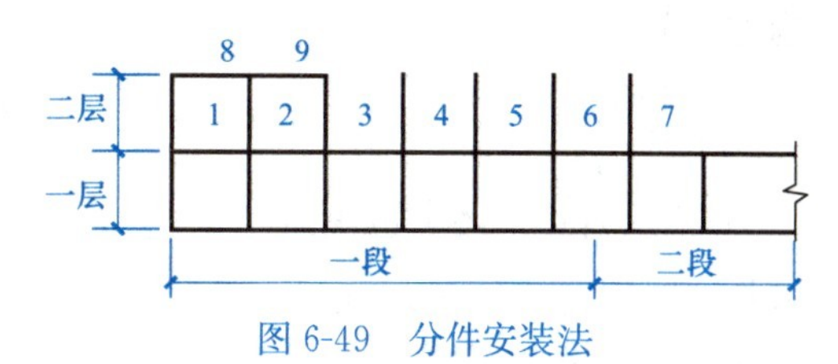

图 6-49 分件安装法

图中 1、2、3……为安装顺序

施工层的划分则与预制柱的长度有关，当柱子长度为一个楼层高时，以一个楼层为一施工层；为二个楼层高时，以二个楼层为一施工层。由此可见，施工层的数目越多，则柱的接头数量越多，安装速度就越慢。因此，当起重机能力满足时，应增加柱子长度，减少施工层数。

安装段的划分主要应考虑：保证结构安装时的稳定性；减少临时固定支撑的数量；使吊装、校正、焊接各工序相互协调，有足够的操作时间。因此，框架结构的安装段一般以 4～8 个节间为宜。

这种安装方法的优点是：构件供应与布置较方便；每次吊同类型的构件，安装效率高；吊装、校正、焊接等工序之间易于配合。其缺点是：起重机开行路线较长，临时固定设备较多。

分层大流水安装法与上述方法的不同之处在于每一施工层上无须分段，因此所需临时固定支撑较多，只适合在面积不大的房屋中采用。

分件安装法是框架结构安装最常采用的方法。其优点是：容易组织吊装、校正、焊接、灌浆等工序的流水作业；易于安排构件的供应和现场布置工作；每次均吊装同类型构件，可提高安装速度和效率；各工序操作较方便安全。

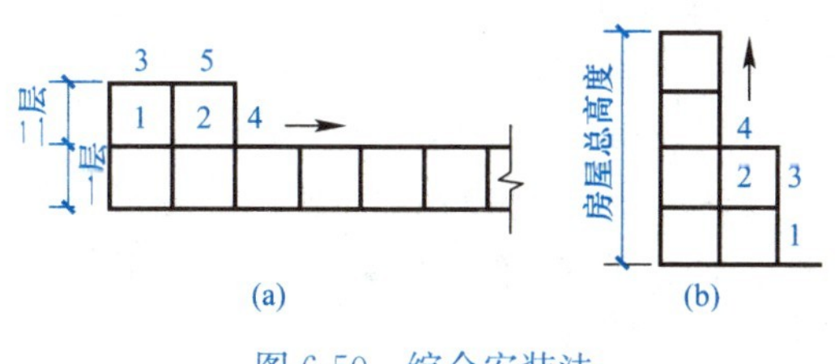

图 6-50 综合安装法

(a) 分层综合安装；(b) 竖向综合安装

图中 1、2、3……为安装顺序

2. 综合安装法

根据所采用吊装机械的性能及流水方式不同，又可分为分层综合安装法与竖向综合安装法。

分层综合安装法如图 6-50 (a) 所示，就是将多层房屋划分为若干施工层，起重机在每一施工层中只开行一次，首先安装一个节间的全部构件，再依次安装第二节间、第三节间等。待一层构件全部安装完毕并最后固定后，再依次按节间安装上一层构件。

竖向综合安装法，是从底层直到顶层把第一节间的构件全部安装完毕后，再依次安装第二节间、第三节间等各层的构件，如图 6-50（b）所示。

6.4.3 结构构件吊装

多层装配式框架结构的结构形式有梁板结构和无梁楼盖结构两类。梁板式结构是由柱、主梁、次梁、楼板组成的。

多层装配式框架结构柱一般为方形或矩形截面。为便于制作和安装，各层柱的截面应尽量保持不变，以便于预制和吊装。柱的长度一般以 1～2 层楼高为一节，也可以 3～4 层楼高为一节。当采用塔式起重机进行吊装时，柱长以 1～2 层楼高为宜；对 4～5 层框架结构，若采用履带式起重机吊装，柱长则采用一节到顶的方案。柱与柱的接头宜设在弯矩较小的地方或梁柱节点处，每层楼的柱接头应设在同一标高上，以便统一构件的规格，减少构件型号。

1. 柱的吊装

（1）绑扎

柱子长度在 12m 以内时，采用一点直吊绑扎法；柱子长度大于 12m 时，应采用两点绑扎，必要时进行吊装验算。应尽量避免采用多点绑扎，以防止在吊装过程中构件受力不均而产生裂缝或断裂。

（2）吊升

柱子的起吊方法与单层厂房柱吊装相同。上柱的底部都有外伸钢筋，吊装时必须采取保护措施，防止钢筋碰弯。外伸钢筋的保护方法有用钢管保护柱脚外伸钢筋及用垫木保护外伸钢筋两种。用钢管保护柱脚外伸钢筋是在柱起吊前将两根钢管用两根短吊索套在柱子两侧，起吊时钢筋始终着地，柱将要竖直时钢管和短吊索即自动落下。用垫木保护柱脚外伸钢筋是柱起吊前用垫木将榫式接头垫实，柱起吊时将绕榫头的底边转为竖直，外伸钢筋不着地。

（3）柱的临时固定与校正

框架底层柱与基础杯口的连接做法与单层工业厂房相同。上下两节柱的连接是多层框架结构安装的关键。其临时固定可用管式支撑。

柱的校正应按 2～3 次进行，首先在脱钩后电焊前进行初校；在柱接头电焊后进行第二次校正，观测焊接应力变形所引起的偏差。此外，在梁和楼板安装后还需检查一次，以消除焊接应力和荷载产生的偏差。柱在校正时，力求下节柱准确，以免导致上层柱的积累偏差。但当下节柱经最后校正仍存在偏差，若在允许范围内可以不再进行调整。在这种情况下吊装上节柱时，一般可使上节柱底部中心线对准下节柱顶部中心线和标准中心线的中点（图 6-51），即 $a/2$ 处，而上节柱的顶部在校正时仍以标准中心线为准，以此类推。在柱的校正过程中，当垂直度和水平位移有偏差时，若垂直度偏差较大，则应先校正垂直度，后校正水平位移，以减少柱顶倾覆的可能性。柱的垂直度允许偏差值应小于等于 $H/1000$（H 为柱高），且不大于 10mm，水平位移允许在 5mm 以内。

对于细而长的框架柱，在阳光的照射下，温差对垂直度的影响较大，在校正时，必须考虑温差的影响，其措施有以下几点：

1）在无阳光影响的时候（如阴天、早晨、晚间）进行校正；

2）在同一轴线上的柱，可选择第一根柱（称标准柱）在无温差影响下精确校正，其余柱均以此柱作为校正标准；

3）预留偏差（图 6-52）。其方法是在无温差条件下弹出柱的中心线，在有温差条件下校正 $l/2$ 处的中心线，使其与杯口中心线垂直，如图 6-52（a）所示，测得柱顶偏移值为 Δ；再在同方向将柱顶增加偏移值 Δ，如图 6-52（b）所示，当温差消失后该柱回到垂直状态，如图 6-52（c）所示。

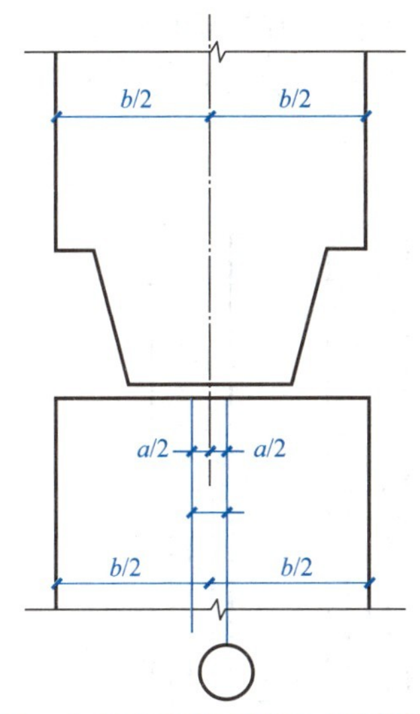

图 6-51　上下节柱校正时中心线偏差调整

a—下节柱顶部中心线偏差；b—柱宽

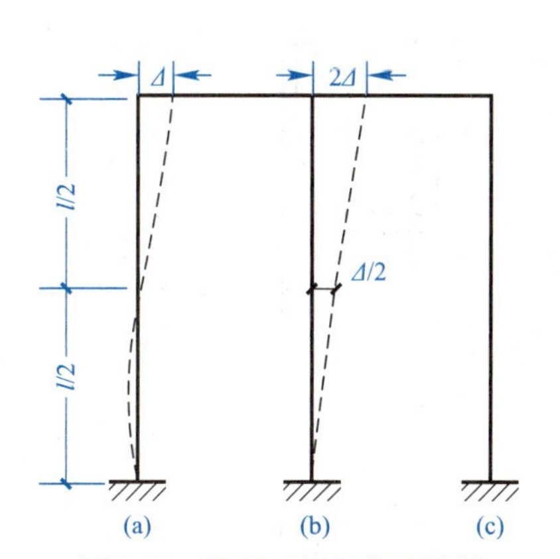

图 6-52　柱校正预留偏差简图

（4）构件接头

在多层装配式框架结构中，构件接头的质量直接影响整个结构的稳定和刚度，必须加以重视。柱的接头类型有榫式接头、浆锚接头和插入式接头三种。

1）榫式接头（图 6-53）：是上下柱预制时各向外伸出一定长度（不小于 $25d$）的钢筋，上柱底部带有突出的榫头，柱安装时使钢筋对准，用坡口焊焊接，然后用比柱混凝土强度等级高 25％的细石混凝土或膨胀混凝土浇筑接头。待接头混凝土达到 75％强度等级后，再吊装上层构件。榫式接头要求柱预制时最好采用通长钢筋，以免钢筋错位难以对接；钢筋焊接时，应注重焊接质量和施焊方法，避免产生过大的焊接应力造成接头偏移和构件裂缝；接头灌浆要求饱满密实，不至下沉、收缩而产生空隙或裂纹。

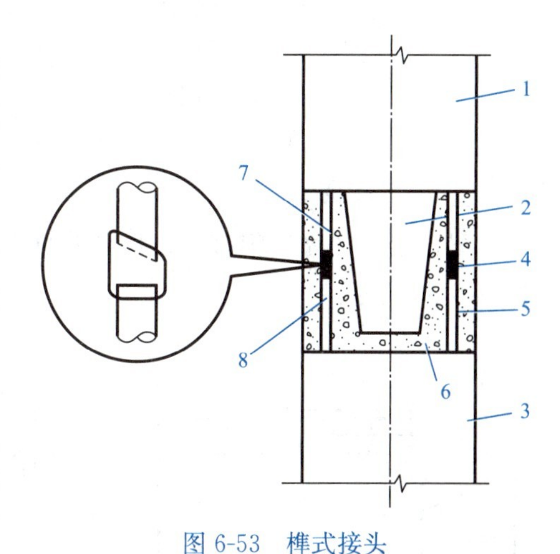

图 6-53　榫式接头

1—上柱；2—上柱榫头；3—下柱；4—坡口焊；5—下柱外伸钢筋；6—砂浆；7—上柱外伸钢筋；8—后浇接头混凝土

2）浆锚接头（图 6-54）：是在上柱底部外伸四根长 300～700mm 的锚固钢筋；下柱顶部预留四个深约 350～750mm、孔径约（2.5～4）d（d 为锚固钢筋直径）的浆锚孔。接头前，先将浆锚孔清洗干净，并注入快凝砂浆；在下节柱的顶面满铺 10mm 厚的砂浆；最后把上柱锚固筋插入孔内，使上下柱连成整体。也可先插入锚固筋，然后进行灌浆或压浆工艺，即在上节柱的外伸锚固钢筋插入下节柱的浆锚孔后再进行灌浆，或用压力泵把砂浆压入。

3）插入式接头（图 6-55）：是将上节柱做成榫头，下节柱顶部做成杯口，上节柱插入杯口后，用水泥砂浆灌实成整体。此种接头不用焊接，安装方便，但在大偏心受压时必须采取构造措施，以防受拉边产生裂缝。接头处灌浆的方法有压力灌浆和自重挤浆两种。压力灌浆的压力一般保持 0.2～0.3MPa。自重挤浆是先在杯口内放入砂浆，然后落下上柱自重挤出砂浆，装进杯口的砂浆体积为接缝空隙体积的 1.5 倍。

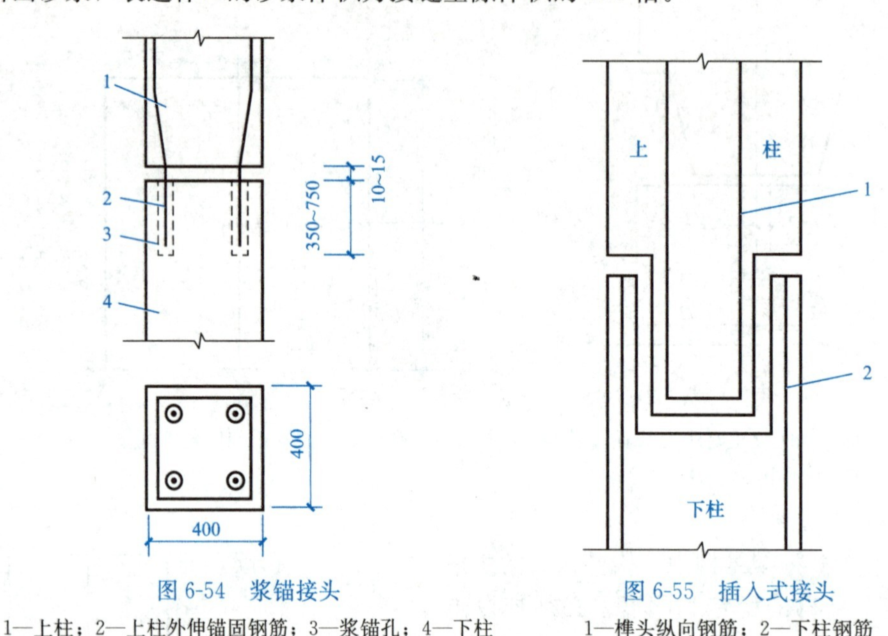

图 6-54　浆锚接头

1—上柱；2—上柱外伸锚固钢筋；3—浆锚孔；4—下柱

图 6-55　插入式接头

1—榫头纵向钢筋；2—下柱钢筋

2. 梁、柱接头

梁柱接头的做法很多，常用的有明牛腿刚性接头、齿槽式接头、浇筑整体式接头等，如图 6-56 所示。

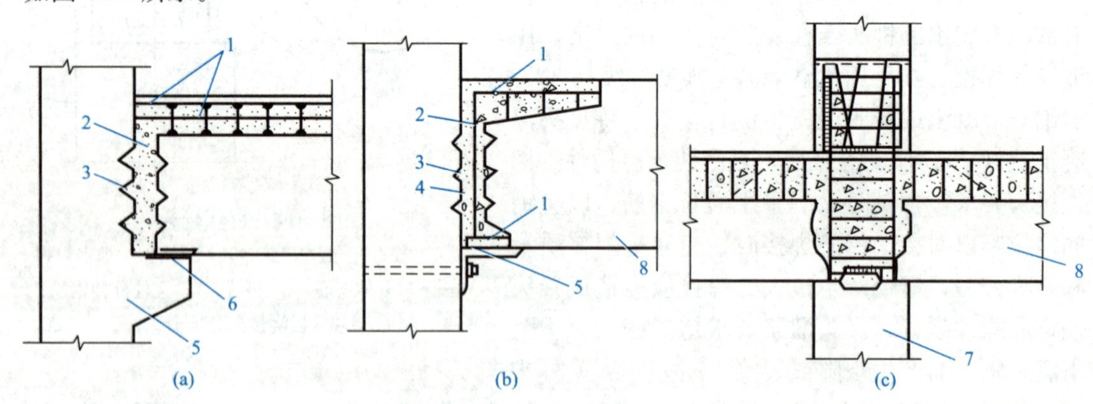

图 6-56　梁与柱的接头

(a) 明牛腿刚性接头；(b) 齿槽式接头；(c) 浇筑整体式接头

1—坡口焊钢筋；2—浇捣细石混凝土；3—齿槽；4—附加钢筋；5—牛腿；6—垫板；7—柱；8—梁

明牛腿刚性接头在梁吊装时，只要将梁端预埋钢板和柱牛腿上预埋钢板焊接后起重机即可脱钩，然后进行梁与柱的钢筋焊接。这种接头安装方便，而且节点刚度大，受力可靠。但明牛腿占用了一部分空间，一般只用于多层工业厂房。

齿槽式接头是利用梁柱接头处设的齿槽来传递梁端剪力，所以取消了牛腿。梁柱接头处设角钢作为临时牛腿，以支撑梁。角钢支承面积小，不太安全，须将梁一端的上部接头钢筋焊好两根后方能脱钩。

浇筑整体式梁柱接头的基本做法是：柱为每层一节，梁搁在柱上，梁底钢筋按锚固长度要求上弯或焊接。配上箍筋后，浇筑混凝土至楼板面，待强度达 $10N/mm^2$ 即可安装上节柱，上节柱与榫式接头柱相似，但上下柱的钢筋用搭接而不用焊接，搭接长度大于 20 倍柱钢筋直径。然后第二次浇筑混凝土到上柱的榫头上方并留 35mm 空隙，用细石混凝土捻缝。

6.5 钢结构和网架结构安装

6.5.1 吊装前的准备工作

1. 基础的准备

钢柱基础的顶面通常设计为一平面，通过地脚螺栓将钢柱与基础连成整体。施工时应保证基础顶面标高及地脚螺栓位置准确。其允许偏差为：基础顶面高差为±2mm，倾斜度 1/1000；地脚螺栓位置允许偏差，在支座范围内为 5mm。施工时可用角钢做成固定架，将地脚螺栓安置在与基础模板分开的固定架上。

为保证基础顶面标高的准确，施工时可采用一次浇筑法或二次浇筑法进行。

（1）一次浇筑法

钢柱基础一次浇筑。先将基础混凝土浇灌到低于设计标高约 40～60mm 处，然后用细石混凝土精确找平至设计标高，以保证基础顶面标高的准确。这种方法要求钢柱制作尺寸十分准确，且要保证细石混凝土与下层混凝土的紧密黏结，如图 6-57 所示。

（2）二次浇筑法

钢柱基础分两次浇筑。第一次浇筑到比设计标高低 40～60mm 处，待混凝土有一定强度后，上面放钢垫板，精确校正钢板标高，然后吊装钢柱。当钢柱校正完毕后，在柱脚钢板下浇灌细石混凝土，如图 6-58 所示。这种方法校正柱子比较容易，多用于重型钢柱吊装。

当基础采用二次浇筑混凝土施工时，钢柱脚应采用钢垫板或坐浆垫板作支承。垫板应设置在靠近地脚螺栓的柱脚底板加劲板或柱脚下，每根地脚螺栓侧应设 1～2 组垫块，每组垫板不得多于 5 块。垫板与基础面和柱底面的接触应平整、紧密。当采用成对斜垫板时，其叠合长度不应小于垫板长度的 2/3。采用坐浆垫板时，应采用无收缩砂浆。柱子吊装前砂浆试块强度应高于基础混凝土强度一个等级。

2. 构件的检查与弹线

在吊装钢构件之前，应检查构件的外形和几何尺寸，如有偏差应在吊装前设法消除。

在钢柱的底部和上部标出两个方向的轴线，在底部适当高度标出标高准线，以便校正钢柱的平面位置、垂直度、屋架和吊车梁的标高等。

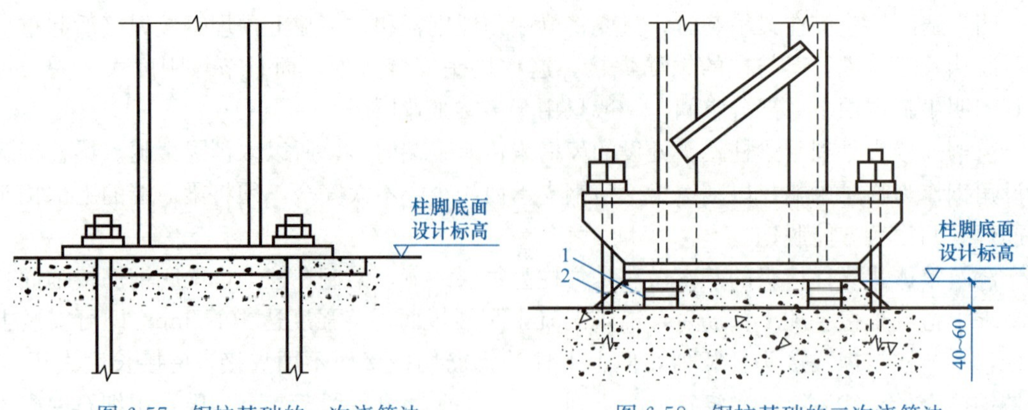

图 6-57　钢柱基础的一次浇筑法

图 6-58　钢柱基础的二次浇筑法

1—调整柱子用的钢垫板；2—柱子安装后浇筑的细石混凝土

对不易辨别上下左右的构件，应在构件上加以标明，以免吊装时搞错。

3. 构件的运输、堆放

钢构件应根据施工组织设计要求的施工顺序，分单元成套供应。运输时，应根据构件的长度、重量选择车辆；钢构件在运输车辆上的支点、两端伸出的长度及绑扎方法均应保证构件不产生变形、不损伤涂层。

钢构件堆放的场地应平整坚实，无积水。堆放时应按构件的种类、型号、安装顺序分区存放。钢结构底层应设有垫枕，并且应有足够的支承面，以防支点下沉。相同型号的钢构件叠放时，各层钢构件的支点应在同一垂直线上，并应防止钢构件被压坏和变形。

6.5.2　构件的吊装工艺

1. 钢柱的吊装

(1) 钢柱的吊升

钢柱的吊升可采用自行式或塔式起重机，用旋转法或滑行法吊升。当钢柱较重时，可采用双机抬吊，用一台起重机抬柱的上吊点，一台起重机抬下吊点，采用双机并立相对旋转法进行吊装，如图 6-59 所示。

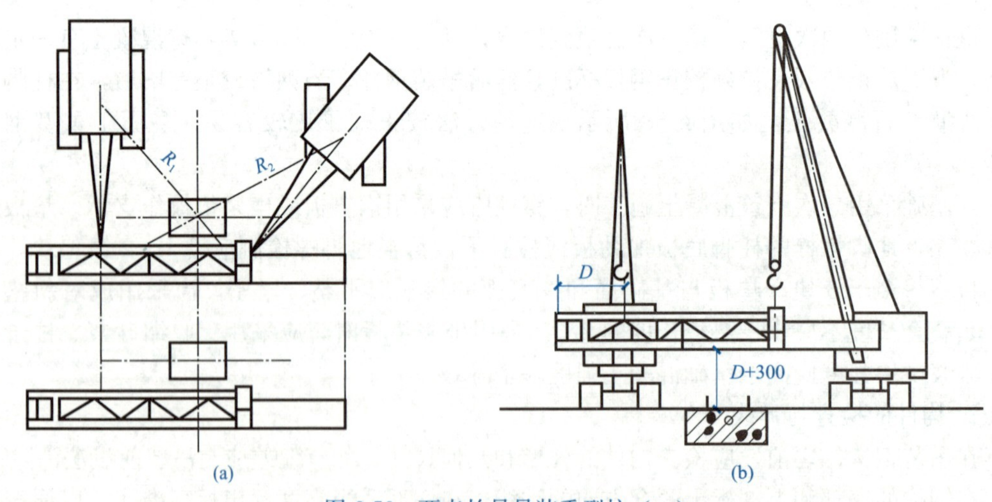

图 6-59　两点抬吊吊装重型柱（一）

(a) 柱的平面布置及起重机就位图；(b) 两机同时将柱吊升

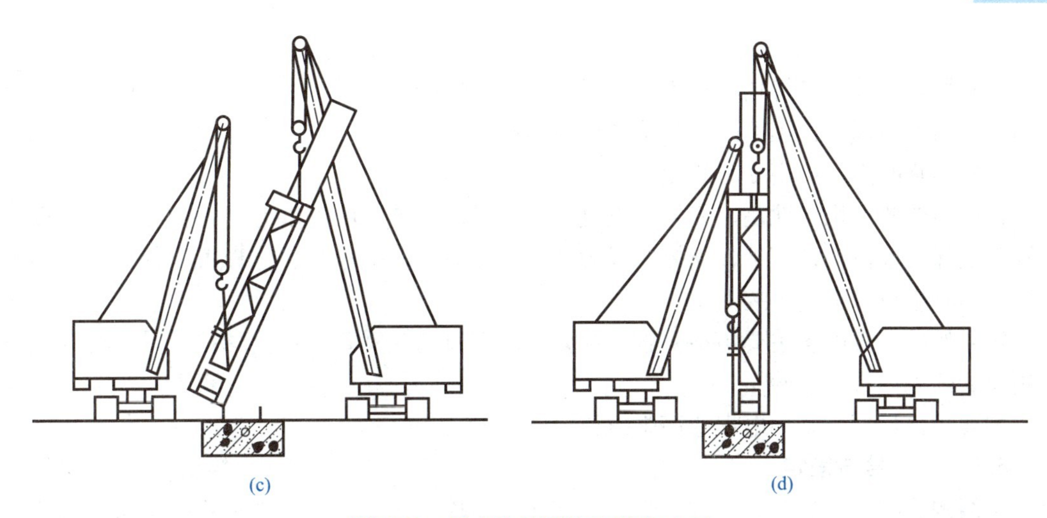

图 6-59　两点抬吊吊装重型柱（二）

（c）两机协调旋转，并将柱调直；（d）将柱插入杯口

（2）钢柱的校正与固定

钢柱的校正包括平面位置、标高、垂直度的校正。平面位置的校正应用经纬仪从两个方向检查钢柱的安装准线。在吊升前应安放标高控制块以控制钢柱底部标高。垂直度的校正用经纬仪检验，如超过允许偏差，用千斤顶进行校正。在校正过程中，随时观察柱底部和标高控制块之间是否脱空，以防校正过程中造成水平标高的误差。

为防止钢柱校正后的轴线位移，应在柱底板四边用 10mm 厚钢板定位，并电焊牢固。钢柱复校后，紧固地脚螺栓，并将承重块上下点焊固定，防止滑动。

2. 钢吊车梁的吊装

（1）吊车梁的吊升

钢吊车梁可用自行式起重机吊装，也可以用塔式起重机、桅杆式起重机等进行吊装，对重量很大的吊车梁，可用双机抬吊。

吊车梁吊装时应注意钢柱吊装后的位移和垂直度的偏差，认真做好临时标高垫块工作，严格控制定位轴线，实测吊车梁搁置处梁高制作的误差。钢吊车梁均为简支梁，梁端之间应留有 10mm 左右的间隙并设钢垫板，梁和牛腿用螺栓连接，梁与制动架之间用高强螺栓连接。

（2）钢吊车梁的校正与固定

吊车梁校正的内容包括标高、垂直度、轴线、跨距的校正。标高的校正可在屋盖吊装前进行，其他项目校正可在屋盖安装完成后进行，因为屋盖的吊装可能引起钢柱变位。

吊车梁标高的校正，用千斤顶或起重机对梁做竖向移动，并垫钢板，使其偏差在允许范围内。

吊车梁轴线的校正可用通线法和平移轴线法，跨距的检验用钢尺测量，跨度大的车间用弹簧秤拉测（拉力一般为 100～200N），如超过允许偏差，可用撬棍、钢楔、花篮螺栓、千斤顶等纠正。

3. 钢屋架的吊装与校正

钢屋架的翻身扶直，吊升时由于侧向刚度较差，必要时应绑扎几道杉木杆作为临时加固措施。

屋架吊装可采用自行式起重机、塔式起重机或桅杆式起重机等。根据屋架的跨度、重量和安装高度不同，选用不同的起重机械和吊装方法。

屋架的临时固定可用临时螺栓。

钢屋架的侧向稳定性差，如果起重机的起重量及起重臂的长度允许，应先拼装两榀屋架及其上部的天窗架、檩条、支撑等成为整体，然后再一次吊装。这样可以保证吊装的稳定性，同时也可以提高吊装效率。

钢屋架的校正内容主要包括垂直度和弦杆的正直度，垂直度用垂球检验，弦杆的正直度用拉紧的测绳进行检验。

屋架的最后固定，用电焊或高强螺栓。

6.5.3 连接与固定

钢结构连接方法通常有三种：焊接、铆接和螺栓连接等。钢构件的连接接头应经检查合格后方可紧固或焊接。焊接和高强度螺栓并用的连接，当设计无特殊要求时，应按先栓后焊的顺序施工。螺栓连接有普通螺栓和高强度螺栓两种。高强度螺栓有大六角头高强度螺栓和扭剪型高强度螺栓。钢结构用的扭剪型高强度螺栓连接副包括一个螺栓、一个螺母和一个垫圈，如图 6-60 所示。扭剪型高强度螺栓具有施工简单、受力好、可拆换、耐疲劳、能承受动力荷载、可目视判定是否终拧、不易漏拧、安全度高等优点。下面主要讲述高强度螺栓的施工。

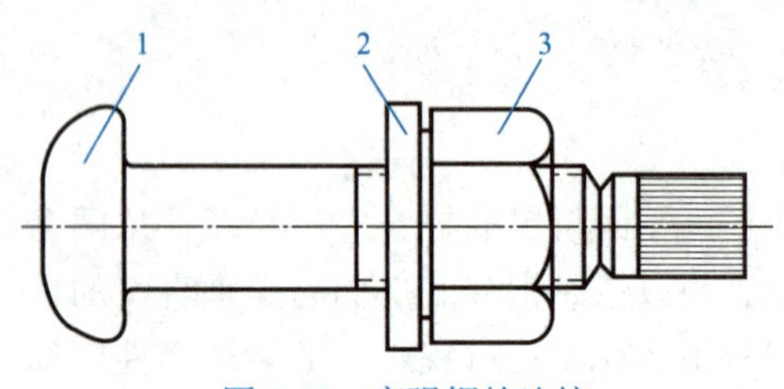

图 6-60 高强螺栓连接

1—螺栓；2—垫圈；3—螺母

1. 摩擦面的处理

高强度螺栓连接必须对构件摩擦面进行加工处理，在制造厂进行处理可用喷砂、喷（抛）丸、酸洗或砂轮打磨等。处理好的摩擦面应有保护措施，不得涂油漆或污损。制造厂处理好的摩擦面安装前应逐个复验所附试件的抗滑移系数，抗滑移系数应符合设计要求，合格后方可安装。

2. 连接板安装

高强度螺栓板面接触要平整，连接板不能有翘曲变形，安装前应认真检查，对变形的连接板应矫正平整。因被连接构件的厚度不同或制作及安装偏差等原因造成连接面之间的间隙，小于 1.0mm 的间隙可不处理；1.0～3.0mm 的间隙，应将高出的一侧磨成 1∶10 的斜面，打磨方向应与受力方向垂直；大于 3.0mm 的间隙应加垫板，垫板两面的处理方法应与构件相同。

3. 高强度螺栓安装

（1）安装要求

1）钢结构拼装前，应清除飞边、毛刺、焊接飞溅物。螺栓摩擦面应保持干燥、整洁，不得在雨天作业。

2）高强度螺栓连接副应按批号分别存放，并应在同批内配套使用。在储存、运输、施工过程中不得混放，要防止锈蚀、玷污和碰伤螺纹等可能导致扭矩系数变化的情况发生。

3）选用的高强度螺栓的形式、规格应符合设计要求。施工前，高强度大六角头螺栓连接副应按出厂批号复验扭矩系数；扭剪型高强度螺栓连接副应按出厂批号复验预拉力，复验合格后方可使用。

选用螺栓长度应考虑构件的被连接厚度、螺母厚度、垫圈厚度和紧固后要露出的三扣螺纹的余长。

4）高强度螺栓连接面的抗滑移系数试验结果应符合设计要求，构件连接面与试件连接面表面状态相符。

（2）安装方法

1）高强度螺栓接头应采用冲钉和临时螺栓连接。临时螺栓的数量应为接头上螺栓总数的1/3，并不少于两个，冲钉使用数量不宜超过临时螺栓数量的30%。安装冲钉时严禁强行击打，避免造成螺孔变形从而形成飞边。严禁使用高强度螺栓代替临时螺栓，以防因损伤螺纹造成扭矩系数增大。

对于错位的螺栓孔应用铰刀或粗锉刀进行处理，处理时应先紧固临时螺栓主板至叠层间无间隙，以防切屑落入。螺栓孔也不得采用气割扩孔。

钢结构应在临时螺栓连接状态下进行安装精度校正。

2）钢结构安装精度调整达到校准规定后便可安装高强螺栓。首先安装接头中那些未装临时螺栓和冲钉的螺孔。螺栓应能自由垂直穿入螺栓和冲钉的螺孔，穿入方向应该与其保持一致。每个螺栓一端不得垫2个及以上的垫圈，不得采用大螺母代替垫圈。

已安装上的高强度螺栓用普通扳手充分拧紧后，再逐个用高强度螺栓换下冲钉和临时螺栓。

在安装过程中，连接副的表面如果涂有过多的润滑剂或防锈剂，应使用干净的布轻轻揩拭掉多余的涂脂，防止其安装后流到连接面中。不得用清洗剂清洗，否则会造成扭矩系数变化。

4. 高强度螺栓的紧固

为了使每个螺栓的预拉力均匀相等，高强度螺栓拧紧可分为初拧和终拧。对于大型节点应分初拧、复拧和终拧，复拧扭矩应等于初拧扭矩。

初拧扭矩值不得小于终拧扭矩值的30%，一般为终拧扭矩值的60%～80%。

高强度螺栓终拧扭矩值按下式计算：

$$T_c = K(P + \Delta p)d \tag{6-5}$$

式中 T_c——终拧扭矩（N·m）；

P——高强度螺栓设计预拉力（kN）；

Δp——预拉力损失值（kN），取设计预拉力的10%；

d——高强度螺栓螺纹直径（mm）；

K——扭矩系数，扭剪型螺栓取$K=0.13$。

高强度螺栓的安装应按顺序旋拧，宜由螺栓群中央顺序向外拧紧。并应在当天终拧完毕，其外露丝扣不得少于3扣。

高强度螺栓多用电动扳手进行紧固，如图6-61所示。

电动扳手不能使用的场合，用测力扳手进行紧固。紧固后用色彩鲜明的涂料在螺栓尾部涂上终拧标记备查。

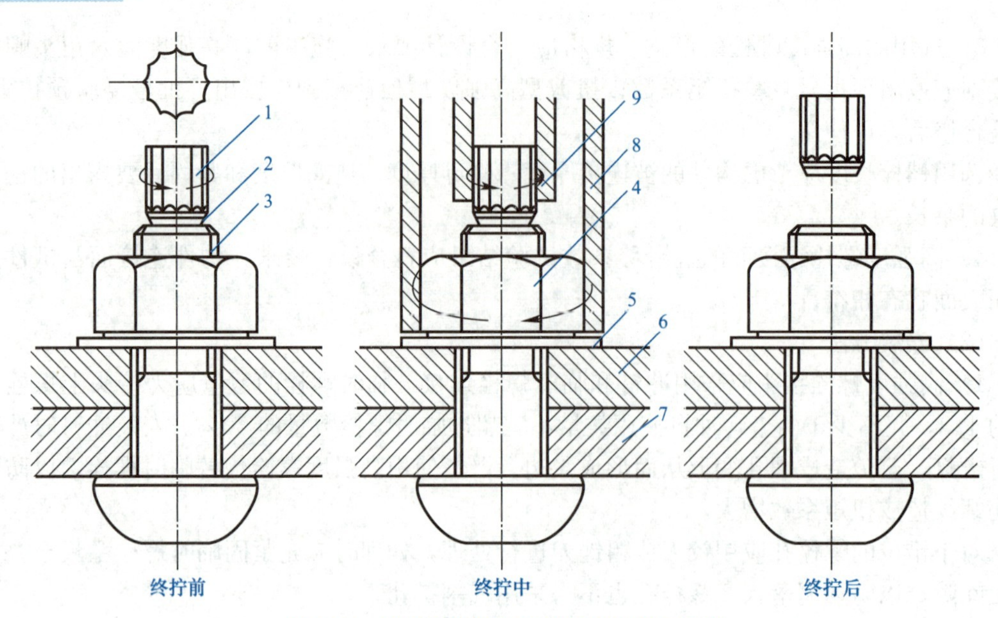

图 6-61　扭剪型高强度螺栓终拧过程示意图

1—尾部梅花卡头；2—螺栓尾部切口；3—螺栓；4—六角螺母；
5—垫圈；6—被连接件；7—被连接件；8—螺母套筒；9—梅花卡头筒

对已紧固的高强度螺栓，应逐个检查验收。对于终拧时用电动扳手紧固的扭剪型高强度螺栓，应以目测尾部梅花头拧掉为合格。对于用测力扳手紧固的高强度螺栓，仍用测力扳手检查是否紧固到规定的终拧扭矩值。

采用转角法施工时，初拧结束后应在螺母与螺杆端面同一处刻划出终拧角的起始线和终止线以待检查。

大六角头高强度螺栓采用扭矩法施工后，检查时应将螺母回退 30°～50°再拧至原位，来测定终拧扭矩值，其偏差不得大于±10%。

欠拧漏拧者应及时补拧，超拧者应予更换。欠拧、漏拧宜用 0.3～0.5kg 重的小锤逐个敲检。

复习思考题

1. 常用的索具设备有哪些？各适用于哪些范围？

6-1 复习思考题参考答案

2. 常用的起重机械有哪几种类型？各有何特点？各适用于哪些范围？
3. 试述履带式起重机回转半径、起重高度和起重量之间的关系。
4. 单层工业厂房吊装前应做哪些准备工作？为什么要做这些准备工作？
5. 柱子的起吊方法有哪几种？各有什么特点？适用于什么情况？
6. 柱子的绑扎方法有哪几种？其适用条件如何？
7. 如何校正吊车梁的安装位置？
8. 屋架的扶直就位有哪些方法？应注意哪些问题？
9. 试分析分件安装法和综合安装法的优缺点。

7 防水工程

防水工程质量好坏直接影响到建筑物和构筑物的寿命，影响到生产活动和人民生活能否正常进行。因此，防水工程的施工必须严格遵守有关操作规程，切实保证工程质量。

防水工程按其构造做法分为结构自防水和防水层防水两大类。结构自防水：主要是依靠建筑物构件材料自身的密实性及某些构造措施（坡度、埋设止水带等），使结构构件起到防水作用。防水层防水：是在建筑物构件的迎水面或背水面以及接缝处，附加防水材料做成防水层，以起到防水作用。

防水工程按其部位分为：屋面防水，地下防水，厨房、卫生间防水等。

防水工程又可分为柔性防水（如卷材防水、涂膜防水等），刚性防水（如刚性材料防水、结构自防水等）。

7.1 防水材料

常用的防水材料有防水卷材、防水涂料、建筑密封材料及防水剂等。

7.1.1 防水卷材

防水卷材是建筑工程防水材料的重要品种之一。防水卷材应具有以下特性：

（1）水密性，即具有一定的抗渗能力，吸水率低，浸泡后防水能力降低少。

（2）大气稳定性好，在阳光紫外线、臭氧老化作用下性能仍保持长久。

（3）温度稳定性好，高温不流淌变形，低温不脆断，在一定温度条件下，保持性能良好。

（4）一定的力学性能，能承受施工及变形条件下产生的荷载，具有一定的强度和伸长率。

（5）施工性良好，便于施工，工艺简便。

（6）污染少，对人身和环境无污染。

目前，防水卷材主要包括沥青防水卷材、高聚物改性沥青防水卷材、合成高分子防水卷材三大系列。

1. 沥青防水卷材

沥青防水卷材是用原纸、纤维织物、纤维毡等胎体浸涂沥青，表面撒布粉状、粒状或片状材料制成可卷曲的片状防水材料。常用的有纸胎沥青油毡、玻璃纤维毡沥青油毡等。

2. 高聚物改性沥青防水卷材

由于沥青防水卷材含蜡量高，延伸率低，对温度的敏感性强，在高温下易流淌、低温下易脆裂和龟裂，因此只有对沥青进行改性处理，提高沥青防水卷材的拉伸强度、延伸率、在温度变化下的稳定性以及抗老化等性能，才能适应建筑防水材料的要求。

沥青改性以后制成的卷材，叫作改性沥青防水卷材。目前，对沥青的改性方法主要有：利用合成高分子聚合物进行改性、沥青催化氧化、沥青的乳化等。

合成高分子聚合物（简称高聚物）改性沥青防水卷材主要包括下列各类：

（1）SBS改性沥青防水卷材

SBS改性沥青防水卷材是以聚酯纤维无纺布为胎体，以SBS橡胶改性石油沥青为浸渍涂盖层，以塑料薄膜为防粘隔离层，经多道工艺加工而成的一种防水卷材，具有以下特点：

1）改善了卷材的弹性和耐疲劳性。SBS热塑性弹性体材料具有橡胶和塑料的双重性。在常温下，具有橡胶状的弹性，在高温下又像塑料一样具有熔融流动性，是塑料、沥青等脆性材料的增韧剂。用经SBS改性后的沥青作防水卷材的浸渍涂盖层，可提高卷材的弹性和耐疲劳性，延长卷材的使用寿命。

2）提高了卷材的耐高、低温性能。将SBS改性沥青防水卷材加热到90℃，观察2h，卷材表面仍不起泡、不流淌；当温度降到－75℃时，卷材仍然具有一定的柔软性；－50℃以下仍然具有防水功能。故其适用于寒冷和炎热地区。

3）耐老化、施工简单。SBS改性沥青防水卷材的抗拉强度高、延伸率高、自重轻、耐老化，施工方便简单，可用热熔或冷粘施工。

（2）APP改性沥青防水卷材

APP是无规聚丙烯塑料的代号。APP改性沥青防水卷材是以玻纤毡、聚酯毡为胎体，以APP改性石油沥青为浸渍涂盖层，均匀致密地浸渍在胎体两面，采用片岩彩色砂或金属箔等作面层防粘隔离材料，底面复合塑料薄膜，经多道工艺加工而成的一种中、高档防水卷材，具有以下特点：

1）抗拉强度高、延伸率大。APP改性沥青防水卷材复合在具有良好物理性能的玻纤毡或聚酯毡上，使制成的防水卷材具有抗拉强度高、延伸率大的特点。

2）具有良好的耐热性。APP改性沥青防水卷材适应的温度范围是－15～130℃，尤其是耐紫外线的能力比其他改性沥青卷材都强，适用于炎热地区。

3）抗老化性能好。APP是生产聚丙烯的副产品，它在改性沥青中呈网状结构，与石油沥青有良好的互溶性，将沥青包在网中。APP分子结构稳定，受高温、阳光照射后，分子结构不会重新排列，老化期长（可达20年以上）。

4）施工简单、无污染。APP改性沥青防水卷材具有良好的憎水性和黏结性，可冷粘施工、热熔施工，干净，无污染。

APP改性沥青防水卷材用途广泛，可用于屋面、厕浴间、地下工程、桥梁、停车场、游泳池、隧道、蓄水池等，由于它的耐高温性能好，故非常适于炎热地区的建筑物防水。

（3）PVC改性煤焦油砂面防水卷材

PVC是聚氯乙烯塑料的代号。PVC改性煤焦油砂面防水卷材是以玻纤毡为胎体，两面涂覆PVC改性的煤焦油，并在油毡的上表面撒以各种彩砂粒料，下表面粘贴PVC薄膜作隔离材料，经加工制成的一种防水卷材，具有以下特点：

1）低温性能好，有一定的延伸率。

2）具有良好的耐热性，可冷粘、热粘施工。

3）卷材表面有各种彩砂，色彩多，能美化环境。

PVC改性煤焦油砂面防水卷材适用于各种工业与民用建筑的外露和带保护层的地下、屋面、室内防潮等防水工程。

(4) 再生胶改性沥青防水卷材

再生胶改性沥青防水卷材是再生橡胶粉中掺入适量石油沥青和化学助剂，进行高温高压处理后，再掺入一定数量的填充料，经压延而制成的一种无胎基防水材料。其延伸率大、低温柔韧性好、耐腐蚀性强、耐水性好、耐热稳定性好，可单层冷施工，价格低廉，具有以下特点：

1) 耐高、低温性能好，能在－20～80℃之间正常使用。

2) 延伸率大，能适应基层局部变形的需要。

3) 自重轻，抗老化性能好，耐腐蚀性强。

4) 使用寿命长（10～15 年)，是纸胎油毡的 2～3 倍，而价格与纸胎油毡相近，具有较好的性价比。

5) 施工简单、无污染。可采用冷粘法施工。

再生胶改性沥青防水卷材适用于屋面及地下接缝和满铺防水层，尤其适用于有保护层的屋面或基层沉降较大的建筑物变形缝处的防水。

(5) 废橡胶粉改性沥青防水卷材

废橡胶粉改性沥青防水卷材是用350g/m^2 的油毡原纸作胎体，用废橡胶粉改性沥青作涂覆层，用滑石粉作撒布料，用传统沥青油毡的生产工艺制成的一种防水卷材。其抗拉强度、低温柔韧性都比纸胎油毡有明显提高，适用于寒冷地区的一般建筑防水工程。

3. 合成高分子防水卷材

合成高分子防水卷材是以合成橡胶、合成树脂或两者的共混体为基料，加入适量的化学助剂和填充料，经混炼、压延或挤出等工序加工而成的、可卷曲的片状防水材料，其中又可分为加筋增强型与非加筋增强型两种。合成高分子防水卷材具有拉伸强度和抗撕裂强度高、断裂延伸率大、耐热性和低温柔性好、耐腐蚀、耐老化等一系列优异的性能，是新型高档防水卷材。此类卷材按厚度分为 1mm、1.2mm、1.5mm、2.0mm 等规格，一般为单层铺设，可采用冷粘法或自粘法施工。常见合成高分子防水卷材有：三元乙丙橡胶防水卷材、丁基橡胶防水卷材、氯化聚乙烯防水卷材、氯磺化聚乙烯防水卷材、聚氯乙烯防水卷材、氯化聚乙烯—橡胶共混防水卷材、三元乙丙橡胶—聚乙烯共混防水卷材等。

7.1.2 防水涂料

防水涂料是一种流态或半流态的高分子物质，可用刷、喷等工艺涂布在基层表面，经溶剂或水分挥发或各组分间的化学反应，形成具有一定弹性和一定厚度的连续薄膜，使基层表面与水隔绝，起到防水、防潮的作用。

防水涂料固化成膜后的防水涂膜具有良好的防水性能，特别适合于各种复杂不规则部位的防水，能形成无接缝的完整防水膜。它多采用冷施工，施工快捷、方便；涂布的防水涂料既是防水层的主体，又是胶粘剂，因而施工质量容易保证，维修也较简单。但是，防水涂料须采用刷子或刮板等逐层涂刷（刮)，故防水膜的厚度较难保持均匀一致。防水涂料广泛应用于工业与民用建筑的屋面防水、墙身防水和楼地面防水，地下室和设备管道的防水，也用于旧房屋的维修和补漏等。

防水涂料按构成类型分为溶剂型、水乳型和反应型。按成膜物质的主要成分可分为沥青防水涂料、高聚物改性沥青防水涂料和合成高分子防水涂料三大类。典型品种有石灰乳化沥青涂料，是以石油沥青为基料、石灰膏为乳化剂，在机械强制搅拌下将沥青乳化制成的厚质防水涂料；水乳型氯丁橡胶沥青防水涂料，以沥青为基料，用合成高分子聚合物改性后配制而成；合成高分子防水涂料以合成橡胶或合成树脂为主要成膜物质，配制成单组分或多组分的防水涂料。

防水涂料的使用应考虑建筑的特点、环境条件和使用情况等因素，结合防水涂料的特点和性能指标选择。

7-1 屋面工程验收资料和记录

7-2 屋面工程需进行隐蔽工程验收的部位

7-3 屋面防水效果检验

7.1.3 建筑密封材料

建筑密封材料是能承受位移并具有高气密性及水密性、嵌入建筑接缝中的定形和不定形的材料。

定形密封材料是具有一定形状和尺寸的密封材料，包括封条带和止水带，如铝合金门窗橡胶封条、丁腈胶—PVC 门窗封条、自黏性橡胶、橡胶止水带、塑料止水带等。定形密封材料按密封机理的不同可分为遇水非膨胀型和遇水膨胀型两类。

不定形密封材料通常是黏稠状的材料，分为弹性密封材料和非弹性密封材料。目前，常用的不定形密封材料有沥青嵌缝油膏、聚氯乙烯接缝膏和塑料油膏、丙烯酸类密封膏、聚氨酯密封膏以及聚硫类防水密封材料。

7.1.4 防水剂

防水剂是由化学原料配制而成的一种能起到速凝和提高水泥浆或混凝土不透水性的外加剂。按一定比例掺入水泥砂浆或混凝土中以形成防水砂浆或防水混凝土。前些年使用的防水剂有氯化物金属盐类防水剂、金属皂类防水剂和硅酸钠防水剂，近年来又开发出有机硅建筑防水剂、无机铝盐防水剂、M1500 水泥密封剂、V 型混凝土膨胀剂和 FS 系列混凝土防水剂等。

7.2 屋面工程防水施工

屋面防水根据建筑物的性质、重要程度、使用功能要求以及防水层耐用年限等，分为两个等级，并按相应等级设防（表 7-1）。

屋面防水等级和设防要求　　表 7-1

防水等级	建筑类别	设防要求
Ⅰ级	重要建筑和高层建筑	两道防水设防
Ⅱ级	一般建筑	一道防水设防

7-4 卷材防水屋面工程质量检验

防水屋面的常用做法有卷材防水屋面、涂膜防水屋面和刚性防水屋面等。

7.2.1 卷材防水屋面

卷材防水屋面是用胶结材料粘贴卷材进行防水的屋面。这种屋面具有重量轻、防水性能好的优点，其防水层的柔韧性好，能适应一定程度的结构振动和胀缩变形。所用卷材有传统的沥青防水卷材、高聚物改性沥青防水卷材和合成高分子防水卷材三大系列。

卷材防水屋面的构造如图 7-1 所示。

1. 结构层施工的要求

现浇钢筋混凝土屋面板应连续浇筑，不宜留施工缝，振捣密实，表面平整，并符合规

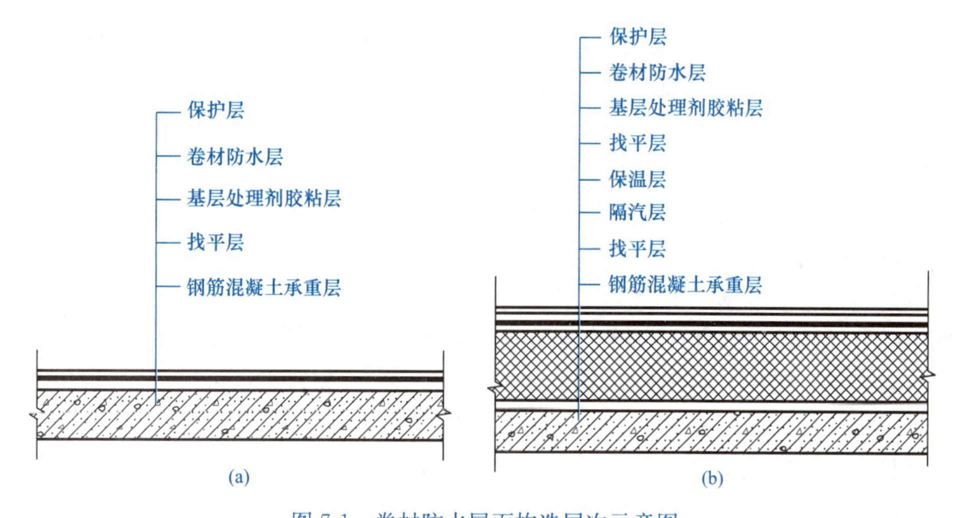

图 7-1 卷材防水屋面构造层次示意图
(a) 不保温卷材防水屋面；(b) 保温卷材防水屋面

定的排水坡度；预制楼板则要求安放平稳牢固，相邻屋面板高低差不大于 10mm，板缝间应用细石混凝土嵌填密实。结构层表面应清理干净并平整。

2. 找平层施工

找平层一般为结构层（或保温层）与防水层的中间过渡层，可使卷材铺贴平整，黏结牢固，并具有一定强度。找平层一般采用 1∶3 水泥砂浆、细石混凝土或 1∶8 沥青砂浆，按设计留置坡度，屋面转角处设半径不小于 100mm 的圆角或斜边长 100～150mm 的钝角垫坡。为了防止由于温差和结构层的伸缩而造成防水层开裂，顺屋架或承重墙方向留设 20mm 左右的分格缝。

水泥砂浆找平层的铺设应由远及近，由高到低；每分格内应一次连续铺成，用 2m 左右长的木条找平；待砂浆稍收水后，用抹子压实抹平。完工后尽量避免踩踏。

沥青砂浆找平层施工，基层必须干燥，然后满涂冷底子油 1～2 道，待冷底子油干燥后可铺设沥青砂浆，其虚铺厚度约为压实后厚度的 1.3～1.4 倍，刮干后，用火滚进行滚压至平整、密实、表面不出现蜂窝和压痕为止。滚筒应保持清洁，表面可涂刷柴油。滚压不到之处，可用烙铁烫压平整，沥青砂浆铺设后，当天应铺第一层卷材，否则要用卷材盖好，防止雨水、露水浸入。

3. 隔汽层施工

隔汽层可采用气密性好的卷材或防水涂料。一般是在结构层（或找平层）上涂刷冷底子油 1 道和热沥青 2 道，或铺设一毡两油。

隔汽层必须是整体连续的。在屋面与垂直面衔接的地方，隔汽层还应延伸到保温层顶部并高出 150mm，以便与防水层相接。采用油毡隔汽层时，油毡的搭接宽度不得小于 70mm。采用沥青基防水涂料时，其耐热度应比室内或室外的最高温度高出 20～25℃。

4. 保温层施工

根据所使用的材料，保温层可分为松散、板状和整体三种形式。

(1) 松散保温层施工

施工前应对松散保温材料的粒径、堆积密度、含水率等主要指标抽样复查，符合设计或规范要求时方可使用。施工时，松散保温材料应分层铺设，每层虚铺厚度不宜大于150mm，边铺边适当压实，使表面平整。压实程度与厚度应经试验确定，其厚度与设计厚度的允许偏差为±5%，且不得大于4mm；压实后不得直接在保温层上行车或堆放重物。保温层施工完成后应及时进行下道工序——抹找平层。铺抹找平层时，可在松散保温层上铺一层塑料薄膜等隔水物，以阻止找平层砂浆中的水分被保温材料所吸收。

(2) 板状保温层施工

板状保温材料的外形应整齐，其厚度允许偏差为±5%，且不大于4mm，其表观密度、导热系数以及抗压强度也应符合规范规定的质量要求。板状保温材料可以干铺，应紧靠基层表面铺平、垫稳，接缝处应用同类材料碎屑填嵌饱满，也可用胶粘剂粘贴形成整体。多层铺设或粘贴时，板材的上、下层接缝要错开，表面要平整。

(3) 整体保温层施工

常用的有水泥或沥青膨胀珍珠岩及膨胀蛭石，分别选用强度等级不低于32.5级的水泥或10号建筑石油沥青作胶结料。水泥膨胀珍珠岩、水泥膨胀蛭石宜采用人工搅拌，避免颗粒破碎，并应拌合均匀，随拌随铺，虚铺厚度应根据试验确定，铺后拍实抹平至设计厚度，压实抹平后应立即抹找平层；沥青膨胀珍珠岩、沥青膨胀蛭石宜采用机械搅拌，拌至色泽一致、无沥青团，沥青的加热温度不高于240℃，使用温度不低于190℃，膨胀珍珠岩、膨胀蛭石的预热温度宜为100～120℃。

5. 卷材防水层施工

(1) 施工前的准备工作

卷材防水层施工前应在屋面上其他工程完工后进行。施工前应先在阴凉干燥处将油毡打开，清除云母片或滑石粉，然后卷好直立放于干净、通风、阴凉处待用；准备好熬制、拌合、运输、刷油、清扫、铺贴油毡等施工操作工具以及安全和灭火器材；设置水平和垂直运输的工具、机具和脚手架等，并检查是否符合安全要求。

(2) 卷材铺贴的一般要求

铺贴多跨和高、低跨的房屋卷材防水层时，应按先高后低、先远后近的顺序进行；铺贴同一跨房屋防水层时，应先铺排水比较集中的水落口、檐口、斜沟、天沟等部位及卷材附加层，按标高由低到高向上施工；坡面与立面的油毡应由下开始向上铺贴，使油毡按流水方向搭接，如图7-2所示。

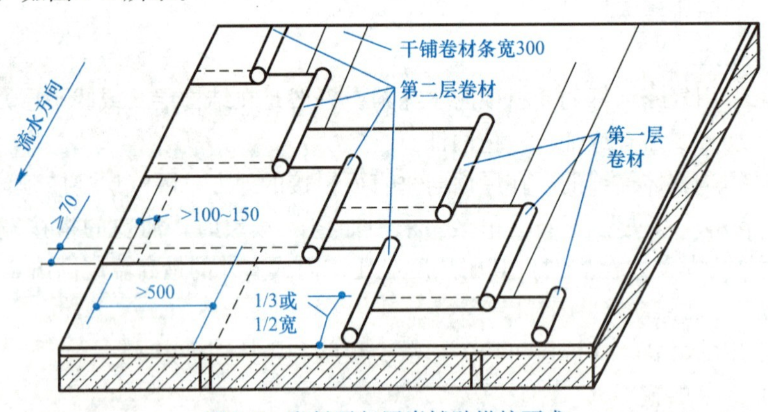

图7-2 卷材平行屋脊铺贴搭接要求

卷材铺贴应符合下列规定：

1）卷材宜平行屋脊铺贴。

2）平行屋脊的卷材搭接缝应顺流水方向。

3）上下层卷材不得相互垂直铺贴，长边搭接缝应错开，且不得小于幅宽的1/3。

4）相邻两幅卷材短边搭接缝应错开，且不得小于500mm。

（3）沥青防水卷材施工

沥青防水卷材一般为叠层铺设，采用热铺贴法施工。该法分为满贴法、条粘法、空铺法和点粘法四种。满贴法是将油毡下满涂玛琋脂（即沥青胶结材料），使油毡与基层全部黏结。铺贴油毡时，如保温层和找平层干燥有困难，需在潮湿的基层上铺贴油毡，常采用空铺法、条铺法、点粘法与排气屋面相结合。空铺法是指铺贴防水卷材时，卷材与基层仅四周一定宽度内黏结、其余部分不黏结的施工方法。点粘法是铺贴防水卷材时，卷材或打孔卷材与基层采用点状黏结的施工方法，每1m^{2}黏结不少于5个点，每点面积为100mm×100mm。条粘法铺贴卷材时，卷材与基层黏结面不少于两条，每条宽度不小于150mm。

排汽屋面的施工：卷材应铺设在干燥的基层上。当屋面保温层或找平层干燥有困难而又急需铺设屋面卷材时，则应采用排汽屋面。排汽屋面是整体连续的，在屋面与垂直面连接的地方，隔汽层应延伸到保温层顶部，并高出150mm，以便与防水层相连，要防止房间内的水蒸气进入保温层，造成防水层起鼓破坏，保温层的含水率必须符合设计要求。在铺贴第一层卷材时，采用条粘、点粘、空铺等方法使卷材与基层之间留有纵横相互贯通的空隙作排汽道，排汽道的宽度为30～40mm，深度一直到结构层。对于有保温层的屋面，也可在保温层上的找平层上留槽作排汽道，并在屋面或屋脊上设置一定的排汽孔（每36m^{2}左右一个）与大气相通，这样就能使潮湿基层中的水分蒸发排出，防止油毡起鼓。排汽屋面适用于气候潮湿，雨量充沛，夏季阵雨多，保温层或找平层含水率较大，且干燥有困难地区。

（4）高聚物改性沥青防水卷材施工

依据高聚物改性沥青防水卷材的特性，其施工方法有冷粘法、热熔法（已被限制使用）和自粘法。在立面或大坡面铺贴高聚物改性沥青防水卷材时，应采用满粘法，并宜减少短边搭接。

1）冷粘法施工

冷粘法施工是利用毛刷将胶粘剂涂刷在基层或卷材上，然后直接铺贴卷材，使卷材与基层、卷材与卷材黏结的方法。施工时，胶粘剂涂刷应均匀、不露底、不堆积。空铺法、条粘法、点粘法应按规定的位置与面积涂刷胶粘剂。铺贴卷材时应平整顺直，搭接尺寸准确，接缝应满涂胶粘剂，辊压黏结牢固，不得扭曲，破折溢出的胶粘剂随即刮平封口；也可采用热熔法接缝。接缝口应用密封材料封严，宽度不应小于10mm。

2）自粘法施工

自粘法施工是指采用带有自粘胶的防水卷材，不用热施工，也不需要涂胶结材料，而进行黏结的方法。铺贴前，基层表面应均匀涂刷基层处理剂，待干燥后及时铺贴卷材。铺贴时，应先将自粘胶底面隔离纸完全撕净，排除卷材下面的空气，并辊压黏结牢固，不得空鼓。搭接部位必须采用热风焊枪加热后随即粘贴牢固，溢出的自粘胶随即刮平封口。接缝口用不小于10mm宽的密封材料封严。对厚度小于3mm的高聚物改性沥青防水卷材，严禁采用热熔法施工。

（5）合成高分子防水卷材施工

施工方法一般有冷粘法、自粘法和热风焊接法三种。

冷粘法、自粘法施工要求与高聚物改性沥青防水卷材基本相同，但冷粘法施工时搭接部位应采用与卷材配套的接缝专用胶粘剂，在搭接缝粘合面上涂刷均匀，并控制涂刷与粘合的间隔时间，排除空气，辊压黏结牢固。

热风焊接法是利用热空气焊枪进行防水卷材搭接粘合的方法。焊接前卷材铺放应平整顺直，搭接尺寸正确；施工时焊接缝的结合面应清扫干净，应无水滴、油污及附着物。先焊长边搭接缝，后焊短边搭接缝，焊接处不得有漏焊、缺焊、焊焦或焊接不牢的现象，也不得损害非焊接部位的卷材。

6. 保护层施工

为了减少阳光辐射对沥青老化的影响，降低沥青表面的温度，防止暴雨和冰雪对防水层的侵蚀，卷材铺设完毕，经检查合格后，应立即进行保护层的施工，常用的保护层做法有：

（1）绿豆砂保护层

在卷材铺设完毕经检查合格后，应立即进行绿豆砂保护层施工，以免油毡表面遭受损坏。施工时，应选用色浅、耐风化、清洁、干燥，粒径为 3～5mm 的绿豆砂，在锅内或钢板上加热至 100℃左右均匀撒铺在涂刷过 2～3mm 厚的沥青胶结材料的油毡防水层上，并使其 1/2 的粒径嵌入沥青中，未黏结的绿豆砂应随时清扫干净。

（2）预制板块保护层

一般采用砂或水泥砂浆作为结合层。当采用砂结合层时，铺砌块体前应将砂洒水压实刮平；块体应对接铺砌，缝隙宽度为 10mm 左右；板缝用 1∶2 水泥砂浆勾成凹缝；为防止砂子流失，保护层四周 500mm 范围内，应改用低强度等级水泥砂浆做结合层。

7.2.2 涂膜防水屋面

涂膜防水屋面是指在屋面基层上涂刷防水涂料，经固化后形成一定厚度的弹性整体涂膜层的柔性防水屋面，其典型的构造层次如图 7-3 所示。这种屋面具有施工操作简便、无污染、冷操作、无接缝、能适应复杂基层、防水性能好、温度适应性强、容易修补等特点。

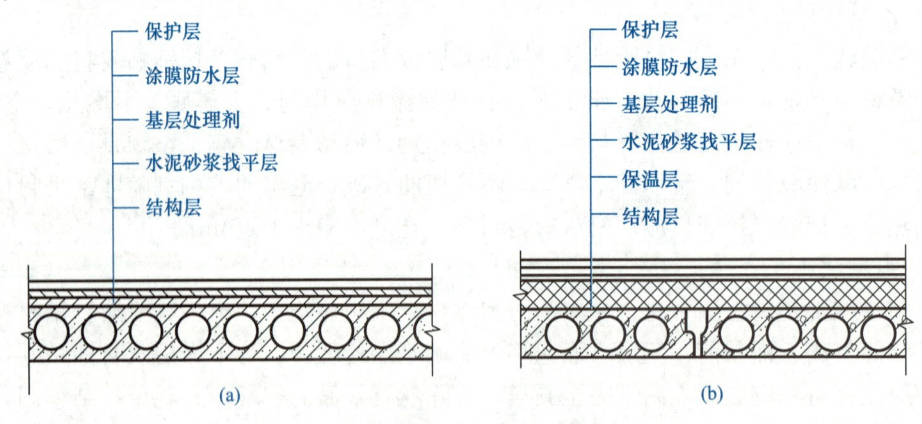

图 7-3 涂膜防水屋面构造图

（a）无保温层涂膜防水屋面；（b）有保温层涂膜防水屋面

该类防水屋面主要适用于防水等级为Ⅱ级的屋面防水。

其施工顺序为：基层表面清理、修整→喷涂基层处理剂（底涂料）→特殊部位附加增强处理→涂布防水涂料→保护层施工。

（1）涂膜防水屋面的基层表面清理、修整

与卷材防水屋面基本相同。

（2）喷涂基层处理剂

基层处理剂应与上部涂料的材性相容，常用防水涂料的稀释液进行刷涂或喷涂。喷涂前应充分搅拌，喷涂均匀，覆盖完全，干燥后方可进行涂膜防水层施工。

（3）特殊部位附加增强处理

在管道根部、阴阳角等部位，应做不少于一布二涂的附加层；在天沟、檐沟与屋面交接处以及找平层分格处均应空铺宽度不小于 200～300mm 的附加层，构造做法应符合设计要求。

（4）涂布防水涂料

防水涂料可采用手工抹压、涂刷和喷涂分层施工。涂层厚度应均匀一致，表面平整，防水涂膜应有两层及以上涂层组成，一道涂层完毕并待干燥结膜后，方可涂布下一遍涂料，总厚度应符合设计要求或规范规定。为了加强防水涂料层对基层开裂、房屋伸缩变形和结构较小沉陷的抵抗能力，可铺设胎体增强材料，边涂刷防水涂料边铺设，并刮平粘牢，排出气泡。其搭接宽度：长边不小于 50mm，短边不小于 70mm，上、下层及相邻两幅的搭接缝应错开 1/3 幅度，上下两层不得相互垂直铺贴；对天沟、檐沟、檐口、泛水等特殊部位必须加铺胎体增强材料附加层，以提高防水层适应变形的能力。涂膜防水层的收头应用防水涂料多遍涂刷或用密封材料封严。

（5）保护层施工

为了防止涂料过快老化，涂膜防水层应设置保护层。保护层材料可采用细石、云母、蛭石、浅色涂料、水泥砂浆或块材等。在涂刷最后一道涂料时，如采用细石、云母作保护层，可边涂刷边均匀地撒布，不得露底，待涂料干燥后，将多余的撒布材料清除。当采用浅色涂料作保护层时，应在涂膜固化后进行。

遇雨、雪、五级风及以上天气或预计涂膜固化前可能下雨时，严禁进行防水涂膜施工。水乳型涂料的施工环境气温为 5～35℃，溶剂型涂料宜为－5～35℃。

7.2.3 刚性防水屋面

刚性防水屋面是指利用刚性防水材料作防水层的屋面，主要有普通细石混凝土防水屋面、补偿收缩混凝土防水屋面、块体刚性防水屋面、预应力混凝土防水屋面等。与卷材及涂膜防水屋面相比，刚性防水屋面所用材料易得、价格便宜、耐久性好、维修方便，但刚性防水层材料的表观密度大、抗拉强度低、极限拉应力小，易受混凝土或砂浆的干湿变形、温度变形和结构变位而产生裂缝。主要适用于防水等级为Ⅱ级的屋面防水。不适用于设有松散材料保温层的屋面以及受较大振动或冲击和坡度大于 15％的建筑屋面。

刚性防水屋面的一般构造形式如图 7-4 所示。其防水层的细石混凝土宜用强度等级不低于 32.5 级的矿渣水泥或 42.5 级的普通硅酸盐水泥，不得使用火山灰水泥。防水层的细石混凝土和砂浆中，粗骨料的最大粒径不宜超过 15mm，含泥量不应大于 1％；细骨料应采用中砂或粗砂，含泥量不应大于 2％；拌合用水应采用不含有害物质的洁净水。混凝土

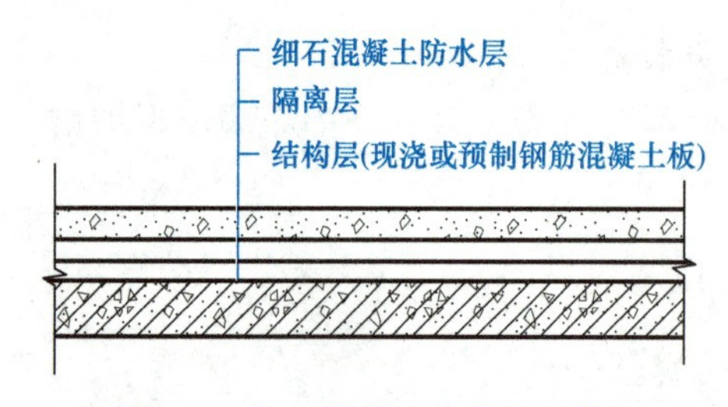

图 7-4　细石混凝土防水屋面构造

水灰比不应大于 0.55，每立方米混凝土水泥最小用量不应小于 330kg，含砂率宜为 35%～40%，灰砂比应为 1∶2～1∶2.5，并宜掺入外加剂；混凝土强度等级不得低于 C20。普通细石混凝土、补偿收缩混凝土的自由膨胀率应为 0.05%～0.1%。块体刚性防水层使用的块体应无裂纹、无石灰颗粒、无灰浆泥面、无缺棱掉角，质地密实，表面平整。

1. 基层施工要求

刚性防水屋面的结构层宜为整体现浇的钢筋混凝土。当屋面结构层采用装配式钢筋混凝土板时，应用强度等级不小于 C20 的细石混凝土灌缝，灌缝的细石混凝土宜掺膨胀剂。当屋面板板缝宽度大于 40mm 或上窄下宽时，板缝内必须设置构造钢筋，板端缝应进行密封处理。

2. 隔离层施工

在结构层与防水层之间宜增加一层低强度等级砂浆或卷材、塑料薄膜等材料，起隔离作用，使结构层和防水层变形互不受约束，以避免防水混凝土产生拉应力而导致混凝土防水层开裂。

做好隔离层继续施工时，要注意对隔离层加强保护。混凝土运输不能直接在隔离层表面进行，应采取垫板等措施；绑扎钢筋时不得扎破表面。

3. 分格缝的设置

为防止大面积的刚性防水层因温差、混凝土收缩等影响而产生裂缝，应按设计要求设置分格缝。其位置一般应设在结构应力变化较突出的部位，如结构层屋面板的支承端、屋面转折处、防水层与突出屋面结构的交接处，并应与板缝对齐。分格缝的纵横间距一般不大于 6m。

分格缝的一般做法是在刚性防水层施工前，先在隔离层上定好分格缝位置，再安放分格条，然后按分隔板块浇筑混凝土，待混凝土初凝后，将分格条取出即可。分格缝处可采用嵌填密封材料并加贴防水卷材的方法进行处理，以增加防水的可靠性。

4. 防水层施工

（1）普通细石混凝土防水层施工

混凝土浇筑应按先远后近、先高后低的原则进行，一个分格缝内的混凝土必须一次浇筑完毕，不得留施工缝。细石混凝土防水层厚度不小于 40mm，应配双向钢筋网片，间距 100～200mm，但在分隔缝处应断开，钢筋网片应放置在混凝土的中上部，其保护层厚度不小于 10mm。混凝土的质量要严格保证，加入外加剂时，应准确计量，投料顺序得当，搅拌均匀。混凝土搅拌应采用机械搅拌，搅拌时间不少于 2min，混凝土运输过程中应防止漏浆和离析。混凝土浇筑时，先用平板振动器振实，再用滚筒滚压至表面平整、泛浆，然后用铁抹子压实抹平，并确保防水层的设计厚度和排水坡度。抹压时严禁在表面洒水、加水泥浆或撒干水泥。待混凝土初凝收水后，应进行二次表面压光，或在终凝前三次压光成活，以提高其抗渗性。混凝土浇筑 12～24h 后应进行养护，养护时间不应少于 14d。养护初期屋面不得上人。施工时的气温宜在 5～35℃，以保证防水层的施工质量。

(2) 补偿收缩混凝土防水层施工

补偿收缩混凝土防水层是在细石混凝土中掺入膨胀剂拌制而成，硬化后的混凝土会产生微膨胀，以补偿普通混凝土的收缩，它在配筋情况下，由于钢筋限制其膨胀，从而使混凝土产生自应力，起到致密混凝土、提高混凝土抗裂性和抗渗性的作用。其施工要求与普通细石混凝土防水层大致相同。当用膨胀剂拌制补偿收缩混凝土时应按配合比准确称量，搅拌投料时膨胀剂应与水泥同时加入。混凝土的连续搅拌时间不应少于 3min。

7.3 地下防水工程施工

当地下结构底标高低于地下正常水位时，必须考虑结构的防水、抗渗能力。通过选择合理的防水方案，采取有效措施以确保地下结构的正常使用。目前，常用的有以下几种防水方案：

(1) 混凝土结构自防水。它是以地下结构本身的密实性（即防水混凝土）实现防水功能，使结构承重和防水合为一体。

7-5 地下防水工程质量验收中检验批合格应满足的要求

(2) 防水层防水。它是在地下结构外表面加设防水层防水，常用的有砂浆防水层、卷材防水层、涂膜防水层等。

(3) “防排结合”防水。采用防水加排水措施，排水方案可采用盲沟排水、渗排水、内排水等。防水加排水措施适用于地形复杂、受高温影响、地下水为上层滞水且防水要求较高的地下建筑。

地下防水根据使用要求的不同，分为四个等级，见表 7-2。

地下防水等级和设防要求　　表 7-2

防水等级	标准
1 级	不允许漏水，结构表面无湿渍
2 级	不允许漏水，结构表面可有少量湿渍 工业与民用建筑：湿渍总面积不大于总防水面积的 1‰，单个湿渍面积不大于 $0.1m^2$，任意 $100m^2$ 防水面积不超过 1 处 其他地下工程：湿渍总面积不大于总防水面积的 6‰，单个湿渍面积不大于 $0.2m^2$，任意 $100m^2$ 防水面积不超过 4 处
3 级	有少量漏水点，不得有线流和漏泥砂 单个湿渍面积不大于 $0.3m^2$，单个漏水点的漏水量不大于 2.5L/d，任意 $100m^2$ 防水面积不超过 7 处
4 级	有漏水点，不得有线流和漏泥砂 整个工程平均漏水量不大于 $2L/(m^2 \cdot d)$，任意 $100m^2$ 防水面积的平均漏水量不大于 $4L/(m^2 \cdot d)$

7.3.1 防水层防水

防水层防水又称构造防水，是通过结构内外表面加设防水层来达到防水效果。常用的做法有卷材防水层防水、掺防水剂水泥砂浆防水、多层抹面水泥砂浆防水。

这里主要介绍卷材防水层的施工方法。

地下卷材防水层是一种柔性防水层，是用胶粘剂将几层卷材粘贴在地下结构基层的表面上而形成的多层防水层。它具有良好的可变性，能适应振动和微小变形，运用较广。但耐久性差、机械强度低，不易操作，防水性能要求高，出现漏洞不易修补。

1. 基本要求

（1）卷材防水层是依靠结构的刚度由多层卷材铺贴而成的，因此基层要坚固、平整而干燥。由于卷材防水层不耐油脂和溶解沥青溶剂侵蚀，所以不宜处于经常承受超过 50N/cm² 的压力和大于 1N/cm² 的侧压力。

（2）为保证正常施工，卷材铺贴温度应不低于 50℃，在冬期施工中应有保温措施。

2. 卷材防水层的施工

将卷材防水层铺贴在建筑物的外侧（迎水面）称外防水。这种铺贴方法可借助土的侧压力将贴面压紧，并与承重结构一起抵抗有压地下水的浸渗作用，防水效果较好，运用较广。卷材防水层的施工方法，按其与地下结构施工的先后顺序分为外防水外贴法（简称外贴法）和外防水内贴法（简称内贴法）。

（1）外贴法

外贴法是先在垫层上抹水泥砂浆找平，然后刷冷底子油，再将底面防水层贴在找平层上；为了防止伸出的卷材接头受损，要先在垫层周围砌保护墙，保护墙的下部为永久性保护墙，高度不小于底板厚再加 200～500mm，上部为临时性保护墙，用混合砂浆砌高 150×(油毡层数＋1)mm；在保护墙上抹 1∶3 水泥砂浆找平，然后将卷材防水层牢固粘贴在保护墙和垫层上。卷材接头应保护好，不被损坏和沾污，等墙体和底板结构施工完毕抹平后，再将卷材接头分开，依次将接头逐层搭接好，并牢固地粘贴在墙体上。接着砌永久保护墙，分段留伸缩缝，在保护墙和防水层间用砂浆填实，最后及时填土，并做好防水坡（图 7-5）。

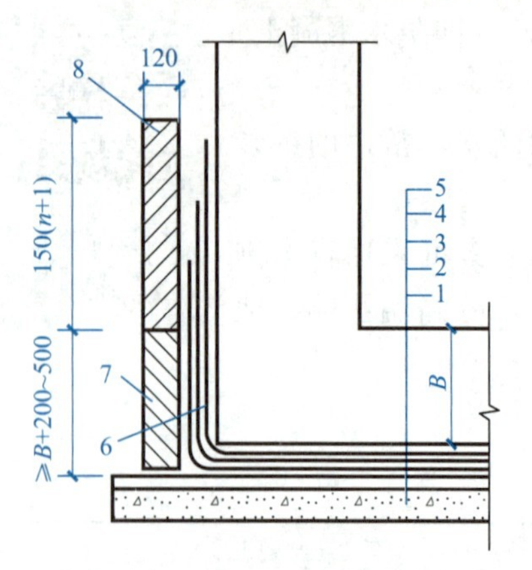

图 7-5　外贴法

1—垫层；2—找平层；3—卷材防水层；4—保护层；5—构筑物；6—油毡；7—永久性保护墙；8—临时性保护墙

铺贴时应注意底板铺贴宜平行于长边，减少搭接。在墙面应按垂直方向铺贴，自下向上进行，沥青胶厚约为 1.5～2.5mm，最大不要超过 3mm，一层铺后再铺贴第二层。相邻卷材搭接宽度：高聚物改性沥青卷材为 150mm，合成高分子卷材为 100mm。上、下接缝应错开 1/3 卷材宽。转角、平面交角处和阴阳角等是防水层的薄弱部位，转角处找平层应做成圆弧形，立面与底面转角处，卷材接缝应留在距墙根不小于 600mm 的底面上。转角处应增贴附加层，附加层一般用两层相同油毡或沥青玻璃布油毡贴紧。

外贴法的优点是：建筑物与保护墙有不均匀沉陷时，对防水层影响较小；防水层做好后即进行漏水试验，修补也方便。缺点是：工期长，占地面积大；底板与墙身接头处卷材容易受损。在施工现场条件允许时，多采用此法施工。

（2）内贴法

内贴法（图 7-6）是在混凝土底板垫层做好以后，在垫层四周干铺一层油毡并在上面砌一砖厚的保护墙；在内侧用 1∶3 水泥砂浆抹找平层，待找平层干燥后刷冷底子油一遍，然后铺卷材防水层。铺贴时应先贴垂直面，后贴水平面；先贴转角，后贴大面。在全部转角处应铺贴卷材附加层，附加层可用两层同类油毡或一层抗拉强度较高的卷材，并应仔细粘贴紧密。卷材防水层铺完经验收合格后即应做好保护层。立面可抹水泥砂浆、贴塑料

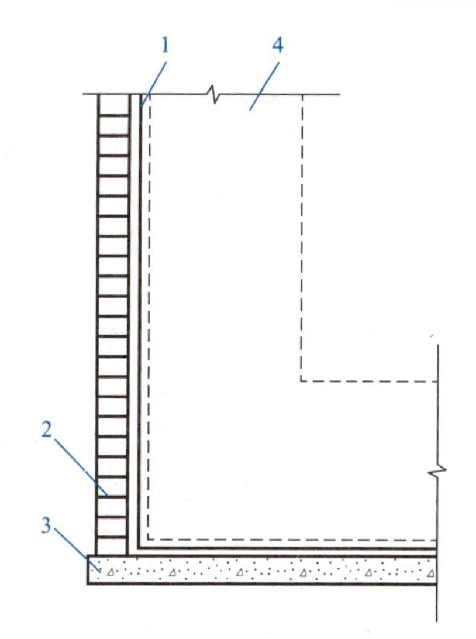

图 7-6 内贴法
1—卷材防水层；2—保护墙；
3—垫层；4—建筑物

板，或用氯丁系胶粘剂粘铺石油沥青纸胎油毡；平面可抹水泥砂浆，或浇筑不小于 50mm 厚的细石混凝土。如为混凝土结构，则永久保护墙可作为一侧模板，结构顶板卷材防水层上的细石混凝土保护层厚度应不小于 70mm，防水层如为单层卷材，则其与保护层之间应设置隔离层。结构完工后，方可回填土。

（3）提高卷材防水层质量的技术措施

1）卷材的点粘、条粘及空铺。卷材防水层是粘附在具有足够刚度的结构层或结构层上的找平层上面的，当结构层因种种原因产生变形裂缝时，要求卷材具有一定的延伸率来适应这种变形，采用点粘、条粘、空铺的措施可以充分发挥卷材的延伸性能，有效地减少卷材被拉裂的可能性。具体做法是：点粘法，每 $1m^2$ 卷材下粘五点（100mm×100mm），粘贴面积不大于总面积的 6%；条粘法，每幅卷材两边各与基层粘贴 150mm 宽；空铺法，卷材防水层周边与基层粘贴 800mm 宽。

2）增铺卷材附加层。对变形较大、易遭破坏或易老化部位，如变形缝、转角、三面角以及穿墙管道周围、地下出入口通道等处，均应铺设卷材附加层。

3）做密封处理。为使卷材防水层增强适应变形的能力，提高防水层整体质量，在分格缝、穿墙管道周围、卷材搭接缝以及收头部位应做密封处理。

4）施工中，应重视对卷材防水层的保护。

7.3.2 结构本身自防水

防水混凝土分为普通防水混凝土和掺外加剂的防水混凝土两类。

1. 普通防水混凝土

普通防水混凝土是通过调整混凝土的配合比来提高混凝土的密实度，以提高其抗渗能力。由于混凝土是一种非均质材料，它的渗水是通过孔隙和裂缝进行的，因此，通过控制混凝土的水灰比、水泥用量和砂率来保证混凝土中砂浆的质量和数量，以控制孔隙的形成，切断混凝土毛细管渗水通路，从而提高混凝土的密实性和抗渗性能。

2. 掺外加剂的防水混凝土

掺外加剂的防水混凝土是在混凝土中掺入适量的外加剂，以改善混凝土的密实度，提高其抗渗能力。目前常用的方法有：

（1）三乙醇胺防水混凝土

这种防水混凝土是在混凝土中掺入水泥重量 0.05%的三乙醇胺配制而成的。三乙醇胺防水剂能加快水泥的水化作用，使水泥结晶变细、结构密实。所以，三乙醇胺防水混凝土抗渗性好、早期强度高、施工简单、质量稳定。

（2）加气剂防水混凝土

加气剂防水混凝土是在普通混凝土中掺加微量的加气剂配制而成的。混凝土中掺入加气后会产生许多微小均匀的气泡，增加了黏滞性，不易松散离析，显著地改善了混凝土的和易性，减少了沉降离析和泌水作用。硬化后的混凝土形成了一个封闭的水泥浆壳，堵塞了内部毛细管通道，从而提高了混凝土的抗渗性。常用的加气剂有：

1）松香热聚物，其掺量为水泥重量的 0.005%～0.015%；

2）松香酸钠，其掺量为水泥重量的 0.01%～0.03%，搅拌均匀后，再加入占水泥重量 0.075%的氯化钙。

另外，还有氢氧化铁防水混凝土和用特种水泥配制的防水混凝土（如加气水泥、塑化水泥、膨胀水泥等），都具有良好的抗渗效果。

3. 材料要求

水泥：一般采用火山灰水泥、粉煤灰水泥或普通水泥，掺外加剂时可采用矿渣水泥，水泥不得受侵蚀性介质和冻融的破坏，强度等级不宜低于 42.5 级。

砂和石：砂、石的各项技术指标除应符合《普通混凝土用砂、石质量及检验方法标准》JGJ 52—2006 的规定外，还必须符合下列规定：石子最大粒径不宜大于 40mm，不得含有泥土等杂质，含水率不大于 1.5%。

防水混凝土的配合比设计：应根据设计要求和实际使用材料通过试验选定，设计要求的抗渗强度应提高 0.2～0.4MPa，每立方米混凝土的水泥用量不少于 320kg，含砂率以 35%～40%为宜，灰砂比应为 1∶2～1∶2.5，水灰比不大于 0.55，坍落度不大于 5cm。

4. 防水混凝土的施工

防水混凝土应用机械搅拌，搅拌时间不得少于 2min。掺外加剂的混凝土，外加剂应用拌合水均匀稀释，不得直接投入，搅拌时间应延长至 3min。搅拌掺加气剂防水混凝土时，搅拌时间应控制在 1.5～2min。

防水混凝土施工时，底板混凝土应连续浇筑，不得留施工缝。墙体一般只允许留水平施工缝，其位置应留在高出底板上表面不小于 200mm 的墙身上，不得留在剪力与弯矩最大处或底板与侧壁的交接处。如必须留垂直施工缝时，应留在结构的变形缝处。施工缝位置和接缝形式如图 7-7 所示。

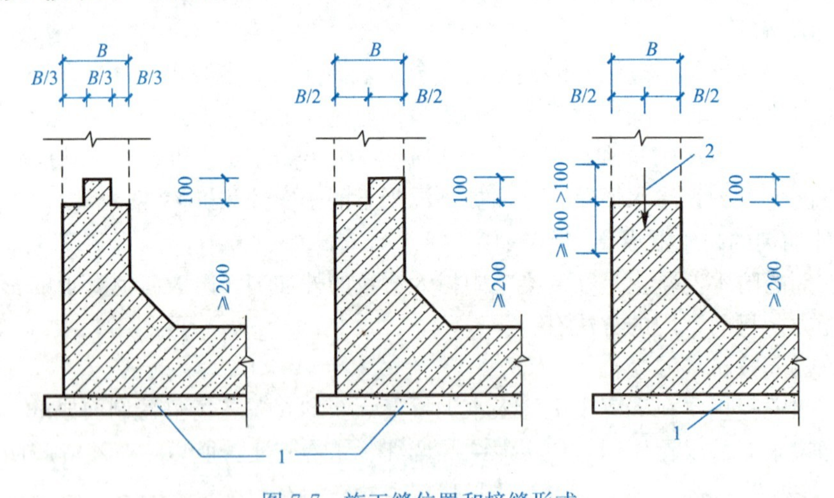

图 7-7　施工缝位置和接缝形式

1—底板；2—金属（或塑料）止水条

为了使接缝严密，在继续浇筑混凝土前，应将施工缝处的混凝土凿毛，然后清除杂质，用水冲洗干净，并保持湿润，再铺一层厚 20～50mm 与混凝土成分相同的水泥砂浆，然后继续浇筑混凝土。

混凝土初凝后应覆盖浇水，养护 14d 以上。凡掺早强型外加剂或微膨胀水泥配制的防水混凝土，应加强早期养护。拆模时，结构表面温度与周围气温的温差不得超过 15℃，地下结构应及时回填土，不应长期暴露，以免产生干缩和温差裂缝。

7.3.3 防水工程补漏技术

防水工程结构层出现的漏水有孔洞漏水、裂缝漏水、防水面渗水等，这是由于结构层出现孔洞、裂缝和毛细孔造成的。因此，在补漏前应查明原因，确定位置，根据不同情况采取相应措施。补漏的原则是先将大漏变成小漏、片漏变成孔漏，最后堵住漏水。

对防水混凝土工程的修补堵漏，通常采用的方法是用促凝剂和水泥拌制而成的快凝水泥胶浆进行快速堵漏或大面积修补。近年来，采用膨胀水泥（或掺膨胀剂）作为防水修补材料，其抗渗堵漏效果更好。对混凝土的微小裂缝，则采用化学灌浆堵漏技术。

1. 快硬性水泥胶浆堵漏法

（1）水泥胶浆的拌制

1）促凝水泥胶浆：它是在水灰比为 0.55～0.6 的水泥浆中，掺入相当水泥重量 1%的促凝剂，经拌合而成。

2）快凝水泥砂浆：这种砂浆是将水泥和砂按 1∶1 的比例干拌均匀后，再将促凝剂按 1∶1 的比例混合起来，然后可把干拌均匀的水泥和砂按水灰比 0.45～0.5 拌合调制成快硬水泥砂浆，应随拌随用。

3）快凝水泥胶浆：它是直接用水泥和促凝剂拌合而成的。根据使用条件不同，分别为水泥∶促凝剂＝1∶0.5～0.6 或 1∶0.8～0.9。这种胶浆凝固快，从开始拌合到使用完毕以 1～2min 为宜。因其在水中同样可以凝固，所以施工时必须随拌随用。

（2）孔洞漏水修堵方法

当水压不大（水位在 2m 以下）、孔洞较小时，可采用“直接堵塞法”。这种方法是首先将漏水处洗刷干净，用 1∶0.6 的水泥胶浆搓成与孔洞直径相似的圆锥体，待胶浆开始凝固时，直接堵塞孔洞，并向四周挤压，使其与孔壁紧密结合 0.5min 后即可。完毕后如无渗漏现象，再抹一层水泥砂浆或素灰作为保护层。

当水压较大（水位在 2～4m）、漏水孔洞较大时，可采用“下管堵漏法”。这种方法是先将漏水处剔成上、下基本垂直的孔洞至垫层，洞底铺碎石一层，上盖一层油毡或镀锌薄钢板；再用一根胶管穿透油毡插入碎石中，用胶浆或干硬性混凝土将胶管四周封严压实，待达到强度后将胶管拔出（图 7-8）。

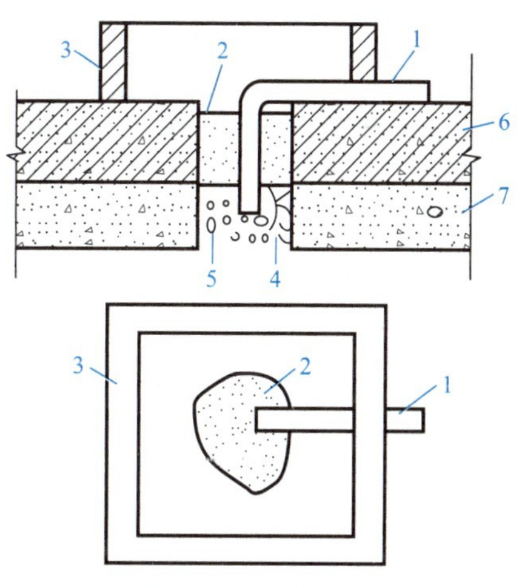

图 7-8 下管堵漏法

1—胶皮管；2—快凝胶浆；3—挡水墙；4—油毡一层；5—碎石；6—构筑物；7—垫层

（3）裂缝漏水的修堵方法

裂缝漏水的处理方法有裂缝直接堵塞法和下绳堵漏法。裂缝直接堵塞法适用于水压较小的裂缝漏水，操作时沿裂缝剔成八字形坡的沟槽，刷洗干净后，用快凝水泥胶浆直接堵塞，经检查无渗水再做保护层和防水层。当水压力较大、裂缝较长时，可采用下绳堵漏法，在凿开缝的沟底嵌一根小绳（长 120～150mm），胶浆快凝固时及时将其压入放绳的沟槽内，然后将小绳拉出，使水顺绳流出（图 7-9）。

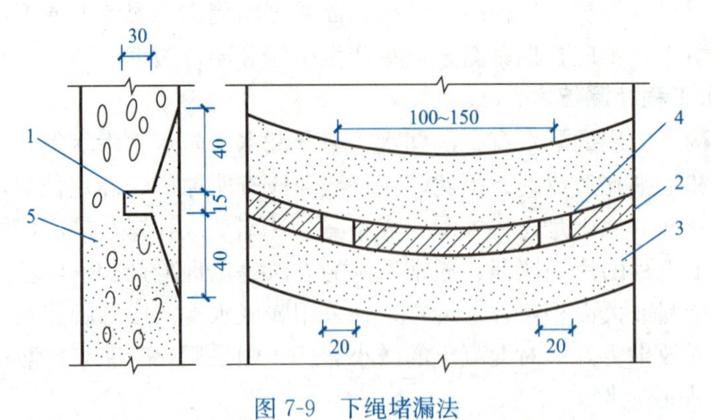

图 7-9　下绳堵漏法

1—小绳（导水用）；2—快凝胶浆填缝；3—砂浆层；4—暂留小孔；5—构筑物

2. 化学灌浆堵漏法

(1) 灌浆材料

1) 氰凝。氰凝的主体成分是以多异氰酸酯与含羟基的化合物（聚酯、聚醚）制成的预聚体。使用前，在预聚体内掺入一定量的副剂（表面活性剂、乳化剂、增塑剂、溶剂与催化剂等)，搅拌均匀即配制成氰凝浆液。氰凝浆液不遇水不发生化学反应，稳定性好；当浆液灌入漏水部位后，立即与水发生化学反应，生成不溶于水的凝胶体；同时释放二氧化碳气体，使浆液发泡膨胀，向四周渗透扩散直至反应结束。

2) 丙凝。丙凝由双组分（甲溶液和乙溶液）组成。甲溶液是丙烯酰胺和 N-N′-甲撑双丙烯酰胺及β-二甲铵基丙腈的混合溶液。乙溶液是过硫酸铵的水溶液。两者混合后很快形成不溶于水的高分子硬性凝胶，这种凝胶可以密封结构裂缝，从而达到堵漏的目的。

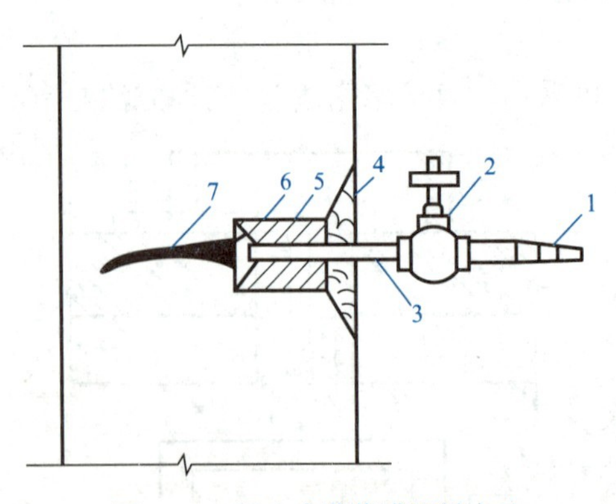

图 7-10　埋入式灌浆嘴埋设方法

1—进浆嘴；2—阀门；3—灌浆嘴；
4—一层素灰一层砂浆找平；5—快硬水泥浆；
6—半圆铁片；7—混凝土墙裂缝

(2) 灌浆施工

灌浆堵漏施工可分为对混凝土表面进行处理、布置灌浆孔、埋设灌浆嘴、封闭漏水部位、压水试验、灌浆、封孔等工序。灌浆孔的间距一般为 1m 左右，并要交错布置；灌浆嘴的埋设如图 7-10 所示；灌浆结束，待浆液固结后，拔出灌浆嘴并用水泥砂浆封固灌浆孔。

7.4　厨房、卫生间防水工程

目前，厨房间、卫生间楼地面防水主要选用高弹性的聚氨酯涂膜防水或弹塑性的氯丁胶乳沥青涂料防水等涂膜防水工艺，可在厨房间、卫生间的地面和墙面形成一个没有接缝、封闭严密的整体防水层，从而提高防水工程质量。

7.4.1 聚氨酯涂膜防水施工

聚氨酯涂膜防水材料是双组分化学反应固化型的高弹性防水涂料，多以甲、乙双组分形式使用，主要材料有聚氨酯涂膜防水材料甲组分、聚氨酯涂膜防水材料乙组分和无机铝盐防水剂等。施工用辅助材料应备有二甲苯、醋酸乙酯、磷酸等。

施工工艺要点如下：

（1）基层处理

卫生间的防水基层必须用 1∶3 的水泥砂浆找平，要求抹平压光无空鼓，表面要坚实，不应有起砂、掉灰现象。在抹找平层时，在管道根部的周围应使其略高于地面，在地漏的周围应做成略低于地面的洼坑。找平层的坡度以 1%～2%为宜，坡向地漏。凡遇到阴、阳角处，要抹成半径不小于 10mm 的小圆弧。与找平层相连接的管件、卫生洁具、排水口等必须安装牢固、收头圆滑，按设计要求用密封膏嵌固。

基层必须基本干燥，一般在基层表面均匀泛白无明显水印时才能进行涂膜防水层施工。施工前要把基层表面的尘土杂物彻底清扫干净。

（2）涂布底胶

将聚氨酯甲、乙两组分和二甲苯按 1∶1.5∶2 的比例（重量比，以产品说明为准）配合搅拌均匀，再用小滚刷或油漆刷均匀涂布在基层表面。涂刷量约 0.15～0.2kg/m^2，涂刷后应干燥固化 4h 以上才能进行下道工序施工。

（3）配制聚氨酯涂膜防水涂料

将聚氨酯甲、乙组分和二甲苯按 1∶1.5∶0.3 的比例配合，用电动搅拌器强力搅拌均匀备用。应随配随用，一般在 2h 内用完。

（4）涂膜防水层施工

用小滚刷或油漆刷将已配好的防水涂料均匀涂布在底胶已干固的基层表面。涂完第一度涂膜后，一般需固化 5h 以上，在基本不粘手时，再按上述方法涂布第二、三、四度涂膜，并使后一度与前一度的涂布方向垂直。对管子根部、地漏周围以及墙转角部位，必须认真涂刷，涂刷厚度不小于 2mm。在涂刷最后一度涂膜固化前及时稀撒少许干净的粒径为 2～3mm 的小豆石，使其与涂膜防水层黏结牢固，作为与水泥砂浆保护层黏结的过渡层。

（5）做好保护层

当聚氨酯涂膜防水层完全固化和通过蓄水试验合格后，即可铺设一层厚度为 15～25mm 的水泥砂浆保护层，然后按设计要求铺设饰面层。

质量要求：聚氨酯涂膜防水材料的技术性能应符合设计要求或材料标准规定，并应附有质量证明文件和现场取样进行检测的试验报告以及其他有关质量的证明文件。聚氨酯的甲、乙料必须密封存放，甲料开盖后，吸收空气中的水分会起反应而固化，如在施工中混有水分，则聚氨酯固化后内部会有水泡，影响防水能力。涂膜厚度应均匀一致，总厚度不应小于 1.5mm。涂膜防水层必须均匀固化，不应有明显的凹坑、气泡和渗漏水的现象。

7.4.2 氯丁胶乳沥青防水涂料施工

氯丁胶乳沥青防水涂料是以氯丁橡胶和沥青为基料，经加工合成的一种水乳型防水涂料。它兼有橡胶和沥青的双重优点，具有防水、抗渗、耐老化、不易燃、无毒、抗基层变形能力强等优点，冷作业施工，操作方便。

施工工艺要点如下：

（1）基层处理

与聚氨酯涂膜防水施工要求相同。

（2）二布六油防水层施工

二布六油防水层的工艺流程如下：基层找平处理→满刮一遍氯丁胶沥青水泥腻子→满刮第一遍涂料→做细部构造加强层→铺贴玻璃布，同时刷第二遍涂料→刷第三遍涂料→铺贴玻纤网格布，同时刷第四遍涂料→涂刷第五遍涂料→涂刷第六遍涂料并及时撒砂粒→蓄水试验→按设计要求做保护层和面层→防水层二次试水，验收。

在清理干净的基层上满刮一遍氯丁胶乳沥青水泥腻子，管根和转角处要厚刮并抹平整，腻子的配制方法是将氯丁胶乳沥青防水涂料倒入水泥中，边倒边搅拌至稠浆状即可刮涂于基层，腻子厚度为2～3mm，待腻子干燥后，满刷一遍防水涂料，但涂刷不能过厚，不得漏刷，表面均匀不流淌，不堆积，立面刷至设计标高。在细部构造部位，如阴阳角、管道根部、地漏、大便器蹲坑等处分别附加一布二涂附加层。附加层干燥后，大面铺贴玻纤网格布同时涂刷第二遍防水涂料，使防水涂料浸透布纹渗入下层，玻纤网格布搭接宽度不小于100mm，立面贴到设计高度，顺水接槎，收口处贴牢。

所刷涂料实干后（约24h），满刷第三遍涂料，表干后（约4h）铺贴第二层玻纤网格布同时满刷第四遍防水涂料。第二层玻纤布与第一层玻纤布接槎要错开，涂刷防水涂料时，应均匀，将布展平无折皱。上述涂层实干后，满刷第五遍、第六遍防水涂料，整个防水层实干后，可进行第一次蓄水试验，蓄水时间不少于24h，无渗漏才合格，然后做保护层和饰面层。工程交付使用前应进行第二次蓄水试验。

复习思考题

1. 防水卷材应具有哪些特性？
2. 试述常见高聚物改性沥青防水卷材的特点和适用范围。
3. 简述卷材防水屋面各构造层的作用和构造。
4. 试述密封材料的种类及其适用范围。
5. 试述卷材防水屋面各构造层的做法及施工工艺。
6. 试述涂膜防水层施工要点。
7. 试述地下防水工程卷材内贴法的施工步骤。
8. 试述防水工程的补漏技术。
9. 简述卫生间聚氨酯涂膜防水的施工要点。

7-6 复习思考题参考答案

8 装饰工程

8.1 概　　述

装饰工程施工工程量大、工期长、用工量多、所占造价比重高、装饰材料和施工技术更新快，施工管理复杂，并且装饰工程开工时间受到一定的限制。因此，应掌握装饰工程的基本理论，以保证和控制施工进度、施工质量和工程费用。

8-1 装饰工程有关安全和功能的检验项目

建筑装饰工程的内容包括抹灰工程、门窗工程、吊顶工程、轻质隔墙工程、饰面板（砖）工程、幕墙工程、涂饰工程、裱糊与软包工程及细部工程等。

8.2 抹灰工程

8-2 抹灰工程验收时应检查的文件和记录

抹灰是将各种砂浆、装饰性石屑浆、石子浆涂抹在建筑物的墙面、顶棚、地面等表面，除了保护建筑物外，还可以作为饰面层起到装饰作用。

8.2.1 抹灰工程的分类

抹灰工程按材料和装饰效果分为一般抹灰和装饰抹灰两大类。一般抹灰指石灰砂浆、水泥砂浆、混合砂浆、聚合物水泥砂浆、膨胀珍珠岩水泥砂浆、麻刀灰、纸筋灰、石膏灰等抹灰工程。装饰抹灰的底层和中层与一般抹灰做法基本相同，其面层主要有水刷石、水磨石、斩假石、干粘石、喷涂、滚涂、弹涂、仿石和彩色抹灰等。

8-3 抹灰工程检验批的划分和验收

8.2.2 一般抹灰施工

抹灰一般分三层：底层、中层和面层（或罩面），如图 8-1 所示。

底层主要起与基层黏结的作用，厚度一般为 5～9mm。底层砂浆的强度不能高于基层强度，以免抹灰砂浆在凝结过程中产生较强的收缩应力破坏强度较低的基层，从而产生空鼓、裂缝、脱落等质量问题；中层起找平的作用，中层应分层施工，每层厚度应控制在 5～9mm；面层起装饰作用，要求涂抹光滑、洁净。

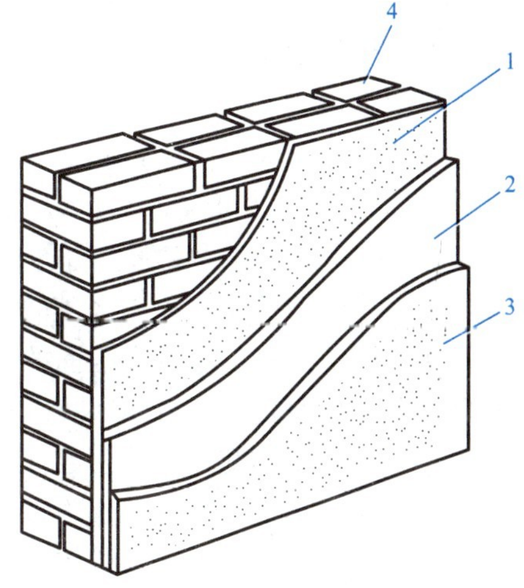

图 8-1　抹灰层的组成

1—底层；2—中层；3—面层；4—基层

抹灰层的平均总厚度不得大于以下规定的值：

（1）顶棚：板条、空心砖、现浇混凝土为 15mm，预制混凝土为 18mm，金属网为 20mm。

8-4 一般抹灰的质量检验

（2）内墙：普通抹灰为18～20mm，高级抹灰为25mm。

（3）外墙为20mm，勒脚及突出墙面部分为25mm。

（4）石墙为35mm。

（5）当抹灰厚度≥35mm时，应采取加强措施。

涂抹水泥砂浆每遍厚度宜为5～7mm；涂抹石灰砂浆和水泥混合砂浆每遍厚度宜为7～9mm。面层抹灰经赶平压实后的厚度，麻刀石灰不得大于3mm；纸筋石灰、石膏灰不得大于2mm。

1. 组成及质量要求

一般抹灰按质量要求分为普通抹灰和高级抹灰两个等级。

普通抹灰为一道底层和一道面层或一道底层、一道中层和一道面层，要求表面光滑洁净、接槎平整、分格缝清晰。

高级抹灰为一道底层、数道中层和一道面层，要求表面光滑洁净、颜色均匀无抹纹、分格缝和灰线应清晰美观。

抹灰层与基层之间及各抹灰层之间必须黏结牢固，抹灰层应无脱层和空鼓，面层应无爆灰和裂缝。

2. 抹灰材料要求

一般抹灰所用材料的品种和性能应符合设计要求。水泥的凝结时间和安定性复验应合格。石灰浆应在储灰池中常温熟化不少于15d，罩面用的磨细石灰粉的熟化期不应少于30d。同时，应防止冻结和污染。生石灰不宜长期存放，保质期不宜超过一个月。

3. 抹灰前基层处理

抹灰前应检查门、窗框位置是否正确，与墙连接是否牢固。连接处的缝隙应用水泥砂浆或水泥混合砂浆（加少量麻刀）分层嵌塞密实。

为了使抹灰砂浆与基体表面黏结牢固，防止抹灰层产生空鼓现象，抹灰前对凹凸不平的基层表面应剔平，或用1∶3水泥砂浆补平。孔、洞及缝隙处均应用1∶3水泥砂浆或水泥混合砂浆（加少量麻刀）分层嵌塞密实。基层表面的尘土、污垢、油渍等应清除干净，并应洒水润湿。过光的墙面应予以凿毛或涂刷一层界面剂，以加强抹灰层与基层的黏结力。凡室内管道穿越的墙洞和楼板洞、凿剔墙后安装的管道、墙面的脚手孔洞均应用1∶3水泥砂浆填嵌密实。

在内墙的阳角和门洞口侧壁的阳角、柱角等易于碰撞之处，应按设计要求施工，设计无要求时，应采用1∶2水泥砂浆制作护角，其高度应不低于2m，每侧宽度不小于50mm。对外墙窗台、窗楣、雨篷、阳台、压顶和突出腰线等，上面应做成流水坡度，下面应做滴水线或滴水槽，滴水槽的深度和宽度均不应小于10mm，要求整齐一致。

为控制抹灰层的厚度和墙面的平整度，在抹灰前应先检查基层表面的平整度，并用与抹灰层相同砂浆设置50mm×50mm的标志或宽约100mm的标筋。

不同材料基体交接处表面的抹灰，如砖墙与木隔墙、混凝土墙与轻质隔墙等表面应采取加强措施，当采用加强金属网时，搭接宽度从缝边起两侧均不小于100mm（图8-2），以防抹灰层因基体温度变化胀缩不一而产生裂缝。

顶棚抹灰的基层处理：预制混凝土楼板顶棚在抹灰前应检查其板缝大小，若板缝较大，应用细石混凝土灌实；板缝较小，可用1∶0.3∶3的水泥石灰混合砂浆勾实，否则抹灰后将顺缝产生裂缝。预制混凝土板或钢模现浇混凝土顶棚拆模后，构件表面较为光滑、平整，并常粘附一层隔离剂。当隔离剂为滑石粉或其他粉状物时，应先用钢丝刷刷除，再用清水冲干净，当隔离剂为油脂类时，先用浓度为10%的火碱溶液洗刷干净，再用清水冲洗干净。

板条顶棚（单层板条）抹灰前，应检查板条缝是否合适，一般要求间隙为7～10mm。

4. 抹灰施工

抹灰一般遵循先外墙后内墙，先上面后下面，先顶棚、墙面后地面的顺序，也可根据具体工程的不同而调整抹灰先后顺序。一般抹灰施工过程为：浇水湿润基层→做灰饼→设置标筋→阳角护角→抹底层灰→抹中层灰→抹面层灰→清理。

（1）墙面抹灰

为控制抹灰层厚度和墙面平直度，用与抹灰层相同的砂浆先做出灰饼和标筋（图8-3），待标筋砂浆有七八成干后，就可以进行底层砂浆抹灰。

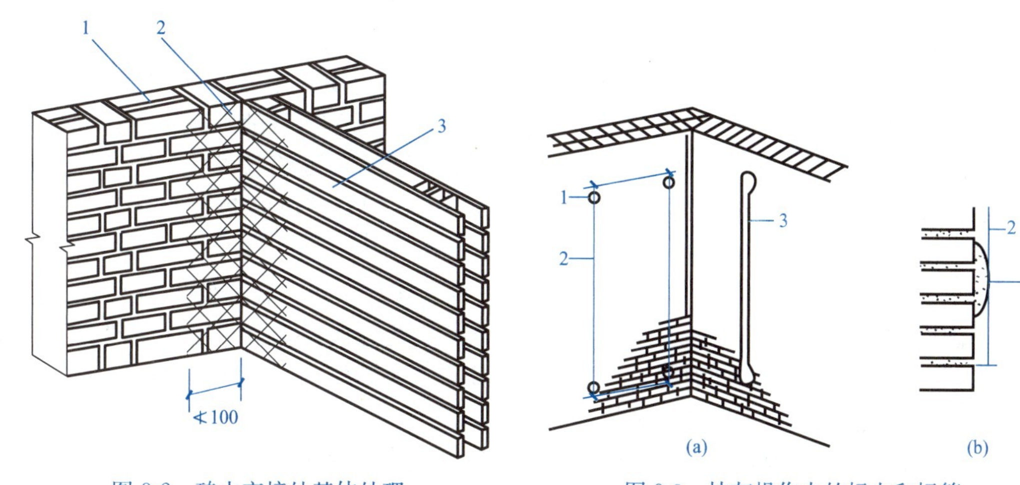

图8-2　砖木交接处基体处理

1—砖墙；2—钢丝网；3—板条

图8-3　抹灰操作中的标志和标筋

（a）灰饼和标筋；（b）灰饼的剖面

1—灰饼；2—引线；3—标筋

中层砂浆抹灰应待水泥砂浆（或水泥混合砂浆）底层凝结后或石灰砂浆底层灰七八成干后方可进行。中层砂浆凝固前，可在层面上交叉划出斜痕，以增强与面层的黏结。如用水泥砂浆或混合砂浆，应待前一抹灰层凝结后再抹后一层。如用石灰砂浆，则应待前一层达到七八成干后，方可抹后一层。

面层灰应待中层灰凝固后才能进行。

两墙面相交的阴角、阳角抹灰方法，一般按下述步骤进行：

1）用阴角方尺检查阴角的直角度；用阳角方尺检查阳角的直角度。用线坠检查阴角或阳角的垂直度。根据直角度及垂直度的误差，确定抹灰层厚薄。阴、阳角处洒水湿润。

2）将底层抹于阴角处，用木阴角器压住抹灰层并上下搓动，使阴角的抹灰基本上达到直角。如靠近阴角处有已结硬的标筋，则木阴角器应沿着标筋上下搓动，基本搓平后，再用阴角抹子上下抹压，使阴角线垂直。

3）将底层灰抹于阳角处，用木阳角器压住抹灰层并上下搓动，使阳角处抹灰基本上达到直角。再用阳角抹子上下抹压，使阳角线垂直。

4）在阴角、阳角处底层灰凝结后，洒水湿润，将面层灰抹于阴角、阳角处，分别用阴角抹子、阳角抹子上下抹压，使中层灰达到平整光滑。

阴阳角找方应与墙面抹灰同时进行，即墙面抹底层灰时，阴、阳角抹底层找方。

（2）顶棚抹灰

钢筋混凝土楼板下的顶棚抹灰，应待上层楼板地面面层完成后才能进行。板条、金属网顶棚抹灰，应待板条、金属网装钉完成，并经检查合格后，方可进行。

顶棚抹灰不用做标志、标筋，只要在顶棚周围的墙面弹出顶棚抹灰层的面层标高线，此标高线必须从地面量起，不可从顶棚底向下量。

8.2.3 装饰抹灰施工

装饰抹灰与一般抹灰的区别在于两者具有不同的装饰面层，其底层和中层的做法与一般抹灰基本相同。装饰抹灰种类很多，其底层多为 1∶3 水泥砂浆打底，面层主要有水刷石、斩假石、干粘石、假面砖等。现简要介绍几种装饰抹灰面层的做法。

1. 水刷石

水刷石饰面是将底层抹上水泥石子浆面层，拍平压实，达到一定强度时，用棕刷子蘸水自上而下刷掉面层水泥浆，使各色石子表面外露，然后用喷雾器（或喷水壶）自上而下喷水冲洗干净，形成具有“绒面感”的表面。水刷石多用于外墙面，是石粒类材料饰面的传统做法，这种饰面耐久性强，具有良好的装饰效果，造价较低，是传统的外墙装饰做法之一。

2. 干粘石

干粘石是将干石子直接粘在砂浆层上的一种装饰抹灰做法。装饰效果与水刷石差不多，但湿作业量小，节约原材料，又能明显提高工效。先在底层抹上一层水泥砂浆层，再抹一层水泥石灰膏黏结层，同时将石子甩粘拍平压实在黏结层上，用铁抹子将石子拍入黏结层，要使石子嵌入深度不小于石子粒径的 1/2，待有一定强度后洒水养护。

干粘石操作简便，但日久经风吹雨打易产生脱粒现象，现在多不采用。

3. 聚合物水泥砂浆的喷涂、滚涂与弹涂施工

（1）喷涂施工

喷涂是把聚合物水泥砂浆用砂浆泵或喷斗将砂浆喷涂于外墙面形成的装饰抹灰。

聚合物砂浆应用砂浆搅拌机进行拌合。先将水泥、颜料、细骨料干拌均匀，再边搅拌边按顺序加入木质素磺酸钠（先溶于少量水中）、108 胶和水，直至全部拌匀为止。如是水泥石灰砂浆，应先将石灰膏用少量水调稀，再加入水泥与细骨料的干拌料中。拌合好的聚合物砂浆宜在 2h 内用完。

喷涂聚合物砂浆的主要机具设备有：空气压缩机（0.6m^3/min）、加压罐、灰浆泵、振动筛（5mm 筛孔）、喷枪、喷斗、胶管（25mm）、输气胶管等。

波面喷涂使用喷枪（图 8-4）。粒状喷涂使用喷斗（图 8-5）。

（2）滚涂施工

滚涂是将 2～3mm 厚带色的聚合物水泥砂浆均匀地涂抹在底层上，用平面或刻有花纹的橡胶、泡沫塑料滚子在罩面层上直上直下施滚涂拉，并一次成活滚出所需花纹。

滚涂饰面的底、中层抹灰与一般抹灰相同。中层一般用 1∶3 水泥砂浆，表面搓平实。然后根据图纸要求，将尺寸分匀以确定分格条位置，弹线后贴分格条。

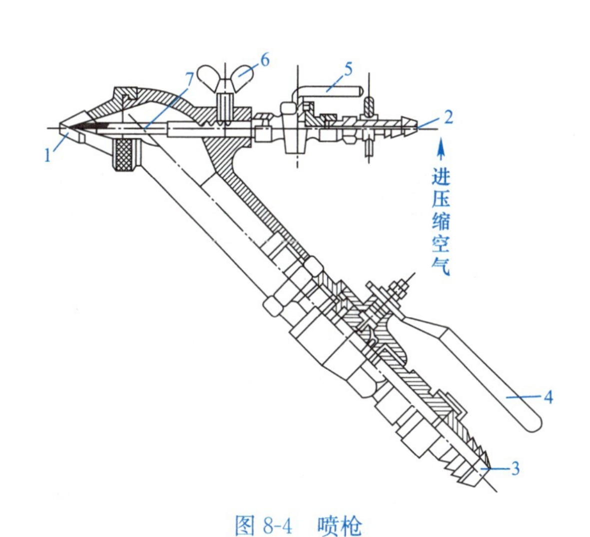

图 8-4 喷枪

1—喷嘴；2—压缩空气接头；3—砂浆皮管接头；4—砂浆控制阀；5—压缩空气控制阀；6—顶丝；7—喷气管

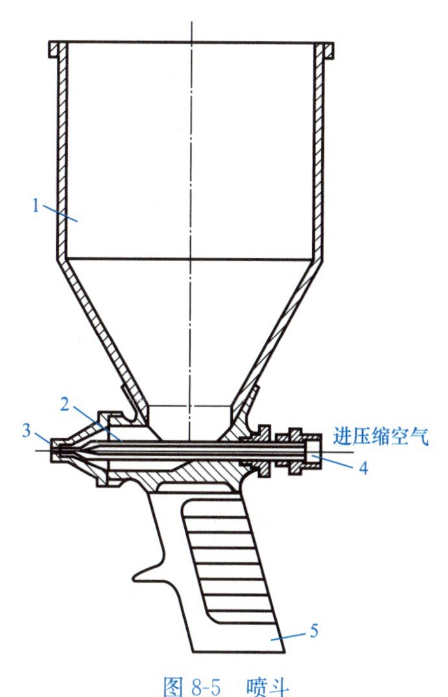

图 8-5 喷斗

1—砂浆斗；2—喷管；3—喷嘴；4—压缩空气接头；5—手柄

抹灰面干燥后，喷涂有机硅溶液一遍。滚涂操作有干滚和湿滚两种。干滚法是滚子不醮水，滚子上下来回滚后再向下滚一遍，达到表面均匀拉毛即可，滚出的花纹较粗，但工效高；湿滚法为滚子蘸水上墙，并保持整个表面水量一致，滚出的花纹较细，但比较费工。

（3）弹涂施工

弹涂是利用弹涂器（图 8-6）将不同色彩的聚合物水泥砂浆弹在色浆面层上，形成有类似于干粘石效果的装饰面。

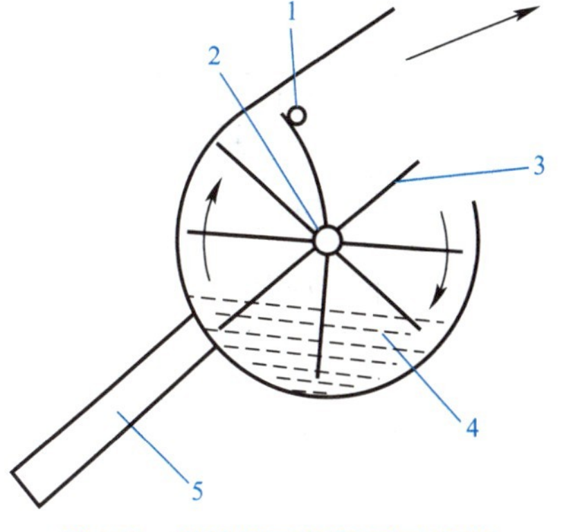

图 8-6 弹涂器工作原理示意图

1—挡棍；2—中轴；3—弹棒；4—色浆；5—把手

弹涂基层除砖墙基体应先用 1∶3 水泥砂浆抹找平层并搓平外，一般混凝土等表面较为平整的基体，可直接刷底色浆后弹涂。基体应干燥、平整、棱角规矩。

弹涂时，先将基层湿润刷（喷）底色浆，然后用弹涂器将色浆弹到墙面上，形成直径为 1～3mm 大小的图形花点，弹涂面层厚为 2～3mm，一般 2～3 遍成活，每遍色浆不宜太厚，不得流坠，第一遍应覆盖 60%～80%，最后罩一遍甲基硅醇钠憎水剂。

弹涂应自上而下、从左向右进行。先弹深色浆，后弹浅色浆。

喷涂、滚涂、弹涂饰面层，要求颜色一致，花纹大小均匀，不显接槎。

8.2.4 抹灰施工质量要求

普通抹灰表面应光滑、洁净、接槎平整，分格缝应清晰；高级抹灰表面则应光滑、洁净、颜色均匀、无抹纹，分格缝和灰线应清晰美观。

护角、孔洞、槽、盒周围的抹灰表面应整齐、光滑；管道后面的抹灰表面应平整。

水刷石的质量要求是石粒清晰、分布均匀、色泽一致、平整密实，不得有掉粒和接槎的痕迹。

干粘石的质量要求是色泽一致、不露浆、不漏粘，石粒应黏结牢固、分布均匀，阳角处应无明显黑边。

一般抹灰工程质量的允许偏差和检验方法应符合表 8-1 的规定。

一般抹灰工程质量的允许偏差和检验方法 **表 8-1**

项次	项目	允许偏差（mm）		检验方法
		普通抹灰	高级抹灰	
1	立面垂直度	4	3	用 2m 垂直检测尺检查
2	表面平整度	4	3	用 2m 靠尺和塞尺检查
3	阴阳角方正	4	3	用 200mm 直角检测尺检查
4	分格条（缝）直线度	4	3	拉 5m 线，不足 5m 拉通线，用钢直尺检查
5	墙裙、勒脚上口直线度	4	3	拉 5m 线，不足 5m 拉通线，用钢直尺检查

装饰抹灰工程质量的允许偏差和检验方法应符合表 8-2 的规定。

装饰抹灰工程质量的允许偏差和检验方法 **表 8-2**

项次	项目	允许偏差（mm）				检验方法
		水刷石	斩假石	干粘石	假面砖	
1	立面垂直度	5	4	5	5	用 2m 垂直检测尺检查
2	表面平整度	3	3	5	4	用 2m 靠尺和塞尺检查
3	阴阳角方正	3	3	4	4	用 200mm 直角检测尺检查
4	分格条（缝）直线度	3	3	3	3	拉 5m 线，不足 5m 拉通线，用钢直尺检查
5	墙裙、勒脚上口直线度	3	3	—	—	拉 5m 线，不足 5m 拉通线，用钢直尺检查

8.3 饰面板（砖）工程

饰面工程是指将块料面层镶贴（或安装）在墙柱表面以形成装饰层。块料面层的种类基本可分为饰面砖和饰面板两大类。饰面砖分有釉和无釉两种，饰面板包括天然石饰面板（如大理石、花岗石和青石板等）、人造石饰面板（如预制水磨石板，合成石饰面板等）、金属饰面板（如不锈钢板、涂层钢板、铝合金饰面板等）、玻璃饰面板、木质饰面板（如胶合板、木条板）等。

8-5 饰面工程质量检验

8.3.1 饰面砖镶贴

饰面砖镶贴的一般工序为：底层找平→弹线→镶贴饰面砖→勾缝→清洁面层。

1. 施工准备

饰面砖的基层处理和找平层砂浆的涂抹方法与装饰抹灰基本相同。

饰面砖镶贴前应进行预排，预排时应注意同一墙面的横竖排列，均不得有一行以上的非整砖。非整砖应排在最不醒目的部位或阴角处，用接缝宽度调整。

外墙面砖预排时应根据设计图纸尺寸进行排砖分格并绘制大样图。一般要求水平缝应与碳脸、窗台齐平，竖向要求阴角及窗口处均为整砖，分格按整块分匀，并根据已确定的缝的大小做分格条和划出皮数杆。对墙、墙垛等处要求先测好中心线、水平分格线和阴阳角垂直线。

2. 釉面砖镶贴

(1) 墙面镶贴方法

釉面砖的排列方法有“对缝排列”和“错缝排列”两种（图 8-7）。其工序步骤如下：

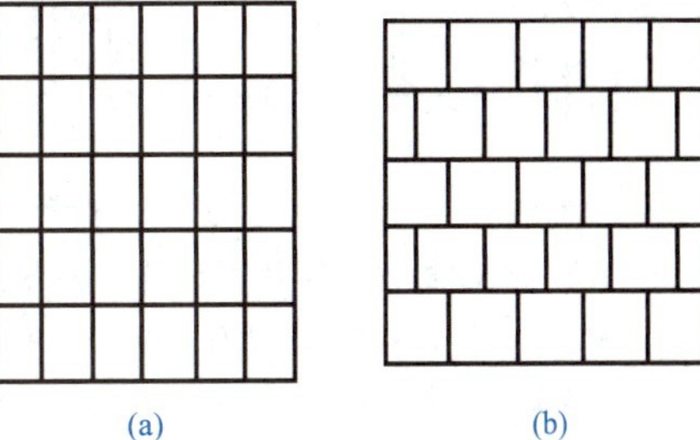

图 8-7　釉面砖镶贴形式

(a) 矩形砖对缝；(b) 方形砖错缝

1）在清理干净的找平层上，依照室内标准水平线，校核地面标高和分格线；

2）以所弹地平线为依据，设置支撑釉面砖的地面木托板；

3）调制糊状的水泥浆，其配合比为水泥：砂=1：2（体积比），另掺水泥重量 3%～4%的 108 胶；

4）镶贴；

5）清理。

(2) 顶棚镶贴方法

镶贴前应把墙上的水平线翻到墙顶交接处（四边均弹水平线），校核顶棚方正情况，阴阳角应找直，并按水平线将顶棚找平。如果墙与顶棚均贴釉面砖，则房间要求规方，阴阳角都须方正，墙与顶棚成 90°直角。排砖时，非整砖应留在同一方向，使墙顶砖缝交圈。镶贴时应先贴标志块，块间距一般为 1.2m，其他操作与墙面镶贴相同。

3. 外墙釉面砖镶贴

外墙釉面砖镶贴由底层灰、中层灰、结合层及面层组成。

外墙釉面砖的镶贴形式由设计而定。矩形釉面砖宜竖向镶贴；釉面砖的接缝宜采用离缝，缝宽不大于 10mm。釉面砖一般应对缝排列，不宜采用错缝排列。

4. 外墙锦砖（马赛克）镶贴

外墙贴锦砖可采用陶瓷锦砖或玻璃锦砖。锦砖镶贴由底层灰、中层灰、结合层及面层等组成。

锦砖的品种、颜色及图案选择由设计而定。锦砖是成联供货的，所镶贴墙面的尺寸最好是砖联尺寸的整倍数，尽量避免将联拆散。

8.3.2 大理石板、花岗石板、预制水磨石板等饰面板的安装

1. 小规格饰面板的安装

小规格大理石板、花岗石板、青石板、预制水磨石板，板材尺寸小于 300mm×300mm，板厚 8～12mm，粘贴高度低于 1m 的踢脚线板、勒脚、窗台板等，可采用水泥砂浆粘贴的方法安装。

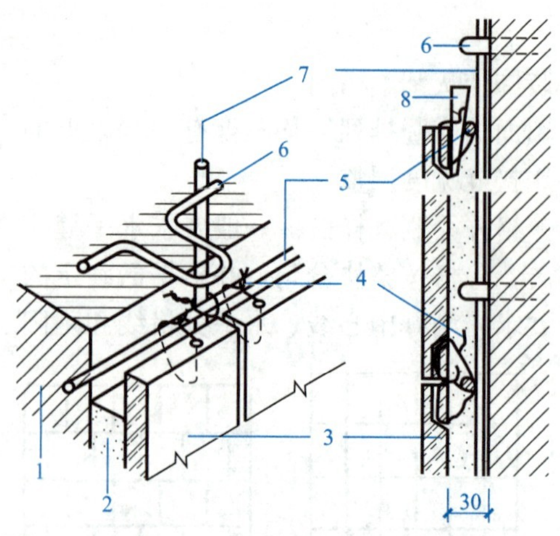

图 8-8　饰面板钢筋网片固定及安装方法

1—墙体；2—水泥砂浆；3—大理石板；4—钢丝；5—横筋；6—铁环；7—立筋；8—定位木楔

2. 大规格饰面板的安装

大规格大理石板、花岗石板、青石板、预制水磨石板，可采用以下安装工艺。

（1）湿法铺贴工艺

湿法铺贴工艺适用于板材厚为 20～30mm 的大理石、花岗石或预制水磨石板，墙体为砖墙或混凝土墙。

湿法铺贴工艺是传统的铺贴方法，即在竖向基体上预挂钢筋网（图 8-8），用铜丝或镀锌铁丝绑扎板材并灌水泥砂浆粘牢。这种方法的优点是牢固可靠，缺点是工序烦琐，卡箍多样，板材上钻孔易损坏，特别是灌注砂浆易污染板面和使板材移位。

采用湿法铺贴工艺，墙体应设置锚固体。砖墙体应在灰缝中预埋 $\phi6$ 钢筋钩，钢筋钩中距为 500mm 或按板材尺寸，当挂贴高度大于 3m 时，钢筋钩改用 $\phi10$ 钢筋，钢筋钩埋入墙体内深度应不小于 120mm，伸出墙面 30mm，混凝土墙体可射入 $\phi3.7\times62$ 的射钉，中距亦为 500mm 或按板材尺寸，射钉打入墙体内 30mm，伸出墙面 32mm。

挂贴饰面板之前，将 $\phi6$ 钢筋网焊接或绑扎于锚固件上。钢筋网双向中距为 500mm 或按板材尺寸。

在饰面板上、下边各钻不少于两个 $\phi5$ 的孔。孔深 15mm，清理饰面板的背面。用双股 18 号铜丝穿过钻孔，把饰面板绑牢于钢筋网上。饰面板的背面距墙面应不小于 50mm。

饰面板的接缝宽度可垫木楔调整，应确保饰面板外表面平整、垂直及板的上沿平顺。每安装好一行横向饰面板后，即进行灌浆。灌浆前，应浇水将饰面板背面及墙体表面湿润，在饰面板的竖向接缝内填塞 15～20mm 深的麻丝或泡沫塑料条以防漏浆（光面、镜面和水磨石饰面板的竖缝可用石膏灰临时封闭，并在缝内填塞泡沫塑料条）。

拌合好 1∶2.5 水泥砂浆，将砂浆分层灌注到饰面板背面与墙面之间的空隙内，每层灌注高度为 150～200mm，且不得大于板高的 1/3，并插捣密实。待砂浆初凝后，应检查板面位置，如有移动错位应拆除重新安装；若无移位，方可安装上一行板。施工缝应留在饰面板水平接缝以下 50～100mm 处（图 8-8）。

突出墙面的勒脚饰面板安装，应待墙面饰面板安装完工后进行。

待水泥砂浆硬化后，将填缝材料清除，饰面板表面清洗干净。光面和镜面的饰面经清洗晾干后，方可打蜡擦亮。

（2）干法铺贴工艺

干法铺贴工艺通常称为干挂法施工，即在饰面板材上直接打孔或开槽，用各种形式的连接件与结构基体用膨胀螺栓或其他架设金属连接而不需要灌注砂浆或细石混凝土。饰面板与墙体之间留出 40～50mm 的空腔。这种方法适用于 30m 以下的钢筋混凝土结构基体，不适用于砖墙和加气混凝土墙。

干法铺贴工艺主要采用扣件固定法，如图 8-9 所示。

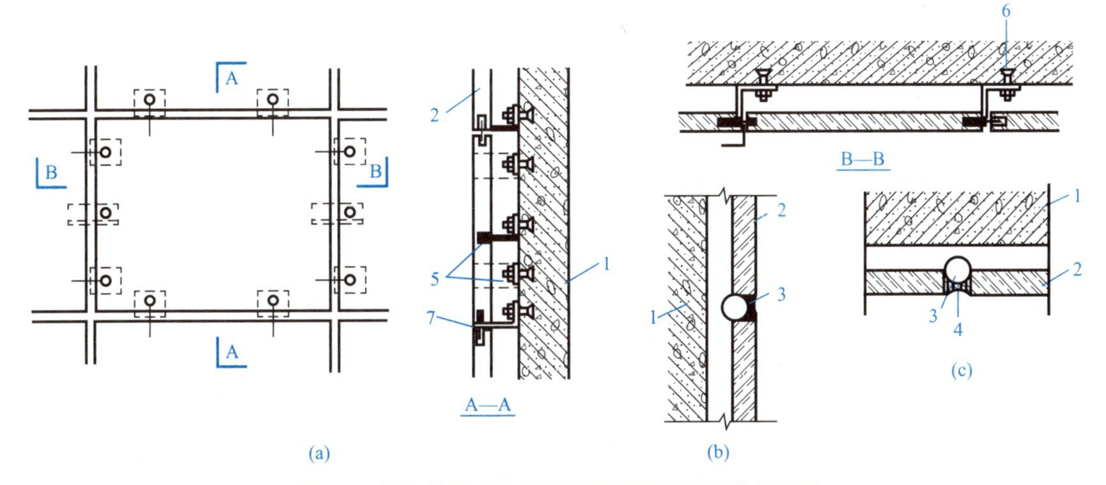

图 8-9 用扣件固定大规格石材饰面板的干作业做法

(a) 板材安装立面图；(b) 板块水平接缝剖面图；(c) 板块垂直接缝剖面图

1—混凝土外墙；2—饰面石板；3—泡沫聚乙烯嵌条；4—密封硅胶；

5—钢扣件；6—膨胀螺栓；7—销钉

扣件固定法的施工步骤如下：

板材切割→磨边→钻孔→开槽→涂防水剂→墙面修整→弹线→墙面涂刷防水剂→板材安装→板材固定→板材接缝的防水处理。

8.3.3 金属饰面板施工

金属饰面板主要有彩色压型钢板复合墙板、铝合金板和不锈钢板等。

1. 彩色压型钢板复合墙板

彩色压型钢板复合墙板，是以波形彩色压型钢板为面板，以轻质保温材料为芯层，经复合而成的轻质保温墙板，适用于工业与民用建筑物的外墙挂板。

彩色压型钢板复合板的安装，是用吊挂件把板材挂在墙身檩条上，再把吊挂件与檩条焊牢；板与板之间连接，水平缝为搭接缝，竖缝为企口缝。所有接缝处，除用超细玻璃棉塞缝外，还需用自攻螺钉钉牢，钉距为 200mm。门窗洞口、管道穿墙及墙面端头处，墙板均为异型复合墙板，用压型钢板与保温材料按设计规定尺寸进行裁割，然后按照标准板的做法进行组装。女儿墙顶部、门窗周围均设防雨泛水板，泛水板与墙板的接缝处，用防水油膏嵌缝。压型板墙转角处，用槽形转角板进行外包角和内包角，转角板用螺栓固定。

2. 铝合金板

铝合金板墙面装饰主要用在同玻璃幕墙或大玻璃窗配套，或商业建筑的入口处的门脸、柱面及招牌的衬底等部位，或用于内墙装饰，如大型公共建筑的墙裙等。

(1) 铝合金板的固定

铝合金板的固定方法较多，按其固定原理可分为两类：一类是配合特制的带齿形卡脚的金属龙骨，安装时将板条卡在龙骨上面，不需要使用钉件；另一种固定方法是将铝合金板用螺栓或自攻螺钉固定于型钢或木骨架上。

1) 铝合金扣板的固定。铝合金扣板多用于建筑首层的入口及招牌衬底等较为醒目的部位，其骨架可用角钢或槽钢焊成，也可用方木铺钉。骨架与墙面基层多用膨胀螺栓固

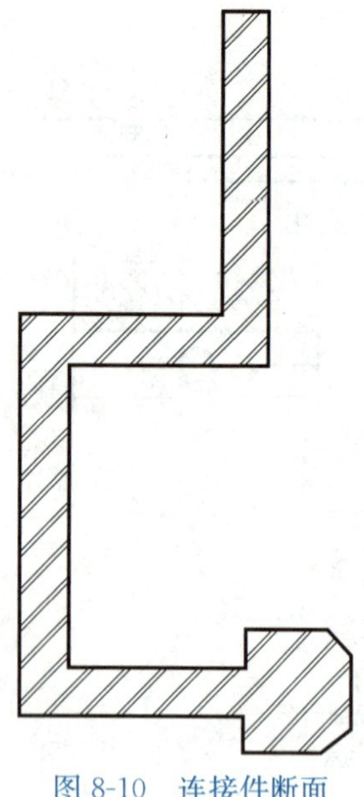
图 8-10　连接件断面

定，扣板与骨架用自攻螺钉固定。

扣板的固定特点是螺钉头不外露，扣板的一边用螺钉固定，另一块扣板扣上后，恰好将螺钉盖住。

2）铝合金蜂窝板的固定。铝合金蜂窝板与骨架用连接板固定，连接件断面如图 8-10 所示。

3）铝合金成型板的简易固定。在铝合金板的上下各留两个孔，然后与内架上焊牢的钢销钉相配。安装时，只需将铝合金板的孔眼穿入销钉即可，上下板之间的缝隙内填充聚氯乙烯泡沫，然后在其外侧注入硅酮密封胶。

4）铝合金条板与特制龙骨的卡接固定。图 8-11 所示的铝合金条板同以上介绍的几种板的固定方法截然不同。该条板卡在特制的龙骨上，龙骨与墙基层固定牢固。龙骨由镀锌钢板冲压而成，安装条板时，将条板卡在龙骨的顶面。此种固定方法简便可靠，拆换也较为方便。安装铝合金板的龙骨形式比较多，条板的断面也多种多样，在实际工程中应注意，龙骨与铝合金墙板应配套使用。

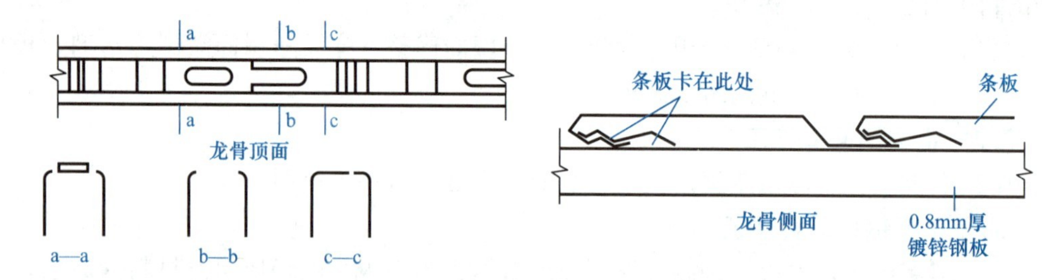

图 8-11　铝合金条板与特制龙骨的卡接固定

（2）铝合金板墙面施工顺序

放线→固定骨架连接件→固定骨架→安装铝合金板。

3. 不锈钢板

不锈钢饰面板主要用于墙柱面装饰，具有强烈的金属质感和抛光的镜面效果。

（1）圆柱体不锈钢板包面焊接工艺

主要施工工艺为：柱体成型→柱体基层处理→不锈钢板滚圆→不锈钢板定位安装→焊接和打磨修光。

（2）圆柱体不锈钢板镶包饰面施工

这种包柱镶固不锈钢板做法的主要特点是不用焊接，比较适宜于一般装饰柱体的表面装饰施工，操作较为简便快捷。通常用木胶合板作柱体的表面，其也是不锈钢饰面板的基层。其饰面不锈钢板的圆曲面加工可采用上述手工滚圆或卷板机于现场加工制作，也可由工厂按所需曲度事先加工完成。其包柱圆筒形体的组合可以由两片或三片加工好拼接。但安装的关键在于片与片之间的对口处理，其方式有直接卡口式和嵌槽压口式两种。

1）直接卡口式安装。直接卡口式是在两片不锈钢板对口处安装一个不锈钢卡口槽，将其用螺钉固定于柱体骨架的凹部。安装不锈钢包柱板时，将板的一端弯后勾入卡口槽内；再用力推按板的另一端，利用板材本身的弹性使其卡入另一卡口槽内，即完成了不锈钢板包柱的安装。

2）嵌槽压口式安装。先把不锈钢板在对口处的凹部用螺钉或钢钉固定，再将一条宽度小于接缝凹槽的木条固定于凹槽中间，两边空出的间隙相等，均为宽 1mm 左右。在木条上涂刷万能胶或其他胶粘剂，在其上嵌入不锈钢槽条。不锈钢槽条在嵌入前应用酒精或汽油等将其内侧清洁干净，而后刷涂一层胶液。

8.3.4 饰面工程的质量要求

饰面所用材料的品种、规格、颜色、图案以及镶贴方法应符合设计要求；饰面工程的表面不得有变色、起碱、污点、砂浆流痕和显著的光泽受损处；突出的管线、支承物等部位镶贴的饰面砖，应套割吻合；饰面板和饰面砖不得有歪斜、翘曲、空鼓、缺楞、掉角、裂缝等缺陷；镶贴墙裙、门窗贴脸的饰面板、饰面砖，其突出墙面的厚度应一致。

8.4 门窗工程

以前门窗多采用钢、木门窗，随着新材料不断出现以及对节能保温要求的不断提高，铝合金门窗、塑料门窗的应用日益增多，并有逐步取代钢、木门窗之势。安装门窗必须采取预留洞口的方法，严禁边安装边砌口或先安装后砌口。下面就几种主要门窗类型进行简要介绍。

8.4.1 木门窗

8-6 门窗工程质量检验

木门窗的使用比较普遍，而且有悠久的历史。木门窗施工的主要内容是在施工现场安装木门窗框及内扇。安装前应按设计图纸检查校核门窗型号，安装门框前要用对角线相等的方法复核其兜方程度。

木门窗的安装一般有立框安装和塞框安装两种方法。立框安装是先立好门窗框，再砌筑两边的墙。

（1）立框安装：在墙砌到地面时立门樘，砌到窗台时立窗樘。立框时应先在地面（或墙面）划出门（窗）框的中线及边线，而后按线将门窗框立上，用临时支撑撑牢，并校正门窗框的垂直度及上、下槛水平。

立门窗框时要注意门窗的开启方向和墙面装饰层的厚度，各门框进出一致，上、下层窗框对齐。在砌两旁墙时，墙内应砌经防腐处理的木砖，垂直间隔 0.5～0.7m 一块。木砖大小为 115mm×115mm×53mm。

（2）塞框安装：塞框安装是在砌墙时先留出门窗洞口。门窗框洞口尺寸要比门窗框尺寸每边大 20mm。门窗框塞入后，先用木楔临时塞住，要求横平竖直。校正无误后，将门窗框钉牢在砌于墙内的木砖上。

（3）门窗扇的安装：安装前要先测量一下门窗樘洞口净尺寸，根据测得的准确尺寸来修刨门窗扇。扇的两边要同时修刨。门窗冒头的修刨顺序是：先刨平下冒头，以此为准再修刨上冒头。修刨时要注意留出风缝，一般门窗扇的对口处及扇与樘之间的风缝需留出 20mm 左右。门窗扇安装时，应保持冒头、窗芯水平，双扇门窗的冒头要对齐，开关灵活，但不准出现自开或自关的现象。

（4）玻璃安装：清理门窗裁口，在玻璃底面与门窗裁口之间，沿裁口的全长均匀涂抹

1～3mm的底灰，用手将玻璃摊铺平正，轻压玻璃使部分底灰挤出槽口，待底灰初凝后，顺裁口刮平底灰，然后用1/3～1/2寸的小圆钉沿玻璃四周固定玻璃，钉距200mm，最后抹表面油灰即可。油灰与玻璃、裁口接触的边缘平齐，四角成规则的八字形。

8.4.2 铝合金门窗

铝合金门窗是用经过表面处理的型材，通过下料、打孔、铣槽、攻丝和制窗等加工过程而制成的门窗框料构件，再与连接件、密封件和五金配件一起组装而成。由于铝合金的线膨胀系数较大，其安装要点是外框与洞口应弹性连接牢固，不得将门窗外框直接埋入墙体。

安装要点：

1. 弹线

铝合金门、窗框一般是用后塞口方法安装。在结构施工期间，应根据设计将洞口尺寸留出。门窗框加工的尺寸应比洞口尺寸略小，门窗框与结构之间的间隙应视不同的饰面材料而定。抹灰面一般为20mm；大理石、花岗石等板材，厚度一般为50mm。以饰面层与门窗框边缘正好吻合为准，不可让饰面层盖住门窗框。

弹线时应注意下列要求：

(1) 同一立面的门窗在水平与垂直方向应做到整齐一致。安装前应先检查预留洞口的偏差。对于尺寸偏差较大的部位，应剔凿或填补处理。

(2) 在洞口弹出门、窗位置线。安装前一般是将门窗立于墙体中心线部位，也可将门窗立在内侧。

(3) 门的安装须注意室内地面的标高。地弹簧的表面应与室内地面饰面的标高一致。

2. 门窗框就位和固定

安装时将铝合金门、窗框临时用木楔固定，用厚1.5mm的镀锌锚板将其固定在门窗洞口内。

3. 填缝

铝合金门窗安装固定后，应按设计要求及时处理窗框与墙体缝隙。若设计未规定具体堵塞材料时，应采用矿棉或玻璃棉毡分层填塞缝隙，外表面留5～8mm深槽口，槽内填嵌缝油膏或在门窗两侧作防腐处理后填1∶2水泥砂浆。

4. 门、窗扇安装

门窗扇的安装需在土建施工基本完成后进行，框装上扇后应保证框扇的立面在同一平面内，窗扇就位准确，启闭灵活。平开窗的窗扇安装前应先固定窗，然后再将窗扇与窗铰固定在一起；推拉式门窗扇，应先装室内侧门窗扇，后装室外侧门窗扇；固定扇应装在室外侧，并固定牢固，确保使用安全。

5. 安装玻璃

玻璃安装应在框、扇校正和五金件安装完毕后进行。裁割玻璃时，一般要求玻璃侧面及上下都应与金属面留出一定间隙，以适应玻璃胀缩变形的需要。

平开窗的小块玻璃用双手操作就位。若单块玻璃尺寸较大，可使用玻璃吸盘就位。玻璃就位后，即以橡胶条固定。型材凹槽内装饰玻璃，可用橡胶条挤紧，然后再在橡胶条上注入密封胶；也可以直接用橡胶衬条封缝、挤紧，表面不再注胶。

为防止因玻璃的胀缩而造成型材的变形，型材下凹槽内可先放置橡胶垫块，以免因玻璃自重而直接落在金属表面上，并且也要使玻璃的侧边及上部不得与框、扇及连接件相接触。

6. 清理

铝合金门窗交工前，将型材表面的保护胶纸撕掉，如有胶迹，可用香蕉水清理干净。擦净玻璃。

7. 铝合金门窗安装的允许偏差和检验方法应符合表 8-3 的规定

铝合金门窗安装的允许偏差和检验方法　　表 8-3

项次	项目		允许偏差（mm）	检验方法
1	门窗槽口宽度、高度	≤2000mm	2	用钢卷尺检查
		＞2000mm	3	
2	门窗槽口对角线长度差	≤2500mm	4	用钢卷尺检查
		＞2500mm	5	
3	门窗框的正、侧面垂直度		2	用 1m 垂直检测尺检查
4	门窗横框的水平度		2	用 1m 水平尺和塞尺检查
5	门窗横框标高		5	用钢卷尺检查
6	门窗竖向偏离中心		5	用钢卷尺检查
7	双层门窗内外框间距		4	用钢卷尺检查
8	推拉门窗扇与框搭接宽度	门	2	用钢直尺检查
		窗	1	

8.4.3 塑料门窗

塑料门窗的保温性能与密闭性能比其他门窗明显优越，其耐久性能随着塑料材质的不断改进也有显著提高。塑料门窗及其附件应符合国家标准，按设计选用。塑料门窗不得有开焊、断裂等损坏现象，如有损坏应予以修复或更换。塑料门窗进场后应存放在有靠架的室内并与热源隔开，以免受热变形。

由于塑料门窗的热膨胀系数大且弯曲弹性模量又较大，故其门窗框与墙体的连接也应用弹性连接固定的方法。常见的连接方法有两种：

一种是连接件法。其是用一种专门制作的铁件卡在门、窗框异型材的外侧，另一端用射钉或膨胀螺栓固定在墙体上。

另一种是直接固定法。在砌筑墙体时先将木砖预埋入门窗洞口内，安装时用木楔调整门、窗框与洞口间隙，用木螺钉直接穿过门、窗框与预埋木砖连接，从而将门、窗框直接固定在墙体上。

塑料门窗在安装前，先装五金配件及固定件。由于塑料型材是中空多腔的，材质较脆，因此不能用螺钉直接锤击拧入，应先用电钻钻孔，后用自攻螺钉拧入。钻头直径应比所选用自攻螺钉直径小 0.5～1.0mm，这样可以防止塑料门窗出现局部凹隐、断裂和螺钉松动等质量问题，保证零附件及固定件的安装质量。

与墙体连接的固定件应用自攻螺钉等紧固于门窗框上。将五金配件及固定件安装完工并检查合格的塑料门窗框放入洞口内，调整至横平竖直后用木楔将塑料框料四角塞牢作临时固定，但不宜塞得过紧以免外框变形。然后用尼龙胀管螺栓将固定件与墙体连接牢固。

框与墙体的缝隙，应用泡沫塑料条或油毡卷条填塞，填塞不宜过紧，以免框架变形。

塑料门窗的玻璃安装同铝合金门窗。

塑料门窗安装的允许偏差和检验方法应符合表 8-4 的规定。

塑料门窗安装的允许偏差和检验方法　　表 8-4

<table>
<tr><th>项次</th><th colspan="2">项目</th><th>允许偏差（mm）</th><th>检验方法</th></tr>
<tr><td rowspan="2">1</td><td rowspan="2">门窗框外形（高、宽）尺寸长度差</td><td>≤1500mm</td><td>2</td><td rowspan="2">用钢卷尺检查</td></tr>
<tr><td>>1500mm</td><td>3</td></tr>
<tr><td rowspan="2">2</td><td rowspan="2">门窗框两对角线长度差</td><td>≤2000mm</td><td>3</td><td rowspan="2">用钢卷尺检查</td></tr>
<tr><td>>2000mm</td><td>5</td></tr>
<tr><td>3</td><td colspan="2">门窗框（含拼樘料）正、侧面垂直度</td><td>3</td><td>用 1m 垂直检测尺检查</td></tr>
<tr><td>4</td><td colspan="2">门窗框（含拼樘料）水平度</td><td>3</td><td>用 1m 水平尺和塞尺检查</td></tr>
<tr><td>5</td><td colspan="2">门窗下横框的标高</td><td>5</td><td>用钢卷尺检查，与基准线比较</td></tr>
<tr><td>6</td><td colspan="2">门窗竖向偏离中心</td><td>5</td><td>用钢卷尺检查</td></tr>
<tr><td>7</td><td colspan="2">双层门窗内外框间距</td><td>4</td><td>用钢卷尺检查</td></tr>
<tr><td rowspan="3">8</td><td rowspan="3">平开门窗及上悬、下悬、中悬窗</td><td>门窗扇与框搭接宽度</td><td>2</td><td>用深度尺或钢直尺检查</td></tr>
<tr><td>同樘门窗相邻扇的水平高度差</td><td>2</td><td>用靠尺和钢直尺检查</td></tr>
<tr><td>门窗框扇四周的配合间隙</td><td>1</td><td>用楔形塞尺检查</td></tr>
<tr><td rowspan="2">9</td><td rowspan="2">推拉门窗</td><td>门窗扇与框搭接宽度</td><td>2</td><td>用深度尺或钢直尺检查</td></tr>
<tr><td>门窗扇与框或相邻扇立边平行度</td><td>2</td><td>用钢直尺检查</td></tr>
<tr><td rowspan="2">10</td><td rowspan="2">组合门窗</td><td>平整度</td><td>3</td><td>用 2m 靠尺和钢直尺检查</td></tr>
<tr><td>缝直线度</td><td>3</td><td>用 2m 靠尺和钢直尺检查</td></tr>
</table>

8.5　涂料、刷浆及裱糊工程施工

涂料和刷浆是将液体涂料刷在木料、金属、抹灰层或混凝土等表面干燥后形成一层与基层牢固黏结的薄膜，以与外界空气、水、酸、碱隔绝，达到防潮、防腐、防锈作用，同时也满足建筑装饰的要求。此外在室内装饰时，也常采用壁纸裱糊墙壁，以达到装饰的要求。

8.5.1　涂料工程

涂料主要由胶粘剂、颜料、溶剂和辅助材料等组成。涂料的品种繁多，按装饰部位不同有内墙涂料、外墙涂料、顶棚涂料、地面涂料；按成膜物质不同有油性涂料（也称油漆）、有机高分子涂料、无机高分子涂料、有机无机复合涂料；按涂料分散介质不同有溶剂型涂料、水性涂料、乳液涂料（乳胶漆）。

涂料施工包括基层处理、打底子、抹腻子和涂刷等工序。

1. 基层处理

混凝土和抹灰表面：基层表面必须坚实，无酥板、脱层、起砂、粉化等现象，否则应铲除。基层表面要求平整，如有孔洞、裂缝，须用同种涂料配制的腻子批嵌，除去表面的油污、灰尘、泥土等，清洗干净。对于施涂溶剂型涂料的基层，其含水率应控制在 8%以内，对于施涂乳液型涂料的基层，其含水率应控制在 10%以内。

木材基层表面：应先将木材表面上的灰尘、污垢清除，并把木材表面的缝隙、毛刺等用腻子填补磨光，木材基层的含水率不得大于 12%。

金属基层表面：将灰尘、油渍、锈斑、焊渣、毛刺等清除干净。

2. 打底子

目的是使基层表面有均匀吸收色料的能力，以保证整个涂料面的色泽均匀一致。

3. 抹腻子

抹腻子的目的是使表面平整，待其干后用砂纸打磨。

4. 涂料施工

涂刷方法有刷涂、喷涂、擦涂、滚涂、弹涂、刮涂等，应根据涂料能适应的涂刷方法和现有设备来决定。

(1) 刷涂法是人工用刷子蘸上涂料直接涂刷于被饰涂面。要求：不流、不挂、不皱、不漏、不露刷痕。刷涂一般不少于两道，应在前一道涂料表面干后再涂刷下一道。两道间隔时间由涂料品种和涂刷厚度确定，一般为 2～4h。其设备简单，操作方便，但工效低，不适于快干或扩散性不良的涂料施工。

(2) 喷涂法是用喷枪将涂料均匀喷射于物体表面上。一次不能喷得过厚，要分几次喷涂。其特点是工效高，涂料分散均匀，平整光滑，但是涂料消耗大，施工时还要采取通风、防火、防爆等安全措施。

(3) 擦涂法是用棉花团外包纱布蘸油漆在物面上擦涂，待漆膜稍干后再连续揩擦多遍，直到均匀擦亮为止。此法漆膜光亮、质量好，但效率低。

(4) 滚涂法是用羊皮、橡皮或泡沫塑料制成的滚筒滚上涂料后，再滚涂于物面上。适用于墙面滚花涂刷。滚完 24h 后，喷罩一层有机硅以防止污染和增强耐久性。

(5) 弹涂法是通过电动弹涂机的弹力器分几遍将不同色彩的涂料弹在已涂刷的涂层上，形成 1～3mm 大小的扁圆形花点。弹点后同样喷罩一层有机硅。

(6) 刮涂法利用刮板，将涂料厚浆均匀地批刮于涂面上，形成厚度为 1～2mm 的厚涂层。这种施工方法多用于地面等较厚层涂料的施涂。

5. 喷塑涂料施工

(1) 喷塑涂料的涂层结构

按喷塑涂料层次的作用不同，其涂层构造分为封底涂料、主层涂料、罩面涂料。按使用材料分为底油、骨架和面油。喷塑涂料质感丰富、立体感强，具有浮雕饰面的效果。

1) 底油：底油是涂布在基层上的涂层。它的作用是渗透到基层内部，增强基层的强度，同时又对基层表面进行封闭，并消除基层表面有损于涂层附着的因素，增加骨架涂料与基层之间的结合力。作为封底涂料，可以防止硬化后的水泥砂浆抹灰层可溶性盐渗出而破坏面层。

2) 骨架：骨架是喷塑涂料特有的一层成型层，是喷塑涂料的主要构成部分，使用特制大口径喷枪或喷斗，喷涂在底油之上，再经过滚压，即形成质感丰富、新颖美观的立体花纹图案。

3) 面油：面油是喷塑涂料的表面层。面层内加入各种耐晒彩色颜料，使喷塑涂层具有理想的色彩和光感。面油分为水性和油性两种，水性面油无光泽，油性面油有光泽，但目前大都采用水性面油。

(2) 喷塑涂料施工

喷涂程序：刷底油→喷点料（骨架材料）→滚压点料→喷涂或刷涂面层。

底油的涂刷用漆刷进行，要求涂刷均匀不漏刷。

喷点施工的主要工具是喷枪，喷嘴有大、中、小三种，分别可喷出大点、中点和小点。施工时可按饰面要求选择不同的喷嘴。喷点操作的移动速度要均匀，其行走路线可根据施工需要由上向下或左右移动。喷枪在正常情况下其喷嘴距墙 50～60cm 为宜。喷头与墙面成 60°～90°夹角，空压机压力为 0.5MPa。如果喷涂顶棚，可采用顶棚喷涂专用喷嘴。

如果需要将喷点压平，则喷点后 5～10min 便可用胶辊蘸松节水，在喷涂的圆点上均匀地轻轻滚，将圆点压扁，使之成为具有立体感的压花图案。

喷涂面油应在喷点施工 12min 后进行，第一道滚涂水性面油，第二道可用油性面油，也可用水性面油。

如果基层有分格条，面油涂饰后即行揭去，对分格缝可按设计要求的色彩重新描绘。

6. 多彩喷涂施工

多彩喷涂具有色彩丰富、技术性能好、施工方便、维修简单、防火性能好、使用寿命长等特点，因此运用广泛。

多彩喷涂的工艺可按底涂、中涂、面涂或底涂、面涂的顺序进行。

底涂：底层涂料的主要作用是封闭基层，提高涂膜的耐久性和装饰效果。底层涂料为溶剂性涂料，可用刷涂、滚涂或喷涂的方法进行操作。

中涂：中层为水性涂料，涂刷 1～2 遍，可用刷涂、滚涂及喷涂施工。

面涂（多彩）喷涂：中层涂料干燥约 4～8h 后开始施工。操作时可采用专用的内压式喷枪，喷涂压力为 0.15～0.25MPa，喷嘴距墙 300～400mm，一般一遍成活，如涂层不均匀，应在 4h 内进行局部补喷。

7. 聚氨酯仿瓷涂料层施工

这种涂料是以聚氨酯—丙烯酸树脂溶液为基料，加入优质大白粉、助剂等配制而成的双组分固化型涂料。涂膜外观是瓷质状，其耐玷污性、耐水性及耐候性等性能均较优异，可以涂刷在木质、水泥砂浆及混凝土饰面上，具有优良的装饰效果。

聚氨酯仿瓷涂料层一般分为底涂、中涂和面涂三层，其操作要点如下：

（1）基层表面应平整、坚实、干燥、洁净，表面的蜂窝、麻面和裂缝等缺陷应采用相应的腻子嵌平。金属材料表面应除锈，有油渍斑污者，可用汽油、二甲苯等溶剂清理。

（2）底涂施工：底涂施工可采用刷涂、滚涂、喷涂等方法进行。

（3）中涂施工：中涂一般均要求采用喷涂，喷涂压力依照材料使用说明，喷嘴口径一般为 $\phi 4$，根据不同品种，将其甲乙组分进行混合调制或直接采用配套中层涂料均匀喷涂，如果涂料太稠，可加入配套溶液或醋酸丁酯进行稀释。

（4）面涂施工：面涂可用喷涂、滚涂或刷涂方法施工，涂层施工的间隔时间一般在 2～4h 之间。

仿瓷涂料施工要求环境温度不低于 5℃，相对湿度不大于 85%，面涂完成后保养 3～5d。

8.5.2 刷浆工程

刷浆工程是将水质涂料喷刷在抹灰层的表面，常用于室内外墙面及顶棚表面刷浆。

1. 刷浆材料

刷浆所用材料主要是指石灰浆、水泥色浆、大白浆和可赛银浆等，石灰浆和水泥色浆可用于室内外墙面，大白浆和可赛银浆只用于室内墙面。

（1）石灰浆：用生石灰块或淋好的石灰膏加水调制而成，可在石灰浆内加 0.3%～0.5%的食盐或明矾，或 20%～30%的 108 胶，目的在于提高其附着力。如需配色浆，应先将颜料用水化开，再加入石灰浆内拌匀。

（2）水泥色浆：由于素水泥浆易粉化、脱落，一般用聚合物水泥浆，其组成材料有白水泥、高分子材料、颜料、分散剂和憎水剂。高分子材料采用 108 胶时，一般为水泥用量的 20%。分散剂一般采用六偏磷酸钠，掺量约为水泥用量的 1%，或用木质素磺酸钙，掺量约为水泥用量的 0.3%；憎水剂常用甲基硅醇钠。

（3）大白浆：由大白粉加水及适量胶结材料制成，加入颜料可制成各种色浆。胶结材料常用 108 胶（掺入量为大白粉的 15%～20%）或聚酯酸乙烯液（掺入量为大白粉的 8%～10%），大白浆适于喷涂和刷涂。

（4）可赛银浆：可赛银浆是由可赛银粉加水调制而成。可赛银粉由碳酸钙、滑石粉和颜料研磨，再加入干酪素胶粉等混合配制而成。

2. 施工工艺

（1）基层处理和刮腻子：刷浆前应清理基层表面的灰尘、污垢、油渍和砂浆流痕等。在基层表面的孔眼、缝隙、凸凹不平处应用腻子找补并打磨齐平。

对室内中、高级刷浆工程，在局部找补腻子后，应满刮 1～2 道腻子，干后用砂纸打磨表面。大白浆和可赛银粉要求墙面干燥，为增加大白浆的附着力，在抹灰面未干前应先刷一道石灰浆。

（2）刷浆：刷浆一般用刷涂法、滚涂法和喷涂法施工。其施工要点同涂料工程的涂饰施工。

聚合物水泥浆刷浆前，应先用乳胶水溶液或聚乙烯醇缩甲醛胶水溶液湿润基层。

室外刷浆在分段进行时，应以分格缝、墙角或水落管等处为分界线，材料配合比应相同。同一墙面应用相同的材料和配合比，浆料必须搅拌均匀。

刷浆工程的质量要求和检验方法应符合薄涂料的涂饰质量和检验方法的规定。

8.5.3 裱糊工程

裱糊工程是将普通壁纸、塑料壁纸等用胶粘剂裱糊在内墙面的一种装饰工程。用这种装饰，施工简单，美观耐用，增加了装饰效果。

普通壁纸为纸面纸基，是传统使用的壁纸，现已很少采用。塑料壁纸和墙布是目前广泛采用的内墙装饰材料，具有可擦洗、耐光、耐老化、颜色稳定、防霉、无毒、施工简单且花纹图案丰富多采、富有质感等特点。其适用于粘贴在抹灰层、混凝土墙面，以及纤维板、石膏板、胶合板表面。塑料壁纸的裱糊施工要点为基层处理、弹垂直线、裁纸、浸水润湿和刷胶、壁纸粘贴。

1. 基层处理

裱糊前，应将基层表面的污垢、尘土清除干净，泛碱部位宜用 9%的稀醋酸中和清洗。不得有飞刺、麻点和砂粒，阴阳角宜顺直。要求基层基本干燥，混凝土和抹灰层的含水率不得大于 8%，木材制品不得大于 12%。对局部的麻点、凹坑、接缝须先用腻子修补填平，干后用砂纸磨平。对木基层要求接缝密实，不露钉头，接缝处要裱纱纸、纱布，然后满刮腻子，干后磨光磨平。涂刷后的腻子要坚实牢固，不得起皮和有裂缝。

常用的腻子为乙烯乳胶（白胶）腻子。在处理好的基层上，裱糊前再满刷或喷一遍108稀胶（108胶：水＝1：1）底胶。要求薄而均匀，不得漏刷、流坠。以便防止基层吸水太快，引起胶粘剂脱水而影响壁纸黏结效果，同时也有利于下一步胶粘剂的涂刷。

2. 弹垂直线

为使壁纸粘贴的花纹、图案、线条纵横连贯，故在基层底胶干燥后弹划垂直线，作为裱糊壁纸时的操作准线。

3. 裁纸

根据墙面尺寸及壁纸类型、图案、规格尺寸，规划分幅裁纸，并将纸幅编号，按顺序粘贴。墙面上下两端要预留5cm的裁边。分幅拼花裁切时要考虑主要墙面的花纹图案、对称完整及光泽效果。裁切的一边只能搭接，不能对缝。裁边应平直整齐，不能有纸毛、飞刺等。

4. 浸水润湿和刷胶

纸基壁纸裱糊吸水后，在宽度方面能胀出约1%。故壁纸应先浸水3min，再抖掉余水，静置20min待用。这样刷胶后裱糊可避免出现皱褶。在纸背和基层表面上刷胶要求薄而均匀。裱糊用的胶粘剂应按壁纸的品种选用。

5. 壁纸粘贴

粘贴时，首先纸幅要垂直，后对花拼缝，再用括板由上向下、先高后低抹压平整。不足一幅的应裱糊在较暗或不明显的部位。阴角处接缝应搭接，阳角处不得有接缝。多余的胶粘剂应顺操作方向赶压出纸边，用湿润的干净布及时揩净。要求纸面色泽一致，不得有气泡、空鼓、翘边、皱折和污斑，斜视时无胶痕。各幅拼接时不得漏缝，距墙面1.5m处正视，不显拼缝。拼缝处的图案和花纹应吻合，且应顺光搭接。不得有漏贴、补贴和脱层等缺陷。在裱糊过程中以及裱后干燥期间，应防止穿堂风劲吹和温度的突然变化。

裱糊普通壁纸应先将壁纸背面用水湿润，并在基层表面涂刷胶、在复合壁纸背面刷胶粘剂。裱糊时，壁纸正面宜用纸衬托进行。

裱糊墙布和复合壁纸的方法大体与塑料壁纸相同，不同之处首先在于墙布和复合壁纸基材无吸水伸胀的特点，可直接刷胶裱糊；其次是材性与塑料壁纸不同，宜用聚酯酸乙烯乳液作为胶粘剂。另外，墙布盖底力稍差，使用时要注意防止裱糊面色泽产生明显差异。

8.6 吊顶工程

吊顶是采用悬吊方式将装饰顶棚支承于屋顶或楼板下面。

8.6.1 吊顶的构造组成

吊顶主要由支承、基层和面层三个部分组成。

8-7 吊顶工程质量检验

1. 支承

吊顶支承由吊杆（吊筋）和主龙骨组成。

（1）木龙骨吊顶的支承：木龙骨吊顶的主龙骨又称为大龙骨或主梁，传统木质吊顶的主龙骨多采用50mm×70mm～60mm×100mm方木或薄壁槽钢、∟60×6～∟70×7（mm）角钢制作。龙骨间距按设计要求，如设计无要求，一般按1m设置。主龙骨一般用8～10mm的吊顶螺栓或8号镀锌铁丝与屋顶或楼板连接。木吊杆和木龙骨必须作防腐和防火处理。

（2）金属龙骨吊顶的支承：轻钢龙骨与铝合金龙骨吊顶的主龙骨截面尺寸取决于荷载大小，其间距尺寸应考虑次龙骨的跨度及施工条件，一般采用1～1.5m。其截面形状较多，主要有U形、T形、C形、L形等。主龙骨与屋顶结构、楼板结构多通过吊杆连接，吊杆与主龙骨用特制的吊杆件或套件连接，金属吊杆和龙骨应做防锈处理。

2. 基层

基层用木材、型钢或其他轻金属材料制成的次龙骨组成。吊顶面层所用材料不同，其基层部分的布置方式和次龙骨的间距大小也不一样，但一般不应超过600mm。

吊顶的基层要结合灯具位置、风扇或空调透风口位置等进行布置，留好预留洞穴及吊挂设施等，同时应配合管道、线路等安装工程施工。

3. 面层

木龙骨吊顶，其面层多用人造板（如胶合板、纤维板、木丝板、刨花板）面层或板条（金属网）抹灰面层。轻钢龙骨、铝合金龙骨吊顶，其面板多用装饰吸声板（如纸面石膏板、钙塑泡沫板、纤维板、矿棉板、玻璃丝棉板等）制作。

8.6.2 吊顶施工工艺

1. 木质吊顶施工

（1）弹水平线。首先将楼地面基准线弹在墙上，并以此为起点，弹出吊顶高度水平线。

（2）主龙骨的安装。主龙骨与屋顶结构或楼板结构连接主要有三种方式：用屋面结构或楼板内预埋铁件固定吊杆，用射钉将角钢等固定于楼底面固定吊杆，用金属膨胀螺栓固定铁件再与吊杆连接（图8-12）。

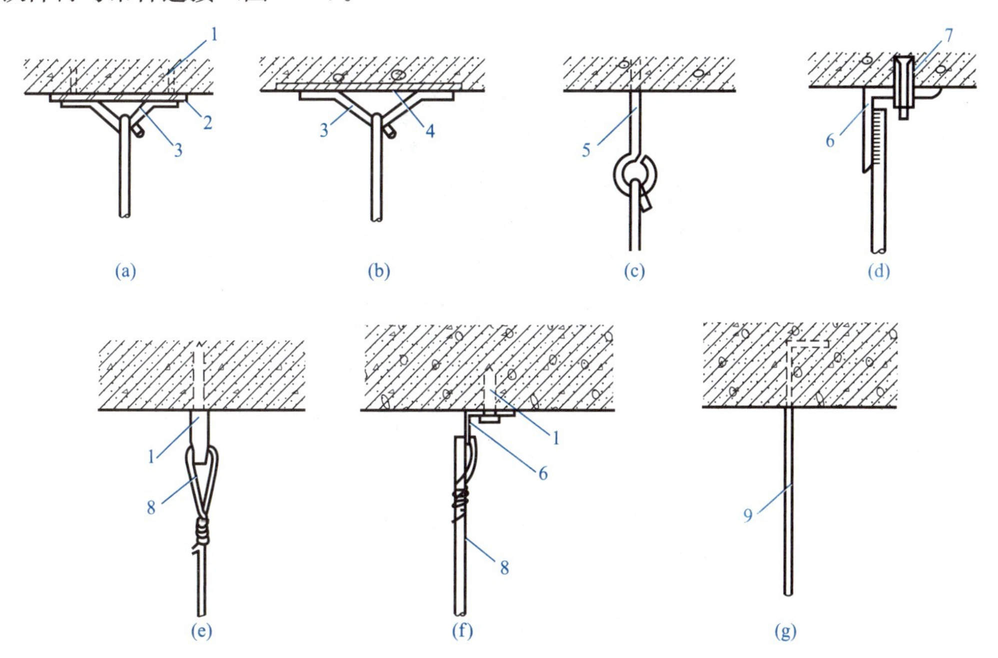

图8-12 吊杆固定

（a）射钉固定；（b）预埋件固定；（c）预埋ϕ6钢筋吊环；（d）金属膨胀螺丝固定；（e）射钉直接连接钢丝（或8号铁丝）；（f）射钉角铁连接法；（g）预埋8号镀锌铁丝

1—射钉；2—焊板；3—ϕ10钢筋吊环；4—预埋钢板；5—ϕ6钢筋；6—角钢；7—金属膨胀螺栓；8—镀锌铁丝（6号、12号、14号）；9—8号镀锌铁丝

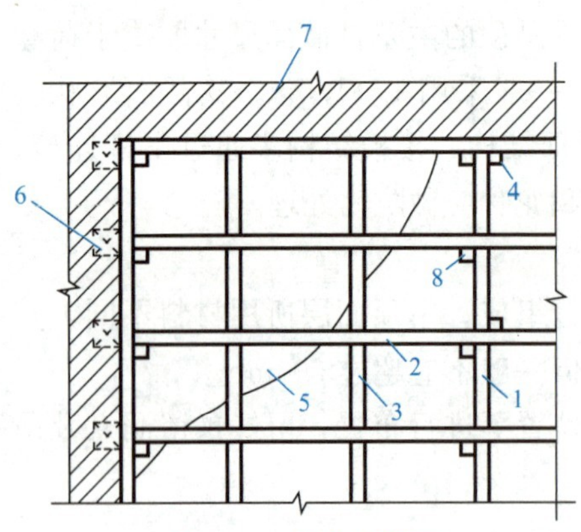

图 8-13　木龙骨吊顶

1—吊筋横梁；2—纵撑横龙骨；3—横撑龙骨；4—吊筋；5—罩面板；6—木砖；7—砖墙；8—吊木

主龙骨安装后，沿吊顶标高线固定沿墙木龙骨，木龙骨的底边与吊顶标高线齐平。一般是用冲击电钻在标高线以上 10mm 处墙面打孔，孔内塞入木楔，将沿墙龙骨钉固于墙内木楔上。然后将拼接组合好的木龙骨架托到吊顶标高位置，整片调正调平后，将其与沿墙龙骨和吊杆连接（图 8-13）。

（3）罩面板的铺钉。罩面板多采用人造板，应按设计要求切成方形、长方形等。板材安装前，按分块尺寸弹线，安装时由中间向四周呈对称排列，顶棚的接缝与墙面交圈应保持一致。面板应安装牢固且不得出现折裂、翘曲、缺棱掉角和脱层等缺陷。

2. 轻金属龙骨吊顶施工

轻金属龙骨按材料分为轻钢龙骨和铝合金龙骨。

（1）轻钢龙骨装配式吊顶施工

利用薄壁镀锌钢板带，经机械冲压而成的轻钢龙骨即为吊顶的骨架型材。轻钢吊顶龙骨有 U 形和 T 形两种。

U 形上人轻钢龙骨安装方法如图 8-14 所示。

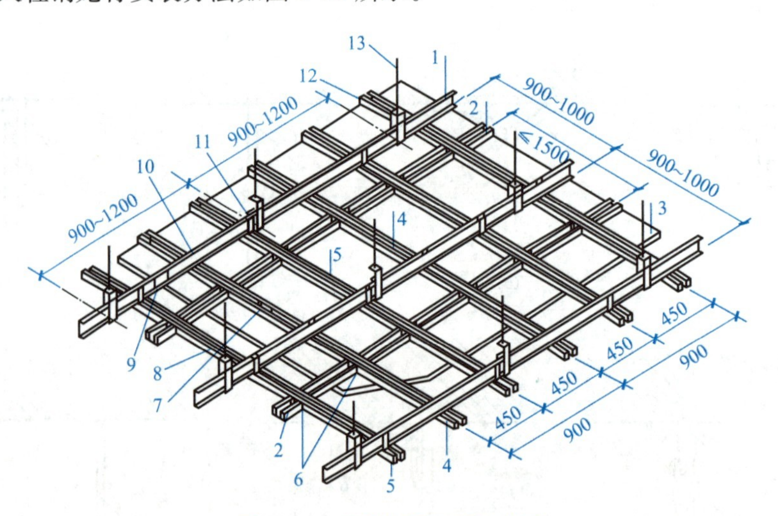

图 8-14　U 形龙骨吊顶示意图

1—BD 大龙骨；2—UZ 横撑龙骨；3—吊顶板；4—UZ 龙骨；5—UX 龙骨；6—UZ_3 支托连接；7—UZ_2 连接件；8—UZ_2 连接件；9—BD_2 连接件；10—UX_1 吊挂；11—UX_2 吊件；12—BD_1 吊件；13—UX_3 吊杆 $\phi8\sim\phi10$

施工前，先按龙骨的标高在房间四周的墙上弹出水平线，再根据龙骨的要求按一定间距弹出龙骨的中心线，找出吊点中心，将吊杆固定在埋件上。吊顶结构未设埋件时，要按确定的节点中心用射钉固定螺钉或吊杆，吊杆长度计算好后，在一端套丝，丝口的长度要考虑紧固的余量，并分别配好紧固用的螺母。

主龙骨的吊顶挂件连在吊杆上校平调正后拧紧固定螺母，然后根据设计和饰面板尺寸要求确定的间距，用吊挂件将次龙骨固定在主龙骨上，调平调正后安装饰面板。

饰面板的安装方法有：

搁置法：将饰面板直接放在T形龙骨组成的格框内。有些轻质饰面板，考虑刮风时会被掀起（包括空调口、通风口附近），可用木条、卡子固定。

嵌入法：将饰面板事先加工成企口暗缝，安装时将T形龙骨两肢插入企口缝内。

粘贴法：将饰面板用胶粘剂直接粘贴在龙骨上。

钉固法：将饰面板用钉、螺钉、自攻螺钉等固定在龙骨上。

卡固法：多用于铝合金吊顶，板材与龙骨直接卡接固定。

（2）铝合金龙骨装配式吊顶施工

铝合金龙骨吊顶按罩面板的要求不同分龙骨底面不外露和龙骨底面外露两种形式，按龙骨结构形式不同分T形和TL形。TL形龙骨属于安装饰面板后龙骨底面外露的一种（图8-15、图8-16）。

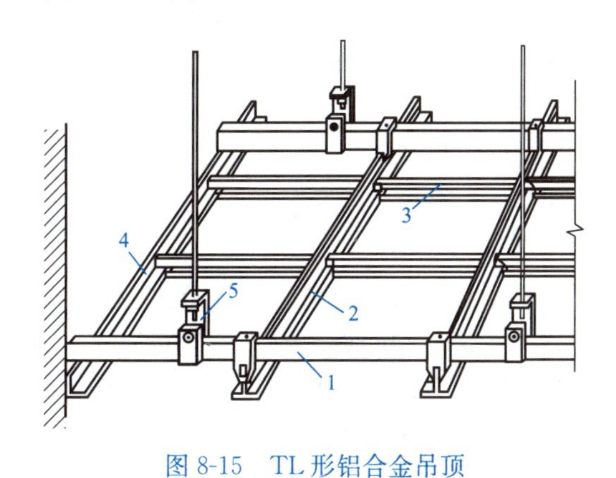

图8-15　TL形铝合金吊顶

1—大龙骨；2—大T；3—小T；4—角条；5—大吊挂件

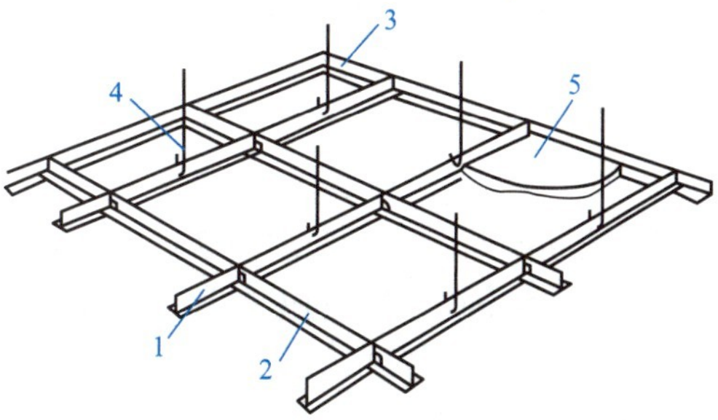

图8-16　TL形铝合金不上人吊顶

1—大T；2—小T；3—吊件；4—角条；5—饰面板

铝合金吊顶龙骨的安装方法与轻钢龙骨吊顶基本相同。

（3）常见饰面板的安装

铝合金龙骨吊顶与轻钢龙骨吊顶饰面板安装方法基本相同。

1）石膏饰面板的安装可采用钉固法、粘贴法和暗式企口胶接法。U形轻钢龙骨采用钉固法安装石膏板时，使用镀锌自攻螺钉与龙骨固定。钉头要求嵌入石膏板内0.5～1mm，钉眼用腻子刮平，并用石膏板与同色的色浆腻子涂刷一遍。螺钉规格为M5×25或M5×35。螺钉与板边距离应不大于15mm，螺钉间距以150～170mm为宜，均匀布置，并与板面垂直。石膏板之间应留出8～10mm的安装缝。待石膏板全部固定好后，用塑料压缝条或铝压缝条压缝。

2）钙塑泡沫板的主要安装方法有钉固和粘贴两种。钉固法即用圆钉或木螺钉，将面板钉在顶棚的龙骨上，要求钉距不大于150mm，钉帽应与板面齐平，排列整齐，并用与板面颜色相同的涂料装饰。钙塑板的交角处，用木螺钉将塑料小花固定，并在小花之间沿板边按等距离加钉固定。用压条固定时，压条应平直，接口严密，不得翘曲。钙塑泡沫板用粘贴法安装时，胶粘剂可用401胶或氧丁胶浆——聚异氧酸脂胶（10∶1），涂胶后待稍干方可把板材粘贴压紧。

3）胶合板、纤维板安装应用钉固法。要求胶合板钉距 80～150mm，钉长 25～35mm，钉帽应打扁，并进入板面 0.5～1mm，钉眼用油性腻子抹平；纤维板钉距 80～120mm，钉长 20～30mm，钉帽进入板面 0.5mm，钉眼用油性腻子抹平；硬质纤维板应用水浸透，自然阴干后安装。

4）矿棉板安装的方法主要有搁置法、钉固法和粘贴法。顶棚为轻金属 T 形龙骨吊顶时，在顶棚龙骨安装放平后，将矿棉板直接平放在龙骨上，矿棉板每边应留有板材安装缝，缝宽不宜大于 1mm。顶棚为木龙骨吊顶时，可在矿棉板每四块的交角处和板的中心用专门的塑料花托脚，用木螺钉固定在木龙骨上；混凝土顶面可按装饰尺寸做出平顶木条，然后再选用适宜的胶粘剂将矿棉板粘贴在平顶木条上。

5）金属饰面板主要有金属条板、金属方板和金属格栅。板材安装方法有卡固法和钉固法。卡固法要求龙骨形式与条板配套，钉固法采用螺钉固定时，后安装的板块压住前安装的板块，将螺钉遮盖，拼缝严密。方形板可用搁置法和钉固法，也可用铜丝绑扎固定。格栅安装方法有两种，一种是将单体构件先用卡具连成整体，然后通过钢管与吊杆相连接；另一种是用带卡口的吊管将单体物体卡住，然后将吊管用吊杆悬吊。金属板吊顶与四周墙面空隙应用同材质的金属压缝条找齐。

8.7 隔墙与隔断工程

隔墙和隔断是由于使用功能的需要，通过设计手段并采用一定的材料来分割房间和建筑物内部大空间，对空间做更深入、更细致的划分，使装饰空间更丰富，功能更完善。现代室内隔墙、隔断要求隔断物自身质量轻、厚度薄、拆移方便，并具有一定刚度及隔声能力。隔墙与隔断都是分隔建筑内外空间的非承重墙，两者的区别如下：

（1）隔墙高度是到顶的；而隔断高度可到顶或不到顶。

（2）隔墙在很大程度上限定空间，即完全分隔空间；而隔断限定空间的程度弱，使相邻空间有似隔非隔的感觉。

（3）隔墙在一定程度上满足隔声、阻隔视线的要求，并可分隔有防潮、防火要求的房间；而隔断在隔声、阻隔视线方面无要求，并具有一定的空透性，使两个空间有视线的交流。

（4）隔墙一经设置，往往具有不可更改性，至少是不能经常变动；而隔断则有时比较容易移动和拆除，具有灵活性，可随时连通和分隔相邻空间。

8.7.1 隔墙

隔墙按构造方式可分为砌块隔墙、骨架隔墙、板材隔墙三种。

1. 砌块隔墙

砌块隔墙是指用加气混凝土砌块、空心砌块及各种小型砌块等砌筑而成的非承重墙，具有防潮、防火、隔声、取材方便、造价低等特点。传统砌块隔墙由于自重大、墙体厚、需现场湿作业、拆装不方便，在工程中已逐渐少用。目前，装饰工程中多采用玻璃砖砌筑隔墙。

2. 骨架隔墙

骨架隔墙是由骨架（龙骨）和饰面材料组成的轻质隔墙。常用的骨架有木骨架和金属骨架，饰面有抹灰饰面和板材饰面。

（1）抹灰饰面骨架隔墙

抹灰饰面骨架隔墙是在骨架上加钉板条、钢板网、钢丝网，然后做抹灰饰面，还可在此基础上另加其他饰面，这种抹灰饰面骨架隔墙已很少采用。

（2）板材饰面骨架隔墙

板材饰面骨架隔墙自重轻、材料新、厚度薄、干作业、施工灵活方便，目前室内采用较多。

1）木骨架隔墙

木骨架隔墙是由上槛、下槛、立柱（墙筋）、横档或斜撑组成骨架，然后在立柱两侧铺钉饰面板，这种隔墙质轻、壁薄、拆装方便，但防火、防潮、隔声性能差，并且耗用木材较多。

2）金属骨架隔墙

金属骨架隔墙一般采用薄壁轻型钢、铝合金或拉眼钢板做骨架，两侧铺钉饰面板，这种隔墙因其材料来源广泛、强度高、质轻、防火、易于加工和大批量生产等特点，逐渐得到了广泛的应用。

3. 板材隔墙

板材隔墙是用各种板状材料直接拼装而成的隔墙，这种隔墙一般不用骨架，有时为了提高其稳定性也可设置竖向龙骨。隔墙所用板材一般为等于房间净高的条形板材，通常分为复合板材、单一材料板材、空心板材等类型。常见的有金属夹芯板、石膏夹芯板、石膏空心板、泰柏板、增强水泥聚苯板（GRC 板）、加气混凝土条板、水泥陶粒板等。板材式隔墙墙面上均可做喷浆、油漆、贴墙纸等多种饰面。

8.7.2 隔断

1. 传统建筑隔断

（1）隔扇

隔扇又称碧纱橱，多数是用硬木精工制作骨架，隔心镶嵌玻璃或裱糊纱纸。裙板多数镂雕图案或以螺甸、玉石、贝壳等作装饰，如图 8-17 所示。

图 8-17 隔扇

（2）罩

罩是一种附着于柱和梁的空间分隔物，常用细木制作。两侧落地称为“落地罩”，两侧不落地为称“飞罩”，如图 8-18 所示。用罩分隔空间能增加空间的层次，造成一种有分有合、似分似合的空间环境。

上述传统隔断大量应用于现代建筑中，只是工艺、材料更加先进多样，形式更接近功能要求和人们的审美。

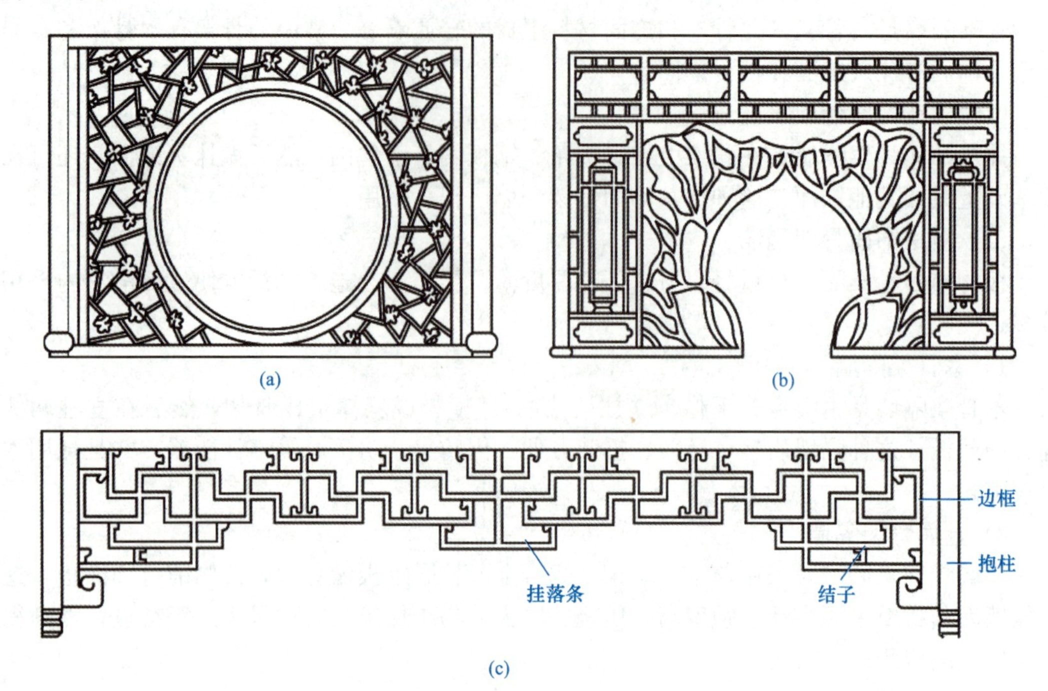

图 8-18 罩的形式

(a) 梅花冰纹月洞式落地罩；(b) 灯笼框莲叶莲瓣洞式落地罩；(c) 飞罩

2. 现代建筑隔断

现代建筑隔断的类型很多，按隔断的固定方式分，有固定式隔断和活动式隔断；按隔断的开启方式分，有推拉式隔断、折叠式隔断、直滑式隔断、拼装式隔断；按隔断的材料分，有木隔断、竹隔断、玻璃隔断、金属隔断等。另外，还有硬质隔断、软质隔断、家具式隔断、屏风式隔断等。下面按固定方式介绍隔断构造。

(1) 固定式隔断

固定式隔断所用材料有木制、竹制、玻璃、金属及水泥制品等，可做成花格、落地罩、飞罩、博古架等各种形式，俗称空透式隔断。下面介绍几种常见的固定式隔断。

1) 木隔断

木隔断通常有两种，一种是木饰面隔断；另一种是硬木花格隔断。

① 木饰面隔断一般采用木龙骨上固定木板条、胶合板、纤维板等面板，做成不到顶的隔断。木龙骨与楼板、墙应有可靠的连接，面板固定在木龙骨上后，用木压条盖缝，最后按设计要求罩面或贴面。

另外，还有一种开放式办公室的隔断，高度为 1.3～1.6m，用高密度板做骨架，防火装饰板罩面，用金属（镀铬铁质、铜质、不锈钢等）连接件组装而成，如图 8-19 所示。这种隔断便于工业化生产，壁薄体轻，面板色泽淡雅、易擦洗、防火性好，并且能节约办公用房面积，便于内部业务沟通，是一种流行的办公室隔断。

② 硬木花格隔断常用的木材多为硬质杂木，它自重轻、加工方便、制作简单，可以雕刻成各种花纹，做工精巧、纤细。

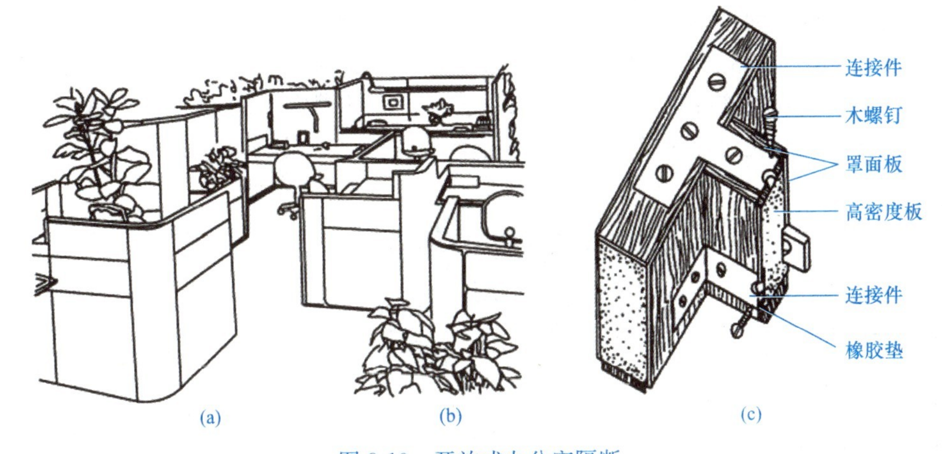

图 8-19 开放式办公室隔断

(a) 几种木花饰；(b) 竖板与花饰连接；(c) 竖板安装

硬木花格隔断一般用板条和花饰组合，花饰镶嵌在木质板条的裁口中，可采用榫接、销接、钉接和胶接，外边钉有木压条，为保证整个隔断具有足够的刚度，隔断中立有一定数量的板条贯穿隔断的全高和全长，其两端与上下梁、墙应有牢固的连接。

2）玻璃隔断

玻璃隔断是将玻璃安装在框架上的空透式隔断。这种隔断可到顶或不到顶，其特点是空透、明快，而且在光的作用下色彩有变化，可增强装饰效果。

玻璃隔断按框架的材质不同有落地玻璃木隔断、铝合金框架玻璃隔断、不锈钢圆柱框玻璃隔断。

① 落地玻璃木隔断直接在隔断的相应位置安装竖向木骨架，并与墙、柱及楼板连接，然后固定上、下槛，最后固定玻璃。对于大面积玻璃板，玻璃放入木框后，应在木框的上部和侧边留 3mm 左右的缝隙，以免玻璃受热开裂，如图 8-20 所示。

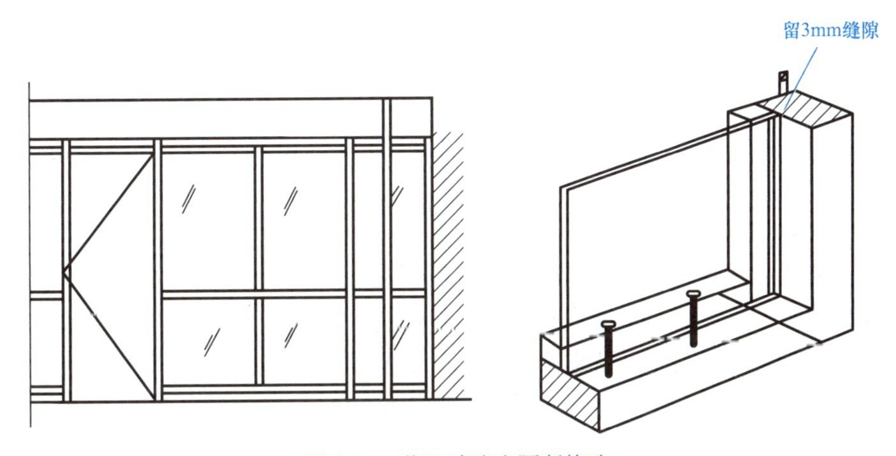

图 8-20 落地玻璃木隔断构造

② 铝合金框架玻璃隔断是用铝合金做骨架，将玻璃镶嵌在骨架内所形成的隔断，如图 8-21 所示。

③ 不锈钢柱框玻璃隔断的构造关键是要解决好玻璃板与不锈钢柱框的连接固定。玻

璃板与不锈钢柱框的固定方法有三种，第一种是将玻璃板用不锈钢槽条固定；第二种是将玻璃板直接镶在不锈钢立柱上；第三种是根据设计要求用专用的不锈钢紧固件将相应部位打孔的玻璃与不锈钢柱连接固定。如图 8-22 所示，此种固定方法要求玻璃必须是安全玻璃，而且玻璃上的孔位尺寸精确。这种玻璃隔断现代感强、装饰效果好。

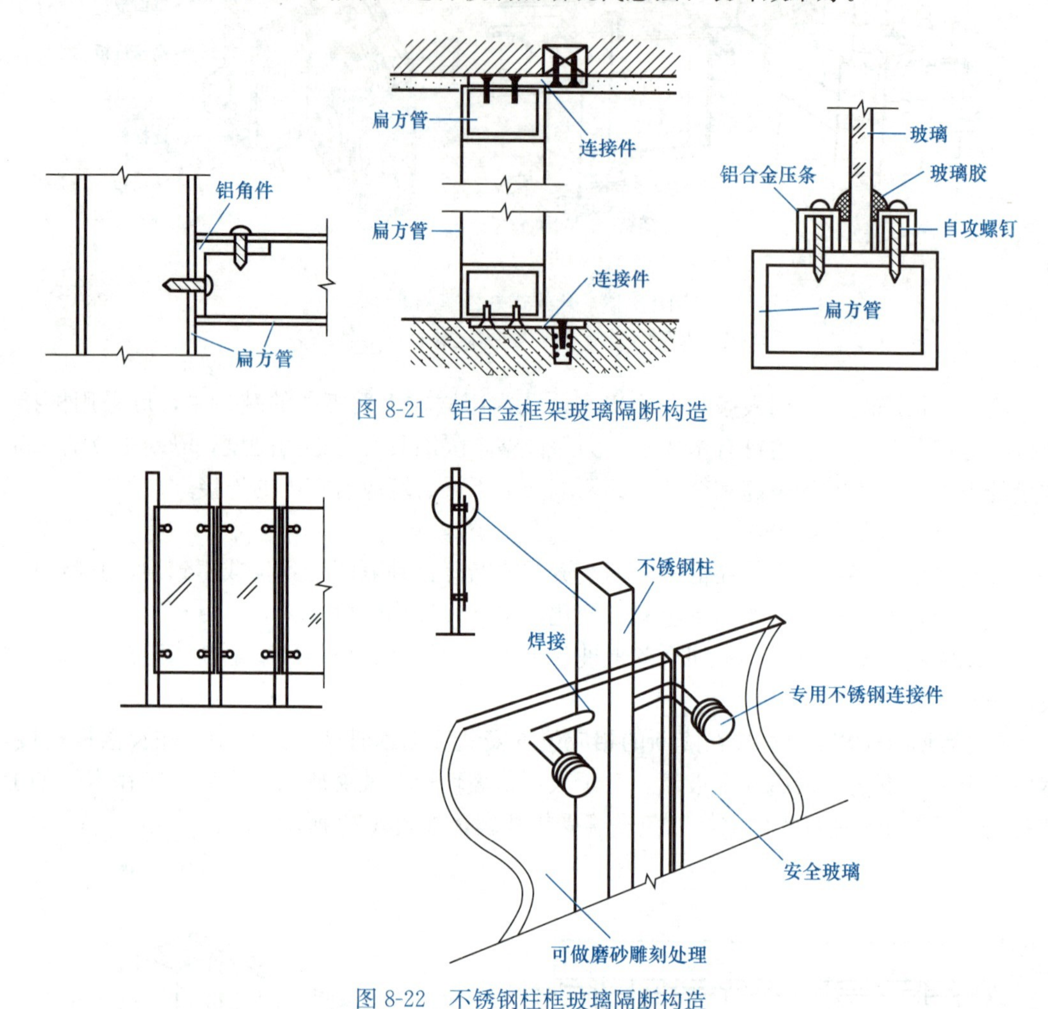

图 8-21　铝合金框架玻璃隔断构造

图 8-22　不锈钢柱框玻璃隔断构造

(2) 活动式隔断

活动式隔断又称移动式隔断，其特点是使用时灵活多变，可以随时打开和关闭，使相邻空间根据需要成为一个大空间或几个小空间，关闭时能与隔墙一样限定空间，阻隔视线和声音。也有一些活动式隔断全部或局部镶嵌玻璃，其目的是增加透光性，不强调阻隔人们的视线。活动式隔断有拼装式、直滑式、折叠式、卷帘式和起落式五大类，其构造较为复杂。

8.8　玻璃幕墙施工

玻璃幕墙是近代科学技术发展的产物，其主要部分由饰面玻璃和固定玻璃的骨架组成。其主要特点是：建筑艺术效果好，自重轻，施工方便，工期短。但玻璃幕墙造价高，抗风、抗震性能较弱，能耗较大，对周围环境可能形成光污染。

8.8.1 玻璃幕墙分类

1. 明框玻璃幕墙

其玻璃板镶嵌在铝框内，成为四边有铝框的幕墙构件，幕墙构件镶嵌在横梁上，形成横梁、主框均外露且铝框分格明显的立面。

明框玻璃幕墙构件的玻璃和铝框之间必须留有空隙，以满足温度变化和主体结构位移所必须的活动空间。空隙用弹性材料（如橡胶条）充填，必要时用硅酮密封胶（耐候胶）予以密封。

2. 隐框玻璃幕墙

隐框玻璃幕墙是将玻璃用结构胶黏结在铝框上，大多数情况下不再加金属连接件。因此，铝框全部隐蔽在玻璃后面，形成大面积全玻璃镜面。

隐框幕墙的节点大样如图 8-23 所示，玻璃与铝框之间完全靠结构胶黏结。结构胶要承受玻璃的自重及玻璃所承受的风荷载和地震作用、温度变化的影响，因此，结构胶的质量好坏是隐框幕墙安全性的关键环节。

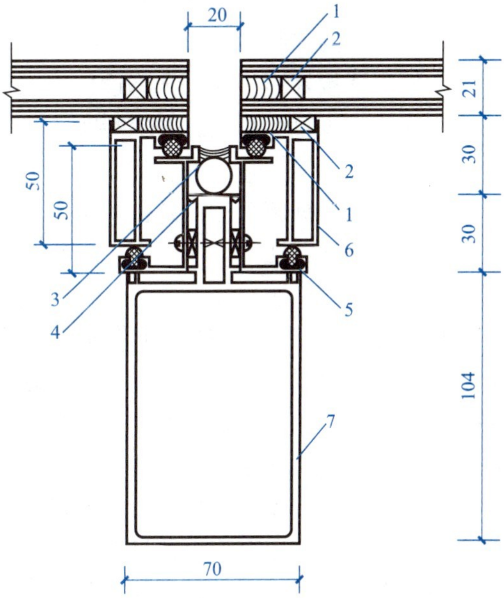

图 8-23 隐框幕墙节点大样示例

1—结构胶；2—垫块；3—耐候胶；4—泡沫棒；5—胶条；6—铝框；7—立柱

3. 半隐框玻璃幕墙

半隐框玻璃幕墙是将玻璃两对边嵌在铝框内，另两对边用结构胶粘在铝框上，形成半隐框玻璃幕墙。立柱外露、横梁隐蔽的称竖框横隐幕墙；横梁外露、立柱隐蔽的称为竖隐横框幕墙。

4. 全玻幕墙

为游览观光需要，在建筑物底层、顶层及旋转餐厅的外墙使用玻璃板，其支承结构采用玻璃肋，称之为全玻幕墙。

高度不超过 4.5m 的全玻璃幕墙可以用下部直接支承的方式来进行安装，超过 4.5m 的全玻幕墙宜用上部悬挂方式安装。

8.8.2 玻璃幕墙的安装要点

1. 定位放线

玻璃幕墙的测量放线应与主体结构测量放线相配合，其中心线和标高点由主体结构单位提供并校核准确。

水平标高要逐层从地面基点引上，以免误差积累，由于建筑物随气温变化产生侧移，测量应每天定时进行。

放线应沿楼板外沿弹出墨线或用钢琴线定出幕墙平面基准线，从基准线测出一定距离为幕墙平面。以此线为基准确定立柱的前后位置，从而决定整片幕墙的位置。

2. 骨架安装

骨架安装在放线后进行。骨架的固定是用连接件将骨架与主体结构相连。固定方式一般有两种：一种是在主体结构上预埋铁件，将连接件与预埋铁件焊牢；另一种是在主体结构上钻孔，然后用膨胀螺栓将连接件与主体结构相连。

连接件一般用型钢加工而成，其形状可因不同的结构类型、不同的骨架形式、不同的安装部位而有所不同，但无论何种形状的连接件，均应固定在牢固可靠的位置上，然后安装骨架。骨架一般是先安装竖向杆件（立柱），待竖向杆件就位后，再安装横向杆件。

（1）立柱的安装

立柱先连接好连接件，再将连接件（铁码）点焊在主体结构的预埋钢板上，然后调整位置，立柱的垂直度可用锤球控制，位置调整准确后，将支撑立柱的钢牛腿焊牢在预埋件上。

立柱一般根据施工运输条件，可以是一层楼高或二层楼高为一整根。接头应有一定空隙，采用套筒连接法。

（2）横梁的安装

横向杆件的安装宜在竖向杆件安装后进行。如果横竖杆件均是型钢一类的材料，可以采用焊接，也可以采用螺栓或其他办法连接。当采用焊接时，大面积骨架需焊接的部位较多，由于受热不均，容易引起骨架变形，故应注意焊接的顺序及操作。如有可能，应尽量减少现场的焊接工作量。螺栓连接是将横向杆件用螺栓固定在竖向杆件的铁码上。

铝合金型材骨架，其横梁与竖框的连接一般是通过铝拉铆钉与连接件进行固定。连接件多为角铝或角钢，其中一条肢固定在横梁上，另一条肢固定竖框。对不露骨架的隐框玻璃幕墙，其立柱与横梁往往采用型钢，使用特制的铝合金连接板与型钢骨架用螺栓连接，型钢骨架的横竖杆件采用连接件连接隐蔽于玻璃背面。

3. 玻璃安装

在安装前应清洁玻璃，四边的铝框也要清除污物，以保证嵌缝耐候胶可靠黏结。

玻璃的镀膜面应朝室内方向。

当玻璃在 $3m^2$ 以内时，一般可采用人工安装。玻璃面积过大，重量很大时，应采用真空吸盘等机械安装。

玻璃不能与其他构件直接接触，四周必须留有空隙，下部应有定位垫块，垫块宽度与槽口相同，长度不小于100mm。

隐框幕墙构件下部应设两个金属支托，支托不应凸出到玻璃的外面。

4. 耐候胶嵌缝

玻璃板材或金属板材安装后，板材之间的间隙必须用耐候胶嵌缝，予以密封，防止气体渗透和雨水渗漏。

8.9 冬雨期施工

装饰工程应尽量在冬期前施工完成，或推迟在初春化冻后进行。必须在冬期施工的工程，应按冬期施工的有关规定组织施工。

8.9.1 一般抹灰冬期施工

凡昼夜平均气温低于5℃且最低气温低于−3℃时，抹灰工程应按冬期施工的要求进行。

一般抹灰冬期常用施工方法有热作法和冷作法两种。

1. 热作法施工

热作法施工是利用房屋的永久热源或临时热源来提高和保持操作环境的温度，人为创造一个正温环境，使抹灰砂浆硬化和固结。热作法一般用于室内抹灰。常用的热源有：火炉、蒸汽、远红外加热器等。

室内抹灰应在屋面已做好的情况下进行。抹灰前应将门、窗封闭，脚手眼堵好，对抹灰砌体提前进行加热，使墙面温度保持在5℃以上，以便湿润墙面不至结冰，使砂浆与墙面黏结牢固。冻结砌体应提前进行人工解冻，待解冻下沉完毕，砌体强度达设计强度的20%后方可抹灰。抹灰砂浆应在正温的室内或暖棚内制作，用热水搅拌，抹灰时砂浆的上墙温度不低于10℃。抹灰结束后，至少7d内保持5℃的室温进行养护。在此期间，应随时检查抹灰层的湿度，当干燥过快时，应洒水湿润，以防产生裂纹，影响与基层的黏结，防止脱落。

2. 冷作法施工

冷作法施工是低温条件下在砂浆中掺入一定量的防冻剂（氯化钠、氯化钙、亚硝酸钠等），在不采取采暖保温措施的情况下进行抹灰作业。冷作法适用于房屋装饰要求不高、小面积的外饰面工程。

冷作法抹灰前应对抹灰墙面进行清扫，墙面应保持干净，不得有浮土和冰霜，表面不洒水湿润；抗冻剂宜优先选用单掺氯化钠的方法，其次可用同时掺氯化钠和氯化钙的复盐方法或掺亚硝酸钠。其掺入量与室外气温有关，单盐掺入量可按表8-5选用，也可由试验确定。

当采用亚硝酸钠外加剂时，砂浆内亚硝酸钠掺量应符合表8-6规定。

砂浆内氯化钠掺量（占用水量的%） **表8-5**

项　目	室外气温（℃）	
	−5～0	−10～−5
挑檐、阳台、雨罩、墙面等抹水泥砂浆	4	4～8
墙面为水刷石、干粘石水泥砂浆	5	5～10

砂浆内亚硝酸钠掺量（占用水量的%） **表8-6**

室外气温（℃）	−3～0	−9～−4	−15～−10	−20～−16
掺量	1	3	5	8

防冻剂应由专人配制和使用，配制时可先配制20%浓度的标准溶液，然后根据气温再配制成使用溶液。

掺氯盐的抹灰严禁用于高压电源的部位，做涂料墙面的抹灰砂浆中不得掺入氯盐防冻剂。氯盐砂浆应在正温下拌制使用，拌制时先将水泥和砂干拌均匀，然后加入氯盐水溶液拌合，水泥可用硅酸盐水泥或矿渣硅酸盐水泥，严禁使用高铝水泥。砂浆应随拌随用，不允许停放。

当气温低于−25℃时，不得用冷作法进行抹灰施工。

8.9.2 装饰抹灰

装饰抹灰冬期施工除按一般抹灰施工要求掺盐外，可另加水泥重量20%的108胶水。

要注意搅拌砂浆应先加一种材料搅拌均匀后再加另一种材料，避免直接混搅。釉面砖及外墙面砖施工时宜在2%盐水中浸泡2h，并在晾干后方可使用。

8.9.3 其他装饰工程的冬期施工

冬期进行油漆、刷浆、裱糊、饰面工程，应采用热作法施工，应尽量利用永久性的采暖设施。室内温度应在5℃以上，并保持均衡，不得突然变化，否则不能保证工程质量。

冬期气温低，油漆会发粘不易涂刷，涂刷后漆膜不易干燥。为了便于施工，可在油漆中加一定量的催干剂，保证在24h内干燥。

室外刷浆应保持施工均衡，粉浆类料宜采用热水配制，随用随配，料浆使用温度宜保持在15℃左右。裱糊工程施工时，混凝土或抹灰基层含水率不应大于8%。施工中当室内温度高于20℃，且相对湿度大于80%时，应开窗换气，防止壁纸皱折起泡。玻璃工程冬期施工时，应将玻璃、镶嵌用合成橡胶等材料运到有采暖设备的室内，操作地点环境温度不应低于5℃。

外墙铝合金、塑料框、大扇玻璃不宜在冬期安装。

室内外装饰工程的施工环境温度除满足上述要求外，对新材料应按所用材料的产品说明要求的温度进行施工。

复习思考题

1. 试述装饰工程的分类和施工特点。
2. 试述一般抹灰和装饰抹灰的施工过程和技术要求。
3. 试述饰面工程的施工过程和技术要求。
4. 试述木门窗的安装方法和注意事项。
5. 试述铝合金门窗的安装方法和注意事项。
6. 试述涂饰工程的施工过程和技术要求。
7. 试述裱糊工程的主要施工顺序。
8. 试述木龙骨吊顶和轻钢龙骨吊顶的施工方法和要点。
9. 试述隔墙、隔断工程的特点及施工工序。
10. 试述玻璃幕墙工程的特点及施工工序。
11. 试述装饰工程冬期施工注意事项。

8-8 复习思考题参考答案

9 高层建筑施工

9.1 概　　述

多少层或多高的建筑物算是高层建筑？不同的国家和地区有不同的理解。根据《民用建筑设计统一标准》GB 50352—2019 的规定，建筑高度大于 27.0m 的住宅建筑和建筑高度大于 24.0m 的非单层公共建筑，且高度不大于 100.0m 的，为高层民用建筑。

高层建筑在我国起源于建造佛教砖塔。早在公元 523 年建于河南登封的嵩岳寺砖塔，15 层、高 41m；公元 704 年改建的西安大雁塔，7 层、高 64m；北宋开元寺砖塔，11 层、高 84m 等。我国这些现存的古代高层建筑，经受了几百年、甚至上千年的风雨侵蚀和地震的考验，至今基本完好，充分显示了我国古代劳动人民的智慧和才能，以及对高层建筑的设计和营造技术水平。

古代高层建筑由于受当时技术经济条件的限制，不论是承重的砖墙或筒体结构，壁都很厚，使用空间很小，建筑物越高这个问题就越突出。现在由于轻质高强材料的发展，新的设计理论和计算机的应用，以及新的施工机械和施工技术的出现，都为大规模地、经济地建造高层建筑提供了可能。同时由于城市人口猛增、城市用地有限、地价昂贵，都迫使建筑物不断向高层发展，加之国际交往的日益频繁和世界各国旅游事业的发展，更促进了高层建筑的蓬勃发展。

如今高层建筑已不再是作为城市的点缀品和标志而建造的，而是城市走向现代化的必然产物。随着国民经济的提高，我国的高层建筑正在迅猛发展，仅上海市截至 1997 年底高层建筑已达 2437 幢，其中 30 层以上的就有 105 幢，还有一大批高层和超高层建筑正在建设。随着经济的高速发展，目前我国的高层建筑建设已从北京、上海、天津、重庆、广州、深圳、武汉等大城市发展到其他大中城市，有些经济发达的小城市亦建有高层建筑。

9.2 高层建筑及其施工特点

9.2.1 高层建筑分类

高层建筑和超高层建筑在国际上没有统一的标准。1972 年国际高层建筑会议规定按建筑层数和高度多少划分为四类。

第一类高层建筑：9～16 层（最高到 50m）；

第二类高层建筑：17～25 层（最高到 75m）；

第三类高层建筑：26～40 层（最高到 100m）；

第四类高层建筑：40 层以上（高度 100m 以上）。

根据《民用建筑设计统一标准》GB 50352—2019，民用建筑按地上建筑高度或层数进行分类应符合下列规定：

(1) 建筑高度不大于 27.0m 的住宅建筑、建筑高度不大于 24.0m 的公共建筑及建筑高度大于 24.0m 的单层公共建筑为低层或多层民用建筑；

(2) 建筑高度大于 27.0m 的住宅建筑和建筑高度大于 24.0m 的非单层公共建筑，且高度不大于 100.0m 的，为高层民用建筑；

(3) 建筑高度大于 100.0m 的，为超高层建筑。

9.2.2 高层建筑结构体系

结构体系是指建筑主体采用的结构类型。高层建筑承受着巨大的竖向荷载和水平荷载，其中水平荷载是主要控制因素，因此选用何种结构体系来抵抗水平荷载最为有效，是高层建筑结构设计中的关键。

1980 年以前，我国高层建筑住宅大部分采用剪力墙结构，公共建筑大多采用框架和框架—剪力墙结构，旅馆则根据情况三者兼有。混凝土三大常规结构体系如图 9-1 所示。

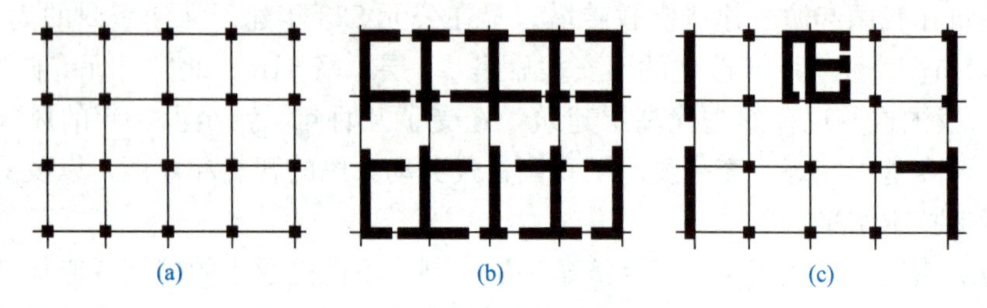

图 9-1 混凝土三大常规结构体系

(a) 框架结构；(b) 剪力墙结构；(c) 框架—剪力墙结构

20 世纪 80 年代以来，由于建筑功能、高度和层数等要求，以及抗震设防烈度的提高，以空间受力为特征的筒体结构得到了广泛的应用，如图 9-2 所示。

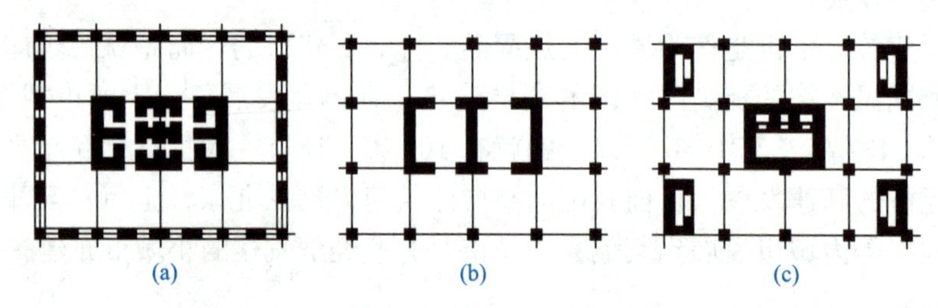

图 9-2 筒体结构体系

(a) 筒中结构；(b) 筒体—框架结构；(c) 多筒体结构

20 世纪 90 年代以来，出现了更新颖的结构类型，如图 9-3 所示。这些结构形式以整体受力为主要特点，能够更好地满足建筑功能的要求。

9.2.3 高层建筑施工特点

高层建筑楼层多、高度大，要求施工质量高及施工的连续性强，施工技术和组织管理复杂，在具体施工中主要有以下施工特点：

1. 工程量大、造价高

据资料统计，高层建筑比多层建筑造价平均高出 60%左右，建筑面积一般是多层建筑的 6 倍。

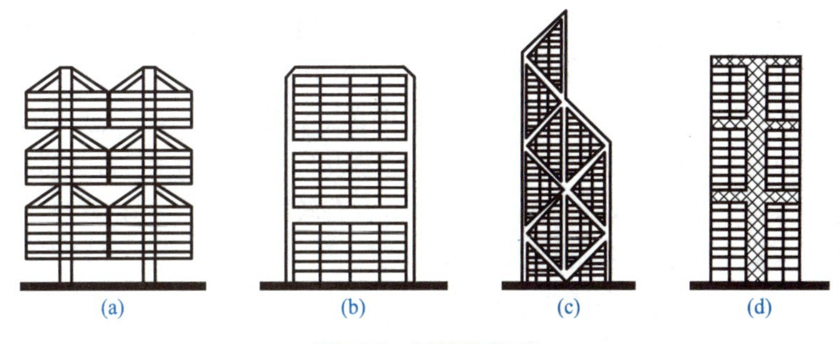

图 9-3 新结构体系

（a）悬挂结构；（b）巨型框架结构；（c）桁架结构；（d）刚性桁架结构

2. 施工周期长、工期紧

据建工系统统计，高层建筑单栋施工周期平均 2 年左右，结构工期一般 5～10d 一层，少则 3d 一层，而且需进行冬、雨期施工。因此，要保证质量、节约费用，必须充分利用全年的时间，合理安排工序。

3. 施工准备工作量大，而且大多施工用地紧张

高层建筑施工用料量大、品种多、机具设备繁杂、运输量大；但一般又在市区施工，场地较小，这就要求高质量的现场调配、机具选用和设备、材料的存储量安排。

4. 基础较深，地基处理、基坑支护复杂

高层建筑基础一般较深，土方开挖、基坑支护、地基处理等在施工、技术上都较复杂困难，对造价和工期影响较大。

5. 高处作业多、垂直运输量大、安全防护要求严

高空作业要突出解决好材料、设备和人员的垂直运输问题，用水、用电、防火、通信、安全保护问题，防止物品坠落等问题，以便保证工效。

6. 装饰、防水、设备质量要求高，技术复杂

高层建筑深基础、地下室、墙面、卫生间的防水和管道连接等施工质量都要求达到优良，施工中必须采取有效的技术措施和新材料、设备、工艺加以保证，施工技术复杂。

7. 工种多、立体交叉作业多、机械化程度高

高层建筑施工为加快工程进度，往往采用多工种、多工序平行流水交叉作业，而且机械化程度比较高，需要解决好各个工种工序、设备运行等各方面的关系，保证施工有条理、有节奏的安全顺利进行。

8. 工程参与施工的单位多、管理复杂

高层施工在总包、分包中涉及很多单位，各方面协作关系涉及许多部门，只有合理组织、精于管理才能保证施工的顺利进行。

9.3 高层建筑运输设备和脚手架

9.3.1 高层建筑运输设备

在高层建筑施工中，首先必须装配好垂直运输、起重和混凝土输送设备。其对保证施工顺利进行，加快工程进度，缩短工期，降低施工成本都具有极为重要的意义。

我国目前高层建筑施工常用的起重运输机械有：塔式起重机、快速提升机、井架起重机和输送混凝土的混凝土泵、以输送人员为主的施工电梯。

由于不同的起重运输设备各有不同的用途和特点，因此在选择起重运输设备时，首先应根据工程特点和施工条件确定采取何种起重运输设备的组合方式。在确定采用何种组合方式时，首先应满足施工需要，同时还要考虑是否有较好的综合经济效益。下面是我国近些年来在高层建筑施工中的一些常用组合方式：

（1）塔式起重机＋混凝土泵＋施工电梯；

（2）塔式起重机＋施工电梯；

（3）塔式起重机＋快速提升机（或井架起重机）＋施工电梯；

（4）井架起重机＋施工电梯。

1. 塔式起重机

塔式起重机由塔体、工作机构、电气设备及安全装置等组成。塔式起重机种类繁多，在高层建筑施工中主要应用附着自升式和内爬式塔式起重机，如图 9-4 所示。

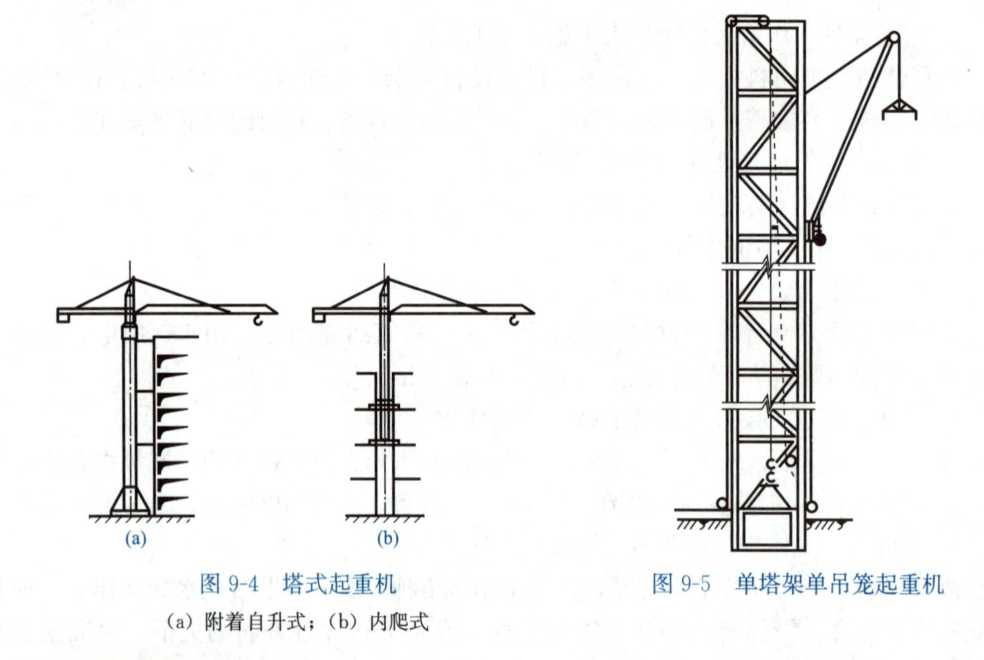

图 9-4　塔式起重机

（a）附着自升式；（b）内爬式

图 9-5　单塔架单吊笼起重机

2. 井架起重机

井架起重机又称井架提升机，是由钢结构塔架（包括吊篮平台或吊笼料斗）、卷扬机、绳轮系统及导向装置等组成的简易提升机。井架起重机有单塔架单吊笼（图 9-5）、双吊笼等多种形式，可根据需要选用。

井架起重机可作为塔式起重机的辅助机械，在特定条件下也可独立承担运输工作。

3. 混凝土泵

混凝土泵是专门用来输送和浇筑混凝土的机械，它能一次连续完成混凝土的水平运输和垂直运输，配以布料杆和布料机，还可以进行布料和浇筑。

混凝土泵分为固定式、拖式（牵引）（图 9-6）和汽车式泵车（图 9-7）。高层混凝土施工主要应用后两种形式。

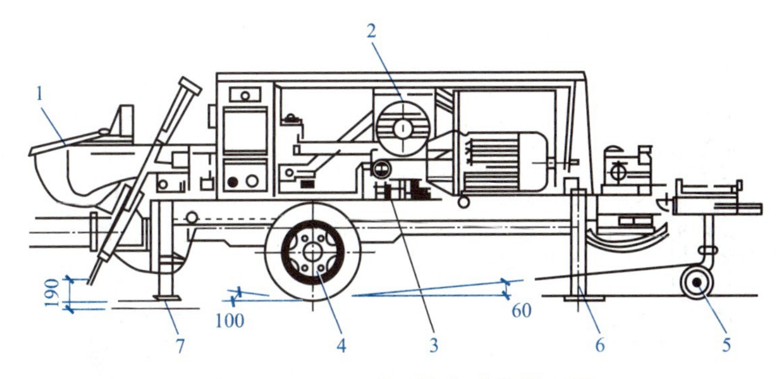

图 9-6 HBT60 牵引柱塞式混凝土泵

1—料斗；2—泵体；3—变量手柄；4—车轿；5—导向轮；6—前支腿；7—后支腿

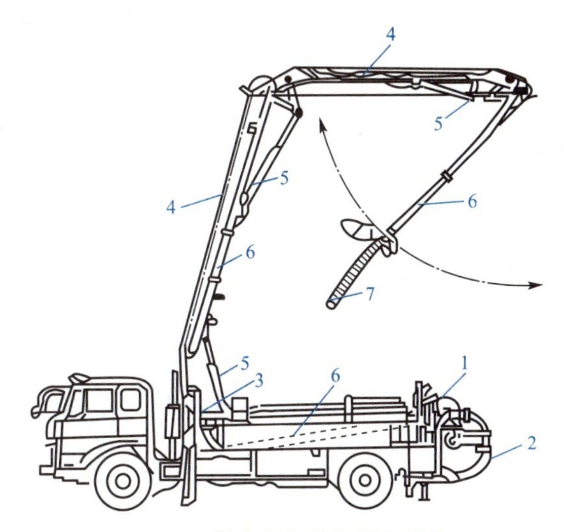

图 9-7 带布料杆的混凝土泵车

1—混凝土泵；2—输送管；3—布料杆回转支承装置；4—布料杆臂架；5—油缸；
6—输送管；7—橡胶软管

4. 施工电梯

施工电梯全称为外用施工电梯，或施工升降机，它是附着在外墙面或其他结构部位上的垂直提升机械。施工电梯主要是运送施工人员上下楼，还可以运送材料和小型机具。

我国目前使用的施工电梯分为：齿轮条驱动施工电梯（图 9-8）和绳索驱动施工电梯（图 9-9）。两者都由吊箱和塔架组成，塔架可以自升接高。

9.3.2 高层施工脚手架

在高层建筑施工中，为满足结构施工和外墙装饰施工的需要，都必需搭设脚手架。脚手架对高层建筑的施工安全、施工质量、施工进度和工程成本都有很大影响。

高层建筑施工中外脚手架的种类有：扣件式钢管脚手架、碗扣式钢管脚手架、门式钢管脚手架、悬挑式脚手架、附着升降式脚手架、悬吊式脚手架等。高层建筑施工中内脚手架与多层建筑施工用的内脚手架相似，不再赘述。

脚手架形式的选用应按工程特点和施工组织的要求、各地的操作习惯、材料用量、搭拆难易、安全保障程度等综合考虑经济技术效果后加以确定。

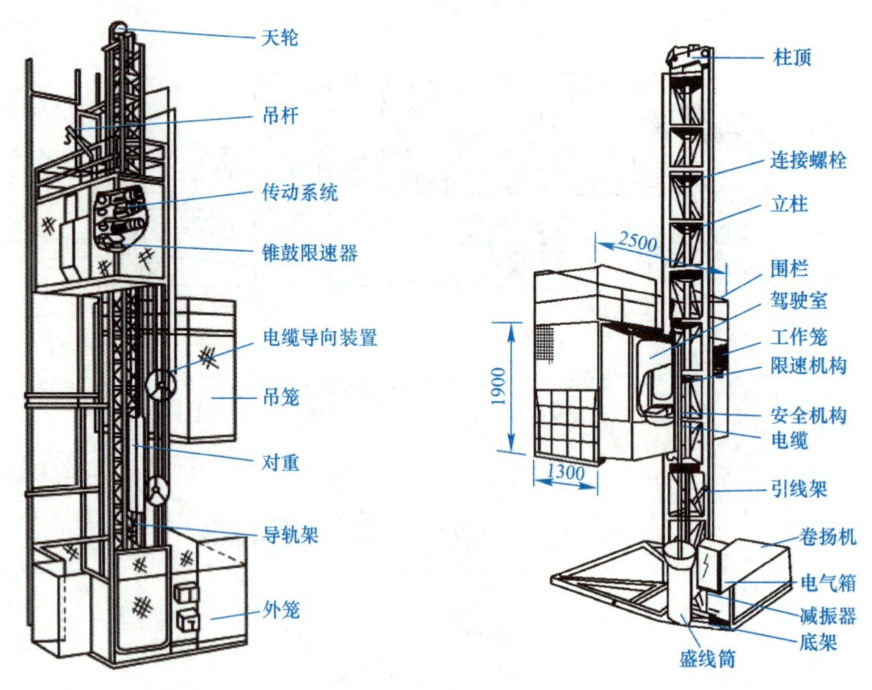

图 9-8　齿轮条驱动施工电梯　　　图 9-9　绳索驱动施工电梯

1. 扣件式钢管脚手架

扣件式钢管脚手架是由标准的钢管扣件（立杆、横杆和斜杆），以特制的扣件作连接件组成的脚手骨架，与脚手板、防护构配件、连墙件等搭设而成的具有各种用途的脚手架。该脚手架应用范围最广，如图 9-10 所示。当采用落地搭设时，搭设高度最大不得超过 50m；超过时可采用分段悬挑和吊脚手架等措施。

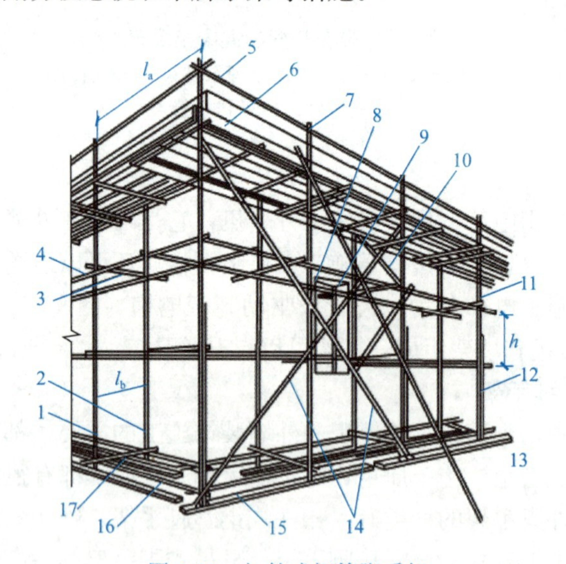

图 9-10　扣件式钢管脚手架

1—外立杆；2—内立杆；3—横向水平杆；4—纵向水平杆；5—栏杆；6—挡脚板；7—直角扣件；8—旋转扣件；9—连墙件；10—侧向斜撑；11—主立杆；12—副立杆；13—抛撑；14—剪刀撑；15—垫板；16—纵向扫地杆；17—横向扫地杆

2. 碗扣式钢管脚手架

碗扣式钢管脚手架由钢管立杆、横管和碗扣接头组成。碗扣式钢管脚手架是在吸取国外同类型脚手架先进接头和配件的基础上，结合我国实际情况研制出来的一种新型脚手架，如图 9-11 所示。它有很好的强度和刚度、搭接安全方便、易改造、便于管理。

3. 门式钢管脚手架

门式钢管脚手架基本单元是由一对门型架、两副剪刀撑、一副平架（踏脚板）和四个连接器组合而成（图 9-12）；若干基本单元通过连接棒在竖向叠加，扣上锁臂，组成一个多层框架；在水平方向，用加固杆和平梁架（或脚手板）与相邻单元联成整体，加上剪刀撑斜梯、栏杆柱和横杆组成上下步相通的外脚手架，并通过连墙件与建筑物主体结构相连，形成整体稳定的脚手架结构。

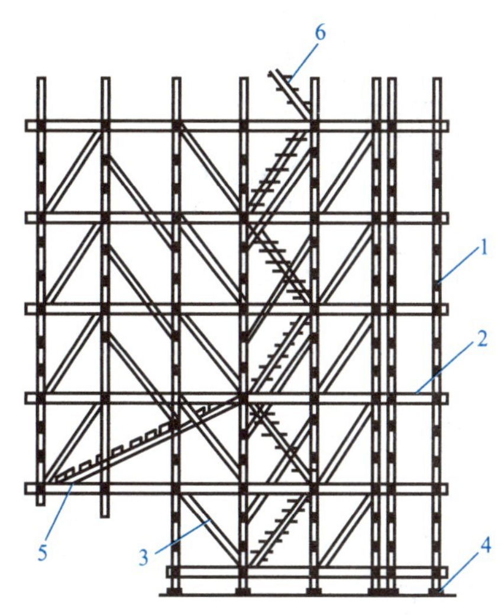

图 9-11　碗扣式钢管双排脚手架

1—立杆；2—横杆；3—斜杆；4—垫座；
5—斜脚手板；6—梯子

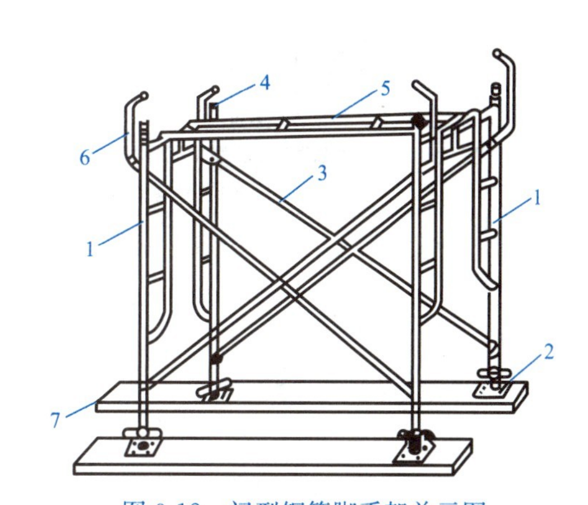

图 9-12　门型钢管脚手架单元图

1—门型架；2—螺栓基脚；3—剪刀撑；4—连接棒；
5—平架（踏脚板）；6—锁臂；7—木板

门式钢管脚手架是一种新型工具式脚手架，它是用普通钢管材料制成工具式标准件在施工现场组合而成，它承载力大、寿命长，可作为使用周期短或频繁周转的脚手架。

4. 悬挑式脚手架

悬挑式脚手架是搭设在正在施工的建筑物结构外缘挑出构件上的脚手架，其荷载最后全部传给已施工完的下部建筑结构承受，如图 9-13 所示。它分为钢管悬挑式、下撑式、斜拉式悬挑脚手架。这种脚手架必须有足够的强度、刚度和稳定性。

5. 附着升降式脚手架

附着升降式脚手架是指附着于工程结构、依靠自身提升设备实现升降的悬空脚手架，主要由架体结构、提升设备、附着支撑设备和防倾防坠装置等组成。

附着升降式脚手架是一种工具式脚手架，施工时只需搭设一定高度的外脚手架，并将其附着在建筑物上，脚手架本身带有升降机构和动力设备，随着工程的进展，脚手架沿建筑物整体或分段升降，满足结构和外装修施工的需要。它耗材少，可重复使用，经济效益是其他脚手架无法与之比拟的，目前在高层、超高层建筑中应用越来越广。

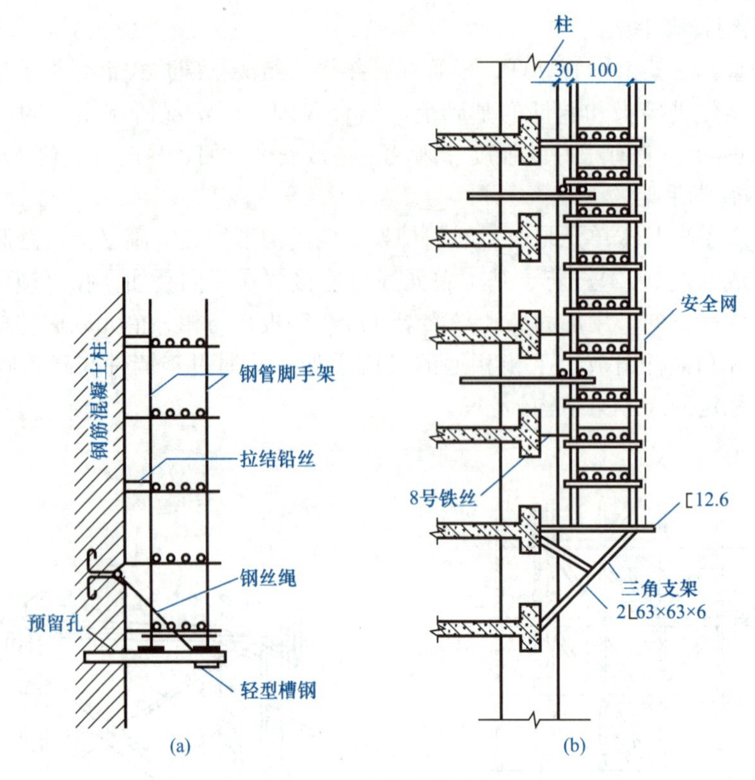

图 9-13 悬挑式脚手架

(a) 斜拉式；(b) 下撑式

9.4 高层建筑基础施工

高层建筑基础大多为复合基础，主要有桩上箱基和桩上筏基。桩基工程的施工参见本书第 2 章。高层建筑的箱基基础和筏板基础都有厚度较大的钢筋混凝土底板，还常有深梁、大型设备基础，这些都是大体积混凝土基础。

大体积混凝土一般是指结构断面最小尺寸在 80cm 以上，水化热引起混凝土内的最高温度与外界气温之差预计超过 25℃的混凝土。

大体积混凝土工程条件复杂，混凝土的收缩变形、水化热产生的温度变化都很大，极易产生裂缝，因此大体积混凝土施工在材料选用、配合比和施工方法、养护等方面都需采取一系列的措施才能有效防止裂缝产生，确保工程质量。

1. 大体积混凝土的原材料要求

大体积混凝土工程宜采用低热水泥，尽量减少水泥用量，用大骨料配合比，再掺加一定量的引气减水剂和缓凝剂，以此改善混凝土的性质。

2. 钢筋工程施工

大体积混凝土结构的钢筋具有数量多、直径大、分布密、上下层钢筋高差较大等特点，为保证上层钢筋的标高和位置准确无误，应设角钢焊制的钢筋支架。支架支撑上层钢筋的重量、控制钢筋的标高、承担上部操作平台的全部施工荷载。

钢筋网片和骨架可在钢筋加工厂加工成型，然后运到施工现场进行安装；工地有时也设简易的钢筋加工成型机械，以便对钢筋整修和临时补缺。

钢筋的连接可采用电弧焊、气压焊、对焊、直螺纹和套筒挤压连接等方法。

3. 模板工程施工

模板是保证工程结构设计外形和尺寸的关键。大体积混凝土的浇筑常采用泵送混凝土工艺，该工艺的特点是浇筑速度快，浇筑面集中。由于泵送混凝土的操作工艺不可能做到同时将混凝土均匀地分送到需浇筑混凝土的各个部位，往往会使某一部位的混凝土有较大量后，才移动输送管，依次浇筑其他部位的混凝土。因此，采用泵送工艺的大体积混凝土的模板不能按照传统、常规的办法配置，而应当根据实际受力状况对模板和支撑系统等进行认真计算，以确保模板体系具有足够的强度和刚度，如采用砖模、组合钢模。

4. 混凝土工程施工

高层建筑基础工程的大体积混凝土浇筑数量较大，多采用商品混凝土，或现场设置搅拌站搅拌混凝土，由混凝土泵（泵车）进行浇筑。

（1）施工平面布置

混凝土泵送能否顺利进行，在很大程度上取决于合理的施工平面布置、泵车的布局以及施工现场道路的畅通。

混凝土泵车的布置是保证混凝土顺利浇筑的核心，在布置时应注意：根据混凝土的浇筑计划、顺序和速度等要求选择混凝土泵车的型号、台数，确定每一台泵车负责的浇筑范围；应尽量使泵车靠近基坑；严格施工平面管理和道路交通管理，确保泵车、搅拌运输车正常运输。

在泵送混凝土的施工过程中，最容易发生的是混凝土堵塞，为了充分发挥混凝土泵车的效率，确保管道输送畅通，在混凝土施工过程中应加强混凝土的质量控制；搅拌运输车在卸料之前应首先高速运转1min，使卸料时的混凝土质量均匀；严格对混凝土泵车的管理，在使用前和工作过程中要特别重视“一水”（冷却水）、“三油”（工作油、材料油和润滑油）的检查；作业后，应将料斗内和管道内的混凝土全部输出，然后对泵机、料斗、管道进行冲洗。

（2）大体积混凝土的浇筑

大体积混凝土的浇筑与其他混凝土的浇筑工艺基本相同，主要包括搅拌、运送、浇筑入模、振捣及平仓等工序，其中浇筑方法可结合结构物大小、钢筋疏密、混凝土供应条件以及施工季节等情况加以选择。

为保证混凝土结构的整体性，混凝土应当连续浇筑，根据结构特点不同，可分为全断面分层浇筑、分段分层浇筑和斜面分层浇筑等方案，每层的厚度应符合规定，如图9-14所示。目前工程上常用的是斜面分层浇筑法。

混凝土的振捣是保证混凝土质量的重要环节。根据混凝土泵送时自然形成坡度的实际情况，在每个浇筑带的前、后布置两道振动器，第一道振动器布置在混凝土的卸料点，主要解决上部混凝土的捣实；第二道振动器布置在混凝土的坡脚处，以确保下部混凝土的密实。随着混凝土浇筑工作的向前推进，振动器也相应跟上，以保证整个高度混凝土的质量，如图9-15所示。

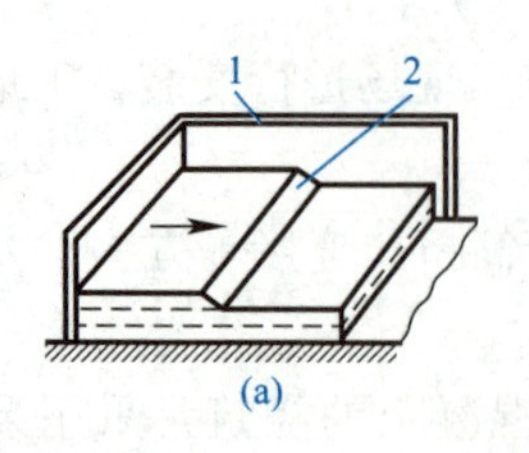

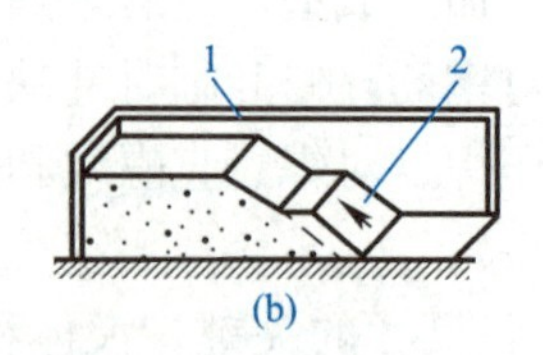

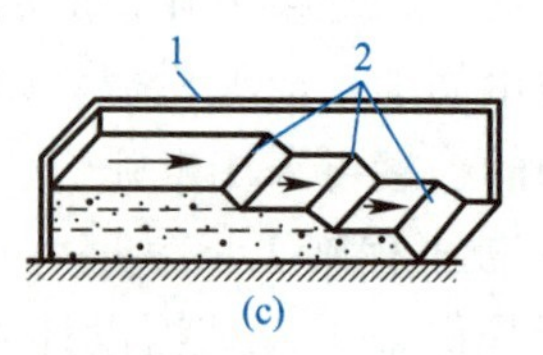

图 9-14　大体积混凝土的浇筑方案

(a) 全断面分层浇筑；(b) 分段分层浇筑；(c) 斜面分层浇筑

1—模板；2—新浇筑的混凝土

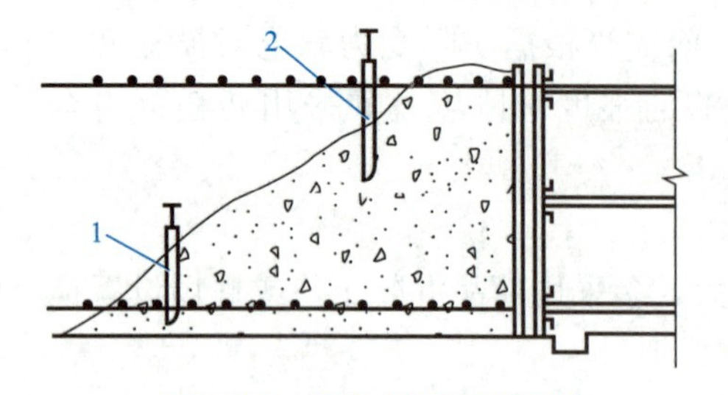

图 9-15　混凝土振捣示意图

1—前道振动器；2—后道振动器

大体积混凝土（尤其采用泵送混凝土工艺），其表面水泥浆较厚，不仅会引起混凝土的表面收缩开裂，而且会影响混凝土的表面强度。因此，在混凝土浇筑结束后要认真进行表面处理。处理的基本方法是在混凝土浇筑 4～5h 后，先初步按设计标高用长刮尺刮平，在初凝前用铁辊碾压数遍，再用木楔打磨压实，以闭合收水裂缝，经 12～14h 后，覆盖二层草袋（包）充分浇水湿润养护。大体积混凝土宜采用蓄热养护法养护，其内外温差不宜大于 25℃，一般养护时间为 14～21d。

9.5　高层建筑结构施工

9.5.1　高层框架结构施工

框架结构（包括框架—剪力墙结构）都是由梁、板、柱、墙等构件现场支模、轧钢筋、浇筑混凝土而形成的结构。

框架结构形式有梁、板、柱结构和板柱结构。

框架结构的施工工艺有：现浇框架、装配整体式框架、整体预应力装配式板柱结构等。目前高层建筑框架结构主要采用现浇框架，部分采用装配整体式框架。

现浇框架结构具有结构整体性好、抗震能力较强、用钢量较省、现场作业多、现场用工量大等特点，是目前高层建筑中应用较多的一种结构形式。

现浇框架结构的施工：模板主要采用各种组合式模板，可以散支散拆，也可以拼装成大块模板，如装配式柱模、梁板施工的台模；粗钢筋的竖向连接采用气压焊、电渣压力焊以及各种机械连接方法（钢筋绑扎连接质量不可靠，应限制使用）；混凝土浇筑多采用泵送混凝土，宜掺入适量的煤灰，以改善混凝土的黏塑性，保证浇筑顺利。

高层框架结构也可采用预制楼板。其施工工艺有两种：一是先浇筑柱、梁混凝土后安装楼板；二是先安装楼板再浇筑梁混凝土。

9.5.2　高层筒体结构施工

筒体结构是由一个或几个筒体作为承重结构的高层结构承重体系，水平荷载主要由筒体承受，承受荷载时整个筒体如同一个固定在基础上的封闭空心悬臂梁。

筒体结构刚度大、建筑布局灵活，能形成大空间，单位面积的结构材料消耗少，比框架结构有一定的优势，是目前超高层建筑主要应用的结构体系。

筒体结构的类型有多种：核心筒体系，一般是由设于平面中央的电梯井和设备竖井的现浇钢筋混凝土筒体与外部框架共同组成；框筒体系，是由建筑物四周密集的柱子与高跨比较大的横梁组成，柱距一般为 1.2～3.0m，横梁高 0.6～1.2m；筒中筒体系，是由内筒、外筒组合而成，内筒为电梯井或设备井等，外筒多为框筒，内外筒的间距多为 10～16m，楼板支撑在内外筒壁上；组合筒体系，分为成束筒和成组筒两类。

筒体结构有钢筋混凝土结构，也有钢结构。

筒体结构的施工标准层约占整体建筑的 80%左右，标准层大都有统一的尺寸、结构模式和配筋，这样在组织材料、机具、劳动力时要统筹安排。筒体结构的施工模板可以采用筒体大模板、整体升降模板、爬升模板或滑模；运输工具多用塔式起重机、人货电梯等垂直运输工具；混凝土浇筑采用泵送高强混凝土，混凝土的配比、外掺剂质量极其重要，一定要严格把关。

9.5.3 高层钢结构施工

高层钢结构建筑具有自重轻、构件截面小、强度高、抗震性能好、平面布置灵活、有效使用空间大，而且施工速度快、周期短、用工少、现场施工文明等一系列优势。不过钢材用量大、价格昂贵、防火要求高，但其综合效益优于同类高层混凝土结构，而且建筑物越高，其优势越突出。

高层钢结构建筑的结构体系有纯框架体系、框架—剪力墙体系、错层桁架体系、框筒体系、筒中筒体系等。高层钢结构应用较多的是前两种体系，主要由框架柱、主梁、次梁、剪力板组成。

高层钢结构建筑施工中应用最多的是 Q355 低合金钢，还有耐候钢、结构钢、铸钢和高强度钢等。钢结构构件制作工艺要求严格，均由专业工厂加工，施工现场主要是检查其质量是否合格。

高层钢结构构件安装前需检查柱基、标高块设置和柱底灌浆等，并且要妥善安排好钢材的储存与堆放；钢结构构件的连接采用高强度螺栓连接和焊接连接，施工后都需做质量检查，合格后才能进行钢结构的安装。

高层钢结构安装包括钢柱安装、框架钢梁安装、剪力墙板安装和钢扶梯安装，安装中一定要按钢结构施工规范要求控制安装质量，不合格应立即校正。

高层钢结构需进行防火保护层的施工。钢结构的防火材料应选用绝热性能好、与构件能牢固黏结而且不腐蚀钢材的防火材料。我国近来多用绝缘型防火涂料和膨胀防火涂料，防火涂料一般采用湿法喷涂，由于防火层较厚，应分层喷涂。

9.6 高层建筑施工的安全措施

9.6.1 地基基础

高层建筑地基基础施工主要是桩基施工和地下室施工。在桩基施工中相应的国家规范和地方条例对目前常用的钢筋混凝土预制桩、钢筋混凝土钻孔灌注桩、挖孔灌注和沉管灌注桩等都作了详细的技术要求，同时对施工中的安全作了明确规定：

(1) 人工挖孔桩施工时，孔内必须设置应急软爬梯，供人员上下井，使用的电葫芦、吊笼等应安全可靠并配有自动卡紧保险装置，使用前检查其安全工作性能。

（2）人工挖孔桩施工每日开工前必须检测井下的有毒有害气体；桩孔开挖深度超过10m时，应有专门向井下送风的设备。

（3）人工挖孔桩孔口四周必须设置护栏。

（4）挖出的土方应及时运离孔口，不得堆放在孔口四周1m范围内，机动车辆的通行不得对井壁的安全造成影响。

（5）施工现场的一切电源、电路的安装和拆除必须由持证电工操作。各孔用电必须分闸，严禁一闸多用。孔内电缆、电线必须有防磨损、防潮、防断等保护措施。

（6）在地下室施工中，需考虑支护结构的可靠度，周围建筑物、道路、地下管线及整个环境的安全问题，采取相应的安全保障措施。

9.6.2 脚手架

搭设脚手架在高层建筑施工中是必不可少的一项重要工程，也是各项安全生产的有效保证，在施工中必须具有以下安全措施：

（1）搭设前检查脚手架材料的质量是否合格，如钢管脚手架的钢管上禁止打孔，门式脚手架钢管应平直、没有硬伤等。

（2）钢管脚手架的主节点处必须设置一根横向水平杆；一字形、开口形双排脚手架的两端必须设置横向斜撑；脚手架外侧立面两端需设剪刀撑；各节点的连接必须安全可靠。

（3）脚手架的高度达到一定时必须设置连墙件与建筑物可靠连接。

（4）当脚手架基础下有设备基础、管沟时，在脚手架使用过程中不应开挖，否则必须采取加固措施。

（5）脚手架的搭设必须配合施工进度，一次搭设高度不应超过相邻连墙件以上两步。

（6）连墙件、剪刀撑等加固杆件的搭设应与脚手架搭设同步。

（7）脚手架搭设必须设置防电避雷措施。

（8）拆脚手架时应由专业架子工担任，施工时戴安全帽、穿防滑鞋。

（9）拆除作业必须由上而下逐层进行，严禁上下层同时作业；连墙件必须随脚手架逐层拆除，严禁先将连墙件整层或数层拆除后再拆脚手架。

9.6.3 运输系统

高层建筑施工中的运输系统主要有起重机、施工电梯和混凝土泵送设备。运输系统的安全问题在高层建筑施工中尤为重要，应采取下列相应的措施：

（1）起重机在安装完毕后，必须经正式验收，符合要求后方可投入使用。

（2）必须有安全停靠装置或断绳保护装置。

（3）附墙架与架体及建筑之间必须是刚性连接，固定可靠。

（4）紧急断电开关应设在便于司机操作的位置，在紧急情况下应能及时切断起重机的总控制电源。

（5）卷扬机应安装在平整坚实的位置上，应远离危险作业区，且视线应良好。

（6）在安装、拆除以及使用起重机的过程中设置的临时缆风绳必须使用钢丝绳，严禁使用镀锌铁丝、钢筋或麻绳等代替。

（7）物料在吊篮内应均匀分布，不得超出吊篮。当长料在吊篮中立放时，应采取防滚落措施；散料应装箱或装笼；电梯使用时也要防止偏重。严禁超载使用。

(8) 运输设备在施工时遇大雨、大雾、大风应马上停止工作，并切断电源。

(9) 设备运行中发现机械有异常情况应立即停机检查，排除故障后方可继续运行。

(10) 混凝土泵送中，机械操作和喷射操作人员应密切联系，加料、送风、停机、停风及发生堵塞等应相互配合。

(11) 泵送混凝土时，在喷嘴的前方或周围 5m 范围内不得站人；工作停歇时，喷嘴不对向有人的方向。

(12) 平时注意检查设备，并按要求对设备加以维修和养护。

9.6.4 高处作业

高层建筑施工过程绝大部分是在高空进行，因此高处作业安全十分重要，高空施工必须具备下列安全措施：

(1) 雨天和雪天进行高处作业时，必须采取可靠的防滑、防寒和防冻措施，凡水、冰、霜、雪均应及时清除。

(2) 对高耸建筑物，应事先设置避雷设施。遇有六级以上强风、浓雾等恶劣气候，不得进行露天攀登与悬空高处作业；台风暴雨过后，应对高处作业安全设施逐一加以检查，发现有问题，应立即修理完善。

(3) 临边高处作业必须设置防护措施。

(4) 当临边的外侧面临街道时，除防护栏杆外，敞口立面必须采取满挂安全网或其他可靠措施作全封闭处理。

(5) 进行洞口作业、因工程和工序需要而产生的使人与物有坠落危险区域或危及人身安全的其他洞口等，均应根据具体情况按防护要求设置稳固的盖件、设防护栏杆、张挂安全网、安装栅门等。

(6) 支模应按规定的作业程序进行，模板未固定前不得进行下一道工序。严禁在连接件和支撑件上攀登上下。

(7) 工作人员应从规定的通道上下，不得在阳台之间等非通道进行攀登，也不得利用吊车臂架等设备进行攀登。上下梯子时应面向梯子，不得手持器物。

(8) 防护棚搭设与拆除时应设警戒区，并应派专人监护。严禁上下同时拆除。

复习思考题

1. 高层建筑是如何界定的？有哪些类型？
2. 高层建筑有哪些结构形式？有哪些相应的施工方法？
3. 高层建筑施工中如何组织施工运输？
4. 高层建筑有哪些主要的垂直运输方式？其适用范围如何？施工中的安全要求有哪些？
5. 施工电梯有哪些？使用中有哪些安全要求？
6. 泵送混凝土的施工机械有哪几种？其施工特点如何？
7. 泵送混凝土的施工安全要求有哪些？
8. 高层建筑施工中脚手架有哪些类型？各有什么特点？施工需注意哪些安全事项？
9. 高层建筑基础施工内容有哪些？
10. 什么是大体积混凝土施工？简述其施工方法。

9-1 复习思考题参考答案

10 装配式混凝土施工

10.1 概　　述

1. 定义

装配式建筑是指把传统建造方式中的大量现场作业工作转移到工厂进行，在工厂加工制作好建筑用构件和配件（如楼板、墙板、楼梯、阳台等），运输到建筑施工现场，通过可靠的连接方式在现场装配安装而成的建筑。

装配式建筑主要包括预制装配式混凝土结构、钢结构、现代木结构建筑等，因为采用标准化设计、工厂化生产、装配化施工、一体化装修信息化管理，是现代工业化生产方式的代表。

2. 装配式建筑的特点

(1) 标准化设计

建立标准化的单元是标准化设计的核心。不同于早期标准化设计中仅是某一方面的标准图集或模数化设计，建筑信息化模型（Building Information Modeling，BIM）技术的应用，既受益于信息化的运用，原有的局限性被其强大的信息共享、协同工作能力所突破，更利于建立标准化的单元，实现建造过程中的重复使用。

国际上许多工业化程度高的发达国家都曾开发出各种装配式建筑专用体系，如英国的L型墙板体系、法国的预应力装配框架体系、德国的预制空心模板墙体系、美国的预制装配停车楼体系、日本的多层装配式集合住宅体系等。我国的装配式混凝土单层工业厂房及住宅用大板建筑等也都属于专用结构体系范畴。

(2) 工厂化生产

预制构件生产是建筑工业化的主要环节。目前，最为火热的“工厂化”解决的根本问题其实是主体结构的工厂化生产。传统施工中，误差只能控制在厘米级，比如门窗，每层尺寸各不相同，这是导致主体结构精度难以保证的关键因素。另外，传统施工中主体结构施工过度依赖一线建筑工人；传统施工方式给施工现场造成的影响是产生大量建筑垃圾、造成材料浪费、破坏环境等；更为关键的是，不利于现场质量控制。这些问题均可通过主体结构的工厂化生产得以解决，实现毫米级误差控制及装修部品的标准化。

(3) 装配化施工

装配化施工有两个核心层面，即施工技术和施工管理，均与传统现浇有所区别，特别是在施工管理层面。装配化施工强调建筑工业化，即工业化的运行模式。相比于传统的层层分包的模式而言，建筑工业化更提倡工程总承包（Engineering Procurement Construction，EPC）模式。通过EPC模式，可将技术固化下来，形成集成技术，实现全过程的资源优化。确切地说，EPC模式是建筑工业化初级阶段主要倡导的一种模式。作为一体化模式，EPC模式实现了设计、生产、施工的一体化，从而使项目设计方案更优，有利于实现建造过程的资源整合、技术集成及效益最大化，促进建筑产业化过程中生产方式的转变。图10-1为装配式建筑施工现场。

图10-1 装配式建筑施工现场

(4) 一体化装修

从设计阶段开始，到构件的生产、制作与装配化施工，装配式建筑通过一体化的模式来实现。实现了构件与主体结构的一体化，而不是在毛坯房交工后再进行装修。装配化施工中，建筑部品均已预留了各种管线和装饰材料安装设置的空间，为装修施工提供了方便。有些部品，在工厂预制阶段就已经直接安装好了相应设施。

(5) 信息化管理

建设现代化产业体系坚持把发展经济的着力点放在实体经济上，推进新型工业化，加快建设制造强国、质量强国、航天强国、交通强国、网络强国、数字中国。对建筑业来说，建筑信息化管理即是对建筑全过程的信息优化。

在初始设计阶段便建立信息模型，之后各专业采用信息平台协同作业，图纸在进入工厂后再次进行优化处理，装配阶段也需要进行施工过程的模拟。可以说，信息技术的广泛应用会集成各种优势并使之形成互补，使建设逐步朝着标准化和集约化的方向发展，加上信息的开放性，可调动人们的积极性并促使工程建设各阶段、各专业主体之间共享信息资源，有效避免各行业、各专业间不协调的问题，加速工期进程，从而有效解决设计与施工脱节、部品与建造技术脱节等中间环节问题，提高效率并充分发挥新型建筑工业化的特点及优势。

3. 装配式建筑的发展趋势

我国的装配式建筑在20世纪80年代后期突然停滞并很快走向消亡，装配式建筑PC技术沉寂了三十多年之后又重新在我国兴起，这是一件令人鼓舞且值得期待的事件。时隔三十多年的断档期，无论是技术还是人员都非常匮乏，短期之内无法从根本上解决人员、技术、管理、工程经验等软件方面的问题。从市场占有率来说，我国装配式建筑市场尚处于初级阶段，全国各地基本上集中在住宅工业化领域，尤其是保障性住房这一狭小地带，前期投入较大，生产规模较小，且短期之内还无法同传统现浇结构进行市场竞争。但随着国家和行业陆续出台相关发展目标和方针政策作为指导，面对全国各地向建筑产业现代化发展转型升级的迫切需求，我国20多个省市陆续出台扶持相关建筑产业发展政策，推进产业化基地和试点示范工程建设。相信随着技术的提高、管理水平的进步，装配式建筑将有广阔的市场与空间。

10.2 装配式混凝土建筑施工

1. 构件放样定位

外控线、楼层主控线、楼层轴线、构件边线等放样定位流程如下：

(1) 根据建设方提供的规划红线图采用全球定位系统 (Global Positioning System, GPS) 定位仪将建筑物的 4 个角点投设到施工作业场地，打入定位桩，将控制桩延长至安全可靠位置，作为主轴线定位桩位置 (注意将其保护好)。

(2) 采用“内控法”放线，待基础完成后，使用经纬仪通过轴线控制桩在±0.00 处放出各个轴线控制标记，连接标记弹设墨线以形成轴线，依次放出其他轴线。

(3) 通过轴线弹出 1m 控制线，选择某个控制线相交点作为基准点 (基准点埋设采用 15cm×15cm×8cm 钢板制作，用钢针刻画出“十”字线)，以方便下一个楼层轴线定位桩引测。

(4) 浇筑混凝土时，须预留控制线引测孔。底层放置垂准仪，调整激光束得到最小光斑。移动接收靶，使接收靶的“十”字焦点移至激光斑点上。在预留孔的另一处放置垂准仪和接收靶，用经纬仪找准接收靶上的激光斑点，然后弹出 1m 控制线，重复上述操作弹出剩余控制线，根据控制线弹出墙板轴线、墙板边线及 200mm 控制线。

需要注意的是，控制边线须依次弹出以下各项：

1) 外墙板：墙板定位轴线和内轮廓线。

2) 内墙板：墙板两侧定位轴线和轮廓线。

3) 叠合梁：梁底标高控制线 (在柱上弹出梁边控制线)。

4) 预制柱：中柱以轴线和外轮廓线为准，边柱和角柱以外轮廓线为准。

5) 叠合板、阳台板：四周定位点，由墙面宽度控制点定出。

(5) 轴线放线偏差不得超过 2mm，当放线遇有连续偏差时，应考虑从建筑物一条轴线向两侧调整，即原则上以中心线控制位置，误差由两边分摊。

(6) 标高点布置位置需有专项方案，标高点应有专人复核。根据标高点布置位置使用经纬仪进行测量，要求一次测量到位。预制柱和剪力墙板等竖向构件安装应首先确定支垫标高：若支垫采用螺栓方式，旋转螺栓到设计标高；若支垫采用钢垫板方式，须准备不同厚度的垫板，调整到设计高度。叠合楼板、叠合梁、阳台板等水平构件则测量控制下部构件支撑部位的顶面标高，构件安装好后再测量调整其预制构件的顶面标高和平整度。其中，测量楼层标高点偏差不得超过 3mm。

2. 预制构件安装

(1) 预制框架柱安装

安装前，首先检查预制框架柱进场的尺寸、规格及混凝土的强度是否符合设计和规范要求；检查柱上预留套管及预留钢筋是否满足图纸要求；检查套管内是否有杂物，若有杂物，则以高压空气清理柱套筒内部，不能用水清洗；同时做好记录，并与现场预留套管的检查记录进行核对，无问题方可进行吊装。吊装顺序宜按照角柱、边柱、中柱顺序进行，与现浇部分连接的柱宜先行吊装。图 10-2 为预制框架柱安装施工现场。

图 10-2 预制框架柱安装施工现场

1) 放线：根据预制柱平面各轴的控制线进行柱边线放样；然后，测高程与安置垫片；

灌浆后的柱头高程误差须控制在 5～10mm，预留柱筋高度误差须控制在 10mm 以内，垫片先放置于柱位靠中央侧约 0.25*b*（*b* 为柱宽度）的位置；在预制柱上端，利用奇异笔和样板绘制柱头梁位线，以控制预制柱高程。

2）安装吊具：使用专用吊环和预制柱上预埋的接驳器连接。

3）吊装：以软性垫片置于预制柱底部，作为翻转时柱底与地面的隔离，起吊离地后停顿 15s，以确认吊点强度是否足够，同时锁上柱朝下面的斜撑底座。

4）调整就位：将构件下口预留孔（套筒孔）与预留钢筋相互插入，然后以轴线和外轮廓线为控制线，用撬棍等工具对柱的根部就位进行确定。对于边柱和角柱，应以外轮廓线控制为准。

5）安装斜支撑：锁固柱斜撑固定座及柱头角钢固定座（视设计需要），斜撑固定座的扣环须朝下方对正，每根柱至少须锁紧 3 组斜撑固定座。柱的上部斜支撑，其支撑点距板底的距离不宜小于柱高度的 2/3，且不应小于柱高度的 1/2，施工时应注意斜撑两端的螺纹处须锁紧。除角柱锁紧两组斜撑外，其余须锁紧 3 组斜撑。

6）校正：使用防风型垂直尺量测偏差值，并以柱斜撑调整垂直度，调整至符合规范要求为止，待柱垂直度调整后，再于 4 个角落放置垫片。或者用经纬仪控制垂直度，若有少许偏差，可用千斤顶等进行调整。柱底面或者顶面标高偏差控制在 5mm 之内；柱的垂直度偏差与高度有关，一般柱高小于 5m 时，其偏差控制在 5mm 之内。

7）摘钩：应以符合上、下设备规范要求的工具实施，并应实行协同作业以确保人员安全，长柱吊装应用半自动脱钩吊具，减少作业人员爬上摘钩次数。

（2）预制梁安装

1）弹控制线：测出柱顶与梁底标高误差，在柱上弹出梁边控制线。应注意的是，需在构件上标明每个构件所属的吊装顺序和编号，以便吊装工人辨认。图 10-3 为预制梁安装施工现场。

2）设置梁底支撑：梁底支撑采用立杆支撑＋可调顶托＋100mm×100mm 木方，预制梁的标高通过支撑体系的顶丝来调节。

图 10-3　预制梁安装施工现场

3）安装吊具：一般采用两点吊装，将平衡梁、吊索移至构件上方，两侧分别设 1 人挂钩，将吊钩与预制梁吊环连接，吊索水平夹角不宜大于 60°，且不应小于 45°。预制梁于起吊前须在地面安装好安全母索，四周大梁与地面事先安装刚性安全栏杆。安装预制梁时工作人员应用安全带钩住柱头钢筋或安全处。

4）起吊：应先将构件吊离地面 200～300mm 后停止起吊，检查起重机的稳定性、制动装置的可靠性、构件的平衡性和绑扎的牢固性等，待确认安全无误后方可继续起吊。

5）就位：用牵引绳牵引方向，慢慢转动吊臂，向指定位置移动，注意控制梁移动过程中的平稳度。将梁吊至柱钢筋上方，调整梁的空中位置和平稳度，对准柱上方，缓慢将梁放下。梁下放过程中，不断调整柱钢筋位置，使柱钢筋刚好穿过梁端连接件（柱与梁连接件：槽钢和钢绞线），下放过程中不断调整连接件的位置，使连接件压入相应位置。

6）校正：当梁初步就位后，借助柱头上的梁定位线对梁进行精确校正，在调平的同时将下部可调支撑拧紧。控制梁底标高线，偏差应小于5mm；控制梁端位置线，偏差应小于5mm。梁端应锚入柱中、剪力墙中15mm。主梁吊装结束后，根据柱上已放出的梁边和梁端控制线检查主梁上的次梁缺口位置是否正确，如不正确，做相应处理后方可吊装次梁，梁在吊装过程中要按柱对称吊装（安装顺序宜遵循先主梁后次梁、先低后高的原则）。

图10-4　预制墙板安装施工现场

7）摘钩：先撑紧支撑，安全牢固后方能松开钩头。

（3）预制墙板安装

1）放线：楼面混凝土达到规定强度后，弹出预制墙板墙身线及200mm控制线，用水准仪测量墙板底部水平。图10-4为预制墙板安装施工现场。

2）钢筋校正：根据预制墙板定位线，使用钢筋定位框检查预留钢筋位置是否准确，偏位的应及时调整。连接钢筋偏离套筒或孔洞中心线不宜超过2mm。严禁随意切割、强行调整。

3）垫片找平：用水准仪测量墙板底部水平。

4）吊装：根据构件形式及质量选择合适的吊具，一般采用两点吊装，超过4个吊点的应采用加钢梁吊装。将平衡梁、吊索移至构件上方，两侧分别设1人挂钩，采用爬梯进行登高操作，将吊钩与墙体吊环连接，吊索水平夹角不宜大于60°，且不应小于45°，在墙板下方两侧伸出箍筋的位置安装引导绳。当塔式起重机将墙板吊离地面时，须检查构件是否水平、各吊钩的受力情况是否均匀，确保构件达到水平，待各吊钩受力均匀后方可起吊至施工位置。因而开始起吊时，应先将构件吊离地面200～300mm后停止起吊，检查起重机的稳定性、制动装置的可靠性、构件的平衡性和绑扎的牢固性等，待确认安全无误后方可继续起吊。已吊起的构件不能长久停滞在空中。

5）就位：预制墙板吊运至施工楼层，在距离安装位置一定高度时停止构件下降，检查墙板的正反面是否和图纸正反面一致，检查地上所标示的垫块厚度与位置是否与实际相符，构件下降距楼面200～300mm时略做停顿。安装工人参照预制墙板定位线扶稳墙板，通过引导绳摆正构件位置（不能通过引导绳强行水平移动构件，只能控制其旋转方向），使有预留孔的一面对准楼面有预埋件一侧，平稳吊至安装位置上方80～100mm时，墙板两端施工人员扶住墙板，缓慢降低墙板位置，落下时使预留连接孔与楼面预留插筋对齐（允许偏差值为5mm）。通过小镜子检查墙板下口套筒与连接钢筋位置是否正对，检查合格后缓慢落钩，使墙板落至找平垫片上。根据楼面所放出的墙板侧边线、端线、垫块、墙板下端的连接件使墙板就位。

6）安装斜支撑：预制墙板就位后及时安装斜支撑。安装时采用先上后下的顺序，先在墙板上安装长斜支撑，两人扶杆，用电动扳手紧固墙面螺栓，再在地面上安装长斜支撑，然后安装短支撑。斜支撑的水平投影应与墙板垂直且不能影响其他墙板的安装，用底部连接件将墙板与楼面连成一体。

7）校正：支撑安装后，释放吊钩。以一根支撑调整垂直度为准，待校准完毕后紧固另一根支撑，不可两根支撑均在紧固状态下进行调整。调整下口短支撑以调整墙板位置，调整上口长支撑以调整墙板垂直度，采用靠尺测量垂直度与相邻墙板的平整度。在调整垂直度时，同一构件上的斜支撑调节件应向同一方向旋转，以防构件受扭。如遇支撑调节件旋转不动时，应查找出问题并进行处理，严禁用蛮力旋转。根据标高调整横缝，横缝不平会直接影响竖缝垂直；竖缝宽度可根据墙板端线控制，或是用一宽度合适（根据竖缝宽确定）的垫块放置在相邻板端进行控制。墙底面或者顶面标高偏差须控制在5mm之内；墙的垂直度偏差与高度有关，一般墙高小于5m时，其偏差控制在5mm之内；未抹灰预制墙的平整度偏差控制在5mm之内（抹灰预制墙的平整度偏差控制在3mm之内）。

8）摘钩：斜支撑安装完成且调整固定后，通过爬梯登高取钩，同时将引导绳迅速挂在吊钩上。

目前，部分工程还采用了预制装配叠合板式混凝土剪力墙结构体系。叠合板式混凝土剪力墙结构是从欧洲引进的一种新型装配式建筑结构，是全部或部分剪力墙采用叠合剪力墙，全部或部分楼板采用叠合楼板，通过可靠的方式连接，并与现场后浇混凝土形成整体受力的混凝土结构。其施工过程主要控制点是检查调整墙体竖向预留钢筋，固定墙板位置控制方木，测量放置水平标高控制垫块、坐浆、墙板吊装就位，安装固定墙板支撑，水电管线连接，安装附加钢筋，现浇加强部位钢筋绑扎，现浇加强部位支模。其中，吊装墙板竖向钢筋预留位置的偏差应比两块墙板中间净空尺寸小20mm，两块外墙中间现浇部分钢筋应绑扎牢固，并与两块墙体连接牢固，满足设计要求。

（4）接缝与防水施工

1）墙板安装完毕、质量检查合格后，即可进行墙板下部水平抗剪键槽混凝土的灌筑。

2）灌筑板缝混凝土前，应将模板的漏洞、缝隙堵塞严密，用水冲洗模板，并将板缝浇水充分润湿（冬期施工除外）。

3）板缝细石混凝土应按设计要求的强度等级进行试配选用。竖缝混凝土坍落度为8～12cm，水平缝混凝土坍落度为2～4cm。运进楼层的混凝土如发现有坍落度减小或分层离析等现象，可掺用同水灰比的水泥浆进行二次搅拌，严禁任意加水。

4）每条板缝混凝土应连续浇筑，不得留有施工缝。为使混凝土捣固密实，可在灌筑前在板缝内插放一根ϕ30左右的竹竿，随灌筑、随振捣、随提拔，并设专人敲击模板助捣。上下层墙板接缝处的销键与楼板接缝处的销键所构成的空间立体十字抗剪键块必须一次浇筑完成。

5）灌筑板缝混凝土时，不允许污染墙面，特别是外墙板的外饰面。发现漏浆要及时用清水冲净。混凝土灌筑完毕后，应由专业人员立即将楼层的积灰清理干净，以免黏结在楼地面上。

6）板缝内插入的保温和防水材料，灌筑混凝土时不得使之移位或破坏。

7）每一楼层的竖缝、水平缝混凝土施工时，应分别各做3组试块。其中，1组检测标准养护28d的抗压极限强度，1组检测标准养护60d的抗压极限强度，1组检测与施工现场同条件养护28d的抗压极限强度。评定混凝土强度质量标准以标准养护28d的抗压极限强度组的数据为准，其他2组数据供参考核对使用。

8）常温条件下施工时，板缝混凝土浇筑后应进行浇水养护。冬期施工时，板缝混凝土的入模温度应大于15℃。当采用P42.5级普通硅酸盐水泥时，混凝土内宜掺入复合抗冻早强剂，水灰比不大于0.55，拆模时间不少于2d；当采用硫铝酸盐水泥时，不得混用其他品种水泥，混凝土内宜掺入占水泥用量2%的亚硝酸钠，水灰比不大于0.55，拆模时间推迟24h。

图10-5　叠合板安装施工现场

(5) 叠合板施工

1) 放线：根据支撑平面布置图，在楼面画出支撑点位置；根据顶板平面布置图，在墙顶端弹出叠合板边缘位置垂直线。图10-5为叠合板安装施工现场。

2) 垫密封泡沫条：叠合板与墙体搭接处垫泡沫条。

3) 支撑搭设：根据楼面画出的支撑定位点，安装独立钢支撑。独立支撑系统由立杆、顶托、三脚架、木工字梁及独立顶托构成。搭设支撑架宜采用独立支撑体系或轮式脚手架，搭设时立杆间距不宜过大，木工字梁两端及木工字梁搭接位置应用带三脚支撑立杆，工字梁中间位置用带独立顶托的支撑立杆，三脚架应展开到位以保证支撑立杆的稳定性。用水准仪控制支撑架顶部的高程，控制其高程值小于叠合梁梁底高程2cm。采用轮口式的立杆与立杆之间必须设置一道或一道以上双向连接杆。立管上端设置顶托，顶托上放置木方（木方应平整顺直且具有一定刚度），木方与顶托用铁丝绑扎牢固，木方铺设方向应与叠合板拼缝垂直。工字木或木方铺设完成后应对板底标高进行精确定位，通过调节支撑杆、顶撑螺纹套或顶托使全部木方处于同一水平面上，其标高等同板底标高（当未设置木方时），则顶托标高等同板底标高；或者安装铝合金梁，独立支撑安装完成后，将铝合金梁平搁在支撑顶端插架内，铝合金梁伸出支撑两端距离相等，调节支撑使铝合金梁上口标高至叠合板板底标高。

4) 挂钩：用带锁扣的吊钩钩住叠合楼板桁架筋，吊钩吊点位置按设计图纸挂4个点，一般位于构件的(0.2～0.25)l处，应确保各吊点均匀受力。

5) 起吊：在吊钩使吊索绷直受力时停止起钩，检查吊钩是否与钢筋连接，并在两个对角安装引导绳，随后平稳起吊，将叠合板吊运至安装位置。根据平面布置图和事先确定的吊装顺序将相应规格的叠合板吊装至楼面，放在铝合金梁上。

6) 就位与调整：叠合板吊至吊装面上1.5m高时，调整叠合板平整度，按指示方向落位，同时观察楼板预留孔洞与水电图纸的相对位置。检查无误后，缓慢下落，拉拽引导绳调整叠合板方位，然后抓住叠合板桁架钢筋固定叠合板，在至吊装面以上10cm时参照模板边缘校准落下。需根据墙面弹出的叠合板边线，使用直尺配合撬棍调整叠合板位置，根据板底1m线检查叠合板标高。叠合板拼缝宽度、板底拼缝高低差须小于3mm。轴线偏差允许值为±5mm，相邻板间表面高低差控制在±2mm。

7) 摘钩：当板下有支撑时，应先撑紧支撑，方能松钩头。摘下吊钩，手扶吊钩缓慢升起，以防止吊钩钩挂叠合板上的钢筋。

8) 安全防护架搭设：邻边的叠合板吊装完成一块时，应立即将此处的邻边防护安装好。安装外围叠合楼板时，操作人员必须系好安全带。

（6）预制楼梯施工

1）放线：楼梯间周边梁板安放后，测量并弹出相应楼梯构件端部和侧边的控制线。图 10-6 为预制楼梯安装施工现场。

2）放置垫片：根据预制楼梯梯段的高度测量楼梯梁现浇面水平度，根据设计高度和测量结果放置不同厚度的垫片（每个梯段共计 4 块垫片），标高允许偏差值为±5mm。

3）安装支撑：同叠合楼板。

图 10-6 预制楼梯安装施工现场

4）挂钩：吊装采用 4 点起吊，使用专用吊环和预制楼梯上预埋的接驳器连接，同时使用钢扁担、钢丝绳和吊环配合楼梯板吊装。

5）起吊：调整索具铁链长度，使楼梯段休息平台（梯段吊装前，休息平台板必须安装调节完成，因为平台板需承担部分梯段荷载，所以下部支撑必须牢固并形成整体）板处于水平位置，试吊预制楼梯板，检查吊点位置是否准确、吊索受力是否均匀等。试起吊高度不应超过 1m。

6）就位与调整：吊装至 1.5m 高时，调整梯段平整度，使梯段上下端平行于梯梁，使吊装楼梯缓慢落在楼梯吊装控制线内（轴线位置偏差为±5mm），当楼梯吊至梁上方 30～50cm 后，调整楼梯位置使上下平台锚固筋与梁箍筋错开，板边线基本与控制线吻合。在吊装楼梯到吊装面 5～10cm 高度时，根据已放出的楼梯控制线，用撬棍和直尺配合将构件根据控制线精确就位，先保证楼梯两侧准确就位，再使用水平尺和拉伸葫芦倒链调节楼梯水平。吊装就位后，重点检查板缝宽度及板底拼缝高差。若高差较大，必须调节顶托使高低差在允许范围以内。调节支撑板就位后调节支撑立杆，确保所有立杆全部受力。

7）摘钩：检查牢固后方可拆除专用吊具。

3. 钢筋套筒灌浆连接

钢筋套筒灌浆连接是指在预制混凝土构件内预埋的金属套筒中插入钢筋并灌注水泥基灌浆料而实现的钢筋连接方式。其原理是透过铸造的中空型套筒，将钢筋从两端开口穿入套筒内部，不需要搭接或熔接，钢筋与套筒间填充高强度微膨胀结构性砂浆，借助套筒对砂浆的围束作用，加上本身具有的微膨胀特性，增大砂浆与钢筋套筒的正应力，由该正应力与粗糙表面产生摩擦力来传递钢筋应力。

施工前要做相应的准备工作，由专业施工人员根据现场条件进行接头力学性能试验，按不超过 1000 个灌浆套筒为一批，每批随机抽取 3 个灌浆套筒制作对中连接接头试件（40mm×40mm×160mm），标准条件下养护 28d，并进行抗压强度检验，其抗压强度不低于 $85N/mm^2$。具体可按以下工艺进行：

（1）塞缝：预制墙板校正完成后，使用坐浆料将墙板其他三面（外侧已贴橡塑棉条）与楼面间的缝隙填嵌密实。

（2）封堵下排灌浆孔：除插灌浆嘴的灌浆孔外，其他灌浆孔使用橡皮塞封堵密实。

（3）拌制灌浆料：按照水灰比要求，加入适量的灌浆料、水，使用搅拌器搅拌均匀。搅拌完成后应静置 3～5min，待气泡排除后方可进行施工。

浆料检测：检查拌合后的浆液流动度，左手按住流动性测量模，用水勺舀 0.5L 调配好的灌浆料倒入测量模中，倒满模子为止，缓慢提起测量模，约 0.5min 之后，测量灌浆料平摊后最大直径为 280～320mm 为流动性合格。每个工作班组进行一次测试。

（4）注浆：将拌合好的浆液倒入灌浆泵，启动灌浆泵，待灌浆泵嘴流出浆液呈线状时，将灌浆嘴插入预制墙板灌浆孔内，开始注浆。

图 10-7　钢筋套筒灌浆连接施工现场

（5）封堵上排出浆孔：间隔一段时间后，上排出浆孔会逐个渗出浆液，待浆液呈线状流出时，通知监理进行检查（灌浆处进行操作时，监理旁站，对操作过程进行拍照摄影，做好灌浆记录，三方签字确认，质量可追溯），合格后使用橡皮塞封堵出浆孔。封堵要求与原墙面平整，并及时清理墙面、地面上的余浆。钢筋套筒灌浆连接施工现场如图 10-7 所示。

（6）试块留置：每个施工段留置一组灌浆料试块（将调配好的灌浆料倒入三联试模中，用作试块，与灌浆相同条件养护）。

4. 钢筋绑扎与墙、柱模板安装

（1）钢筋绑扎

在钢筋绑扎以前，首先应校正预留锚筋、箍筋的位置和箍筋弯钩角度。根据图纸要求从下至上放置钢筋，并保证钢筋间隔绑扎；从上至下插入纵筋，并绑扎固定。剪力墙与受力钢筋和节点暗柱垂直连接，并采用搭接绑扎方式，其搭接长度应符合相关规范要求。当采用钢框木模板体系时，首先取下厂家在预埋螺栓孔封堵用的保护件，根据图纸验收横向、竖向钢筋绑扎距离，安装旋紧对拉螺栓，并套上对拉螺栓套筒；安装并固定钢框木模板体系，对拐角处钢管采取连接固定措施。

（2）墙、柱模板安装

当采用铝合金模板体系时，首先按照配模图进行模板拼装，并放置在节点指定位置。竖向拼装完成之后进行横向拼装，横向拼装采用销钉、销片连接。连接时，带转角的模板以阴角模为基准往两边连接，平面模板从左至右顺序连接。拼装完成后采用临时支撑，防止模板倒塌造成安全事故。其次，按照对应的孔位安装 PVC 套管及对拉螺栓。模板拼装完成后，根据模板事先预留的孔洞进行 PVC 套管安装，PVC 套管安装完之后每根套管穿一根对拉螺栓，由两人分别站在墙板的两侧进行配合操作。然后，继续按照配模图完成背楞安装，横向位置根据套管和对拉螺杆的位置确定；背楞从底部开始安装，注意此时不必进行紧固，只需保证背楞靠近模板即可，也可适当紧固防止脱落。再次，调整模板位置，完成紧固。其中，高度方向以墙板上表面为高度参考面，使模板对齐高度参考面，底部高度差通过加木楔弥补；为防止漏浆，底部需采用素混凝土砂浆堵缝，空隙较大处用方木填堵；方木应贴在铝合金模板的下端，平直放置，保证层间墙体的平滑过渡；宽度方向要求设计压边宽度为 50mm，且必须保证两边搭边长度不少于 30mm。最后，进行垂直度和墙柱的截面尺寸校核，合格后完成背楞紧固，完成底部砂浆补漏工作；去除临时支撑，完成安装。

安装过程中，需要注意以下几点：

1）外墙板对拉螺栓直径为16mm，且对拉螺栓须旋入外墙板套筒内不少于25mm。

2）模板安装应在叠合板吊装完毕后分区进行，如需先支模再放置叠合楼板时，模板顶标高应略低于叠合板底标高。

3）模板与预制墙板接触面须贴双面胶条，防止漏浆。

4）模板拆除前，场地应清理干净，先拆除支撑扫地杆，再拆除对拉螺栓、横向背楞，最后拆除模板。

5. 混凝土浇筑施工

（1）钢筋施工

楼板钢筋施工：安放板底钢筋保护层垫块，架空、安装楼面钢筋，安装板负筋（若为双层钢筋则为上层钢筋）并设置马凳，设置板厚模块，自检、互检、交接检后报监理验收。

（2）混凝土浇筑

在浇筑混凝土前，预制构件结合面疏松部分的混凝土应剔除并清理干净，还应按设计要求检查结合面的粗糙程度及预制构件的外露钢筋，严格按设计要求对接触面进行处理，检查钢筋、木模、水电预埋无问题后，提前24h洒水润湿结合面，应当采用比构件强度高一个等级的混凝土浇筑，并振捣密实。

混凝土浇筑现场需一人扶输送管，两人操作振动棒（其中一人抬振动电机拉线），每次振捣的时间为3～5s，振动棒插入前后间距一般为30～50cm，也可使用平板振动器来进行振捣。振捣结束后，两人找平混凝土，两人收光。楼面平整度应严格控制，利用边模顶面和柱插筋上的标高控制混凝土厚度和混凝土平整度；同时，控制楼面混凝土标高偏差在8mm以内，外墙边局部梁标高偏差由专人负责修整。

采用预制构件做模板的柱、剪力墙，从楼梯角的柱开始往一个方向逐步浇筑。混凝土必须分层振捣，控制混凝土流速并由专人选用小功率的插入式振动棒振捣，振动器距离模板不大于15cm，也不得紧靠模板，且应尽量避免碰撞钢筋及各种预埋件。插入振动棒位置应错开对拉螺栓，并注意对对拉螺栓进行保护。每次插入振捣的时间为20～30s，并以混凝土不再显著下沉、不出现气泡、开始泛浆时为准。振动棒插入前后间距一般为30～50cm，防止漏振。混凝土浇筑时应安排专人负责打棒，防止因漏振出现蜂窝、麻面，防止因强振出现跑模、露筋。柱、剪力墙混凝土的浇筑高度应严格控制：在露出的柱插筋上做好混凝土顶标高标志，利用外圈叠合梁上的外侧预埋钢筋固定边模专用支架，调整边模顶标高至板顶设计标高；且楼板与柱、剪力墙分开浇筑时，柱、剪力墙混凝土的浇筑高度应略低于叠合楼板底标高。

养护：应在浇筑完毕后的12h内对混凝土进行保湿养护并加以覆盖，当采用塑料布覆盖养护时，应覆盖严密，并应保持塑料布内有凝结水。当日平均气温低于5℃时，不得浇水。对于用硅酸盐水泥、普通硅酸盐水泥或矿渣硅酸盐水泥拌制的混凝土，养护时间不得少于7d；对于掺用缓凝型外加剂或有抗渗要求的混凝土，不得少于14d。

当后浇叠合楼板混凝土强度符合现行国家及地方规范要求时，方可拆除叠合板下的临时支撑，以防止叠合梁发生侧倾或混凝土过早承受拉应力而使现浇节点出现裂缝。

10.3 装配式建筑施工的质量控制及安全管理

1. 装配式建筑施工的质量控制

装配式混凝土建筑安装工程质量控制除了遵循《装配式混凝土建筑技术标准》GB/T 51231—2016 外，同样要遵循《建筑工程施工质量评价标准》GB/T 50375—2016、《混凝土结构工程施工规范》GB 50666—2011 和《混凝土结构工程施工质量验收规范》GB 50204—2015 等。

项目检验包括性能检测、资料检查和观感质量评价。性能检测标准是：检查项目的检测指标一次检测达到设计要求及规范规定的应为一档，取 100%的分值；按相关规范规定，经过处理后满足设计要求及规范规定的应为二档，取 70%的分值。施工单位在预制构件、配件和材料进场时应核查性能检测报告。

资料检查包括材料、设备合格证，进场验收记录及复试报告，施工记录及施工试验等。资料完整并能满足设计要求及规范规定的应为一档，取 100%的分值；资料基本完整并能满足设计要求及规范规定的应为二档，取 70%的分值。

观感质量评价时，每个检查项目以随机抽取的检查点按“好”“一般”给出评价。项目检查点 90%及以上达到“好”，其余检查点达到“一般”的应为一档，取 100%的分值；项目检查点 80%及以上达到“好”，但不足 90%，其余检查点达到“一般”的应为二档，取 70%的分值。

对于允许偏差项目，检查项目 90%及以上测点实测值达到规范规定值的应为一档，取 100%的分值；检查项目 80%及以上测点实测值达到规范规定值，但不足 90%的应为二档，取 70%的分值。检查时在各相关检验批中随机抽取 5 个检验批，不足 5 个的取全部进行核查。

检验批的质量验收应包括实物检查和资料检查，并应符合下列三项规定：第一是主控项目，这些项目的质量抽样检验必须合格；第二是一般项目，这些项目采用计数抽样检验，除了规范特殊规定外，合格点率应该达到 80%以上，并且不得有严重缺陷；第三是在项目实施过程中应具有完整的质量检验记录，重要工序应具有完整的施工操作记录。

装配式混凝土建筑质量控制点主要包括预制构件外观、尺寸、力学性能、防水、安装方案以及所对应的各种连接方案。

《装配式混凝土建筑技术标准》GB/T 51231—2016 中关于预制构件安装和连接部分主控项目一共有七类，具体如下：

(1) 临时固定措施

临时固定措施是装配式混凝土结构安装过程中承受施工荷载、保证结构定位、确保施工安全的有效措施。临时支撑时常用临时固定措施，包括水平构件下方的临时竖向支撑、水平构件两端支撑构件上设置的临时牛腿、竖向构件临时斜撑等。

临时固定措施应符合设计要求，有专项施工方案，必须符合现行国家相关标准，该项目可以通过贯穿检查，检查施工方案、施工记录或设计文件，要求进行全数检查。

(2) 后浇混凝土

装配整体式混凝土结构节点区的后浇混凝土质量控制非常重要，不但要求其与预制构件的结合面紧密结合，还要求其自身浇筑密实，达到设计混凝土强度指标。后浇混凝土按批检验，应符合《混凝土强度检验评定标准》GB/T 50107—2010 的相关规定。

当后浇混凝土与现浇结构采用与预制构件相同强度等级的混凝土浇筑时，此时可以采用现浇结构的混凝土试块强度进行评定。对有特殊要求的后浇混凝土应单独制作试块进行检验评定。

（3）钢筋套筒灌浆连接和浆锚搭接连接

钢筋套筒灌浆连接和浆锚搭接连接是装配式混凝土结构的重要连接方式，灌浆质量的好坏直接影响结构整体性。灌浆应饱满、密实，所有孔道均应出浆。本项目要全数检查，检查灌浆施工质量检查记录以及有关检验报告。

钢筋采用套筒灌浆连接和浆锚搭接连接时，连接接头的质量和传力性能是影响装配式混凝土结构受力性能的关键，应严格控制。套筒灌浆连接前应按现行行业标准《钢筋套筒灌浆连接应用技术规程（2023 年版）》JGJ 355—2015 的有关规定进行钢筋套筒灌浆连接接头工艺试验，试验合格后方可进行灌浆作业。这部分按批检验，以每层为一个检验批；每工作班应制作 1 组且每层不应少于 3 组 40mm×40mm×160mm 的长方体试件，标准养护 28d 后进行抗压强度试验。检查灌浆料强度试验报告和评定记录。

（4）预制构件底部接缝坐浆

预制构件底部接缝坐浆强度应满足设计要求。检查数量按批检验，以每层为一检验批；每工作班同一配合比应制作 1 组且每层不应少于 3 组边长为 70.7mm 的立方体试件，标准养护 28d 后进行抗压强度试验，检查坐浆材料强度试验报告及评定记录。

说明：接缝采用坐浆连接时，为确保坐浆满足竖向传力要求，应对坐浆的强度提出明确的设计要求。对于不需要传力的填缝砂浆可以按构造要求规定其强度指标。施工时，应采取措施确保坐浆在接缝部位饱满密实，并加强养护。

（5）钢筋连接

1）机械连接。钢筋采用机械连接时，应按现行行业标准《钢筋机械连接技术规程》JGJ 107—2016 的有关规定进行验收。平行加工试件应与实际钢筋连接接头的施工环境相似，并宜在工程结构附近制作。对于直螺纹机械连接接头，应按有关标准规定检验螺纹接头拧紧扭矩和挤压接头压痕直径。对于冷挤压套筒机械连接接头，其接头质量也应符合国家现行有关标准的规定。

2）焊接连接。在装配式混凝土结构中，常会采用钢筋或钢板焊接连接。当钢筋或型钢采用焊接连接时，钢筋或型钢的焊接质量是保证结构传力的关键主控项目，应由具备资格的焊工进行操作，并应按《钢结构工程施工质量验收标准》GB 50205—2020 和《钢筋焊接及验收规程》JGJ 18—2012 的有关规定进行验收。考虑到装配式混凝土结构中钢筋或型钢焊接连接的特殊性，很难做到连接试件原位截取，故要求制作平行加工试件。平行加工试件应与实际钢筋连接接头的施工环境相似，并宜在工程结构附近制作。

钢筋焊接检查数量应符合现行行业标准《钢筋焊接及验收规程》JGJ 18—2012 的有关规定。采用型钢焊接连接时应全数检查。

3）螺栓连接。装配式混凝土结构采用螺栓连接时，螺栓、螺母、垫片等材料的进场验收应符合《钢结构工程施工质量验收标准》GB 50205—2020 的有关规定。施工时应分批逐个检查螺栓的拧紧力矩，并做好施工记录。

此项应全数检查。检验方法遵循《钢结构工程施工质量验收标准》GB 50205—2020的有关规定。

(6) 结构工程外观

装配式混凝土结构的外观质量除有特殊设计外，尚应符合《混凝土结构工程施工质量验收规范》GB 50204—2015 中关于现浇混凝土结构的有关规定。对于出现的严重缺陷及影响结构性能和安装、使用功能的尺寸偏差，处理方式应按现行国家标准《混凝土结构工程施工质量验收规范》GB 50204—2015 的有关规定执行。对于出现的一般缺陷，处理方式同上述方式。

装配式混凝土结构分项工程的外观质量不应有严重缺陷，且不得有影响结构性能和使用功能的尺寸偏差。该项要求全数检查。检验方法可采用现场观察、量测，并检查处理记录。

(7) 外墙板接缝的防水

装配式混凝土结构的接缝防水施工是非常关键的质量检验内容，是保证装配式混凝土外墙防水性能的关键，施工时应按设计要求进行选材和施工，并采取严格的检验措施。考虑到此项验收内容与结构施工密切相关，应按设计及有关防水施工要求进行验收。

外墙板接缝的现场淋水试验应在精装修进场前完成，并应满足下列要求：淋水量应控制在 $3L/(m^2 \cdot min)$，持续淋水时间为 24h；某处淋水试验结束后，若背水面存在渗漏现象，应对该检验批的全部外墙板接缝进行淋水试验，并对所有渗漏点进行整改处理；整改完成后重新对渗漏的部位进行淋水试验，直至不再出现渗漏点为止。

按批检验：每 $1000m^2$ 外墙（含窗）面积应划分为一个检验批，不足 $1000m^2$ 时也应划分为一个检验批；每个检验批应至少抽查一处，抽查部位应为相邻两层 4 块墙板形成的水平和竖向十字接缝区域，面积不得少于 $10m^2$。

2. 装配式建筑施工的安全管理

安全生产是实现建设工程质量、进度、造价三大控制目标的重要保障。近年来，随着建筑工业化水平的提高和装配整体式混凝土结构的大力推进，对建筑施工安全管理提出新的要求。

安全生产责任制是安全管理的核心。装配式混凝土建筑施工应执行国家、地方、行业和企业的安全生产法规和规章制度，落实各级各类人员的安全生产责任制，尤其是装配整体式混凝土结构的安全操作规程和安全知识培训及再教育势在必行，同产业化密切相关的制度应重点强调。

(1) 制定各工种安全操作规程

遵循工种安全操作规程可减少和控制劳动过程中的不安全行为，预防伤亡事故，确保作业人员的安全和健康，是企业安全管理的重要制度之一。安全操作规程的内容应根据国家和行业安全生产法律、法规、标准、规范，结合施工现场的实际情况来制定，同时根据现场使用的新工艺、新设备、新技术制定出相应的安全操作规程，并监督其实施。

1) 制定施工现场安全管理规定

施工现场安全管理规定是施工现场安全管理制度的基础，目的是规范施工现场安全防护设施。施工现场安全管理的内容包括施工现场一般安全规定、构件堆放场地安全管理、脚手架工程安全管理、支撑架及防护架安全使用管理、电梯井操作平台安全管理、马道搭设安全管理、水平安全网支搭拆除安全管理、孔洞临边防护安全管理、拆除工程安全管理、防护棚支搭安全管理等。

2）制定机械设备安全管理制度

机械设备是指建筑施工普遍使用的垂直运输和构件加工机具，由于机械设备本身存在一定的危险性，如果管理不当可能造成伤亡事故，塔式起重机和汽车式起重机是装配式混凝土结构施工中安全使用管理的重点。机械设备安全管理制度应规定：大型设备使用应到上级有关部门备案，遵守国家和行业有关规定，还应设专人定期进行安全检查、保养，保证机械设备处于良好状态。

3）制定施工现场临时用电安全管理制度

施工现场临时用电是建筑施工现场使用广泛、安全隐患较大的项目，它牵涉每个劳动者的安全，也是施工现场一项重点安全管理项目。施工现场临时用电管理制度的内容应包括外电的防护、地下电缆的保护、设备的接地与接零保护、配电箱的设置及安全管理规定（总箱、分箱、开关箱）、现场照明、配电线路、电器装置、变配电装置、用电档案的管理等。

（2）构件运输安全管理

构件运输作业首先要做好车辆的安全检查，根据构件大小和重量进行车辆选型；其次，在装卸预制构件时，使车辆尽可能在坚硬平坦的道路上行驶，装载位置尽量靠近半挂车中心，左右两边预留空隙基本一致。在确保渡板后端无人的情况下，放下和收起渡板；吊装工具与预制构件连接必须牢靠，较大预制构件必须直立吊起和存放；预制构件起升高度要严格控制，预制构件底端距车架承载面或地面小于 100mm；吊装行走时，立面在前，操作人员站于预制构件后端，两侧与前面禁止站人。建筑产业化施工过程中，要根据运输与堆放方案提前做好堆放场地、固定要求、堆放支垫及成品保护措施。对于大型构件的装卸应有专门的质量安全保证措施，应掌握构件装卸的操作安全要点。

（3）构件吊装安全管理

安装作业开始前，应对安装作业区进行围护并做出明显的标识，拉警戒线，根据危险源级别安排旁站，严禁与安装作业无关的人员进入。吊装过程中要注意以下事项：

1）预制构件起吊后，先将预制构件提升 300mm 左右，停稳构件，检查钢丝绳、吊具和预制构件状态，确认吊具安全且构件平稳后方可缓慢提升。

2）吊运预制构件时，构件下方严禁站人，应待预制构件降落至距地面 1m 以内方准作业人员靠近，就位固定后方可脱钩。

3）高空吊运应通过揽风绳调整预制构件方向，严禁高空直接用手扶预制构件。

4）遇到雨、雪、雾天气，或者风力大于 5 级时，不得进行吊装作业。

（4）支撑体系安全管理

支撑体系包括内支撑、独立支撑和剪力墙临时支撑。装配式混凝土结构中预制柱、预制剪力墙临时固定一般用斜钢支撑；叠合楼板、阳台等水平构件一般用独立钢支撑或钢管脚手架支撑。

相关规范规定，施工作业使用的专用吊具、吊索、定型工具式支撑、支架等应进行安全验算，使用中进行定期、不定期检查，确保其模板和支撑材料也符合安全规定，例如，模板拆除时要注意先后顺序，先拆非承重模板后拆承重模板。

(5) 高空作业安全管理

根据《建筑施工高处作业安全技术规范》JGJ 80—2016 的规定，预制构件吊装前，吊装作业人员应穿防滑鞋、戴安全帽。预制构件吊装过程中，任何一项安全检查不合格时，严禁高空作业。使用的工具和零配件等应采取防滑落措施，并严禁上下抛掷。构件起吊后，构件和起重臂下面严禁站人。构件应匀速起吊，吊运到指定位置后使用辅助性工具安装。

安装过程中的攀登作业需要使用梯子时，梯脚底部应坚实，不得垫高使用，折梯使用时上部夹角以 35°～45°为宜，并应设有可靠的拉撑装置，梯子的制作质量和材质应符合规范要求。安装过程中的悬空作业处应设置防护栏杆或其他可靠的安全措施，悬空作业所使用的索具、吊具、料具等应为经过技术鉴定或验证、验收的合格产品。

梁、板吊装前需将安全立杆和安全维护绳安装到位，为吊装时工人佩戴安全带提供连接点。吊装预制构件时，下方严禁站人和行走。在预制构件连接、焊接、灌缝、灌浆时，距地面 2m 以上框架、过梁、雨篷和小平台应设操作平台，不得直接站在模板或支撑件上操作。安装梁和板时，应设置临时支撑架，临时支撑架调整时，需要两人同时进行，防止构件倾覆。

安装楼梯时，作业人员应在构件一侧，并应佩戴安全带，同时严格遵守“高挂低用”的原则。

外围防护一般采用外挂架，架体高度要高于作业面，作业层脚手板要铺设严密。架体外侧应使用密目式安全网进行封闭，安全网的材质应符合规范要求，现场使用的安全网必须是符合国家标准要求的合格产品。

在建工程的预留洞口、楼梯口、电梯井口应有防护措施，防护设施应铺设严密，符合规范要求，同时应达到定型化、工具化。电梯井内应每隔两层（不大于 10m）设置一道安全平网。

通道口防护棚应严密、牢固，防护棚两侧应设置防护措施，防护棚宽度应大于通道口宽度，长度应符合规范要求。建筑物高度超过 30m 时，通道口防护顶棚应采用双层防护。防护棚的材质应符合规范要求。

存放辅助性工具或者零配件需要搭设物料平台时，应有相应的设计计算，并按设计要求进行搭设，支撑系统必须与建筑结构进行可靠连接，材质应符合规范及设计要求，并应在平台上设置荷载限定标牌。

预制梁、楼板及叠合受弯构件的安装需要搭设临时支撑时，所需钢管等需要悬挑式钢平台进行存放。悬挑式钢平台应有相应的设计计算，并按设计要求进行搭设，搁置点与上部拉结点必须位于建筑结构上，斜拉杆或钢丝绳应按要求两边各设置前后两道。钢平台两侧必须安装固定的防护栏杆，并应在平台上设置荷载限定标牌，钢平台台面、钢平台与建筑结构间铺板应严密、牢固。

安装管道时必须有已完结结构或操作平台作为立足点，严禁在安装中的管道上站立和行走。移动式操作平台的面积不应超过 10m^2，高度不应超过 5m；移动式操作平台轮子与平台连接应牢固、可靠，立柱底端距地面高度不得大于 80mm；操作平台应按规范要求进行组装，铺板应严密，操作平台四周应按规范要求设置防护栏杆，并设置登高扶梯，操作平台的材质应符合规范要求。

安装门窗以及对门窗进行油漆涂刷或安装玻璃时，严禁操作人员站在樘子、阳台栏板上操作。门窗临时固定、封填材料未达到强度以及电焊时，严禁手拉门窗进行攀登。在高处外墙安装门窗、无外脚手架时，应张挂安全网；无安全网时，操作人员应系好安全带，其保险钩应挂在操作人员上方的可靠物件上。进行各项窗口作业时，操作人员的重心应位于室内，不得在窗台上站立，必要时应系好安全带进行操作。

复习思考题

1. 简述装配式建筑的特点。

2. 简述钢筋套筒灌浆连接的施工过程。

3.《装配式混凝土建筑技术标准》GB/T 51231—2016 中关于预制构件安装和连接部分主控项目一共有七类，具体包括哪些？

10-1 复习思考题参考答案

11 绿色建筑与绿色施工

11.1 概　　述

1. 绿色建筑

绿色建筑是指在全寿命期内，节约资源（节能、节地、节水、节材）、保护环境、减少污染，为人们提供健康、适用、高效的使用空间，最大限度地实现人与自然和谐共生的高质量建筑。由此可以看出，从概念上来讲绿色建筑主要包含以下三点：

一是节能，这个节能是广义上的，包含了上面所提到的“四节”，主要是强调减少各种资源的浪费；

二是保护环境，强调的是减少环境污染，减少二氧化碳排放；

三是满足人们使用上的要求，为人们提供“健康”“适用”“高效”的使用空间。可以说，这三个词就是绿色建筑概念的缩影：“健康”代表以人为本，满足人们的使用需求；“适用”代表节约资源，不奢侈浪费，不做豪华型建筑；“高效”代表资源能源的合理利用，同时减少二氧化碳排放和环境污染。

2. 绿色施工

绿色施工是指在保证质量、安全等基本要求的前提下，通过科学管理和先进技术的使用，最大限度地节约资源，减少对环境的负面影响，实现节能、节材、节水、节地和环境保护（“四节一环保”）的建筑工程施工活动。

绿色施工的内涵主要包括如下四个方面：

一是尽可能采用绿色建材和设备；

二是节约资源，降低消耗；

三是清洁施工过程，控制环境污染；

四是基于绿色理念，通过对设计产品（即施工图纸）所确定的工程做法、设备和用材提出优化和完善的建议意见，促使施工过程安全文明、质量得到保证，实现建筑产品的安全性、可靠性、适应性和经济性。

具体来讲，绿色施工的主要内容就是文明施工、封闭施工、减少噪声扰民、减少环境污染、清洁运输；减少场地干扰、尊重基地环境；环保健康的施工工艺；减少填埋废弃物的数量；实施科学管理、保证施工质量。

3. 绿色建筑与绿色施工的区别

绿色建筑与绿色施工的区别不仅在于概念上的不同，还因为绿色建筑不一定通过绿色施工才能实现，绿色施工后得到的建筑也未必是绿色建筑。

绿色建筑强调的是全寿命周期，而绿色施工的着重点在施工阶段。

绿色建筑的一个特点就是应该达到绿色施工，而并不只是在规划和设计阶段，因为施

评价。

绿色建筑评价应在建筑工程竣工后进行。在建筑工程施工图设计完成后，可进行预评价。

申请评价方应对参评建筑进行全寿命期技术和经济分析，选用适宜的技术、设备和材料，对规划、设计、施工、运行阶段进行全过程控制，并应在评价时提交相应分析、测试报告和相关文件。申请评价方应对所提交资料的真实性和完整性负责。

评价机构应对申请评价方提交的分析、测试报告和相关文件进行审查，出具评价报告，确定等级。

申请绿色金融服务的建筑项目，应对节能措施、节水措施、建筑能耗和碳排放等进行计算和说明，并应形成专项报告。

1. 绿色建筑评价指标体系

绿色建筑评价指标体系应由安全耐久、健康舒适、生活便利、资源节约、环境宜居 5 类指标组成，且每类指标均包括控制项和评分项；评价指标体系还统一设置加分项。

控制项的评定结果应为达标或不达标，评分项和加分项的评定结果应为分值。绿色建筑评价的分值设定应符合表 11-1 的规定。

绿色建筑评价分值　　表 11-1

类型	控制项基础分值	评价指标评分项满分值					提高与创新加分项满分值
		安全耐久	健康舒适	生活便利	资源节约	环境宜居	
预评价分值	400	100	100	70	200	100	100
评价分值	400	100	100	100	200	100	100

注：预评价时，“生活便利”评分项中“物业管理”项、“提高与创新”加分项中“按照绿色施工的要求进行施工和管理”条不得分。

绿色建筑评价的总得分应按下式进行计算：

$$Q=(Q_0+Q_1+Q_2+Q_3+Q_4+Q_5+Q_A)/10 \tag{11-1}$$

式中　Q——总得分；

Q_0——控制项基础分值，当满足所有控制项的要求时取 400 分；

$Q_1 \sim Q_5$——分别为评价指标体系 5 类指标（安全耐久、健康舒适、生活便利、资源节约、环境宜居）评分项得分；

Q_A——提高与创新加分项得分。

（1）安全耐久：建筑安全是人们使用建筑的最基本前提，建筑耐久则是提升建筑使用时间、降低再建成本、减少资源消耗的重要途径。该指标对绿色建筑的安全性和耐久性提出了具体要求。

（2）健康舒适：室内健康舒适是人们正常使用建筑的重要保障，减少疾病风险，提升人们工作和学习的效率。该指标从室内空气品质、水质、声环境与光环境、室内热湿环境四方面对绿色建筑达到健康舒适性能提出了具体要求。

（3）生活便利：完善的生活配套设施可使人们工作生活更加便利，明显提升居住质量。该指标从出行与无障碍、服务设施、智慧运行、物业管理四方面对绿色建筑达到生活便利性提出了具体要求。

（4）资源节约：传统粗放式的建材生产、建设、运维过程不再符合国家高质量发展方向，节省消耗、减少排放、降低成本的建筑生产运维方式是必然趋势。该指标从节地与土地利用、节能与能源利用、节水与水资源利用、节材与绿色建材四方面对绿色建筑达到资源节约提出了具体要求。

（5）环境宜居：绿色建筑应与生态环境和谐相处，通过合理规划场地生态与景观，减少噪声、光污染及热岛效应，提升人们的生活舒适性。该指标从场地生态与景观、室外物理环境两方面对绿色建筑达到环境宜居性能提出了具体要求。

（6）提高与创新：鼓励绿色建筑企业发挥各自优势，在建筑各环节和阶段采用先进、适用、经济的技术、产品和管理方式，创新发展绿色建筑。

2. 绿色建筑评价等级

绿色建筑划分为基本级、一星级、二星级、三星级 4 个等级，星级标识如图 11-1 所示。

当满足全部控制项要求时，绿色建筑等级应为基本级。

绿色建筑星级等级应按下列规定确定：

（1）一星级、二星级、三星级 3 个等级的绿色建筑均应满足相关标准全部控制项的要求，且每类指标的评分项得分不应小于其评分项满分值的 30%。

图 11-1 绿色建筑星级标识

（2）一星级、二星级、三星级 3 个等级的绿色建筑均应进行全装修，全装修工程质量、选用材料及产品质量应符合同家现行有关标准的规定。

（3）当总得分分别达到 60 分、70 分、85 分且满足“一星级、二星级、三星级绿色建筑的技术要求”时，绿色建筑等级分别为一星级、二星级、三星级，如图 11-2 所示。

11.2.2 建筑工程绿色施工评价标准

《建筑工程绿色施工规范》GB/T 50905—2014 发布于 2014 年 1 月 29 日，2014 年 10 月 1 日开始实施，适用于建筑工程绿色施工的评价。

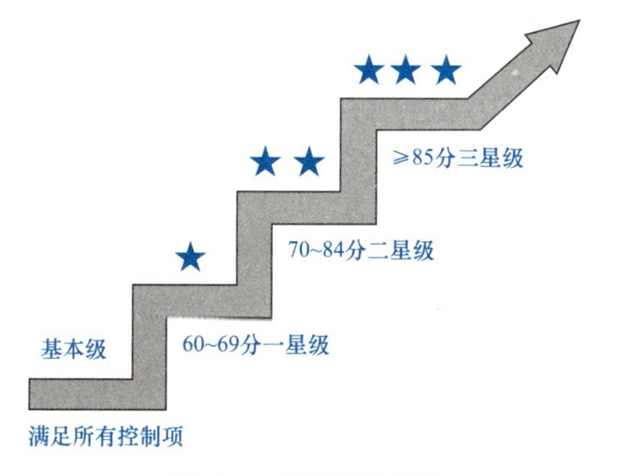

图 11-2 绿色建筑等级

绿色施工评价应以建筑工程施工过程为对象进行评价。

绿色施工的评价贯穿整个施工过程，评价的对象可以是施工的任何阶段或分部分项工程。评价要素是环境保护、节材与材料资源利用、节水与水资源利用、节能与能源利用、节地与土地资源保护五个方面。

发生下列事故之一，不得评为绿色施工合格项目：

（1）发生安全生产死亡责任事故。

（2）发生重大质量事故，并造成严重影响。

（3）发生群体传染病、食物中毒等责任事故。

（4）施工中因“四节一环保”问题被政府管理部门处罚。

（5）违反国家有关“四节一环保”的法律法规，造成严重社会影响。

（6）施工扰民造成严重社会影响。

严重社会影响是指施工活动对附近居民的正常生活产生很大影响的情况，如造成相邻房屋出现不可修复的损坏、交通道路破坏、光污染和噪声污染等，并引起群众性抵触的活动。

1. 建筑工程绿色施工评价指标体系

评价阶段宜按地基与基础工程、结构工程、装饰装修与机电安装工程进行。

建筑工程绿色施工应依据环境保护、节材与材料资源利用、节水与水资源利用、节能与能源利用和节地与土地资源保护五个要素进行评价。

评价要素应由控制项、一般项、优选项三类评价指标组成。控制项是指绿色施工过程中必须达到的基本要求条款；一般项是指绿色施工过程中根据实施情况进行评价，难度和要求适中的条款；优选项是指绿色施工过程中实施难度较大、要求较高的条款。绿色施工评价要素均包含控制项、一般项、优选项三类评价指标。针对不同地区或工程应进行环境因素分析，对评价指标进行增减，并列入相应要素进行评价。

绿色施工评价框架体系由评价阶段、评价要素、评价指标、评价等级构成，如图 11-3 所示。

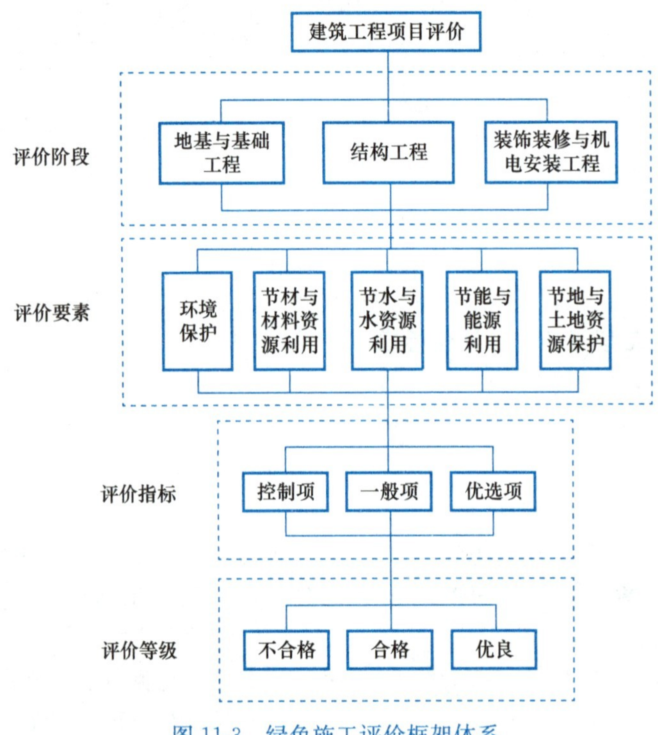

图 11-3　绿色施工评价框架体系

2. 建筑工程绿色施工评价等级

评价等级应分为不合格、合格和优良。

确定评价等级基本思路：

（1）绿色施工项目前提条件：相关方必须履行相应职责。

（2）不合格：控制项任意项达不到要求；优选项的各要素任意项得分小于 1 分，总分小于 5 分；总得分小于 60 分。

合格：控制项必须全部达到要求；优选项的各要素应大于或等于1分，总分大于或等于5分；评价分数达到60分以上。

优良：控制项必须全部达到要求；优选项的各要素得分应大于或等于2分，总分大于或等于10分；评价分数达到80分以上。

（3）评价计分。分三个阶段：基础、主体、装饰与安装。

计分步骤：分阶段按要素评价得出要素评价分数；然后将要素分数按权重求得当次检查综合得分；再将若干次检查分数做加权平均，得出阶段综合分。

（4）格次判断。按综合分及其他格次要求指标进行判断，评出绿色施工档次。

11.3 绿色建筑施工技术

2014年1月29日，住房和城乡建设部发布第321号公告，批准《建筑工程绿色施工规范》为国家标准，编号为GB/T 50905—2014，自2014年10月1日起实施。规范的主要内容包括总则、术语、基本规定、施工准备、施工场地、地基与基础工程、主体结构工程、装饰装修工程、保温和防水工程、机电安装工程及拆除工程。

该规范适用于新建、扩建、改建及拆除等建筑工程的绿色施工。

11.3.1 组织与管理

建设单位应履行下列职责：

（1）在编制工程概算和招标文件时，应明确绿色施工的要求，并提供包括场地、环境、工期、资金等方面的条件保障。

（2）应向施工单位提供建设工程绿色施工的设计文件、产品要求等相关资料，保证资料的真实性和完整性。

（3）应建立工程项目绿色施工的协调机制。

设计单位应履行下列职责：

（1）应按国家现行有关标准和建设单位的要求进行工程的绿色设计。

（2）应协助、支持、配合施工单位做好建筑工程绿色施工的有关设计工作。

监理单位应履行下列职责：

（1）应对建筑工程绿色施工承担监理责任。

（2）应审查绿色施工组织设计、绿色施工方案或绿色施工专项方案，并在实施过程中做好监督检查工作。

施工单位应履行下列职责：

（1）施工单位是建筑工程绿色施工的实施主体，应组织绿色施工的全面实施。

（2）实行总承包管理的建设工程，总承包单位应对绿色施工负总责。

（3）总承包单位应对专业承包单位的绿色施工实施管理，专业承包单位应对工程承包范围内的绿色施工负责。

（4）施工单位应建立以项目经理为第一责任人的绿色施工管理体系，制定绿色施工管理制度，负责绿色施工的组织实施，进行绿色施工教育培训，定期开展自检、联检和评价工作。

（5）绿色施工组织设计、绿色施工方案或绿色施工专项方案编制前，应进行绿色施工影响因素分析，并据此制定实施对策和绿色施工评价方案。

11.3.2 主要绿色施工技术

《建筑工程绿色施工规范》GB/T 50905—2014（以下简称“2014 版施工规范”）以分部分项形式划分章节，绿色施工技术集中在地基与基础工程、主体结构工程、拆除工程等章节。表 11-2 列出了 2014 版施工规范中提到的主要绿色施工技术。

2014 版施工规范列举的绿色施工技术　　表 11-2

2014 版施工规范相关条款	备注
6. 地基与基础工程 6.5 地下水控制 6.5.1 基坑降水宜采用基坑封闭降水方法 6.5.2 基坑施工排出的地下水应加以利用 6.5.3 采用井点降水施工时，地下水位与作业面高差宜控制在 250mm 以内，并应根据施工进度进行水位自动控制 6.5.4 当无法采用基坑封闭降水，且基坑抽水对周围环境可能造成不良影响时，应采用对地下水无污染的回灌方法	6.5.4 控制地下水位的措施不全面
7. 主体结构工程 7.2 混凝土结构工程 7.2.20 在混凝土配合比设计时，应减少水泥用量，增加工业废料、矿山废渣的掺量：当混凝土中添加粉煤灰时，宜利用其后期强度 7.2.23 混凝土振捣应采用低噪声振捣设备，也可采取围挡等降噪措施；在噪声敏感环境或钢筋密集时，宜采用自密实混凝土 7.2.24 混凝土宜采用塑料薄膜加保温材料覆盖保湿、保温养护： 当采用洒水或喷雾养护时，养护用水宜使用回收的基坑降水或雨水；混凝土竖向构件宜采用养护剂进行养护 7.2.25 混凝土结构宜采用清水混凝土，其表面应涂刷保护剂 7.2.26 混凝土浇筑余料应制成小型预制件，或采用其他措施加以利用，不得随意倾倒 7.2.27 清洗泵送设备和管道的污水应经沉淀后回收利用，浆料分离后可作室外道路、地面等垫层的回填材料	混凝土施工与养护
7. 主体结构工程 7.4 钢结构工程 7.4.4 钢结构加工应制订废料减量计划，优化下料，综合利用余料，废料应分类收集、集中堆放、定期回收处理 7.4.7 钢结构现场涂料应采用无污染、耐候性好的材料。防火涂料喷涂施工时，应采取防止涂料外泄的专项措施	施工管理
8. 装饰装修工程 8.3.3 门窗框周围缝隙的填充应采用憎水保温材料 8.5.1 隔墙材料宜采用轻质砌块砌体或轻质墙板，严禁采用实心烧结黏土砖 8.5.2 预制板或轻质隔墙板间的填塞材料应采用弹性或微膨胀的材料	装修材料
11. 拆除工程 11.4.1 建筑拆除物分类和处理应符合现行国家标准《工程施工废弃物再生利用技术规范》GB/T 50743—2012 的规定；剩余的废弃物应做无害化处理 11.4.2 不得将建筑拆除物混入生活垃圾，不得将危险废弃物混入建筑拆除物 11.4.3 拆除的门窗、管材、电线、设备等材料应回收利用 11.4.4 拆除的钢筋和型材应经分拣后再生利用	建筑废弃物利用

1. 封闭降水及水收集综合利用技术

（1）基坑施工封闭降水技术

1）技术内容

基坑封闭降水是指在坑底和基坑侧壁采用截水措施，在基坑周边形成止水帷幕，阻截基坑侧壁及基坑底面的地下水流入基坑，在基坑降水过程中对基坑以外地下水位不产生影响的降水方法；基坑施工时应按需降水或隔离水源。

在我国沿海地区宜采用地下连续墙或护坡桩＋搅拌桩止水帷幕的地下水封闭措施；内陆地区宜采用护坡桩＋旋喷桩止水帷幕的地下水封闭措施；河流阶地地区宜采用双排或三排搅拌桩对基坑进行封闭，同时兼做支护的地下水封闭措施。

2）技术指标

① 封闭深度：宜采用悬挂式竖向截水和水平封底相结合，在没有水平封底措施的情况下，要求侧壁帷幕（连续墙、搅拌桩、旋喷桩等）插入基坑下卧不透水土层一定深度。深度情况按下式计算：

$$L = 0.2h_{w} - 0.5b \tag{11-2}$$

式中　L——帷幕插入不透水层的深度；

h_{w}——作用水头；

b——帷幕厚度。

② 截水帷幕厚度：满足抗渗要求，渗透系数宜小于 1.0×10^{-6}cm/s。

③ 基坑内井深度：可采用疏干井和降水井，若采用降水井，井深度不宜超过截水帷幕深度；若采用疏干井，井深应插入下层强透水层。

④ 结构安全性：截水帷幕必须在有安全的基坑支护措施下配合使用（如注浆法），或者帷幕本身经计算能同时满足基坑支护的要求（如地下连续墙）。

3）适用范围

适用于有地下水存在的所有非岩石地层的基坑工程。

4）工程案例

北京地铁 8 号线、天津周大福金融中心。

（2）施工现场水收集综合利用技术

1）技术内容

施工过程中应高度重视施工现场非传统水源的水收集与综合利用，该项技术包括基坑施工降水回收利用技术、雨水回收利用技术、现场生产和生活废水回收利用技术。

① 基坑施工降水回收利用技术，一般包含两种技术：一是利用自渗效果将上层滞水引渗至下层潜水层中，可使部分水资源重新回灌至地下的回收利用技术；二是将降水所抽水体集中存放，施工时再利用。

② 雨水回收利用技术是指在施工现场将雨水收集后，经过雨水渗蓄、沉淀等处理，集中存放再利用。回收水可直接用于冲刷厕所、施工现场洗车及现场洒水控制扬尘。

③ 现场生产和生活废水利用技术是指将施工生产和生活废水经过过滤、沉淀或净化等处理达标后再利用。

经过处理或水质达到要求的水体可用于绿化、结构养护用水以及混凝土试块养护用水等。

2）技术指标

① 利用自渗效果将上层滞水引渗至下层潜水层中，有回灌量、集中存放量和使用量记录。

② 施工现场用水至少应有20%来源于雨水和生产废水回收利用等。

③ 污水排放应符合《污水综合排放标准》GB 8978—1996。

④ 基坑降水回收利用率按下式计算：

$$R = K_6 \frac{Q_1 + q_1 + q_2 + q_3}{Q_0} \times 100\% \tag{11-3}$$

式中 Q_0——基坑涌水量（m^3/d），按照最不利条件下的计算最大流量；

Q_1——回灌至地下的水量（根据地质情况及试验确定）；

q_1——现场生活用水量（m^3/d）；

q_2——现场控制扬尘用水量（m^3/d）；

q_3——施工砌筑抹灰等用水量（m^3/d）；

K_6——损失系数；取0.85～0.95。

3）适用范围

基坑封闭降水技术适用于地下水面埋藏较浅的地区；雨水及废水利用技术适用于各类施工工程。

4）工程案例

天津津湾广场9号楼、上海浦东金融广场、深圳平安中心、天津渤海银行、东营市东银大厦等工程。

2. 建筑垃圾减量化与资源化利用技术

（1）技术内容

建筑垃圾是指在新建、扩建、改建和拆除加固各类建筑物、构筑物、管网以及装饰装修等过程中产生的施工废弃物。

建筑垃圾减量化是指在施工过程中采用绿色施工新技术、精细化施工和标准化施工等措施，减少建筑垃圾排放。建筑垃圾资源化利用是指建筑垃圾就近处置、回收直接利用或加工处理后再利用。对于建筑垃圾减量化与建筑垃圾资源化利用的主要措施有：实施建筑垃圾分类收集、分类堆放；碎石类、粉类的建筑垃圾进行级配后用作基坑肥槽、路基的回填材料；采用移动式快速加工机械，将废旧砖瓦、废旧混凝土就地分拣、粉碎、分级，变为可再生骨料。

可回收的建筑垃圾主要有散落的砂浆和混凝土、剔凿产生的砖石和混凝土碎块、打桩截下的钢筋混凝土桩头、砌块碎块，废旧木材、钢筋余料、塑料等。

现场垃圾减量与资源化的主要技术有：

1）对钢筋采用优化下料技术，提高钢筋利用率；对钢筋余料采用再利用技术，如将钢筋余料用于加工马凳筋、预埋件与安全围栏等。

2）对模板的使用应进行优化拼接，减少裁剪量；对木模板应通过合理的设计和加工制作提高重复使用率；对短木方采用指接接长技术，提高木方利用率。

3）对混凝土浇筑施工中的混凝土余料做好回收利用，用于制作小过梁、混凝土砖等。

4）在二次结构的加气混凝土砌块隔墙施工中，做好加气块的排块设计，在加工车间进行机械切割，减少工地加气混凝土砌块的废料。

5）废塑料、废木材、钢筋头与废混凝土的机械分拣技术；利用废旧砖瓦、废旧混凝土为原料的再生骨料就地加工与分级技术。

6）现场直接利用再生骨料和微细粉料作为骨料和填充料，生产混凝土砌块、混凝土砖、透水砖等制品的技术。

7）利用再生细骨料制备砂浆及其使用的综合技术。

（2）技术指标

1）再生骨料应符合《混凝土用再生粗骨料》GB/T 25177—2010、《混凝土和砂浆用再生细骨料》GB/T 25176—2010、《再生骨料应用技术规程》JGJ/T 240—2011、《再生骨料地面砖和透水砖》CJ/T 400—2012 和《建筑垃圾再生骨料实心砖》JG/T 505—2016 的规定。

2）建筑垃圾产生量应不高于 350t/万 m^2；可回收的建筑垃圾回收利用率达到 80%以上。

（3）适用范围

适合建筑物和基础设施拆迁、新建和改扩建工程。

（4）工程案例

天津生态城海洋博物馆、成都银泰中心、北京建筑大学实验楼工程、昌平区亭子庄污水处理站工程、昌平陶瓷馆、邯郸金世纪商务中心、青岛市海逸景园工程、安阳人民医院整体搬迁建设项目门急诊综合楼工程。

3. 施工现场太阳能、空气能利用技术

（1）施工现场太阳能光伏发电照明技术

1）技术内容

施工现场太阳能光伏发电照明技术是利用太阳能电池组件将太阳光能直接转化为电能储存并用于施工现场照明系统的技术。发电系统主要由光伏组件、控制器、蓄电池（组）和逆变器（当照明负载为直流电时，不使用）及照明负载等组成。

2）技术指标

施工现场太阳能光伏发电照明技术中的照明灯具负载应为直流负载，灯具选用以工作电压为 12V 的 LED 灯为主。生活区安装太阳能发电电池，保证道路照明使用率达到 90%以上。

① 光伏组件：具有封装及内部联结的、能单独提供直流电输出、最小不可分割的太阳能电池组合装置，又称太阳能电池组件。太阳光充足、日照好的地区，宜采用多晶硅太阳能电池；阴雨天比较多、阳光相对不是很充足的地区，宜采用单晶硅太阳能电池；其他新型太阳能电池，可根据太阳能电池发展趋势选用新型低成本太阳能电池；选用的太阳能电池输出的电压应比蓄电池的额定电压高 20%～30%，以保证蓄电池正常充电。

② 太阳能控制器：控制整个系统的工作状态，并对蓄电池起到过充电保护、过放电保护的作用；在温差较大的地方，应具备温度补偿和路灯控制功能。

③ 蓄电池：一般为铅酸电池，小微型系统中，也可用镍氢电池、镍镉电池或锂电池。根据临建照明系统整体用电负荷数，选用适合容量的蓄电池，蓄电池额定工作电压通常选 12V，容量为日负荷消耗量的 6 倍左右，可根据项目具体使用情况组成电池组。

3）适用范围

施工现场临时照明，如路灯、加工棚照明、办公区廊灯、食堂照明、卫生间照明等。

4）工程案例

北京地区清华附中凯文国际学校工程、长乐宝苑三期工程、浙江地区台州银泰城工程、安徽地区阜阳颍泉万达、湖南地区长沙明昇壹城、山东地区青岛北客站等工程。

（2）太阳能热水应用技术

1）技术内容

太阳能热水技术是利用太阳光将水温加热的装置。太阳能热水器分为真空管式太阳能热水器和平板式太阳能热水器，真空管式太阳能热水器占据国内95%的市场份额，太阳能光热发电比光伏发电的转化效率高。它由集热部件（真空管式为真空集热管，平板式为平板集热器）、保温水箱、支架、连接管道、控制部件等组成。

2）技术指标

① 太阳能热水技术系统由集热器外壳、水箱内胆、水箱外壳、控制器、水泵、内循环系统等组成。常见太阳能热水器安装技术参数见表11-3。

太阳能热水器安装技术参数　　表11-3

产品型号	水箱容积（t）	集热面积（m^2）	集热管规格（mm）	集热管支数（支）	适用人数
DFJN-1	1	15	ϕ47×1500	120	20～25
DFJN-2	2	30	ϕ47×1500	240	40～50
DFJN-3	3	45	ϕ47×1500	360	60～70
DFJN-4	4	60	ϕ47×1500	480	80～90
DFJN-5	5	75	ϕ47×1500	600	100～120
DFJN-6	6	90	ϕ47×1500	720	120～140
DFJN-7	7	105	ϕ47×1500	840	140～160
DFJN-8	8	120	ϕ47×1500	960	160～180
DFJN-9	9	135	ϕ47×1500	1080	180～200
DFJN-10	10	150	ϕ47×1500	1200	200～240
DFJN-15	15	225	ϕ47×1500	1800	300～360
DFJN-20	20	300	ϕ47×1500	2400	400～500
DFJN-30	30	450	ϕ47×1500	3600	600～700
DFJN-40	40	600	ϕ47×1500	4800	800～900
DFJN-50	50	750	ϕ47×1500	6000	1000～1100

特别说明：因每人每次洗浴用水量不同，以上所标适用人数为参考洗浴人数。

② 太阳能集热器相对储水箱的位置应使循环管路尽可能短；集热器面向正南或正南偏西5°，条件不允许时可正南±30°；平板型、竖插式真空管太阳能集热器安装倾角需根据工程所在地区纬度调整，一般情况安装角度等于当地纬度或当地纬度±10°；集热器应避免遮光物或前排集热器的遮挡，应尽量避免反射光对附近建筑物引起光污染。

③ 采购的太阳能热水器的热性能、耐压、电气强度、外观等检测项目，应依据《家用太阳能热水系统技术条件》GB/T 19141—2011的要求。

④ 宜选用合理先进的控制系统，控制主机启停、水箱补水、用户用水等；系统用水箱和管道需做好保温防冻措施。

3）适用范围

适用于太阳能丰富的地区，适用于施工现场办公、生活区临时热水供应。

4）工程案例

海淀区苏家坨镇北安河定向安置房项目东区 12、22、25 及 31 地块、天津嘉海国际花园项目、成都天府新区成都片区直管区兴隆镇（保三）、正兴镇（钓四）安置房建设项目工程。

（3）空气能热水技术

1）技术内容

空气能热水技术是运用热泵工作原理，吸收空气中的低能热量，经过中间介质的热交换，并压缩成高温气体，通过管道循环系统对水进行加热的技术。空气能热水器是采用制冷原理从空气中吸收热量来加热水的“热量搬运”装置。把一种沸点为－10℃的制冷剂通到交换机中，制冷剂通过蒸发由液态变成气态从空气中吸收热量；再经过压缩机加压做功，制冷剂的温度就能骤升至 80～120℃。其具有高效节能的特点，较常规电热水器的热效率高达 380%～600%，制造相同的热水量，比电辅助太阳能热水器利用能效高，耗电只有电热水器的 1/4。

2）技术指标

① 空气能热水器利用空气能，不需要阳光，因此放在室内或室外均可，温度在零摄氏度以上，就可以 24h 全天候承压运行；部分空气能（源）热泵热水器参数见表 11-4。

部分空气能（源）热泵热水器参数　　表 11-4

机组型号	2P	3P		5P	10P
额定制热量（kW）	6.79	8.87	8.87	14.97	30
额定输入功率（kW）	1.96	2.88	2.83	4.67	9.34
最大输入功率（kW）	2.5	3.6	3.8	6.4	12.8
额定电流（A）	9.1	14.4	5.1	8.4	16.8
最大输入电流（A）	11.4	16.2	7.1	12	20
电源电压（V）	220		380		
最高出水温度（℃）	60				
额定出水温度（℃）	55				
额定使用水压（MPa）	0.7				
热水循环水量（m^3/h）	3.6	7.8	7.8	11.4	19.2
循环泵扬程（m）	3.5	5	5	5	7.5
水泵输出功率（W）	40	100	100	125	250
产水量（L/hr，20～55℃）	150	300	300	400	800
COP 值	2～5.5				
水管接头规格	*DN*20	*DN*25	*DN*25	*DN*25	*DN*32
环境温度要求	－5～40℃				
运行噪声	≤50dB（A）	≤55dB（A）	≤55dB（A）	≤60dB（A）	≤60dB（A）
选配热水箱容积（t）	1～1.5	2～2.5	2～2.5	3～4	5～8

② 工程现场使用空气能热水器时，空气能热泵机组应尽可能布置在室外，进风和排风应通畅，避免造成气流短路。机组间的距离应保持在 2m 以上，机组与主体建筑或临建墙体（封闭遮挡类墙面或构件）间的距离应保持在 3m 以上。另外为避免排风短路，在机组上部不应设置挡雨棚之类的遮挡物；如果机组必须布置在室内，应采取提高风机静压的办法，接风管将排风排至室外。

③ 宜选用合理先进的控制系统，控制主机启停、水箱补水、用户用水以及其他辅助热源切入与退出；系统用水箱和管道需做好保温防冻措施。

3）适用范围

适用于施工现场办公、生活区临时热水供应。

4）工程案例

北京清华附中凯文国际学校、天津嘉海国际花园项目、正兴镇（钓四）安置房建设项目工程、浙江台州银泰城等工程。

4. 施工扬尘控制技术

（1）技术内容

施工扬尘控制技术包括施工现场道路、塔吊、脚手架等部位自动喷淋降尘和雾炮降尘技术、施工现场车辆自动冲洗技术。

1）自动喷淋降尘系统由蓄水系统、自动控制系统、语音报警系统、变频水泵、主管、三通阀、支管、微雾喷头连接而成，主要安装在临时施工道路、脚手架上。

塔吊自动喷淋降尘系统是指在塔吊安装完成后通过塔吊旋转臂安装的喷水设施，用于塔臂覆盖范围内的降尘、混凝土养护等。喷淋系统由加压泵、塔吊、喷淋主管、万向旋转接头、喷淋头、卡扣、扬尘监测设备、视频监控设备等组成。

2）雾炮降尘系统主要有电机、高压风机、水平旋转装置、仰角控制装置、导流筒、雾化喷嘴、高压泵、储水箱等装置，其特点为风力强劲、射程高（远）、穿透性好，可以实现精量喷雾，雾粒细小，能快速抑制降沉，工作效率高、速度快，覆盖面积大。

3）施工现场车辆自动冲洗系统由供水系统、循环用水处理系统、冲洗系统、承重系统、自动控制系统组成。采用红外、位置传感器启动自动清洗及运行指示的智能化控制技术。水池采用四级沉淀、分离，处理水质，确保水循环使用；清洗系统由冲洗槽、两侧挡板、高压喷嘴装置、控制装置和沉淀循环水池组成；喷嘴沿多个方向布置，无死角。

（2）技术指标

扬尘控制指标应符合现行《建筑工程绿色施工规范》GB/T 50905—2014 中的相关要求。

地基与基础工程施工阶段施工现场 PM10/h 平均浓度不宜大于 150μg/m^3 或工程所在区域的 PM10/h 平均浓度的 120%；结构工程及装饰装修与机电安装工程施工阶段施工现场 PM10/h 平均浓度不宜大于 60μg/m^3 或工程所在区域的 PM10/h 平均浓度的 120%。

（3）适用范围

适用于所有工业与民用建筑的施工工地。

（4）工程案例

深圳海上世界双玺花园工程、北京金域国际工程、郑州东润泰、重庆环球金融中心、成都 IFS 国金中心等工程。

5. 施工噪声控制技术

(1) 技术内容

施工噪声控制技术是指通过选用低噪声设备、先进施工工艺或采用隔声屏、隔声罩等措施有效降低施工现场及施工过程噪声的控制技术。

1) 隔声屏是通过遮挡和吸声减少噪声的排放。隔声屏主要由基础、立柱和隔声屏板几部分组成。基础可以单独设计，也可在道路设计时一并设计在道路附属设施上；立柱可以通过预埋螺栓、植筋与焊接等方法，将立柱上的底法兰与基础连接牢靠，声屏障立板可以通过专用高强度弹簧与螺栓及角钢等方法将其固定于立柱槽口内，形成声屏障。隔声屏可模块化生产，装配式施工，选择多种色彩和造型进行组合、搭配，与周围环境协调。

2) 隔声罩是把噪声较大的机械设备（搅拌机、混凝土输送泵、电锯等）封闭起来，有效地阻隔噪声的外传。隔声罩外壳由一层不透气的具有一定重量和刚性的金属材料制成，一般用 2～3mm 厚的钢板，铺上一层阻尼层，阻尼层常用沥青阻尼胶浸透的纤维织物或纤维材料，外壳也可以用木板或塑料板制作，轻型隔声结构可用铝板制作。要求高的隔声罩可做成双层壳，内层较外层薄一些，两层的间距一般是 6～10mm，填以多孔吸声材料。罩的内侧附加吸声材料，以吸收声音并减弱空腔内的噪声。要减少罩内混响声和防止固体声的传递；尽可能减少在罩壁上开孔，对于必需开孔的，开口面积应尽量小；在罩壁构件相接处的缝隙，要采取密封措施，以减少漏声；由于罩内声源机器设备的散热，可能导致罩内温度升高，对此应采取适当的通风散热措施。要考虑声源机器设备操作、维修方便的要求。

3) 应设置封闭的木工用房，以有效降低电锯加工时噪声对施工现场的影响。

4) 施工现场应优先选用低噪声机械设备，优先选用能够减少或避免噪声的先进施工工艺。

(2) 技术指标

施工现场噪声应符合《建筑施工场界环境噪声排放标准》GB 12523—2011 的规定，昼间≤70dB（A），夜间≤55dB（A）。

(3) 适用范围

适用于工业与民用建筑工程施工。

(4) 工程案例

上海市轨道交通 9 号线二期港汇广场站、人民路越江隧道工程、闸北区 312 街坊 33 丘地块商办项目、泛海国际工程、北京地铁 14 号线 08 标段等工程。

6. 绿色施工在线监测评价技术

(1) 技术内容

绿色施工在线监测及量化评价技术是根据绿色施工评价标准，通过在施工现场安装智能仪表并借助 GPRS 通信和计算机软件技术，随时随地以数字化的方式对施工现场能耗、水耗、施工噪声、施工扬尘、大型施工设备安全运行状况等各项绿色施工指标数据进行实时监测、记录、统计、分析、评价和预警的监测系统和评价体系。

绿色施工涉及管理、技术、材料、工艺、装备等多个方面。根据绿色施工现场的特点以及施工流程，在确保施工各项目都能得到监测的前提下，绿色施工监测内容应尽可能全面，用最小的成本获得最大限度的绿色施工数据，绿色施工在线监测对象应包括但不限于

图 11-4 所示内容。

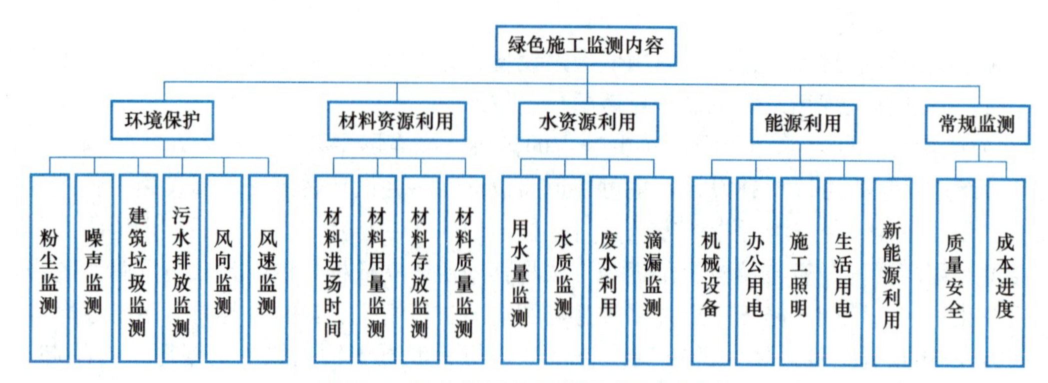

图 11-4　绿色施工在线监测对象内容框架

监测及量化评价系统构成以传感器为监测基础，以无线数据传输技术为通信手段，包括现场监测子系统、数据中心和数据分析处理子系统。现场监测子系统由分布在各个监测点的智能传感器和 HCC 可编程通信处理器组成监测节点，利用无线通信方式进行数据的转发和传输，达到实时监测施工用电、用水、施工产生的噪声和粉尘、风速风向等数据。数据中心负责接收数据和数据的初步处理、存储，数据分析处理子系统则将初步处理的数据进行量化评价和预警，并依据授权发布处理数据。

（2）技术指标

1）绿色施工在线监测及评价内容包括数据记录、分析及量化评价和预警。

2）应符合《建筑施工场界环境噪声排放标准》GB 12523—2011、《污水综合排放标准》GB 8978—1996、《生活饮用水卫生标准》GB 5749—2022 的要求；建筑垃圾产生量应不高于 350t/万 m^2。施工现场扬尘监测主要为 PM2.5、PM10 的控制监测，PM10 不超过所在区域的 120%。

3）受风力影响较大的施工工序场地、机械设备（如塔式起重机）处风向、风速监测仪安装率宜达到 100%。

4）现场施工照明、办公区需安装高效节能灯具（如 LED）、声光智能开关，安装覆盖率宜达到 100%。

5）对于危险性较大的施工工序，远程监控安装率宜达到 100%。

6）材料进场时间、用量、验收情况实时录入监测系统，保证远程实时接收监测结果。

（3）适用范围

适用于规模较大及科技、质量示范类项目的施工现场。

（4）工程案例

天津周大福金融中心、郑州泉舜项目、中部大观项目、蚌埠国购项目等工程。

7. 工具式定型化临时设施技术

（1）技术内容

工具式定型化临时设施包括标准化箱式房、定型化临边洞口防护、加工棚、构件化 PVC 绿色围墙、预制装配式马道、可重复使用临时道路板等。

1）标准化箱式施工现场用房包括办公室用房、会议室、接待室、资料室、活动室、阅读室、卫生间。标准化箱式附属用房包括食堂、门卫房、设备房、试验用房。标准箱式房应按照标准尺寸和符合要求的材质制作和使用，几何尺寸见表 11-5。

标准箱式房几何尺寸（建议尺寸） **表 11-5**

<table>
<tr><th colspan="2" rowspan="2">项目</th><th colspan="2">几何尺寸（mm）</th></tr>
<tr><th>型式一</th><th>型式二</th></tr>
<tr><td rowspan="2">箱体</td><td>外</td><td>L6055×W2435×H2896</td><td>L6055×W2990×H2896</td></tr>
<tr><td>内</td><td>L5840×W2225×H2540</td><td>L5840×W2780×H2540</td></tr>
<tr><td colspan="2">窗</td><td colspan="2">H≥1100
W650×H1100/W1500×H1100</td></tr>
<tr><td colspan="2">门</td><td colspan="2">H≥2000
W≥850</td></tr>
<tr><td rowspan="2">框架梁高</td><td>顶</td><td colspan="2">H≥180（钢板厚度≥4）</td></tr>
<tr><td>底</td><td colspan="2">H≥140（钢板厚度≥4）</td></tr>
</table>

2）定型化临边洞口防护、加工棚：定型化、可周转的基坑、楼层临边防护、水平洞口防护，可选用网片式、格栅式或组装式。

当水平洞口短边尺寸大于 1500mm 时，洞口四周应搭设不低于 1200mm 的防护，下口设置踢脚线并张挂水平安全网，防护方式可选用网片式、格栅式或组装式，防护距离洞口边不小于 200mm。

楼梯扶手栏杆采用工具式短钢管接头，立杆采用膨胀螺栓与结构固定，内插钢管栏杆，使用结束后可拆卸周转重复使用。

可周转定型化加工棚基础尺寸采用 C30 混凝土浇筑，预埋 400mm×400mm×12mm 钢板，钢板下部焊接直径 20mm 的钢筋，并塞焊 8 个 M18 螺栓固定立柱。立柱采用 200mm×200mm 型钢，立杆上部焊接 500mm×200mm×10mm 的钢板，以 M12 的螺栓连接桁架主梁，下部焊接 400mm×400mm×10mm 钢板。斜撑为 100mm×50mm 的方钢，斜撑的两端焊接 150mm×200mm×10mm 的钢板，以 M12 的螺栓连接桁架主梁和立柱。

3）构件化 PVC 绿色围墙：基础采用现浇混凝土，支架采用轻型薄壁钢型材，墙体采用工厂化生产的 PVC 扣板，现场采用装配式施工方法。

4）预制装配式马道：立杆采用 ϕ159mm×5.0mm 钢管，立杆连接采用法兰连接，立杆预埋件采用同型号带法兰钢管，锚固入筏板混凝土深度 500mm，外露长度 500mm。立杆除埋入筏板的埋件部分，上层区域杆件在马道整体拆除时均可回收。马道楼梯梯段侧向主龙骨采用 16a 号热轧槽钢，梯段长度根据地下室楼层高度确定，每主体结构层高度内两跑楼梯，并保证楼板所在平面的休息平台高于楼板 200mm。踏步、休息平台、安全通道顶棚覆盖采用 3mm 花纹钢板，踏步宽 250mm，高 200mm，楼梯扶手立杆采用 30mm×30mm×3mm 方钢管（与梯段主龙骨螺栓连接），扶手采用 50mm×50mm×3mm 方钢管，扶手高度 1200mm，梯段与休息平台固定采用螺栓连接，梯段与休息平台随主体结构完成逐步拆除。

5）装配式临时道路可采用预制混凝土道路板、装配式钢板、新型材料等，具有施工操作简单，占用场地少，便于拆装、移位，可重复利用，降低施工成本，减少能源消耗和废弃物排放等优点。应根据临时道路的承载力和使用面积等因素确定尺寸。

（2）技术指标

工具式定型化临时设施应工具化、定型化、标准化，具有装拆方便、可重复利用和安全可靠的特点；防护栏杆体系、防护棚经检测防护有效，符合设计安全要求。预制混凝土道路板适用于建设工程临时道路地基弹性模量大于等于 40MPa，承受载重小于等于 40t 施工运输车辆或单个轮压小于等于 7t 的施工运输车辆路基上铺设使用；其他材质的装配式临时道路的承载力应符合设计要求。

（3）适用范围

适用于工业与民用建筑、市政工程等。

（4）工程案例

北京新机场停车楼及综合服务楼、丽泽 SOHO、同仁医院（亦庄）、沈阳裕景二期、大连瑞恒二期、大连中和才华、沈阳盛京银行二标段、北京市昌平区神华技术创新基地、北京亚信联创全球总部研发中心。

8. 垃圾管道垂直运输技术

（1）技术内容

垃圾管道垂直运输技术是指在建筑物内部或外墙外部设置封闭的大直径管道，将楼层内的建筑垃圾沿管道靠重力自由下落，通过减速门对垃圾进行减速，最后落入专用垃圾箱内进行处理。

垃圾运输管道主要由楼层垃圾入口、主管道、减速门、垃圾出口、专用垃圾箱、管道与结构连接件等主要构件组成，可以将该管道直接固定到施工建筑的梁、柱、墙体等主要构件上，安装灵活，可多次周转使用。

主管道采用圆筒式标准管道层，管道直径控制在 500～1000mm 范围内，每个标准管道层分上下两层，每层 1.8m，管道高度可在 1.8～3.6m 之间进行调节，标准层上下两层之间用螺栓进行连接；楼层入口可根据管道与楼层的距离设置转动的挡板；管道入口内设置一个可以自由转动的挡板，防止粉尘在各层入口处飞出。

管道与墙体连接件设置半圆轨道，能在 180°平面内自由调节，使管道上升后，连接件仍能与梁柱等构件相连；减速门采用弹簧板，上覆橡胶垫，根据自锁原理设置弹簧板的初始角度为 45°，每隔三层设置一处，来降低垃圾下落速度；管道出口处设置一个带弹簧的挡板；垃圾管道出口处设置专用集装箱式垃圾箱进行垃圾回收，并设置防尘隔离棚。垃圾运输管道楼层垃圾入口、垃圾出口及专用垃圾箱设置自动喷洒降尘系统。

建筑碎料（凿除、抹灰等产生的旧混凝土、砂浆等矿物材料及施工垃圾）单件粒径尺寸不宜超过 100mm，重量不宜超过 2kg；木材、纸质、金属和其他塑料包装废料严禁通过垃圾垂直运输通道运输。

（2）技术指标

垃圾管道垂直运输技术应符合《建筑工程绿色施工规范》GB/T 50905—2014、《建筑与市政工程绿色施工评价标准》GB/T 50640—2023 和《建设工程施工现场环境与卫生标准》JGJ 146—2013 的要求。

（3）适用范围

适用于多层、高层、超高层民用建筑的建筑垃圾竖向运输，高层、超高层使用时每隔

50～60m设置一套独立的垃圾运输管道，设置专用垃圾箱。

(4) 工程案例

成都银泰广场、天津恒隆广场、天津鲁能绿荫里项目、通州中医院项目等。

9. 透水混凝土与植生混凝土应用技术

(1) 透水混凝土

1) 技术内容

透水混凝土是由一系列相连通的孔隙和混凝土实体部分骨架构成的具有透气和透水性的多孔混凝土，透水混凝土主要由胶结材和粗骨料构成，有时会加入少量的细骨料。从内部结构来看，主要靠包裹在粗骨料表面的胶结材料浆体将骨料颗粒胶结在一起，形成骨料颗粒之间为点接触的多孔结构。

透水混凝土由于不用细骨料或只用少量细骨料，其粗骨料用量比较大，制备1m^3透水混凝土（成型后的体积），粗骨料用量在0.93～0.97m^3；胶结材在300～400kg/m^3，水胶比一般在0.25～0.35。透水混凝土搅拌时应先加入部分拌合水（约占拌合水总量的50%），搅拌约30s后加入减水剂等，再随着搅拌加入剩余水量，至拌合物工作性满足要求为止，最后的部分水量可根据拌合物的工作性情况有所控制。透水混凝土路面的铺装施工整平使用液压振动整平辊和抹光机等，对不同的拌合物和工程铺装要求，应该选择适当的振动整平方式并且施加合适的振动能，过振会降低孔隙率，施加振动能不足可能导致颗粒黏结不牢固而影响耐久性。

2) 技术指标

透水混凝土拌合物的坍落度为10～50mm，透水混凝土的孔隙率一般为10%～25%，透水系数为1～5mm/s，抗压强度在10～30MPa；应用于路面不同的层面时，孔隙率要求不同，从面层到结构层再到透水基层，孔隙率依次增大；冻融的环境下其抗冻性不低于D100。

3) 适用范围

适用于严寒以外的地区；城市广场、住宅小区、公园休闲广场和园路、景观道路以及停车场等；在“海绵城市”建设工程中，可与人工湿地、下凹式绿地、雨水收集等组成“渗、滞、蓄、净、用、排”的雨水生态管理系统。

4) 工程案例

西安大明宫世界文化遗址公园、上海世博会透水路面、西安世界花博会公园都采用大面积的透水混凝土路面；在国家第一批“海绵城市”——济南、武汉、南宁、厦门、镇江等16个城市进行了大规模的应用。

(2) 植生混凝土

1) 技术内容

植生混凝土是以水泥为胶结材料、大粒径的石子为骨料制备的能使植物根系生长于其孔隙的大孔混凝土，它与透水混凝土有相同的制备原理，但由于骨料的粒径更大，胶结材料用量较少，所以形成的孔隙率和孔径更大，便于灌入植物种子和肥料以及植物根系的生长。

普通植生混凝土用的骨料粒径一般为20.0～31.5mm，水泥用量为200～300kg/m^3，为了降低混凝土孔隙的碱度，应掺用粉煤灰、硅灰等低碱性矿物掺合料；骨料、胶材比为4.5～5.5，水胶比为0.24～0.32，旧砖瓦和再生混凝土骨料均可作为植生混凝土骨料，称为再生骨料植生混凝土。轻质植生混凝土利用陶粒作为骨料，可以用于植生屋面。在夏季，植生混凝土屋面较非植生混凝土的室内温度低约 2℃。

植生混凝土的制备工艺与透水混凝土本相同，但需要注意的是浆体黏度要合适，保证将骨料均匀包裹，不发生流浆离析或因干硬不能充分黏结的问题。

植生地坪的植生混凝土可以在现场直接铺设浇筑施工，也可以预制成多孔砌块后到现场用铺砌方法施工。

2）技术指标

植生混凝土的孔隙率为 25%～35%，绝大部分为贯通孔隙，抗压强度要达到 10MPa 以上；屋面植生混凝土的抗压强度在 3.5MPa 以上，孔隙率为 25%～40%。

3）适用范围

普通植生混凝土和再生骨料植生混凝土多用于河堤、河坝护坡、水渠护坡、道路护坡和停车场等；轻质植生混凝土多用于植生屋面、景观花卉等。

4）工程案例

上海嘉定区西江的河道整治工程中 500m 长河道护坡、吉林省梅河口市防洪堤迎水面 5000m^2 的植生混凝土护坡、贵州省崇遵高速公路董公寺互通式立交匝道挡墙边植生混凝土坡、武夷山市建溪三期防洪工程 9km 堤体以植生混凝土 10 万 m^2 迎水坡面护坡等。

10. 混凝土楼地面一次成型技术

（1）技术内容

地面一次成型工艺是在混凝土浇筑完成后，用 ϕ150mm 钢管压滚压平提浆，刮杠调整平整度，或采用激光自动整平、机械提浆方法，在混凝土地面初凝前铺撒耐磨混合料（精钢砂、钢纤维等），利用磨光机磨平，最后进行修饰工序。地面一次成型施工工艺与传统施工工艺相比具有避免地面空鼓、起砂、开裂等质量通病，增加了楼层净空尺寸，提高地面的耐磨性和缩短工期等优势，同时省却了传统地面施工中的找平层，节省建材、降低成本效果显著。

（2）技术指标

1）冲筋：根据墙面弹线标高和混凝土面层厚度用 L40×63×4 的角钢冲筋，并用作混凝土地面的侧模，角钢用膨胀螺栓（@1000mm）固定在结构板上，用激光水准仪进行二次抄平。

2）铺撒耐磨混合料：混合料撒布的时机随气候、温度和混凝土配合比等因素而变化。撒布过早会使混合料沉入混凝土中而失去效果；撒布太晚混凝土已凝固，会失去黏结力，使混合料无法与混凝土黏合而造成剥离。判别混合料撒布时间的方法是脚踩其上，约下沉 5mm 时，即可开始第一次撒布施工。墙、门、柱和模板等边线处水分消失较快，宜优先撒布施工，以防因失水而降低效果。第一次撒布量是全部用量的 2/3，拌合应均匀落下，不能用力抛而致分离，撒布后用木抹子抹平。拌合料吸收一定的水分后，再用磨光机除去转盘碾磨分散并与基层混凝土浆结合在一起。第二次撒布时，先用靠尺或平直刮杆衡量水平度，并调整第一次撒布不平处，第二次撒布方向应于第一次垂直。第二次撒布量为全部用量的 1/3，撒布后立即抹平、磨光，并重复磨光机作业至少两次，磨光机作业时应纵横相交错进行，均匀有序，防止材料聚集。

3）表面修饰：磨光机作业后面层仍存在磨纹，较凌乱。为消除磨纹，最后采用薄钢抹子对面层进行有序方向的人工压光，完成修饰工序。

4）养护及模板拆除：地面面层施工完成24h后进行洒水养护，在常温条件下连续养护不得少于7d，养护期间严禁上人；施工完成24h后进行角钢侧模拆除，应注意不得损伤地面边缘。

5）切割分隔缝：为避免结构柱周围地面开裂，必须在结构柱等应力集中处设置分格缝，缝宽5mm，分隔缝在地面混凝土强度达到70%后（完工后5d左右），用砂轮切割机切割。柱距大于6m的地面须在轴线中切割一条分格缝，切割深度应至少为地面厚度的1/5。填缝材料采用弹性树脂等材料。

（3）适用范围

适用于停车场、超市、物流仓库及厂房地面工程等。

（4）工程案例

抚顺罕王微机电高科技产业园项目、沈阳友谊时代广场项目、大连富丽华项目、邯郸友谊时代广场等工程。

11. 建筑物墙体免抹灰技术

（1）技术内容

建筑物墙体免抹灰技术是指通过采用新型模板体系、新型墙体材料或采用预制墙体，使墙体表面允许偏差、观感质量达到免抹灰或直接装修的质量水平。现浇混凝土墙体、砌筑墙体及装配式墙体通过现浇、新型砌筑、整体装配等方式使外观质量及平整度达到准清水混凝土墙、新型砌筑免抹灰墙、装饰墙的效果。

现浇混凝土墙体是通过材料配制、细部设计、模板选择及安拆，混凝土拌制、浇筑、养护、成品保护等诸多技术措施，使现浇混凝土墙达到准清水免抹灰效果。

对非承重的围护墙体和内隔墙可采用免抹灰的新型砌筑技术，采用黏结砂浆砌筑，砌块尺寸偏差控制在1.5～2mm，砌筑灰缝为2～3mm。对内隔墙也可采用高质量预制板材，现场装配式施工，刮腻子找平。

（2）技术指标

1）现浇混凝土墙体是通过材料配制、细部设计、模板选择及安拆，混凝土拌制、浇筑、养护、成品保护等诸多技术措施，使现浇混凝土墙达到准清水免抹灰效果。

准清水混凝土技术要求见表11-6。

准清水混凝土技术要求　　表11-6

<table>
<tr><th>项次</th><th colspan="2">项目</th><th>允许偏差（mm）</th><th>检查方法</th><th>说明</th></tr>
<tr><td>1</td><td colspan="2">轴线位移（柱、墙、梁）</td><td>5</td><td>尺量</td><td rowspan="9">表面平整密实、无明显裂缝，无粉化物，无起砂、蜂窝、麻面和孔洞，气泡尺寸不大于10mm，分散均匀</td></tr>
<tr><td>2</td><td colspan="2">截面尺寸（柱、墙、梁）</td><td>±2</td><td>尺量</td></tr>
<tr><td rowspan="2">3</td><td rowspan="2">垂直度</td><td>层高</td><td>5</td><td rowspan="2">坠线</td></tr>
<tr><td>全高</td><td>30</td></tr>
<tr><td>4</td><td colspan="2">表面平整度</td><td>3</td><td>2m靠尺、塞尺</td></tr>
<tr><td>5</td><td colspan="2">角、线顺直</td><td>4</td><td>线坠</td></tr>
<tr><td>6</td><td colspan="2">预留洞口中心线位移</td><td>5</td><td>拉线、尺量</td></tr>
<tr><td>7</td><td colspan="2">接缝错台</td><td>2</td><td>尺量</td></tr>
<tr><td>8</td><td colspan="2">阴阳角方正</td><td>3</td><td>—</td></tr>
</table>

2）新型砌筑免抹灰墙体技术要求见表 11-7。

新型砌筑免抹灰墙体技术要求 **表 11-7**

项次	项目	允许偏差（mm）		检验方法	说明
1	砌块尺寸允许偏差	长度	±2	—	新型砌筑是采用黏结砂浆砌筑的墙体，砌块尺寸偏差为 1.5～2mm，灰缝为 2～3mm
		宽（厚）度	±1.5		
		高度	±1.5		
2	砌块平面弯曲	不允许		—	
3	墙体轴线位移	5		尺量	
4	每层垂直度	3		2m 托线板，吊垂线	
5	全高垂直度≤10m	10		经纬仪，吊垂线	
6	全高垂直度>10m	20		经纬仪，吊垂线	
7	表面平整度	3		2m 靠尺和塞尺	

（3）适用范围

适应用于工业与民用建筑的墙体工程。

（4）工程案例

杭州国际博览中心、北京市顺义区中国航信高科技产业园区、北京雁栖湖国际会都（核心岛）会议中心、华都中心等工程。

复习思考题

1. 如何在设计阶段充分考虑并利用当地的气候条件、地形地貌和自然资源，以创造出一个既环保又高效的建筑环境？

2. 在满足建筑功能需求的同时，如何选择合适的绿色建筑材料，以实现资源的节约、环境的保护和建筑的可持续性？

3. 在施工过程中，应如何采取有效措施以减少对环境的负面影响，如减少噪声、扬尘和废水的排放，保护土壤和植被等？

4. 如何在追求绿色建筑与绿色施工环境效益的同时实现经济效益和社会效益的平衡，从而推动建筑行业的可持续发展？

11-1 复习思考题参考答案

工阶段是浪费资源、使用能源、产生建筑垃圾等最多的一个环节，这些浪费和对环境的破坏在后期很难进行弥补，也偏离了最初对绿色建筑的定义；而另一个方面，如果绿色施工后得到的建筑不是绿色建筑，那么在以后的使用过程中会增加建筑的维护费用，造成能源和资源的浪费。

4. 我国绿色建筑的发展历程

在经历20世纪70年代两次能源危机以后的20世纪80年代，世界各国开始发展节能建筑，中国也开始建立自己的建筑节能体系。

1986年，中国发布行业标准《民用建筑节能设计标准（采暖居住建筑部分）》JGJ 26—1986，制定了节能30%的目标，这也是我国第一部建筑节能标准。

进入21世纪，中国开始了关于全生命周期绿色建筑的推进。2001年，我国第一个关于绿色建筑的科研课题完成。2004年9月建设部“全国绿色建筑创新奖”的启动标志着我国的绿色建筑进入全面发展阶段。

2005年，中国召开了首届“国际智能与绿色建筑技术和产品研讨会”，表达了我国政府对开展绿色建筑的决心和行动能力。

2006年，建设部发布了《绿色建筑评价标准》GB/T 50378—2006（现已更新为GB/T 50378—2019），并在2008年首次正式评审认证6个项目获得中国绿色建筑设计评价标识。

2009—2017年，为绿色建筑快速发展期。从国务院发布《关于积极应对气候变化的决议》到住房和城乡建设部发布《关于进一步规范绿色建筑评价管理工作的通知》（建科〔2017〕238号），强调绿色建筑标识评价工作属地化管理。

2019年至今，为绿色建筑转型提升期。2020年住房和城乡建设部等七部委印发《绿色建筑创建行动方案》（建标〔2020〕65号），提出到2022年当年城镇新建建筑中绿色建筑面积占比达到70%。

2020年9月中国明确提出2030年“碳达峰”与2060年“碳中和”的目标。

2021年住房和城乡建设部发布新的《绿色建筑标识管理办法》，将绿色建筑的评价权收回到各级政府手中。2021年10月，国务院印发2030年前“碳达峰”行动方案，方案提出加快提升建筑能效水平，到2025年城镇新建建筑全面执行绿色建筑标准。

2022年3月，住房和城乡建设部发布《“十四五”建筑节能与绿色建筑发展规划》，规划提出：到2025年，城镇新建建筑全面建成绿色建筑，建筑能源利用效率稳步提升，建筑用能结构逐步优化，建筑能耗和碳排放增长趋势得到有效控制，基本形成绿色、低碳、循环的建设发展方式，为城乡建设领域2030年前碳达峰奠定坚实基础。

11.2 绿色建筑评价标准与建筑工程绿色施工评价标准

11.2.1 绿色建筑评价标准

《绿色建筑评价标准》GB/T 50378—2019于2019年3月13日发布，2019年8月1日开始实施，适用于各类民用建筑绿色性能的评价，包括公共建筑和住宅建筑。

绿色建筑评价应以单栋建筑或建筑群为评价对象，临时建筑不得参评，单栋建筑应为完整的建筑，不得从中剔除部分区域。评价对象应落实并深化上位法定规划及相关专项规划提出的绿色发展要求；涉及系统性、整体性的指标，应基于建筑所属工程项目总体进行

12 BIM 技术

12.1 概 述

1. 定义

BIM 的全称为建筑信息模型（Building Information Modelling），是一种利用数字技术表达建筑项目几何、物理和功能信息以支持项目生命周期建设、运营、管理决策的技术和方法，用作生成和管理有关建筑项目建设运营在其生命周期的所有阶段。BIM 的历史可以追溯到近 30 年前。在 1975 年，AIA 杂志上发表的"在建筑设计中使用计算机代替工程图"中对 BIM 的概念进行了描述。BIM 的可视化能够为开发商、建筑商、第三方建立更高效的沟通媒介，并为项目在设计、建造和维护阶段可能出现的问题提供更为统一的解决方案。同时，BIM 可以用于不同学科的分析，也可以用作施工管理的工具。

BIM 包含建筑项目各方面的信息，要求模型能够从工程的基本信息出发，利用计算机数据模型模拟真实建筑物的全生命周期形态，并且将单一建筑的构件信息合并成数据库，实现信息共享。在 BIM 中可以找到构件信息、装配信息、施工管理等全部有用的信息，且模型相关联的对象能够随着时间不断更新。

2. BIM 技术的特点

（1）模型信息化

BIM 以信息的方式进行传达，具有信息完备性、关联性和一致性等特征。BIM 除了对工程三维几何信息进行描述外，还包括对工程信息的完整体现，如建筑材料、工程性能、结构类型等设计信息；施工工序、施工进度、成本控制、质量控制等施工信息；工程安全性能、材料耐久性能等维护信息。这些模型信息之间是可识别并互相关联的，若模型中的某个对象发生变化，与之关联的所有对象都会随之更新，保证了模型的整体性及一致性。

（2）模型可视化

在计算机上，将原有的平面图纸表达的工程项目转变为三维立体模型展示在用户面前，用户可以实时查看或修改三维模型的信息参数，以达到设计、检查、建造模拟的目的。这样项目设计、建造、运营过程中的沟通、讨论、决策均在可视化的状态下进行，如图 12-1 所示。

图 12-1 模型可视化

（3）协调性

在以往的设计过程中，各专业工程师之间信息沟通不及时或不到位，往往导致设计的成果出现诸多碰撞、缺漏等问题，对实际施工造成不利影响。例如，布置管道时未考虑清楚其他项目工程的布置情况，导致管道布置不合理。在 BIM 中各方参与人员在设计阶段可以基于一个中心文件进行平行工作，再将各专业模型整合到一个整体中进行检查，这样可以在较大程度上减少不必要的设计错误。

（4）模拟性

BIM 不仅可以模拟具体的建筑物，还可以模拟难以在真实世界中进行的操作。在设计阶段可以对设计所需数据进行模拟分析，如日照分析、节能分析、热能传导分析等；在施工阶段可以进行 4D（三维模型中加入项目发展时间）施工模拟，根据施工组织设计来模拟实际施工，从而确定合理的施工方案；在运营阶段可以对物业进行维护管理，如在建筑使用期间发生管道或管件损坏的情况，可以通过查看模型找到问题的原因并进行维修。

（5）优化性

BIM 强调的是工程项目全生命周期的应用，整个项目从设计到运营维护的过程实际上是不断优化的过程，受“信息”“复杂程度”“时间”三方面的影响，准确的信息为合理优化的结果提供了基本依据。BIM 提供了建筑物实际存在的信息，这些信息使复杂的项目进一步优化成为可能。例如，通过将项目设计和投资回报分析相结合，计算出设计变化对投资回报的影响，使得业主明确哪种项目设计方案更符合自身的需求。

（6）可出图性

BIM 可自动生成建筑各专业二维设计图纸，这些图纸中构件的关系与模型实体始终保持关联，当模型发生变化，图纸也随之变化，保证了图纸的正确性。

3. BIM 技术的现状

BIM 的实践最初主要由几个国家主导，如芬兰、挪威和新加坡，美国等一批早期实践者紧随其后。经过长期的探究，BIM 在美国逐渐成为主流，并对包括中国在内的其他国家的 BIM 实践产生影响。

目前，美国大多数建筑项目已经开始应用 BIM 技术，并且创建了各种 BIM 协会，出台了各种 BIM 标准。比较有代表性的有 GSA（美国联邦总务署）、USACE（美国陆军工程兵团）、building SMART 联盟等。如 GSA 负责美国所有联邦设施的建造和运营，并推出了全国 3D-4D-BIM 计划，要求所有大型项目（招标级别）都需应用 BIM 技术，最低要求是空间规划验证和最终概念展示需提交 BIM 模型。

反观国内近况，BIM 热潮逐渐席卷了中国建筑行业，在 2014 年麦克劳希尔公司和清华大学共同完成的《2014 中国 BIM 报告》中，中国 BIM 发展速度位列全球第四。虽然相较于发达国家的建筑行业 BIM 应用情况，国内 BIM 技术的理念探讨与技术应用发展起步较晚，但这几年在国际化的信息交互背景下，我国 BIM 技术的推广和应用速度与成效还是令人欣喜的。一些大型的房地产企业、设计院、大型施工单位已经陆续开展了 BIM 结合实际项目的研究与应用；国内软件商也开始对 BIM 软件进行研发，并产生了实际效益；部分高校也开始了 BIM 课题的研究，并将 BIM 技能指导列入专业课程中，作为学生毕业前必须掌握的技能之一。

4. BIM 技术的发展趋势与挑战

BIM 技术目前的发展趋势是逐步打通建设项目全生命周期的应用流程，在项目全生命周期中发挥作用。随着计算机硬件与软件功能的进一步升级，BIM技术将不断与其他先进技术集成，应用方法亦趋于灵活。BIM与3D扫描、打印技术、VR虚拟交互技术、遥感技术等诸多先进技术的结合将为建设行业带来巨大的影响。

BIM能解决复杂工程的大数据建造、管理、共享应用等问题，在数据、技术和协同管理三个方面提供了革命性项目管理方法。在这样的行业大趋势下，建筑产业生态圈中参建各方都需要建立企业级数据库，进行全过程、集成化、系统化的应用。

今后在建筑行业中，上至项目管理，下至一线施工人员都离不开BIM技术的应用，尤其是近几年随着装配式建筑在国内的推广与应用，以BIM平台为依托的项目建设将成为常态。因此，用BIM的技术知识武装自己，让自己成为懂BIM、会用BIM的新型技术与管理人才已然成为当务之急。

12.2 施工阶段BIM应用流程

施工阶段是指自工程开工至竣工的实施过程。本阶段的主要内容是通过科学有效的现场管理完成合同规定的全部施工任务，以达到验收、交付的条件。

基于BIM技术的施工现场管理，一般是将施工准备阶段完成的模型，配合选用合适的施工管理软件进行集成应用，其不仅是可视化的媒介，而且能对整个施工过程进行优化和控制，有利于提前发现并解决工程项目中的潜在问题，减少施工过程中的不确定性和风险。同时，按照施工顺序和流程模拟施工过程，可以对工期进行精确的计算、规划和控制，也可以对人、机、料、法等施工资源统筹调度、优化配置，实现对工程施工过程进行交互式的可视化和信息化管理。

1. 施工阶段BIM技术应用内容

施工阶段BIM技术可用于施工深化设计、虚拟进度与实际进度对比、设备与材料管理、质量与安全管理、竣工模型的构建等。

(1) 施工深化设计

施工深化设计的主要目的是提升深化后建筑信息模型的准确性和可校核性。将施工操作规范与施工工艺融入施工作业模型，使施工图深化设计模型满足施工作业指导的需求。

(2) 虚拟进度与实际进度对比

虚拟进度与实际进度对比主要是通过方案进度计划和实际进度的对比，找出差异，分析原因，实现对项目进度的合理控制与优化。

工作分解结构（Work Breakdown Structure，WBS）是对项目范围进行逐级分解的层次化结构编码，将工程项目管理工作逐级分解成较小的、较易控制的管理单元或工作包，以便项目计划的细化和编制以及责任的落实和监控。

进度计划的制订应根据项目特点和进度控制需求，按不同时间周期（周、月、季度等）进行编制，并将相关信息如工作分解结构、进度计划、资源信息和进度管理流程等与深化设计模型进行关联，辅助施工进度管理。同时，实时采集现场实际进度信息反馈至进度管理模型，进行分析对比，精准控制施工进度，及时采取纠偏措施。

进度计划管理过程中，可充分将BIM技术与虚拟设计与施工、增强现实、三维激光扫描、施工监视及可视化中心等技术进行融合应用，提高进度管理的信息化水平，对施工进度进行有效的跟踪和控制。

（3）设备与材料管理

运用 BIM 技术达到按施工作业面配料的目的，实现施工过程中设备、材料的有效控制，提高工作效率，减少浪费。

利用 BIM 在信息集成上的优势，模型及信息可按照设计优化与相关变更进行动态调整，保证数据的实效性；通过条件查询和区域选择可实时统计、分类汇总施工作业面的设备和材料信息，快速准确地输出任一作业面和细部工作的消耗量标准，对设备和材料进行有效控制。

设备与材料管理模型基于深化设计模型创建，模型中应补充完善设备和材料的物流、施工、安装、产品信息等。

在设备与材料管理模型中应补充和完善造价、流水段、工序和时间等不同信息来及时准确地获得不同部位的工程量信息，从而有利于材料管理人员进行有效的限额领料控制。同时，可采用二维码、物联网等信息化手段实现设备的生产、运输、安装、调试等全过程有效管理。

按照工程进展实时记录工程变更，形成动态的进度及变更模型，统计输出已完工工程量、自动计算变更工程量，从而及时准确地进行进度款申报，并完成对分包支付的控制等。

（4）质量与安全管理

基于 BIM 技术，对施工现场的人、物、环境构成的施工生产体系进行动态管理，可有效辨识危险源和区域施工难度，提前做好相应的安全策划工作，消除和减少不安全因素，确保工程项目的效益和安全目标得以实现。

质量与安全管理模型可基于施工图深化设计模型或预制加工模型创建，并以相关质量安全文件信息为依据创建模型，一般包括专项施工方案、技术交底方案、设计交底方案、危险源辨识计划、施工安全策划书以及其他的特定要求等。

运用 BIM 技术，可依据施工现场的实际情况实时更新施工安全设施配置模型，对危险源进行动态辨识和动态评价。通过对实际施工方案、实施过程等进行模拟和交底，直观展示各施工步骤、施工工序之间的逻辑关系，使现场技术人员、施工人员对工程项目的技术要求、质量要求、安全要求、施工方法等透彻理解，便于科学组织施工，避免技术质量事故的发生。同时，依据质量安全管理模型进行有效的现场管理，采用互联网云技术及时将现场存在的问题反馈至模型，便于进行检查验收、整改责任认定、跟踪解决等。

（5）竣工模型的构建

在建筑项目竣工验收时，将竣工验收信息添加到施工过程模型，并根据项目实际情况进行修正，以保证模型与工程实体的一致性，进而形成竣工模型。

竣工模型可基于施工过程模型，通过补充完善施工中的修改变更和相关验收资料信息等创建，包含施工管理资料、施工技术资料、施工进度及造价资料、施工测量记录、施工物资资料、施工记录、施工试验记录及检测报告、过程验收资料、竣工质量验收资料等。相关资料应符合《建筑工程施工质量验收统一标准》GB 50300—2013、《建筑工程资料管理规程》JGJ/T 185—2009 等相关规范、标准的要求。

竣工模型由总承包单位或其他单位统一整合时，各专业承包单位应对提交的模型数据信息进行审核、清理，确保数据的准确性与完整性。竣工资料的表达形式包括文档、表格、视频、图片等，宜与模型元素进行关联，便于检索查找。

竣工模型的信息应满足不同竣工交付对象和用途，模型信息宜按需求进行过滤筛选，不宜包含冗余信息。对运维管理有特殊要求的，可在交付成果里增加满足运行与维护管理基本要求的信息，包括设备维护保养信息、工程质量保修书、建筑信息模型使用手册、房屋建筑使用说明书、空间管理信息等。

2. 基于BIM的协同管理与传统建造施工方式的比较

基于BIM的协同管理是以建筑信息模型和互联网的数字化远程同步功能为基础，以项目建设过程中采集的工程进度、质量、成本、安全等动态数据为驱动，结合固化了项目建设各参与方管理流程和职责的项目协同管理的过程。通过协同管理，改善目前项目管理工作界面复杂、项目参与方信息不对称、建设进度管控困难等一系列问题。

基于BIM的协同管理与传统建造施工方式的不同之处在于：

（1）资料管理。实现项目建设全过程的往来文件、图纸、合同、各阶段BIM应用成果等资料的收集、存储、提取及审阅等功能，以便业主及时掌握项目投资成本、工程进展、建设质量等。

（2）进度与质量管理。及时采集工程项目实际进度信息，并与项目计划进度对比，动态跟踪与分析项目的进展情况。同时，对该项目各参与方提交的阶段性或重要节点的成果文件进行检查与监督，严格管控项目设计质量、施工进度及质量等，从而有效缩短项目整体建设周期，严格控制项目建设质量。

（3）安全管理。结合施工现场的监控系统，查看现场施工照片和监控视频，及时掌握项目实际施工动态，如实时定位施工人员，对施工现场进行实时监管。同时，应加强项目建设参与方之间的信息交流、信息共享、信息传递及信息发布，当业主发现施工现场可能存在施工安全隐患时，能够及时发布安全公告信息，对现场施工行为进行有效监督与管理。

（4）成本管理。将项目的建筑信息模型与工程造价信息进行关联，有效集成项目实际工程量、工程进度计划、工程实际成本等信息，方便业主进行动态化的成本核算，及时控制工程的实际投资成本，掌握动态的合同款项支付情况以及实际的工程进展情况，确保项目能够在核准的预算时间内完成既定目标，提升业主对该项目的成本控制能力与管理水平。

基于BIM的协同管理具备相应的可拓展功能，能实现与其他平台或新技术的融合与对接，更好地发挥平台的作用。该平台的可拓展功能宜包括以下几个方面：

（1）与既有的企业OA管理平台、项目建设管理平台等进行对接。

（2）基于云技术的数据存储、提取及分析等。

（3）与AR、VR体感设备等终端互联。

（4）与GIS、互联网、智能化控制系统、智慧城市管理系统等多源异构系统进行集成。

3. 专业间和工序间协同的内容和要求

（1）施工深化设计协同内容及要求

1）修改系统信息：选型、施工工艺或安装要求，主要包括设备和管道实际实施的过程信息、安装信息、连接信息等。

2）修改设备信息：选型、施工工艺或安装要求，增加主要设备、管道和附件产品材料参数、技术参数、生产厂家、出厂编号等。

3）修改管线、电缆信息：选型、施工工艺或安装要求、连接方式，增加主要设备、管道和附件采购供应商、计量单位、数量（如长度、体积等）、采购价格等。

（2）虚拟进度与实际进度对比协同内容和要求

1）施工深化设计模型。

2）编制施工进度计划的资料及依据。

3）施工过程演示模型。

（3）设备与材料管理协同内容和要求

1）施工深化设计模型。

2）设备与材料信息。

（4）质量与安全管理协同内容和要求

1）施工深化设计模型或预制加工模型。

2）质量管理方案、计划。

3）安全管理方案、计划。

（5）竣工模型的构建协同内容和要求

1）施工过程模型。

2）施工过程中新增、修改变更资料。

3）验收合格资料。

4. 基于BIM应用的项目管理流程

（1）施工深化设计操作流程

1）收集数据，并确保数据的准确性。

2）施工单位依据设计单位提供的施工图和施工图设计模型，根据自身施工特点及现场情况、实际采用的材料设备、实际产品的基本信息对设计模型进行深化。

3）深化设计模型除包含施工图设计模型信息外，还应包括二次结构、预埋件和预留孔洞、节点、临时安装措施、支吊架、减震设施、套管等的模型信息，机电设备应有准确的尺寸大小、标高、定位、材质和形状，并应补充相关的规格型号、技术参数、施工方式、生产厂家等必要的专业信息和产品信息。

4）深化设计应进行多专业模型碰撞检测、综合协调、参数校核等。

5）BIM技术工程师结合自身专业经验或与施工技术人员配合，对建筑信息模型的施工合理性、可行性进行甄别，并进行相应的调整优化；同时，对优化后的模型实施碰撞检测。

6）施工深化设计模型通过建设单位、设计单位、相关顾问单位的审核确认，最终生成可指导施工的三维图形文件及二维深化施工图、节点图。

（2）虚拟进度与实际进度对比操作流程

1）收集数据，并确保数据的准确性。

2）根据不同深度、不同周期的进度计划要求，创建项目工作分解结构（WBS），分别列出各进度计划的活动（WBS工作包）内容。根据施工方案确定各项施工流程及逻辑关系，制订初步施工进度计划。

3）将进度计划与模型关联生成施工进度管理模型。

4）利用施工进度管理模型进行可视化施工模拟，检查施工进度计划是否满足约束条件、是否达到最优状况。若不满足，需要进行优化和调整，优化后的计划可作为正式施工进度计划。经项目经理批准后，报建设单位及工程监理审批，用于指导施工项目实施。

5）结合虚拟设计与施工（VDC）、增强现实（AR）、三维激光扫描（LS）、施工监控及可视化中心（CMVC）等技术，实现可视化项目管理，对项目进度进行更有效的跟踪和控制。

6）在选用的进度管理软件系统中输入实际进度信息后，通过实际进度与项目计划间的对比分析，发现二者之间的偏差，分析并指出项目中存在的潜在问题。对进度偏差进行调整以及更新目标计划，以达到多方平衡，实现进度管理的最终目的，并生成施工进度控制报告。

（3）设备与材料管理操作流程

1）收集数据，并确保数据的准确性。

2）在深化设计模型中添加或完善楼层信息、构件信息、进度表、报表等设备与材料信息；建立可以实现设备与材料管理和施工进度协同的建筑信息模型。其中，该模型应可追溯大型设备及构件的物流与安装信息。

3）按作业面划分，从建筑信息模型输出相应的设备、材料信息，通过内部审核后提交给施工部门审核。

4）根据工程进度实时输入变更信息，包括工程设计变更、施工进度变更等。输出所需的设备与材料信息表，并按需要获取已完工程消耗的设备与材料信息以及下个阶段工程施工所需的设备与材料信息。

（4）质量与安全管理操作流程

1）收集数据，并确保数据的准确性。

2）根据施工质量、安全方案修改、完善施工深化设计或预制加工模型，生成施工安全设施配置模型。

3）利用建筑信息模型的可视化功能准确、清晰地向施工人员展示及传递建筑设计意图；同时，可通过施工过程模拟帮助施工人员理解、熟悉施工工艺和流程，并识别危险源，避免由于理解偏差造成的施工质量与安全问题。

4）实时监控现场施工质量、安全管理情况，并更新施工安全设施配置模型。

5）对出现的质量、安全问题，在建筑信息模型中通过现场相关图像、视频、音频等方式关联到相应构件与设备上，记录问题出现的部位或工序，分析原因，进而制定并采取解决措施。同时，收集、记录每次问题的相关资料，积累对类似问题的预判和处理经验，为日后工程项目的事前、事中、事后控制提供依据。

（5）竣工模型的构建操作流程

1）收集数据，并确保数据的准确性。

2）施工单位技术人员在准备竣工验收资料时，应检查施工过程模型是否能准确表达竣工工程实体，如表达不准确或有偏差，应修改并完善建筑信息模型相关信息，以形成竣工模型。

3）验收合格资料、相关信息宜关联或附加至竣工模型，形成竣工验收模型。

4）竣工验收资料可通过竣工验收模型进行检索、提取。

5）按照相关要求进行竣工交付。

复习思考题

1. BIM技术的特点主要包括哪些方面?
2. 施工阶段BIM技术应用内容有哪些?

12-1复习思考题参考答案

参考文献

［1］ 姚谨英．建筑施工技术［M］．7版．北京：中国建筑工业出版社，2022.

［2］ 中华人民共和国住房和城乡建设部．装配式混凝土结构技术规程：JGJ 1—2014［S］．北京：中国建筑工业出版社，2014.

［3］ 中华人民共和国住房和城乡建设部．建筑工程冬期施工规程：JGJ 104—2011［S］．北京：中国建筑工业出版社，2010.

［4］ 陈跃庆．地基与基础工程施工技术［M］．北京：机械工业出版社，2003.

［5］ 许红．混凝土结构施工［M］．南京：东南大学出版社，2002.